基本単位

長　さ	メートル	m	熱力学温度	ケルビン	K
質　量	キログラム	kg			
時　間	秒	s	物質量	モ　ル	mol
電　流	アンペア	A	光　度	カンデラ	cd

SI 接頭語

10^{24}	ヨ　タ	Y	10^{3}	キ　ロ	k	10^{-9}	ナ　ノ	n
10^{21}	ゼ　タ	Z	10^{2}	ヘクト	h	10^{-12}	ピ　コ	p
10^{18}	エクサ	E	10^{1}	デ　カ	da	10^{-15}	フェムト	f
10^{15}	ペ　タ	P	10^{-1}	デ　シ	d	10^{-18}	ア　ト	a
10^{12}	テ　ラ	T	10^{-2}	センチ	c	10^{-21}	セプト	z
10^{9}	ギ　ガ	G	10^{-3}	ミ　リ	m	10^{-24}	ヨクト	y
10^{6}	メ　ガ	M	10^{-6}	マイクロ	μ			

〔換算例：1 N＝1/9.806 65 kgf〕

	SI		SI 以外		
量	単位の名称	記　号	単位の名称	記　号	SI単位からの換算率
エネルギー，熱量，仕事およびエンタルピー	ジュール （ニュートンメートル）	J （N·m）	エルグ カロリ（国際） 重量キログラムメートル キロワット時 仏馬力時 電子ボルト	erg cal_{IT} kgf·m kW·h PS·h eV	10^{7} 1/4.186 8 1/9.806 65 $1/(3.6\times10^{6})$ $\approx 3.776\,72\times10^{-7}$ $\approx 6.241\,46\times10^{18}$
動力，仕事率，電力および放射束	ワ　ッ　ト （ジュール毎秒）	W （J/s）	重量キログラムメートル毎秒 キロカロリ毎時 仏　馬　力	kgf·m/s kcal/h PS	1/9.806 65 1/1.163 ≈1/735.498 8
粘度，粘性係数	パスカル秒	Pa·s	ポ　ア　ズ 重量キログラム秒毎平方メートル	P $kgf\cdot s/m^{2}$	10 1/9.806 65
動粘度，動粘性係数	平方メートル毎秒	m^{2}/s	ストークス	St	10^{4}
温度，温度差	ケルビン	K	セルシウス度，度	℃	〔注(1)参照〕
電流，起磁力	アンペア	A			
電荷，電気量	クーロン	C	（アンペア秒）	（A·s）	1
電圧，起電力	ボ　ル　ト	V	（ワット毎アンペア）	（W/A）	1
電界の強さ	ボルト毎メートル	V/m			
静電容量	ファラド	F	（クーロン毎ボルト）	（C/V）	1
磁界の強さ	アンペア毎メートル	A/m	エルステッド	Oe	$4\pi/10^{3}$
磁束密度	テ　ス　ラ	T	ガ　ウ　ス ガ　ン　マ	Gs γ	10^{4} 10^{9}
磁　束	ウェーバ	Wb	マクスウェル	Mx	10^{8}
電気抵抗	オ　ー　ム	Ω	（ボルト毎アンペア）	（V/A）	1
コンダクタンス	ジーメンス	S	（アンペア毎ボルト）	（A/V）	1
インダクタンス	ヘンリー	H	ウェーバ毎アンペア	（Wb/A）	1
光　束	ルーメン	lm	（カンデラステラジアン）	（cd·sr）	1
輝　度	カンデラ毎平方メートル	cd/m^{2}	スチルブ	sb	10^{-4}
照　度	ル　ク　ス	lx	フ　ォ　ト	ph	10^{-4}
放射能	ベクレル	Bq	キュリー	Ci	$1/(3.7\times10^{10})$
照射線量	クーロン毎キログラム	C/kg	レントゲン	R	$1/(2.58\times10^{-4})$
吸収線量	グ　レ　イ	Gy	ラ　ド	rd	10^{2}

〔注〕(1) TKからθ℃への温度の換算は，$\theta = T - 273.15$とするが，温度差の場合には$\Delta T = \Delta\theta$である．ただし，ΔTおよび$\Delta\theta$はそれぞれケルビンおよびセルシウス度で測った温度差を表す．

(2) 丸括弧内に記した単位の名称および記号は，その上あるいは左に記した単位の定義を表す．

JSMEテキストシリーズ

流体力学

Fluid Mechanics

日本機械学会

序

「JSME テキストシリーズ」は，大学学部学生のための機械工学への入門から必須科目の修得までに焦点を当て，機械工学の標準的内容をもち，かつ技術者認定制度に対応する教科書の発行を目的に企画されました.

日本機械学会が直接編集する直営出版の形での教科書の発行は，1988 年の出版事業部会の規程改正により出版が可能になってからも，機械工学の各分野を横断した体系的なものとしての出版には至りませんでした．これは多数の類書が存在することや，本会発行のものとしては機械工学便覧，機械実用便覧などが機械系学科において教科書・副読本として代用されていることが原因であったと思われます．しかし，社会のグローバル化にともなう技術者認証システムの重要性が指摘され，そのための国際標準への対応，あるいは大学学部生への専門教育への動機付けの必要性など，学部教育を取り巻く環境の急速な変化に対応して各大学における教育内容の改革が実施され，そのための教科書が求められるようになってきました.

そのような背景の下に，本シリーズは以下の事項を考慮して企画されました.

① 日本機械学会として大学における機械工学教育の標準を示すための教科書とする.

② 機械工学教育のための導入部から機械工学における必須科目まで連続的に学べるように配慮し，大学学部学生の基礎学力の向上に資する.

③ 国際標準の技術者教育認定制度〔日本技術者教育認定機構(JABEE)〕，技術者認証制度〔米国の工学基礎能力検定試験(FE)，技術士一次試験など〕への対応を考慮するとともに，技術英語を各テキストに導入する.

さらに，編集・執筆にあたっては，

① 比較的多くの執筆者の合議制による企画・執筆の採用,

② 各分野の総力を結集した，可能な限り良質で低価格の出版,

③ ページの片側への図・表の配置および 2 色刷りの採用による見やすさの向上,

④ アメリカの FE 試験（工学基礎能力検定試験(Fundamentals of Engineering Examination)）問題集を参考に英語による問題を採用,

⑤ 分野別のテキストとともに内容理解を深めるための演習書の出版,

により，上記事項を実現するようにしました.

本出版分科会として特に注意したことは，編集・校正には万全を尽くし，学会ならではの良質の出版物になるように心がけたことです．具体的には，各分野別出版分科会および執筆者グループを全て集団体制とし，複数人による合議・チェックを実施し，さらにその分野における経験豊富な総合校閲者による最終チェックを行っています.

本シリーズの発行は，関係者一同の献身的な努力によって実現されました． 出版を検討いただいた出版

事業部会・編修理事の方々，出版分科会を構成されました委員の方々，分野別の出版の企画・進行および最終版下作成にあたられた分野別出版分科会委員の方々，とりわけ教科書としての性格上短時間で詳細な形式に合わせた原稿の作成までご協力をお願いいただきました執筆者の方々に改めて深甚なる謝意を表します．また，熱心に出版業務を担当された本会出版グループの関係者各位にお礼申し上げます．

本シリーズが機械系学生の基礎学力向上に役立ち，また多くの大学での講義に採用され技術者教育に貢献できれば，関係者一同の喜びとするところであります．

2002 年 6 月

日本機械学会

JSME ﾃｷｽﾄｼﾘｰｽﾞ 出版分科会

主　査　宇　高　義　郎

「流体力学」刊行にあたって

流体力学とは，気体と液体に関する力学を取り扱う学問です．流体が関わる現象や技術は広範囲に及び，さまざまな分野の科学技術と関連しています．そのため，日本機械学会の中にある21ほどの部門の中で，流体工学部門は部門登録者数が最大級の基幹部門の一つとなっています．このことから，機械工学，さらには科学技術における流体力学の重要性の一端を垣間見ることができます．

そのため，機械系の学生や技術者にとって流体力学は重要科目の一つになっています．ところが，空気や水が透明であることに代表されるように多くの流体は目に見えず，また自由に変形できることからつかみ所がなく，流体力学はわかりにくいとの印象を持たれることもあります．確かに，流体は一見すると不思議な現象が起こったり，予測の及ばない振る舞いをすることもあります．しかし，その未知の部分があるからこそ流体が魅力的であるのです．目に見えない未知の現象を解き明かし，それを科学技術に応用していくことに喜びがあり，また技術の進歩があるのです．流体力学には難しい面もありますが，ある程度の基本的な内容を理解すれば，多くの技術的場面で活用できるようになります．本書がその手助けとなればと願っています．

本書の執筆を担当したのは，流体力学を専門とし，機械学会のみならず，他の学協会やさまざまな社会活動においても第一線で活躍の方々です．ご多忙の中で貴重な時間を割き，熱意をもって書いていただきました．テキストの価格を抑えるために，各執筆者には統一した書式で原稿を作成し，完成図版を作成するところまでという多大な負担をお掛けしました．その努力の結果，わかりやすい図をできるだけ多くし，例題や各章末の練習問題には国際性を意識して英文問題を半分近く取り入れることができました．

編集作業の遅れのため企画から4年の歳月を要してしまいましたが，この間，献身的にご協力いただいた執筆者，校閲者の方々，また関連してご協力、ご支援くださった多くの方々に感謝申し上げます．

2005年2月
JSMEテキストシリーズ出版分科会
流体力学テキスト
主査　石綿良三

――――――――　流体力学　執筆者・出版分科会委員　――――――――

執筆者・委員	石綿良三	(神奈川工科大学)	第1章、第2章、編集
委員	後藤　彰	((株)荏原製作所)	校閲
執筆者	酒井康彦	(名古屋大学)	第3章
執筆者	高見敏弘	(岡山理科大学)	第6章
執筆者	平原裕行	(埼玉大学)	第10章、第11章
執筆者	古川雅人	(九州大学)	第5章
執筆者	水沼　博	(首都大学東京)	第8章
執筆者	望月　修	(東洋大学)	第4章
執筆者	山本　誠	(東京理科大学)	第7章、第9章
総合校閲者	黒川淳一	(横浜国立大学)	

目　次

第１章

流体の性質と分類

Properties of Fluids

1・1　序論 (introduction)

1・1・1　流体力学とは (What is fluid mechanics)

流体力学で扱う「流体」とは気体と液体を指し，自由に変形できるという特徴を持っている．流体が運動している状態を「流れ」といい，流体の力学的釣り合いや運動を解析する学問が流体力学である．

われわれの身のまわりを見てみると，空気の中で生活し，水と深く関わり合っていることがわかる．他にも数限りない流体に囲まれ生活している．地球上に水と空気という流体があったからこそ生命の誕生や生物の進化が起こり得たのである．

流体と人類とのつながりも人類誕生の日から始まっていたであろう．世界４大文明がいずれも川とともに発展しているのは偶然ではない．それ以前には人々は移動しながら狩猟・採集生活を送っていたが，このときを境に農耕を基盤にした定住生活へと移行していった．河川は肥沃で良質な土壌を育み，これに灌漑技術が導入されることによって農業生産力が増大し，人口の増加をもたらした．町や都市（図 1.1）ができると，灌漑や洪水対策工事はより複雑化し，下水処理システムも必要となってきた．さらに運河が作られ，船によって金属，木材，穀物などの交易が行われ，文明の発展に拍車をかけた．川の存在と流体に関わる技術なくしてはこれらの古代文明はあり得なかったとも言える．これ以降の農耕に基盤を置く文明においては，主として経験による知恵を蓄積していく形で流体の技術が継承されていったものと思われる．

図 1.1　水との関わりから古代文明は始まった（メソポタミアの都市ウルは水に囲まれていた）
（提供　大成建設(株)）

時代を隔てて 18 世紀に起こった産業革命は，機械工業を中心とした文明のめざましい発展をもたらした．これ以降，流体はエネルギーを発生させたり，エネルギーを伝えるものとして重要な役割を果たすことになる．蒸気機関は，熱エネルギーを蒸気という流体のエネルギーに変え，さらにそれを機械的なエネルギーへと変換するシステムである．現在の商用電力もそのほとんどが流体のエネルギーから生み出されている．水力，火力，原子力，風力発電（図 1.2）では流体のエネルギーを機械的なエネルギー（発電機の軸の回転エネルギー）に変換させている．

図 1.2　流体はエネルギーの担い手（風力発電）
（提供　山形県庄内町）

上下水道，都市ガス，石油の輸送，プラント，エンジンの給排気など，パイプを使った流体輸送も流体力学の応用の１つである．これ以外に，流体力学に関わる科学技術は広範に及んでいる．機械要素の基盤となる潤滑技術，油圧機器，空気圧機器は身のまわりのさまざまな機械で使われている．交通・輸送機械ではロケット（図 1.3），航空機，船舶はもちろんのこと，鉄道，リニアモータカー（図 1.4）や自動車でも高速化を図るほど空気抵抗の軽減や

図 1.3　流体力学の応用
（H－ⅡAロケット）
（提供　JAXA）

空力騒音・振動の防止などの流体力学的な問題が重要となってくる．建築・土木関係では，施設の大型化，高度化にともないビル風対策（図 1.5）や空調設備の問題がある．他に，化学工学，医療工学，生命工学，生物学，電子・電気工学，スポーツ工学（図 1.6）など多くの分野と関係している．流体は日常生活でも工業的にもわれわれと密接に結びついているので，流体力学は応用範囲が広く機械工学における主要科目の 1 つとなっている．21 世紀は，環境およびエネルギー問題から循環型社会の形成が重要な課題となる，水および大気の循環が 1 つの大きな要素であるとともに，その他のさまざまな機能を持った流体の活用は不可欠であり，今まで以上に流体力学が重要となる．

図 1.4　流体力学の応用
（リニアモータカー）
(提供　鉄道総合技術研究所)

1・1・2　本書の使い方 (How to use this book)

本書は，大学学部生，高専生，短大生および社会人で流体力学を初めて学ぶ人のための入門書として書かれている．したがって，基礎から始まり機械系技術者として必要とされる項目を一通り収めている．教科書としても，独学用の参考書としても使用できるものである．また，日本技術者教育認定制度（Japan Accreditation Board for Engineering Education，略記：JABEE）や米国の工学基礎能力検定試験（Fundamentals of Engineering Examination，略記：FE 試験），技術士一次試験などの各種認定，認証制度への対応を考慮して書かれている．社会のグローバル化にともなう国際標準を目指して，練習問題には英文の問題も半数近く含めることにした．

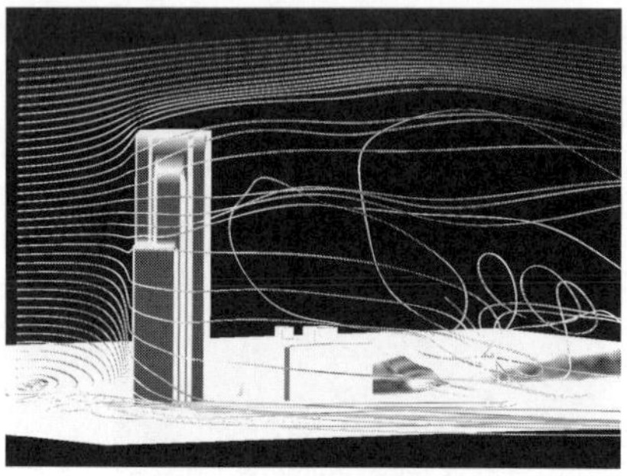

本書を大学学部の教科書として用いる場合の標準的な使い方は，以下の通りである．

図 1.5　流体力学の応用
（建物周辺気流の解析）
（提供　清水建設(株)）

流体力学に先立って，1 年次に微分積分学関係の科目を学習しておくことが望ましい．特に，極限，テイラー展開，偏微分，線積分，重積分などを理解していると，流体力学における数学的な取り扱いがわかりやすくなる．ベクトル解析の知識もあるとよいが，これは 2 年次に並行して学習していけばよい．

2 年前期に第 1 章～第 4 章を学習する．これらは流体力学の最も基本となる内容であり，将来必ずしも流体力学を専門としなくても機械工学系の学生としてはぜひ理解しておくべき内容であり，必修とする．

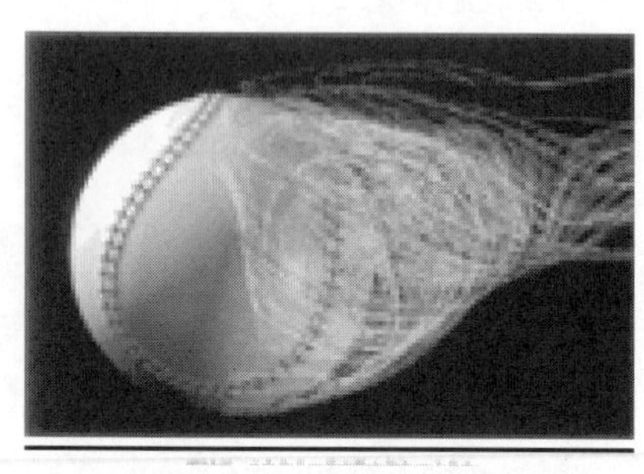

図 1.6　流体力学の応用
（ボールと空気の流れ）
（提供　姫野龍太郎
(理化学研究所))

2 年後期に第 5 章～第 8 章を学習する．これらも流体力学の基本項目であり，機械系技術者にとってほぼ必修と考えてよい．流体と何らかの関連がある業種へ進む場合には理解しておくべき項目である．また，各種の資格認証試験などでも必要となる．以上が，1 年間で標準的に学習すべき内容である．

第 9 章～第 11 章は選択的に学習すればよい．これらは流体力学を専門としたり，流体力学と関連が深い業種や研究者を目指すのであれば必要となる．第 8 章までに比べてさらに数学的な能力を必要とし，標準としては 3 年次に学習することを薦める．「第 10 章ポテンシャル流れ」では複素関数論の知識を必要とするので，機会があれば事前に学習しておくとよい．

以上はあくまでも 1 つの学習モデルであり，他の科目との関連を含めてカリキュラムに応じて学校ごとに変えてもかまわない．基礎を中心に学習する場合に読み飛ばしてもかまわない項には＊（アスタリスク）記号がついているので，参考としていただきたい．

1・2　流体の基本的性質（properties of fluids）

1・2・1　密度と比重量（density and specific weight）

密度(density)とは，その物質の単位体積あたりの質量である．図 1.7 で，ある物質について体積 V の質量が M であるとき，その物質の密度 ρ は，

$$\rho = \frac{M}{V} = \frac{(\text{質量})}{(\text{体積})} \tag{1.1}$$

ここで，密度の単位は[kg/m^3]である．密度は状態量であり，物質の種類，温度および圧力によって定まる値である．

密度の逆数を比体積(specific volume)といい，v で表せば次式となる．

$$v = \frac{1}{\rho} \tag{1.2}$$

一方，比重量(specific weight)とは，その物質の単位体積あたりの重量である．ここで，重量(重さ)とは重力の大きさであり，質量 M に重力加速度 g をかけたもの Mg である．図 1.7 の物質の比重量を γ，重量を G とすると，

$$\gamma = \frac{G}{V} = \frac{(\text{重量})}{(\text{体積})} \tag{1.3}$$

となる．ここで，$G = Mg$ の関係から次式を得る．

$$\gamma = \rho g \tag{1.4}$$

通常，比重量は工学単位系（1・4・1 項参照）で使われ，単位は[kgf/m^3]を用いる．

ここで，水の密度と比重量を考えてみよう．1 気圧，4℃の場合，水の密度は ρ=1000kg/m^3 である．厳密には温度と圧力によって変化するが，通常はほぼ一定とみなして，ρ=1000kg/m^3 を用いればよい．これに重力加速度 9.81m/s^2 をかけ，水の比重量は γ=1000kgf/m^3（工学単位系）=9810 N/m^3（SI）である．表 1.1 におもな流体の密度を示す．

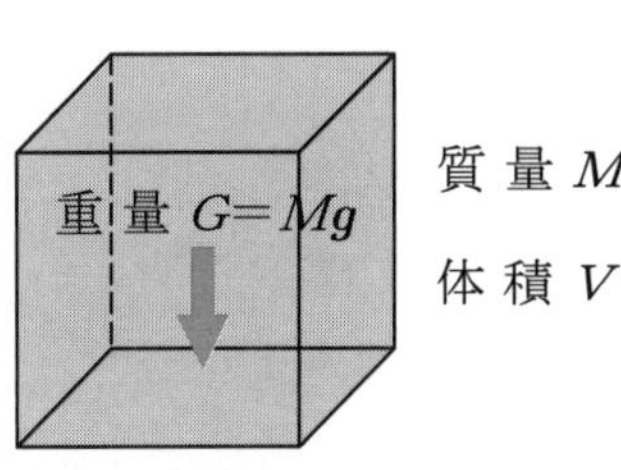

密度 $\rho = M/V$

比重量 $\gamma = G/V = \rho g$

図 1.7　物質の密度

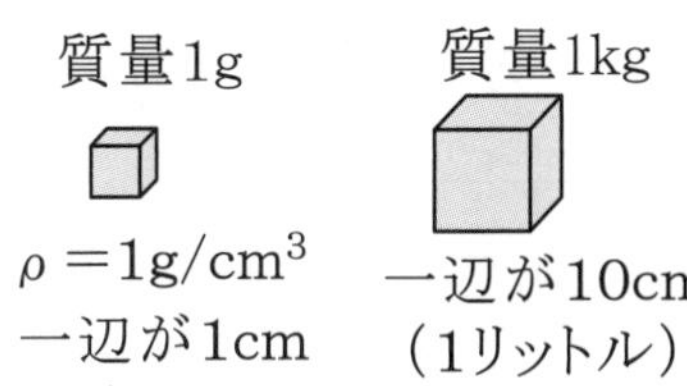

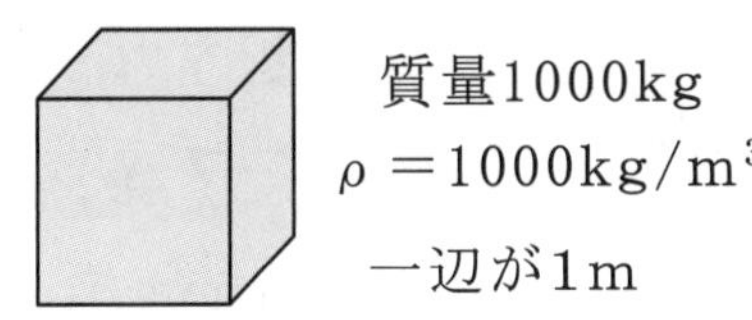

図 1.8　水の密度

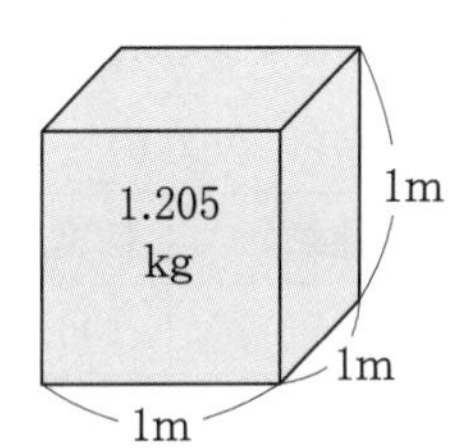

図 1.9　空気の質量

> **空気の質量ってどのくらい？**
>
> 日常生活では空気の密度をあまり意識しないかもしれないが，実際には空気にも質量が存在し，密度は 0 ではない．空気の密度は圧力，温度と湿度によって変化するが，1 気圧，20℃の乾燥空気の場合，ρ=1.205kg/m^3 である．つまり，空気 1m^3 分の質量はおよそ 1.2kg ということになる．ヘリウムガスの入った風船が空気中に浮くのは，まわりの空気の密度がヘリウムガスの密度より大きいからである．

表 1.1　おもな流体の密度（1 気圧のとき）

流体の種類	密度 (kg/m^3)
水（20℃）	998.2
エチルアルコール	789
海水	1010～1050
水銀（20℃）	13546
石油（灯用）	800～830
乾燥空気（20℃）	1.205
二酸化炭素（0℃）	1.977

1・2・2　粘度と動粘度（viscosity and kinematic viscosity）

流体を特徴づける性質に「粘性(viscosity)」がある．これは，流体を変形させるときに変形速度に応じた力が必要とされるという性質である．たとえば，粘りの強いグリースや水あめなどをかき混ぜると，水などに比べて大きな力を必要とし，より粘性が強いことがわかる．空気などの気体にも粘性は存在し，空気抵抗などの原因となっている．

粘度(viscosity)は粘性の強さを表す物性値であり，粘性係数(coefficient of viscosity)とも呼ばれている．

いま，間隔 H だけ隔たった平行な 2 枚の平板間を流体で満たし，図 1.10 のように一方の平板だけを速度 U で平行に動かしてみる．このときに平板を動かすために必要な力は，流体の種類と平板の速度によって変化する．粘りの強い流体ほど大きな力を必要とする．そこで，このときの力の大きさから粘度を定義することができる．平板の速度が小さい場合には，流体の速度分布は直線的となり，クエット流れ(Couette flow)と呼ばれている．このとき，平板に加える力を F，1 つの平板の面積を A とすれば，せん断応力 τ（単位面積あたりのせん断力 $=F/A$）は，多くの流体において U/H に比例することが実験的に確認されている．したがって，

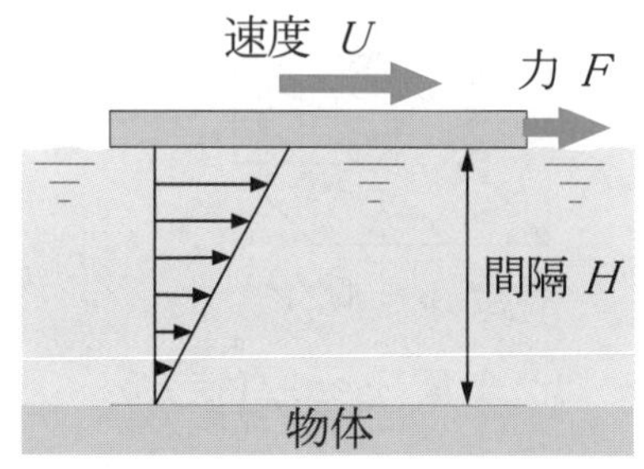

図 1.10　クエット流れ

$$\tau = \mu \frac{U}{H} \tag{1.5}$$

ここで，比例定数 μ を粘度といい，流体の種類，温度，圧力によって定まる物性値である．単位は[Pa･s]を用いる．

一般的には，物体表面付近の流れの速度分布は直線的とは限らず，図 1.11 のように曲線となる．このとき，流体に働くせん断応力 τ は次式となる．

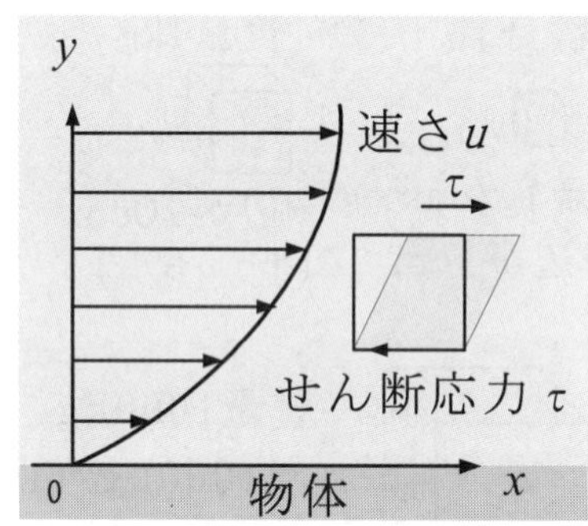

図 1.11　物体表面付近の流れ

$$\tau = \mu \frac{d\boldsymbol{u}}{dy} \tag{1.6}$$

ここで，$\boldsymbol{u}$ は流れの速さ，y は流れに垂直な座標である．$d\boldsymbol{u}/dy$ は速度こう配(velocity gradient)と呼ばれ，流体の変形の速さに関係する値である．式(1.6)は，せん断応力 τ が変形速度に比例するという関係を表し，ニュートンの粘性法則(Newton's law of friction)と呼ばれている．

粘度 μ を密度 ρ で割った値を動粘度(kinematic viscosity) ν といい，単位は[m^2/s]を用いる．

$$\nu = \frac{\mu}{\rho} \tag{1.7}$$

流れ現象に対する粘性の影響を考える場合，粘度 μ（粘性に関係）と密度 ρ（質量に関係）の比である動粘度 ν がしばしば使われる．

表 1.2 と表 1.3 に代表的な流体の粘度と動粘度の値を示す．

表 1.2　おもな流体の粘度
（1 気圧，20℃のとき）

流体の種類	粘度（Pa･s）
水	100.2×10^{-5}
エチルアルコール	119.7×10^{-5}
水銀	156×10^{-5}
乾燥空気	1.82×10^{-5}
二酸化炭素	1.47×10^{-5}

表 1.3　水と空気の動粘度
（1 気圧のとき）

流体の種類	動粘度（m^2/s）
水（0℃）	1.792×10^{-6}
水（20℃）	1.004×10^{-6}
乾燥空気（0℃）	13.22×10^{-6}
乾燥空気（20℃）	15.01×10^{-6}

【例題 1・1】　＊＊＊＊＊＊＊＊＊＊＊＊＊＊＊＊＊＊＊＊＊＊＊

2 枚の平板の間に水をはさみ，間隔を 0.50mm に保ったまま，図 1.10 のように上の平板を一定の速度でずらしてみた．上の平板は一辺の長さが 100mm の正方形で，ずらす速さは 20mm/s とし，平板間の流れはクエット流れであったとする．上の平板が水から受ける抵抗力 F はいくらか．温度は 20℃とする．

【解答】 表 1.2 から 20℃における水の粘度は，$\mu=1.0\times10^{-3}$Pa・s である．式(1・5)から，せん断応力 τ は，

$$\tau=1.0\times10^{-3}\left(\mathrm{Pa\cdot s}\right)\times\frac{20\times10^{-3}\left(\mathrm{m/s}\right)}{0.5\times10^{-3}\left(\mathrm{m}\right)}=4.0\times10^{-2}\left(\mathrm{Pa}\right)$$

これに面積をかけると力 F が求まる．

$$F=4.0\times10^{-2}\left(\mathrm{Pa}\right)\times\left\{0.100\left(\mathrm{m}\right)\right\}^{2}=4.0\times10^{-4}\left(\mathrm{N}\right)$$

＊＊＊＊＊＊＊＊＊＊＊＊＊＊＊＊＊＊＊＊＊＊

1・2・3　体積弾性係数と圧縮率（bulk modulus of elasticity and compressibility）

気体を加圧すると体積が収縮する．液体や固体の場合にも，わずかではあるが体積変化を起こす．このように圧力変化によって体積変化する性質を圧縮性(compressibility)と呼ぶ．

図 1.12 のように，ある物質が圧力 p の下で体積 V であったとする．ここで，圧力をごくわずかだけ上昇させ，圧力が $p+dp$ となり，体積が $V+dV$（ただし，$dV<0$）になったものとする．このとき，圧力変化 dp が微小であれば，圧力変化 dp と体積変化 dV との間に次の関係が成り立つ．

$$dp=-K\frac{dV}{V} \tag{1.8}$$

ここで，dV/V は体積ひずみ(cubical dilatation)と呼ばれ，体積変化の割合を示している．K は体積弾性係数（bulk modulus of elasticity）と呼ばれ，単位は[Pa]を用いる．また，K の逆数 β を圧縮率(compressibility)という．

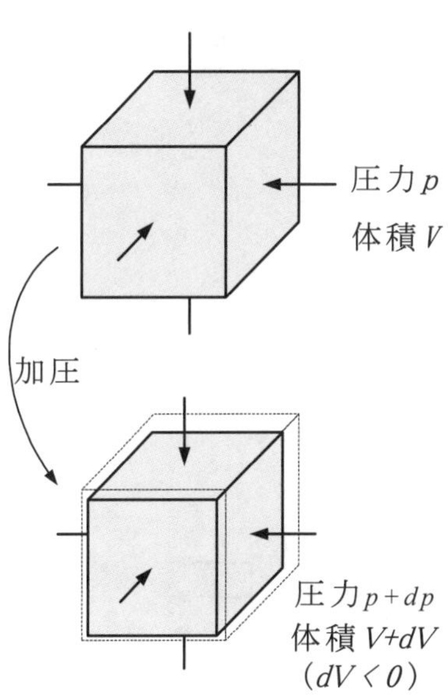

図 1.12　流体の圧縮

$$\beta=\frac{1}{K} \tag{1.9}$$

体積弾性係数 K が大きいほど体積変化がしにくいということを表し，一般に気体に比べて液体の K は大きく，同じ体積変化を与えるのにより大きな圧力変化を必要とすることを表している．逆に，圧縮率 β は体積変化のしやすさを表し，一般に液体よりも気体の方が大きな値となる．

1・2・4　表面張力（surface tension）＊

液体は分子の凝集力によって互いに引っ張られ，他の気体や液体と接する界面は常に縮もうとする力が働いている．ふくらんだゴム風船のゴムが常に縮もうとしているのと同様である．このように流体の界面に働く張力を表面張力(surface tension)と呼び，単位長さあたりの力[N/m]で表される．無重量状態にある宇宙飛行船の中で空中に漂う水が球形になったり，床に落ちた水滴が盛り上がって半球状になったりするのも，この表面張力によるものである．

表面張力の大きさは接する流体によって変化する．たとえば，20℃で空気と接する液体の表面張力は表 1.4 の通りである．

表 1.4　おもな液体の表面張力
(20℃のとき)

液体／接触させる流体	表面張力 (N/m)
水／空気	0.072
エチルアルコール／窒素	0.022
水銀／水	0.38

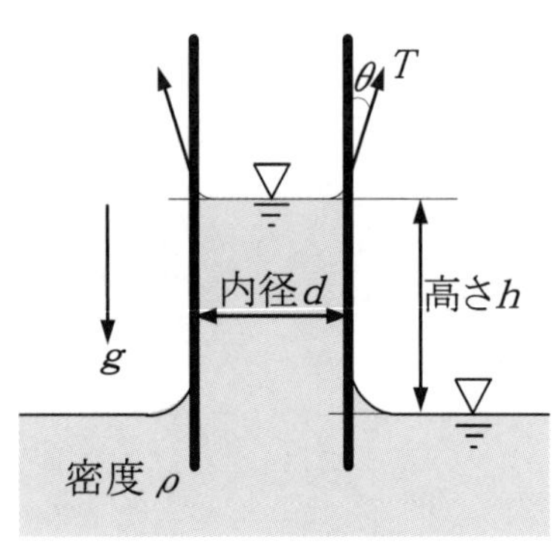

図 1.13　毛管現象

【例題 1・2】　＊＊＊＊＊＊＊＊＊＊＊＊＊＊＊＊＊＊＊＊＊＊＊

細い管を図 1.13 のように水面に垂直に立てると，管内の水面はまわりよりも高くなる（毛管現象）．水の密度を ρ，管の内径を d，表面張力を T，接触部で水面と管壁とのなす角（接触角(contact angle)という）を θ，重力加速度を g とするとき，水面の上昇高さ h を求めよ．

【解答】 図 1.13 において，高さ h の円筒部分の水に働く重力と表面張力による力がつり合うので，

$$\rho g \frac{\pi d^2}{4} h = \pi d T \cos\theta$$

よって，

$$h = \frac{4T\cos\theta}{\rho g d}$$

＊＊＊＊＊＊＊＊＊＊＊＊＊＊＊＊＊＊＊＊＊＊

1・3　流体の分類 (classification of fluids)

1・3・1　粘性流体と非粘性流体（viscous and inviscid fluid）

流体の重要な性質の 1 つに「粘性(viscosity)」がある．この粘性の有無によって流体を分類することができる．粘性がある流体（粘度 $\mu \neq 0$）を粘性流体(viscous fluid)，粘性がない流体（粘度 $\mu = 0$）を非粘性流体(inviscid fluid)という．

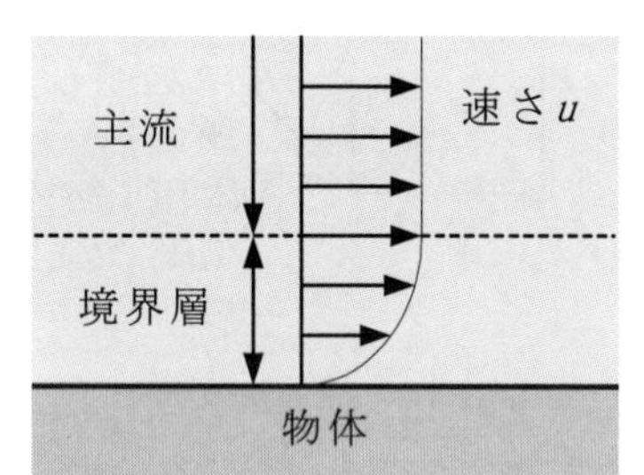

図 1.14　物体まわりの流れ

極低温（2.17K 以下）の液体ヘリウムが粘性のない超流動状態になるという例外を除けば，実在する流体はすべて粘性を持っており，厳密には粘性流体である．しかし，実用上は粘性の影響の大小により分類し，粘性を考慮する必要がある場合に粘性流体，粘性の影響が小さく粘性を無視できる場合には非粘性流体として扱われる．

たとえば，図 1.14 のような物体まわりの流れでは，物体表面近くでは粘性の影響が大きく粘性流体として扱うが，物体からある程度離れた所では粘性の影響が小さく非粘性流体として扱うことができる．このように，同じ流体でも粘性の取り扱いを変えることはしばしば行われる．粘性を無視できる場合には数学的な取り扱いが格段にやさしくなり，メリットは大きい．

ところで，流体の粘性を表す物性値は粘度あるいは動粘度であるが，流れに対する粘性の影響力を支配するのはレイノルズ数(Reynolds number) Re という無次元量である．流体の動粘度を ν，流れの代表速度（基準となる速さ）を U，流れ場の代表長さ（基準となる寸法）を L とすれば，レイノルズ数 Re は次式で定義される．

$$Re = \frac{UL}{\nu} \tag{1.10}$$

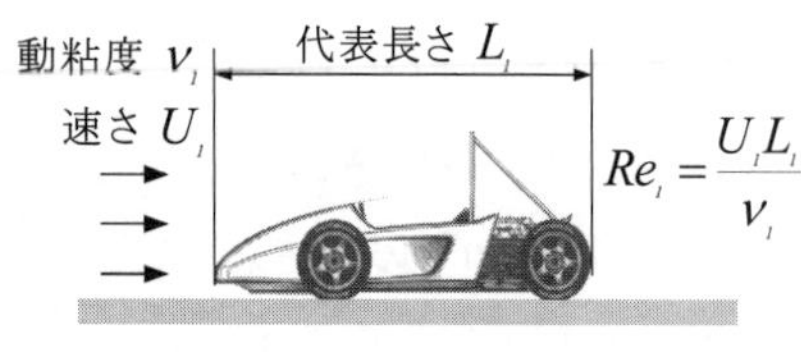

Re_1=Re_2であれば2つの流れは相似
(本質的に同じ現象となる)

図 1.15　レイノルズの相似則

レイノルズ数 Re は慣性力と粘性力との比であり，この値が大きいほど粘性の影響は小さくなる．

幾何学的に相似な 2 つの流れでレイノルズ数が等しい場合，粘性力と慣性

力の割合が等しくなり，２つの流れが相似になる．２つの流れの流線は相似になり，本質的に同じ流れであるといえる．これをレイノルズの相似則(Reynolds' law of similarity)といい，模型実験を行うときなどでは実機と模型とでレイノルズ数を一致させるようにしている（図 1.15).

1・3・2　ニュートン流体と非ニュートン流体（Newtonian and non-Newtonian fluids)

粘性流体は，ニュートンの粘性法則（式(1.6)）が成り立つかどうかによって分類できる．つまり流体の中には，粘性によるせん断応力 τ が速度こう配 du/dy に比例するものとそうでないものとがある．ニュートンの粘性法則が成り立つものをニュートン流体(Newtonian fluid)といい，空気，水およびいくつかの油などがこれに属する．一方，ニュートンの粘性法則が成り立たないものを非ニュートン流体(non-Newtonian fluid)という．

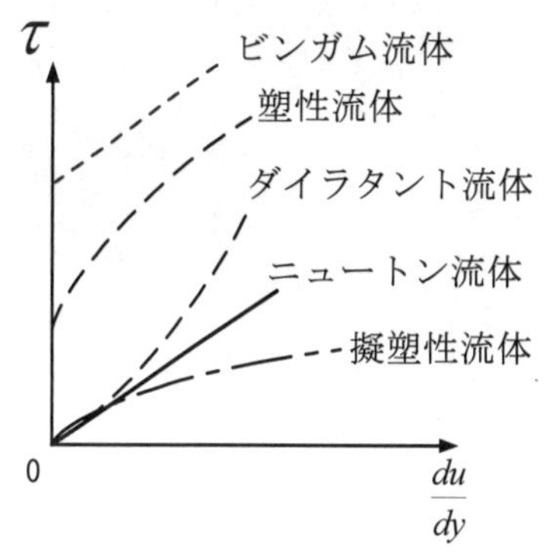

図 1.16　流動曲線

図 1.16 は流動曲線と呼ばれ，せん断応力と速度こう配の関係を示している．原点を通る直線で表される流体がニュートン流体であり，直線の傾きが粘度となる．流動曲線が原点を通る直線にならない流体，つまりニュートン流体でない流体はすべて非ニュートン流体となる．図からもわかるが，非ニュートン流体にはさまざまな種類がある．

ビンガム流体(Bingham fluid)や塑性流体(plastic fluid)は，速度こう配が 0,つまり変形速度が限りなく小さい場合にもせん断応力が働くものであり，はじめの形状を保持することができる．粘土，アスファルトなどがこれに属する．

擬塑性流体(pseudoplastic fluid)は，速度こう配が 0 のときにせん断応力が 0 であり，形状を保持することができない．速度こう配が小さいときには粘度は大きく，速度こう配が大きくなるにつれて粘度は小さくなるという性質を持っている．高分子溶液や高分子融液などが擬塑性流体になる．

ダイラタント流体(dilatant fluid)は，これとは逆に，速度こう配が大きくなるにつれて粘度が大きくなるという性質を持っている．砂と水を適当な比率で混合したものなどがこれに属する．

このように非ニュートン流体はきわめて多様であり，それぞれに応じた数学的な取り扱いが必要になる．ただし，本書では基本的な流体であるニュートン流体に限定して解説を行うことにする．

> **身のまわりにある非ニュートン流体**
>
> 生クリーム，軟膏，練り歯ミガキ，靴クリーム，あん(こしあん，つぶあん)などはビンガム流体であり，形状を保つことができる．生たまご，うなぎのぬめり，水で溶いたでんぷん，血液は擬塑性流体であり，速くかきまぜるほど粘度が小さくなるという性質がある．

1・3・3　圧縮性流体と非圧縮性流体 (compressible and incompressible fluids)

ここでは，圧縮性に着目して流体を分類する．圧縮性の影響を考慮する必要がある流体を圧縮性流体(compressible fluid)という．一方，圧縮性の影響が小さく，圧縮性を無視できる流体を非圧縮性流体(incompressible fluid)という．

流体の圧縮性を代表する物性値は体積弾性係数 K または圧縮率 β であるが，流れに対する圧縮性の影響を支配するのはマッハ数(Mach number) M である．マッハ数 M は流れの代表速度 U と音速(sound velocity, speed of sound) a の比であり，

$$M=\frac{U}{a} \tag{1.11}$$

で定義される．ここで，音速 a はその流体の体積弾性係数 K と密度 ρ から次式で求められる．

$$a=\sqrt{\frac{K}{\rho}} \tag{1.12}$$

図 1.17　超音速流れの例
（スペースプレーン，$M\sim8$）
（提供　JAXA）

圧縮性の影響の大小はマッハ数 M で整理することができる．$M<$約 0.3 の場合には圧縮性の影響は小さく，通常，非圧縮性流体と近似することができる．$M>$約 0.3 の場合には圧縮性を考慮し，圧縮性流体として扱われることが多い．速度が音速を超えると（$M\geqq1$）圧縮性の影響が顕著に現われ，衝撃波(shock wave)が発生するという劇的な変化が起こる．$M>1$ のときには超音速流れ(supersonic flow)（たとえば図 1.17），$M<1$ のときには亜音速流れ(subsonic flow)（たとえば図 1.18）と呼ばれる．

このように，圧縮性の影響はその流体の体積弾性係数 K（または圧縮率 β）によって直接決まるものではなく，同じ流体であっても速度が変わると圧縮性流体か非圧縮性流体か，その取り扱い方が変わる．

図 1.18　亜音速流れの例
（100km/h で走行する自動車，
$M\fallingdotseq0.08$）

【例題 1・3】　＊＊＊＊＊＊＊＊＊＊＊＊＊＊＊＊＊＊＊＊＊＊＊＊

1 気圧で常温のとき，空気はどのくらいの流速まで非圧縮性流体として扱うことができるか．

【解答】　気温 t [℃]，1 気圧の乾燥空気では音速 a [m/s]は，

$$a=331.45+0.607t$$

となる．常温として，マッハ数 M が 0.3 となるのは速度が約 100m/s のときである．したがって，速度が約 100m/s 以下であれば，空気であっても圧縮性を無視し，非圧縮性流体として扱うことができる．

＊＊＊＊＊＊＊＊＊＊＊＊＊＊＊＊＊＊＊＊＊＊＊＊

1・3・4　理想流体 (ideal fluid)

粘性および圧縮性のない流体を理想流体(ideal fluid)という．理想流体では粘性がないためエネルギー損失や抵抗力が存在せず，実在する流体と矛盾する点もある．

物体表面近くの流れを理想流体と実在する流体とで比較すると図 1.19 のようになる．(a)の理想流体では粘性によるせん断応力を受けず，物体表面上でも流体は流れている．一方，(b)の実在する流体では粘性の影響により物体表面上で流速が 0 となるとともに，表面付近に流速の遅い境界層(boundary layer)と呼ばれる領域が形成される（9・1 節参照）．境界層の外側は主流(main flow)と呼ばれ，粘性の影響が小さく理想流体として近似できる．通常，境界層は薄い層であるので流れ場の大部分は理想流体とみなすことができ，解析が非常に容易になる．

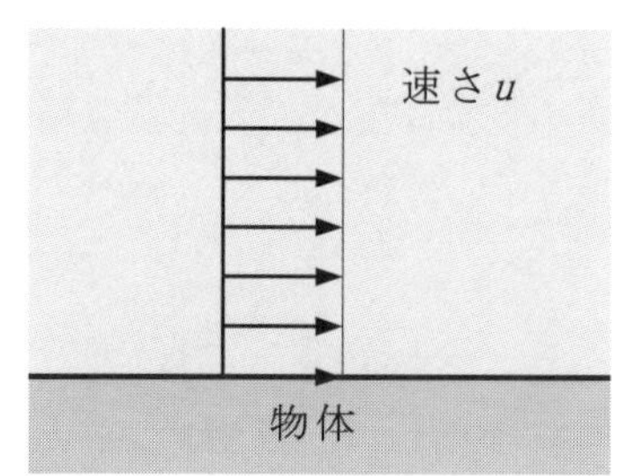

(a)　理想流体

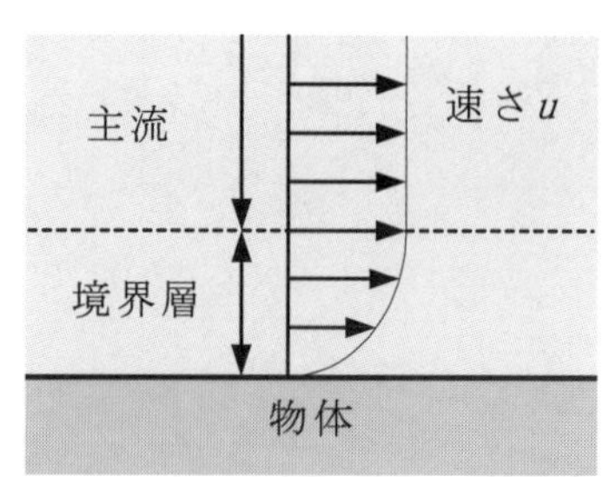

(b)　実在する流体

図 1.19　物体表面近くの流れ

1・4　単位と次元 (units and dimensions)

1・4・1　単位系 (systems of units)

物理量を表す際に単位が必要となる．世界中には数々の単位系があるが，SI（International System of Units，国際単位系）が国際的に標準となる単位系であり，国際的に統一されつつある．本書でも原則として SI を使用している．

SI とは，表 1.5 に示す 7 つの基本単位の組み合わせとしてすべての物理量の単位を表すものである．特に，流体力学でよく使う基本単位は，長さの [m]，質量の［kg]，時間の［s］である．これらを組み合わせると，面積の［m^2]，速度の［m/s]，力の［N］=［kg m/s^2］などになる．

一方，産業界を中心として従来使われてきた工学単位系(gravitational units, 重力単位系ともいう)という単位系がある．これは，長さの [m]，力の [kgf]，時間の［s］を基本単位としている．SI との関係は，

力　　1 kgf = 9.81 N

ここで，1kgf は質量 1kg の物体に働く重力の大きさである．しかし，重力加速度の大きさは場所によって異なり，さらに宇宙開発が進む中では重力そのものに絶対性がなくなっており，工学単位系はしだいに使われなくなって来ている．

欧米では，長さに［ft］（foot)，力に［lbf］（pound）を用いる英国単位系（British gravitational units，略記 BG 単位系，English units）もよく使われている．SI との関係は，

長さ　1 ft = 0.3048 m　　　（1 ft = 12 inch）

力　　1 lbf = 4.4482 N

質量　1 lbm = 0.4536 kg ，1 slug = 14.5939 kg　（lbm は質量の pound）

温度差　1 K = 1.8゜F　あるいは　1 K = 1.8゜R　（゜R は Rankine）

これらの関係のおもなものを巻末の見開きに示す．

このようにさまざまな単位系があるが，冒頭で述べたように国際的に SI へ統一されつつあるのが現状である．

表 1.5　SI 基本単位

量	名称	記号
長さ	メートル	m
質量	キログラム	kg
時間	秒	s
電流	アンペア	A
熱力学温度	ケルビン	K
物質量	モル	mol
光度	カンデラ	cd

【例題 1・4】　＊＊＊＊＊＊＊＊＊＊＊＊＊＊＊＊＊＊＊＊＊＊＊＊

外見はまったく同じ 2 つの球がある．1 つは質量 1kg，もう 1 つは 10kg である．この 2 つの球を見分けるには，地球上では手にとってみればすぐにわかる．では，無重量状態の宇宙飛行船ではどのように見分けたらよいか．

【解答】 無重量状態では，2 つの球の重量はいずれも 0kgf，つまり重さはない．しかし，質量は 1kg と 10kg の違いがあり，これらの球を動かしてみれば簡単に見分けることができる．つまり，ニュートンの運動方程式により，同じ加速度を与えるのに必要な力は 10 倍異なるからである．

＊＊＊＊＊＊＊＊＊＊＊＊＊＊＊＊＊＊＊＊＊＊＊

1・4・2　次元 (dimension) *

前項で述べたように，SI の考え方の基本は「すべての物理量は 7 つの基本単位の組み合わせとして表現できる」ということである．そこで，基本単位の基本量を長さ「L」，質量「M」，時間「T」，温度「Θ」と表し，これらを次元(dimension)と呼ぶ．

これらを組み合わせることによって，他の物理量の次元を表すことができる．たとえば，面積は「L^2」，速度は「LT^{-1}」，力は質量と加速度の積であるから「LMT^{-2}」となる．

一般に，物理現象を表す式のほとんどは単位系にかかわらず成立し，このように単位系に関係なく成立する方程式を完全方程式(complete equation)という．いま，n 個の物理量 $A_1, A_2, \cdots, A_n$ の関係を表す完全方程式

$$f\left(A_1, A_2, \cdots, A_n\right) = 0 \tag{1.13}$$

が m 個の基本単位から構成されているものとする．バッキンガムの π 定理 (Buckingham's π theorem)によれば，式(1.13)は $n-m$ 個の無次元数 $\pi_1, \pi_2, \cdots, \pi_{n-m}$ の関係式に変形できる．

$$F\left(\pi_1, \pi_2, \cdots, \pi_{n-m}\right) = 0 \tag{1.14}$$

ここで，無次元数 $\pi_1, \pi_2, \cdots, \pi_{n-m}$ は $m+1$ 個以下の物理量のべき乗積として表すことができ，パイナンバーと呼ばれる．

式(1.13)よりも式(1.14)のような無次元数の関係式の方がより一般性のある表現となり，よく用いられる．ただし，同じ現象でもパイナンバーの選び方は一通りとは限らないので，どの組み合わせが最もよいかは実験などによる確認が必要である．

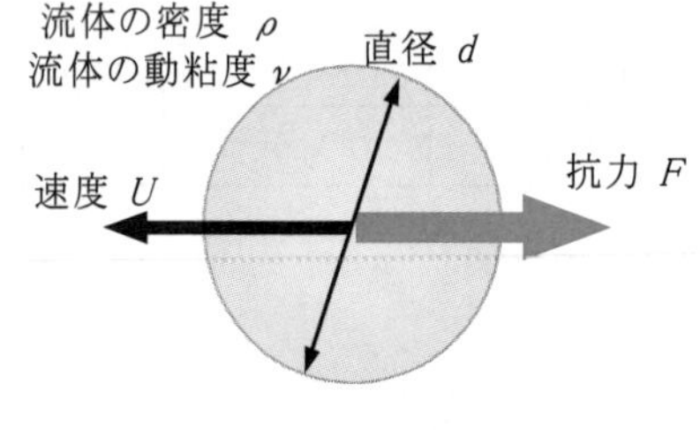

図 1.20　流体中を運動する球

【例題 1・5】　＊＊＊＊＊＊＊＊＊＊＊＊＊＊＊＊＊＊＊＊＊＊＊＊

密度 ρ，動粘度 ν の流体の中を，直径 d の球が速さ U で運動している（図 1.20）．流体から球に働く抗力（流体から受ける抵抗）を F とする．この現象に関わる 5 個の物理量 ρ， ν， d， U， F からパイナンバーを求めよ．

【解答】 ここで出てくる基本単位の次元は長さ [L]，質量 [M]，時間 [T] である．これらから得られるパイナンバーは 2 つであり，

$$\pi = \rho^{\alpha} \nu^{\beta} d^{\gamma} U^{\delta} F^{\varepsilon}$$

と表すことにする．π を無次元にするためには，［L］，［M］，［T］の各次数が 0 になるようにすればよい．つまり，

［L］に関して；　$-3\alpha + 2\beta + \gamma + \delta + \varepsilon = 0$

［M］に関して；　$\alpha + \varepsilon = 0$

［T］に関して；　$-\beta - \delta - 2\varepsilon = 0$

これらの式を満足する指数 $\alpha, \beta, \gamma, \delta, \varepsilon$ の組み合わせは何通りもある．そこで，これらを整理すると，

$$\alpha = -\varepsilon$$
$$\beta = -\delta - 2\varepsilon$$
$$\gamma = \delta$$

δ と ε の 2 つの値を決めれば，残りの α, β, γ が決定できることがわかる．

そこで，たとえば力 F を含まない無次元量を求めるため $\varepsilon = 0$，さらに $\delta = 1$ とおいてみると，$\alpha = 0$，$\beta = -1$，$\gamma = 1$ となり，1 つの無次元量 $\pi_1 = Ud/\nu$ が求められる．これはレイノルズ数 Re（式(1.10)参照）である．

もう 1 つの無次元量は力 F を含め $\varepsilon = 1$ とおくことにする．δ の決め方はいろいろあるが，実験によれば力 F は速度の 2 乗 U^2 にほぼ比例することが多いので，$\delta = -2$ とおくことにする．すると，$\alpha = -1$，$\beta = 0$，$\gamma = -2$ となり，もう 1 つの無次元量 $\pi_2 = F/\rho U^2 d^2$ が求められる．この値に物理的な意味を持たせるために，通常はこれに係数をかけた，抗力係数と呼ばれる $C_D = F/\{(\rho U^2/2)(\pi d^2/4)\}$ という値が用いられる．π 定理から，C_D は Re の関数，つまり $C_D = f(Re)$ であることがわかる．

＊＊＊＊＊＊＊＊＊＊＊＊＊＊＊＊＊＊＊＊＊＊＊＊

＝＝＝＝＝　練習問題　＝＝＝＝＝＝＝＝＝＝＝＝＝＝＝＝＝＝＝＝＝＝

【1・1】 ある油の１リットルあたりの質量が 0.965kg であり，動粘度は 1.03×10^{-3}m^2/s であるという．この油の密度と粘度を求めよ．

【1・2】 If the viscosity of oil is 0.0230lbf-sec/ft^2, what is its viscosity in Pa•s ? If its kinematic viscosity is 0.0132ft^2/s, what is its density in lbm/ft^3 and kg/m^3.

【1・3】 １気圧，20℃の水の体積を 0.10％減少させるためには，圧力をどのくらい増加させればよいか．ただし，水の体積弾性係数は一定とみなし，2.06GPa とする（１GPa＝10^9Pa）．

【1・4】 To what height will 20℃ water rise in a 1.0-mm-diameter open glass tube when the contact angle is approximately 0° ?

【1・5】 自動車の開発のため寸法が１／５の模型を使って空力実験することにした．車体まわりの流れを実車と相似にするためにレイノルズ数を一致させるものとする．模型では実車にくらべて風速を何倍にすればよいか．ただし，空気の状態（圧力，温度）は，実車と模型とで同一とする．

【1・6】 What is the speed of sound in 20℃ water if the bulk modulus is 2.22×10^9Pa.

【1・7】 水の流れはどのくらいの流速まで非圧縮性流体とみなすことができるかを調べよ.

【1・8】 In the [MLT] system, what is the dimensional representation of (1) energy, (2)surface tension, (3)viscosity, and (4)bulk modulus.

【1・9】 振り子運動の周期を T とする. 空気抵抗が無視できるとき, この現象を支配するのは, 振り子の糸の長さ L と重力加速度 g である. 次元解析からパイナンバーを求め, さらに周期 T が $\sqrt{L/g}$ に比例することを導け.

【解答】

【1・1】 式(1.1)の定義から, 密度 ρ は 965 kg/m^3.
式(1.7)から, 粘度 μ は 0.994 Pa・s.

【1・2】 The viscosity is $\mu = 1.101(\text{Pa}\cdot\text{s})$.
The density is $\rho = 56.06(\text{lbm/ft}^3) = 898.0(\text{kg/m}^3)$.

【1・3】 式(1.8)から, 2.06×10^6Pa.

【1・4】 From example 1.2, 29.4mm.

【1・5】 レイノルズの相似則より実車と模型とでレイノルズ数を一致させればよい. 模型の風速を実車の 5 倍にすればよい.

【1・6】 Since $\rho = 998.2(\text{kg/m}^3)$, $a = \sqrt{K/\rho} = 1.49\times10^3(\text{m/s})$.

【1・7】 マッハ数を約 0.3 以下であればよく, 20℃, 1 気圧とすれば, 流速を約 450m/s 以下にすればよい.（音速は 1491m/s であり, マッハ数 $M = 0.3$ のときの速度は 447m/s.）

【1・8】 (a) ML^2/T^2 (b) M/T^2 (c) M/LT (d) M/LT^2

【1・9】 たとえば, 周期 T の次元を 1 次として, $\pi = g^x L^y T$ とおくと, $\pi = T\sqrt{g/L}$ を得る. $F(\pi) = 0$ であるから, $\pi = T\sqrt{g/L} = \text{const.}$ となる. したがって, $T = k\sqrt{L/g} = \text{const.}$ （k は定数).

第 1 章の文献

Daugherty, R. L., (1985), Fluid Mechanics with Engineering Applications, Eighth Edition.

石綿良三, (2000), 流体力学入門, 森北出版.

Massey, B. and Ward-Smith, J., (1998), Mechanics of Fluids, Seventh Edition, Stanley Thornes Ltd.

日本機械学会, (2004), 流れのふしぎ, 講談社.

大橋秀雄, (1982), 流体力学(1), コロナ社.

Sabersky, R. H., Acosta, A. J., Hauptmann, E. G. and Gates E.M., (1999), Fluid Flow, A First Course in Fluid Mechanics, Fourth Edition.

白倉昌明, 大橋秀雄, (1969), 流体力学(2), コロナ社.

White, F. M., (1999), Fluid Mechanics, Fourth Edition, McGraw-Hill.

第2章

流れの基礎

Fundamentals of Fluid Flow

2・1 流れを表す物理量 (properties of fluid flow)

2・1・1 速度と流量 (velocity and flow rate)

速度(velocity)とは単位時間あたりの移動距離であり，方向も考慮するのでベクトルとなる．速さ，あるいは流速は速度ベクトルの大きさだけを考え，スカラとなる(図 2.1)．速度，速さとも単位は［m/s］を用いる．

流量(flow rate)とは，ある断面を単位時間あたりに通過する流体の体積であり，スカラである(図 2.1)．単位は［m^3/s］を用いる．体積流量とも呼ばれることがあり，これに対して，単位時間あたりに通過する流体の質量を質量流量(mass flow rate)という．

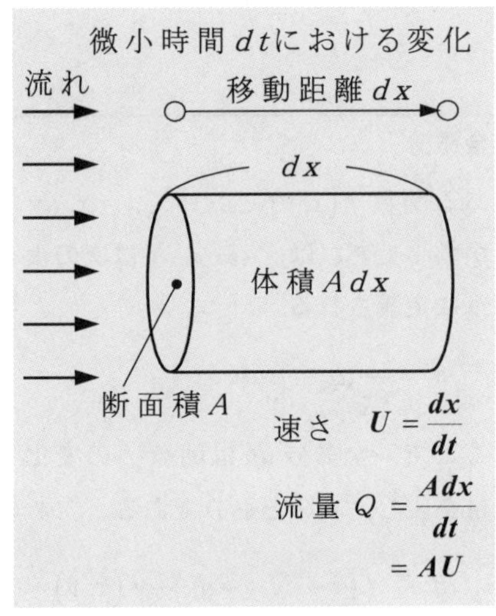

図 2.1　速度と流量

流体の運動を調べる場合，ラグランジュの方法(Lagrangian method of description)とオイラーの方法(Eulerian method of description)という２つの方法がある．ラグランジュの方法とは，ある流体粒子に着目し，それを追跡しながら位置，速度，圧力などの変化を調べる方法である．この方法を用いると，流体の速度$\boldsymbol{v}$は次のように表される．

$$\boldsymbol{v}(t;\,x_0,\,y_0,\,z_0,\,t_0) \tag{2.1}$$

これは，時刻t_0に点$(x_0,\,y_0,\,z_0)$にあった流体粒子に着目し，その速度$\boldsymbol{v}$を時刻tの関数として表したものである．x_0, y_0, z_0, t_0は流体粒子を特定するために必要な情報である．質点の運動も同様な取り扱いとなるが，その物体を特定するための情報は必要なく，速度$\boldsymbol{v}$は時刻tのみの関数として表される．

一方，オイラーの方法は観測点を固定し，そこを通過する流体の速度や圧力を調べる方法である．観測点の座標を(x, y, z)，時刻をtとすれば，速度は，

$$\boldsymbol{v}(x,\,y,\,z,\,t) \tag{2.2}$$

流体の運動では特定の流体粒子を追跡することは難しく，通常オイラーの方法が用いられる．

交通量の測定

交通量の測定では，計測員が交差点で通過する自動車の数をカウントしている(図 2.2)．これは観測点を固定しており，オイラーの方法によるものである．もしラグランジュの方法で測定するなら，計測員が特定の１台の自動車を決めて，それをずっと追跡することになる．ラグランジュの方法は労力をかけた割には得られる情報量はきわめて少なく，効果的ではない．流体の計測も同様で，全体の流れを求めようとするとオイラーの方法の方が圧倒的に優れている．

図 2.2　交通量の測定

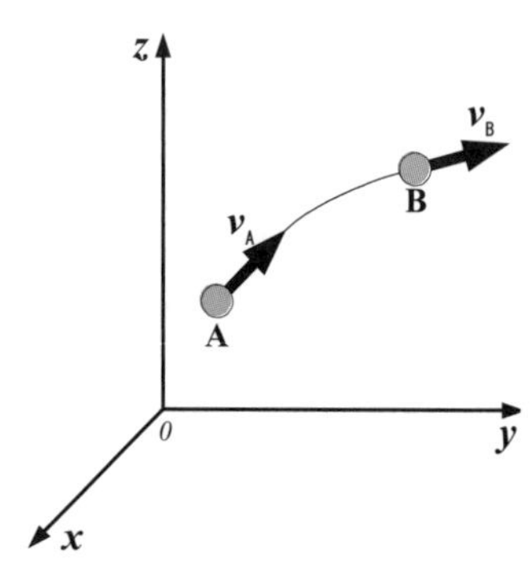

図 2.3　流体の加速度

全微分

ある関数 $f(x,y)$ において，dx, dy が微小であれば，全微分 df は次のように定義される．

$$df = \frac{\partial f}{\partial x}dx + \frac{\partial f}{\partial y}dy$$

ここで，全微分 df は関数 f の変化量を表し，次のとおりである．

$$df \fallingdotseq f(x+dx, y+dy) - f(x,y)$$

2・1・2　流体の加速度 (acceleration of flow) *

加速度はその粒子の速度の時間変化率である．1つの粒子に着目するという点で，ラグランジュの方法に基づくものである．しかし，前項で述べたように流体力学ではオイラーの方法を用いるので，加速度もオイラーの方法で記述する必要がある．

図 2.3 において，時刻 t に点 A を通過した流体粒子の加速度を求めてみよう．点 A における速度を

$$\boldsymbol{v}_A = \boldsymbol{v}(x,\ y,\ z,\ t) \tag{2.3}$$

とする．この粒子が，微小時間 dt 後に点 B を通過し，そのときの速度を

$$\boldsymbol{v}_B = \boldsymbol{v}(x+dx,\ y+dy,\ z+dz,\ t+dt) \tag{2.4}$$

であったものとする．ただし，dx, dy, dz は時間 dt における各方向への移動量であり，微小量である．それぞれの方向の速度を $\boldsymbol{u}$, $\boldsymbol{v}$, $\boldsymbol{w}$ を使って，$dx = \boldsymbol{u}\,dt$，$dy = \boldsymbol{v}\,dt$，$dz = \boldsymbol{w}\,dt$ の関係が成り立つ．

加速度 $\boldsymbol{\alpha}$ は，関数の全微分を利用して次のように求められる．

$$\boldsymbol{\alpha} = \lim_{dt \to 0} \frac{\boldsymbol{v}(x+dx,\ y+dy,\ z+dz,\ t+dt) - \boldsymbol{v}(x,\ y,\ z,\ t)}{dt}$$

$$= \lim_{dt \to 0} \frac{1}{dt}\left(\frac{\partial \boldsymbol{v}}{\partial t}dt + \frac{\partial \boldsymbol{v}}{\partial x}dx + \frac{\partial \boldsymbol{v}}{\partial y}dy + \frac{\partial \boldsymbol{v}}{\partial z}dz\right)$$

$$\boldsymbol{\alpha} = \frac{\partial \boldsymbol{v}}{\partial t} + \boldsymbol{u}\frac{\partial \boldsymbol{v}}{\partial x} + \boldsymbol{v}\frac{\partial \boldsymbol{v}}{\partial y} + \boldsymbol{w}\frac{\partial \boldsymbol{v}}{\partial z} \tag{2.5}$$

この式の第 1 項 $\partial \boldsymbol{v}/\partial t$ は局所加速度(local acceleration)と呼ばれ，流れの非定常性（流れの時間変化）による速度変化分に対応している．第 2～4 項 $\boldsymbol{u}(\partial \boldsymbol{v}/\partial x) + \boldsymbol{v}(\partial \boldsymbol{v}/\partial y) + \boldsymbol{w}(\partial \boldsymbol{v}/\partial z)$ は対流加速度(convective acceleration)と呼ばれ，流体粒子が移動したことによる速度変化分に対応している．両者の合計として流体の加速度が求められ，実質加速度(substantial acceleration)とも呼ばれている．

実質加速度を簡単のために次のように表記することがある．

$$\boldsymbol{\alpha} = \frac{D\boldsymbol{v}}{Dt} \tag{2.6}$$

ここで，

$$\frac{D}{Dt} = \frac{\partial}{\partial t} + \boldsymbol{u}\frac{\partial}{\partial x} + \boldsymbol{v}\frac{\partial}{\partial y} + \boldsymbol{w}\frac{\partial}{\partial z} \tag{2.7}$$

この D/Dt は実質微分(substantial derivative または material derivative)と呼ばれ，流体が保有する物理量の時間変化率を表している．

【例題 2・1】　＊＊＊＊＊＊＊＊＊＊＊＊＊＊＊＊＊＊＊＊＊＊＊＊

ある 2 次元非圧縮性流れにおいて，x，y 方向速度成分 $\boldsymbol{u}$，$\boldsymbol{v}$ がそれぞれ次式で表されるという．このとき，x 方向，y 方向の加速度 α_x と α_y を求めよ．

$\boldsymbol{u} = ax$，$\boldsymbol{v} = -ay$　　（a は定数）

【解答】 式(2.5)の x， y 成分が求める α_x と α_y である．

$$\alpha_x = \frac{\partial \boldsymbol{u}}{\partial t} + \boldsymbol{u}\frac{\partial \boldsymbol{u}}{\partial x} + \boldsymbol{v}\frac{\partial \boldsymbol{u}}{\partial y} = ax \times a + (-ay) \times 0 = a^2 x$$

$$\alpha_y = \frac{\partial \boldsymbol{v}}{\partial t} + \boldsymbol{u}\frac{\partial \boldsymbol{v}}{\partial x} + \boldsymbol{v}\frac{\partial \boldsymbol{v}}{\partial y} = ax \times 0 + (-ay) \times (-a) = a^2 y$$

この流れは時間変化がないが，流体粒子が流れとともに移動することによって加速度を生じていることが確認できる(図 2.4).

＊＊＊＊＊＊＊＊＊＊＊＊＊＊＊＊＊＊＊＊＊＊＊

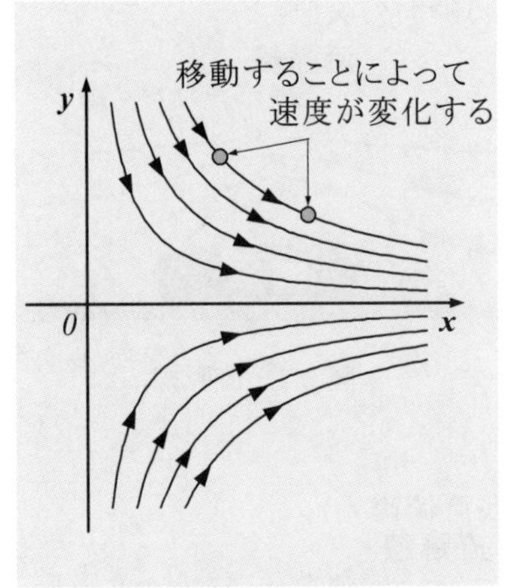

図 2.4　時間変化のない流れでも加速度は存在する（例題 2・1）

2・1・3　圧力とせん断応力 (pressure and shear stress)

圧力(pressure)とは単位面積あたりに作用する垂直圧縮力であり，スカラである．ある物質（固体でも流体でもよい）の中の図 2.5 のような微小要素に働く力について考えてみよう．微小面積 ΔA の面に圧縮力 ΔN が働いているとき，圧力 p は次式で求められる．

$$p = \frac{\Delta N}{\Delta A} \tag{2.8}$$

圧力の単位は［Pa］を用いる．天気予報などに使われている［hPa］（ヘクトパスカル）は 100Pa である．

せん断応力(shear stress)とは単位面積あたりに働く面平行力である．図 2.5 の面 ΔA に平行な方向の力（せん断力）ΔT が働いているとき，せん断応力 τ は次式で求められる．

$$\tau = \frac{\Delta T}{\Delta A} \tag{2.9}$$

単位は，圧力と同じく［Pa］（パスカル）を用いる．

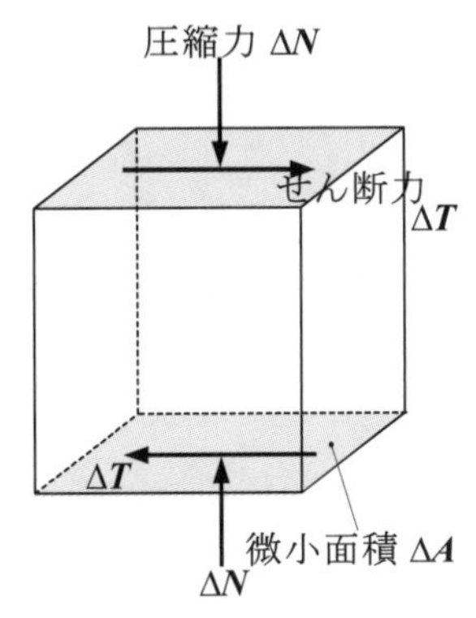

図 2.5　圧力とせん断応力

2・1・4　流線，流脈線，流跡線 (stream line, streak line and path line) *

流体の流れを表す線に流線，流脈，流跡がある．流れは目に見えないことが多く，流れの可視化(flow visualization)によって目で見えるようにすることがある．これは，たとえば流れの中に煙や固体粒子といった流れを追跡するもの（トレーサという）を混入させるなど，何らかの方法で流れを目で見えるようにする技術である．この際に，得られた線が上記のいずれの線なのか，物理的にどのような意味を持つのかを判断する必要がある．

流線(stream line)とは，その瞬間における速度ベクトルの包絡線である．つまり，各点の速度ベクトルをなめらかに結んだ線であり，それぞれの点において速度ベクトルと流線の方向は一致する(図 2.6)．速度を $\boldsymbol{v} = (u,\ v,\ w)$，流線の微小な切片を $(dx,\ dy,\ dz)$ とすれば，両者のベクトルは同一の方向となることから次式が成り立つ．

$$\frac{dx}{\boldsymbol{u}} = \frac{dy}{\boldsymbol{v}} = \frac{dz}{\boldsymbol{w}} \tag{2.10}$$

これは流線の条件式となる．

（ある瞬間の映像）

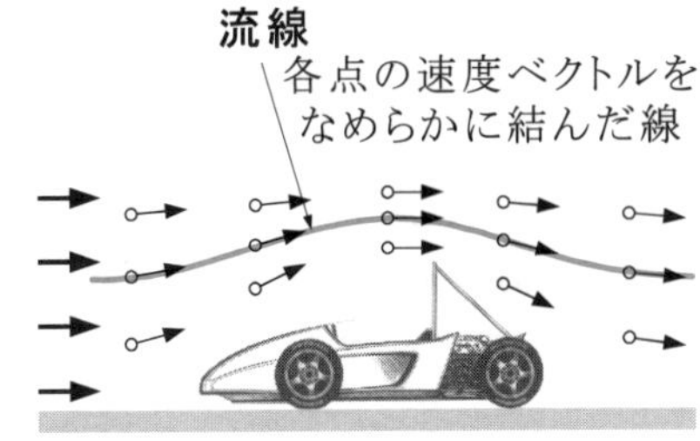

図 2.6　流線

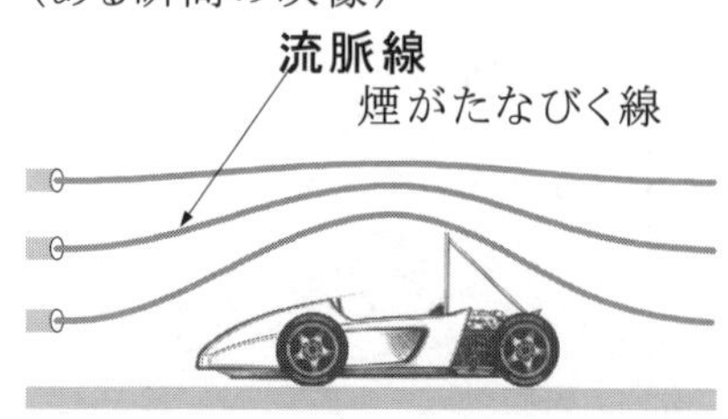

図 2.7　流脈線

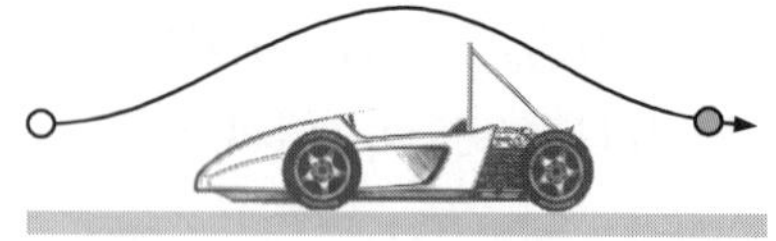

図 2.8　流跡線

流脈線(streak line)とは，空間に固定された定点を通過した流体のつながりである(図 2.7)．たとえば，煙突から連続的に出された煙がたなびく線は流脈線である．

流跡線(path line)とは，ある流体粒子がたどる道筋である(図 2.8)．たとえば，空気と平均密度が等しい風船が風と同一の運動をしたとすれば，この風船がたどった軌跡が流跡線となる．

流れが定常（時間変化がない）であれば流線，流脈線と流跡線はすべて一致するが，非定常（時間変化がある）の場合には 3 者はそれぞれ異なる線となって現れる．したがって，流れの可視化を行うときには，得られる線がどの線であるのかをきちんと区別する必要がある．

2・1・5　流体の変形と回転 (deformation and rotation of fluid)*

流体の運動にはさまざまな形態があるが，どのように複雑な流れであっても単純な運動の組み合わせとして表すことができる．図 2.9 のように流れの中に微小な四角形領域を設定し，この領域の流体が移動する際にどのように変形していくのかを考えてみよう．

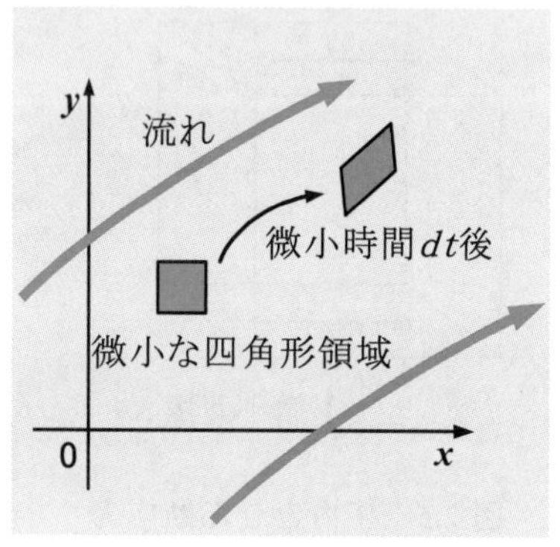

図 2.9　流体の運動

このときの運動は図 2.10 のように，それぞれ伸び変形，せん断変形，回転と呼ばれる 3 つの基本的な運動に分解することができる．(a)の伸び変形(elongation)とは 2 点間の長さの変化，(b)のせん断変形(shear deformation)とは直交する 2 辺のなす角度の変化，(c)の回転(rotation)とは変形をともなわない剛体回転である．以下，これらの変形と回転について説明する．

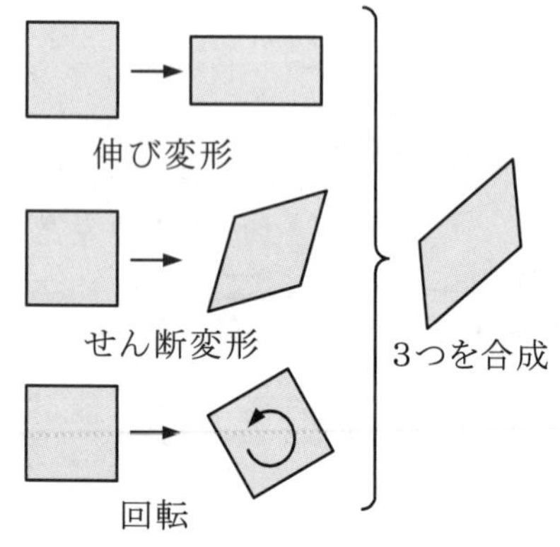

図 2.10　流体の変形と回転

a．伸び変形 (elongation)

図 2.11 のように x 方向に微小距離 dx だけ隔たった 2 点 A，B 間の伸びを考える．2 点における x 方向速度に差があれば，2 点間に伸びを生じることになる．点 A における x 方向の速度成分を $\boldsymbol{u}(x, y, z)$ とすれば，テイラー展開より点 B では $\boldsymbol{u}+(\partial \boldsymbol{u}/\partial x)dx$ となる．微小時間 dt における 2 点間の伸びは次のように求められる．

$$\left(\boldsymbol{u}+\frac{\partial \boldsymbol{u}}{\partial x}dx\right)dt-\boldsymbol{u}\,dt=\frac{\partial \boldsymbol{u}}{\partial x}dx\,dt \tag{2.11}$$

単位時間あたりの伸びひずみを $\dot{\varepsilon}_x$ とすれば，式(2.11)を元の長さ dx と時間 dt で割ればよく，

$$\dot{\varepsilon}_x=\frac{\partial \boldsymbol{u}}{\partial x} \tag{2.12}$$

この $\dot{\varepsilon}_x$ を x 方向の伸びひずみ速度(elongational strain rate)という．

同様に y 方向，z 方向の速度成分を $\boldsymbol{v}$，$\boldsymbol{w}$ とすれば，それぞれの方向の伸びひずみ速度 $\dot{\varepsilon}_y$，$\dot{\varepsilon}_z$ は次のようになる．

$$\dot{\varepsilon}_y=\frac{\partial \boldsymbol{v}}{\partial y} \tag{2.13}$$

$$\dot{\varepsilon}_z=\frac{\partial \boldsymbol{w}}{\partial z} \tag{2.14}$$

テイラー展開による近似

ある関数 $f(x,y)$ において，dx が微小であれば，次のように近似できる．

$$f(x+dx,y)\fallingdotseq f(x,y)+\frac{\partial f}{\partial x}dx$$

b．せん断変形 (shear deformation)

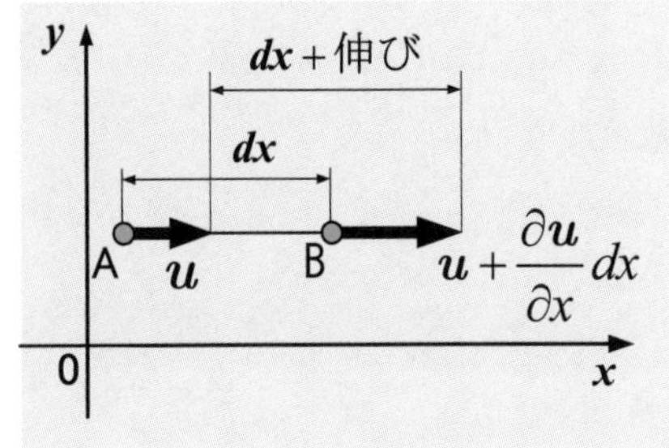

図 2.11　伸び変形

せん断変形は直交する 2 辺のなす角の変化である．図 2.12 に示す微小な四角形 ABCD の変化を考える．点 A の y 方向速度を $\boldsymbol{v}$ とすれば，x 方向に dx だけ隔たった点 B の y 方向速度は $\boldsymbol{v}+(\partial \boldsymbol{v}/\partial x)dx$ である．微小時間 dt における線分 AB の角度変化量（反時計まわりを正とする）は次のようになる．

$$\left\{\left(\boldsymbol{v}+\frac{\partial \boldsymbol{v}}{\partial x}dx\right)dt-\boldsymbol{v}\,dt\right\}\times\frac{1}{dx}=\frac{\partial \boldsymbol{v}}{\partial x}dt \tag{2.15}$$

同様に線分 AD の角度変化量（時計まわりを正とする）は次のようになる．

$$\left\{\left(\boldsymbol{u}+\frac{\partial \boldsymbol{u}}{\partial y}dy\right)dt-\boldsymbol{u}\,dt\right\}\times\frac{1}{dy}=\frac{\partial \boldsymbol{u}}{\partial y}dt \tag{2.16}$$

以上から，式(2.15)と式(2.16)を合計することによって∠DAB の減少量が求められる．さらに時間 dt で割ると単位時間あたりの角度変化量，つまりせん断ひずみ速度(shearing strain rate)が求められる．これを，$\dot{\gamma}_{xy}$ とおくと，

$$\dot{\gamma}_{xy}=\frac{\partial \boldsymbol{v}}{\partial x}+\frac{\partial \boldsymbol{u}}{\partial y} \tag{2.17}$$

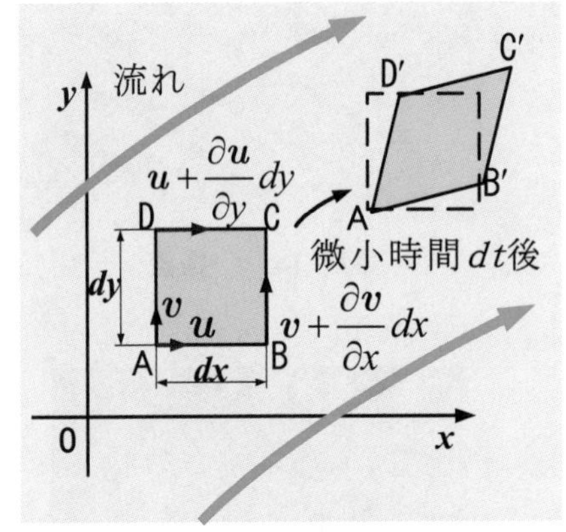

図 2.12　せん断変形

同様に，yz 平面内，zx 平面内のせん断ひずみ速度 $\dot{\gamma}_{yz}$，$\dot{\gamma}_{zx}$ は次のようになる．

$$\dot{\gamma}_{yz}=\frac{\partial \boldsymbol{w}}{\partial y}+\frac{\partial \boldsymbol{v}}{\partial z} \tag{2.18}$$

$$\dot{\gamma}_{zx}=\frac{\partial \boldsymbol{u}}{\partial z}+\frac{\partial \boldsymbol{w}}{\partial x} \tag{2.19}$$

c．回転 (rotation)

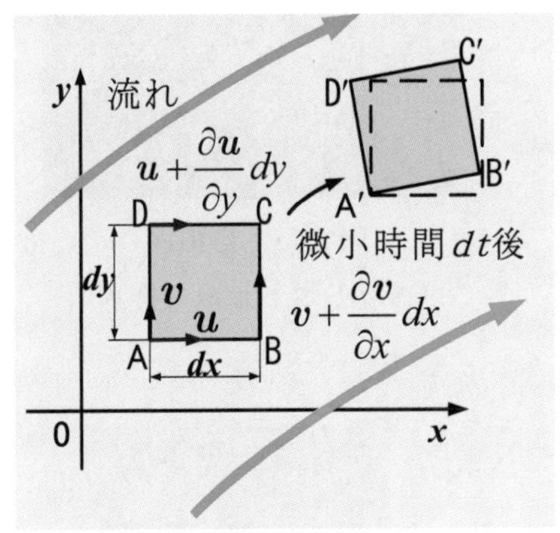

図 2.13　回転

回転は変形を伴わない剛体回転である．図 2.13 に示す微小な四角形 ABCD の変化を考える．微小時間 dt における線分 AB の角度変化量は式(2.15)であり，$(\partial \boldsymbol{v}/\partial x)dt$ となる．また線分 AD の角度変化量は，反時計まわりを正とすれば，式(2.16)にマイナスを付けたものであり，$-(\partial \boldsymbol{u}/\partial y)dt$ となる．両者を合計し，単位時間あたりの変化量を求めるため時間 dt で割った値を ω_z とおくと，

$$\omega_z=\frac{\partial \boldsymbol{v}}{\partial x}-\frac{\partial \boldsymbol{u}}{\partial y} \tag{2.20}$$

ここで，ω_z は z 軸まわりの回転角速度の 2 倍となり，z 軸まわりの渦度(vorticity)と呼ばれている．

同様に x 軸，y 軸まわりの渦度を ω_x，ω_y とすれば，それぞれ角速度の 2 倍となり，次式で求められる．

$$\omega_x=\frac{\partial \boldsymbol{w}}{\partial y}-\frac{\partial \boldsymbol{v}}{\partial z} \tag{2.21}$$

$$\omega_y=\frac{\partial \boldsymbol{u}}{\partial z}-\frac{\partial \boldsymbol{w}}{\partial x} \tag{2.22}$$

2・2 さまざまな流れ (classification of flows)

2・2・1　定常流と非定常流 (steady and unsteady flows)

定常流(steady flow)とは，時間変化のない流れである．これに対して，非定常流(unsteady flow)とは，時間とともに変化する流れである．

非定常流には振動流と過渡流がある．振動流とは，水面にできる波や血液の流れのように速度と圧力などが周期的に変化する流れである．過渡流とは，ある流れの状態から別の状態へと移行する過程の流れであり，たとえば水道の蛇口を開けて水を流し始めるときなどである．

図 2.14　一様流

2・2・2　一様流と非一様流 (uniform and non-uniform flows)

一様流(uniform flow)とは，図 2.14 のように場所によらずに速度ベクトルが一定の流れ（つまり，速さと方向が一定）である．一方，非一様流(non-uniform flow)とは，場所によって速度ベクトルが変化する流れである．したがって，場所によって速さが変化したり，あるいは流れ方向が変化する流れは非一様流である．

2・2・3　渦 (vortex)

渦(vortex)とは，ある点のまわりを回る流れであり，旋回流とも呼ばれている．旋回流の中で最も代表的なものは自由渦(free vortex)と強制渦(forced vortex)である．

自由渦は，周速 v_t が旋回中心からの半径 r に反比例する旋回流であり，外部からエネルギーの供給がないときに発生する．

$$v_t \propto \frac{1}{r} \tag{2.23}$$

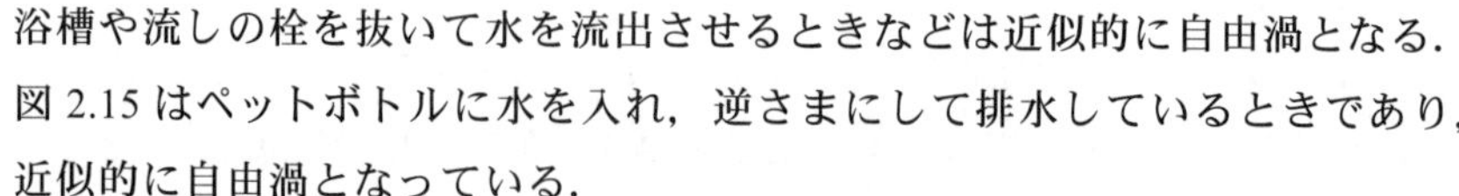

浴槽や流しの栓を抜いて水を流出させるときなどは近似的に自由渦となる．図 2.15 はペットボトルに水を入れ，逆さまにして排水しているときであり，近似的に自由渦となっている．

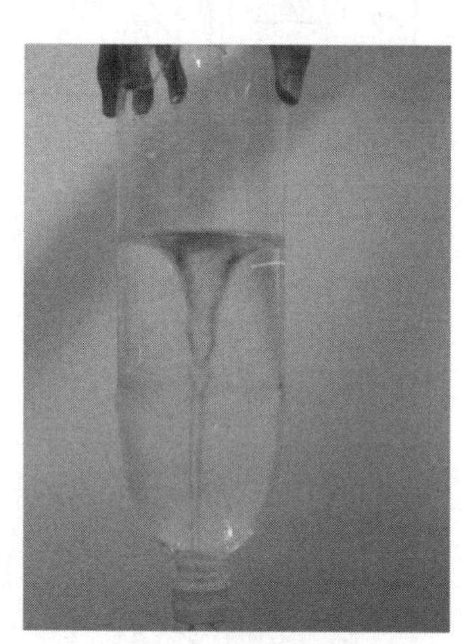

図 2.15　自由渦
（ペットボトルから排水）

強制渦は，周速 v_t が半径 r に比例する旋回流である．

$$v_t \propto r \tag{2.24}$$

容器に液体を入れ，容器ごと回転させると強制渦となる．このように強制渦は外部からエネルギーが供給されるときに発生する．図 2.16 は水の入ったペットボトルを糸でつるし，糸をねじってから手を離し，ペットボトルが回転している様子を示している．中の水も回転して強制渦となり，水面は回転放物面になっている（3･4･2 節参照．回転放物面となることを証明）．

自由渦は中心で速度が無限大となり，完全な自由渦は自然界に存在しない．自然界で見られる多くの渦は中心付近で強制渦，外側で自由渦となるランキンの組み合わせ渦(Rankine's compound vortex)である．自由渦と強制渦の境界の半径を r_0 とすれば，次のようになる．

$r < r_0$ において強制渦，

$r > r_0$ において自由渦

台風，竜巻，渦潮などは組み合わせ渦の例である．

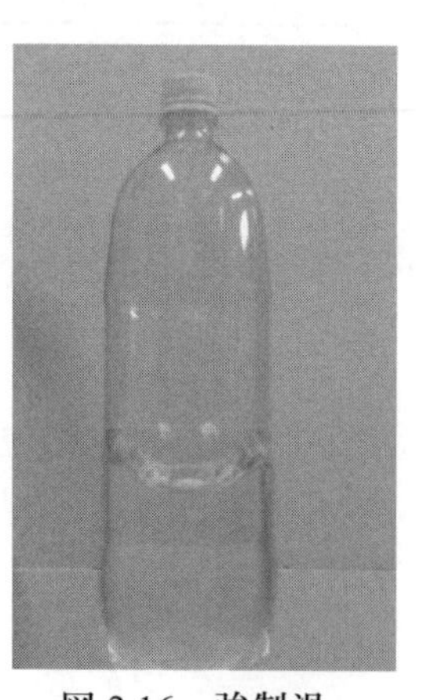

図 2.16　強制渦
（ペットボトルを回転）

【例題 2・2】　＊＊＊＊＊＊＊＊＊＊＊＊＊＊＊＊＊＊＊＊＊＊＊＊

xy 平面内で原点を中心として，角速度 ω で反時計まわりに旋回する強制渦の伸びひずみ速度，せん断ひずみ速度及び渦度を求めよ．

【解答】 一般にこれらの値は場所によって変化するので，点 (x, y) における値を計算することにする（極座標では (r, θ) とする）．x，y 方向速度成分 $\boldsymbol{u}$，$\boldsymbol{v}$ は，

$$\boldsymbol{u} = -r\omega \sin\theta = -\omega y$$

$$\boldsymbol{v} = r\omega \cos\theta = \omega x$$

x，y 方向の伸びひずみ速度成分 $\dot{\varepsilon}_x$，$\dot{\varepsilon}_y$ は式(2.12)と式(2.13)より，

$$\dot{\varepsilon}_x = \frac{\partial \boldsymbol{u}}{\partial x} = \frac{\partial}{\partial x}(-\omega y) = 0$$

$$\dot{\varepsilon}_y = \frac{\partial \boldsymbol{v}}{\partial y} = \frac{\partial}{\partial y}(\omega x) = 0$$

せん断ひずみ速度 $\dot{\gamma}_{xy}$ は式(2.17)より，

$$\dot{\gamma}_{xy} = \frac{\partial \boldsymbol{v}}{\partial x} + \frac{\partial \boldsymbol{u}}{\partial y} = \frac{\partial}{\partial x}(\omega x) + \frac{\partial}{\partial y}(-\omega y) = \omega - \omega = 0$$

渦度 ω_z は式(2.20)より，

$$\omega_z = \frac{\partial \boldsymbol{v}}{\partial x} - \frac{\partial \boldsymbol{u}}{\partial y} = \frac{\partial}{\partial x}(\omega x) - \frac{\partial}{\partial y}(-\omega y) = \omega + \omega = 2\omega$$

以上から強制渦では，伸び変形もせん断変形もなく，回転のみが存在する流れであり，渦度は回転角速度 ω の 2 倍であることが確認できる．

＊＊＊＊＊＊＊＊＊＊＊＊＊＊＊＊＊＊＊＊＊＊＊＊

2・2・4　層流と乱流 (laminar and turbulent flows)

流れには層流(laminar flow)と乱流(turbulent flow)という 2 つの状態がある．1883 年レイノルズ(O. Reynolds)は，流れが層流になるか，乱流になるかは無次元量であるレイノルズ数(Reynolds number，式(1.10))によって整理されることを実験的に発見した．円管の内径を d，断面平均流速（=流量/断面積）を v，流体の動粘度を ν とすると，レイノルズ数 Re は次のように定義される．

$$Re = \frac{vd}{\nu} \tag{2.25}$$

レイノルズは円管内に水を流し，その中央に着色液を注入して広がり方を調べた．その結果，Re ＜約 2300 のとき，着色液はほとんど拡散せずにほぼ 1 本の線で流れ，層流と呼ばれる流れになることがわかった（図 2.17(a)）．これに対して，Re ＞約 4000 のとき，ほとんどの場合に着色液は管全体に広がり，乱流と呼ばれる流れになる（図 2.17(b)）．両者における本質的な違いは速度変動の有無である．乱流では，速度はその方向も含めて常に変動しており，結果として流れは攪拌されているのと同様になる．なお，約 2300＜ Re ＜約 4000 では，層流と乱流が混在した不安定な状態になり，遷移域(transition region)と呼ばれている．このとき，層流から乱流へと遷移を始めるレイノルズ数の値(円管内流れでは 2300)を臨界レイノルズ数(critical Reynolds number)といい，流路の形状によってその値は異なったものになる．Re ＞約 4000 の

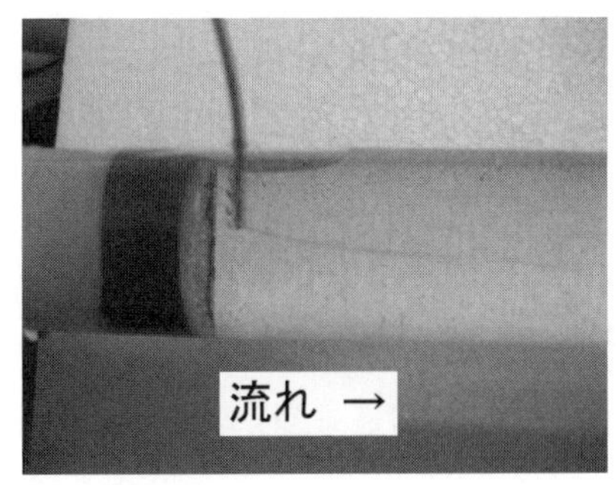

(a) 層流

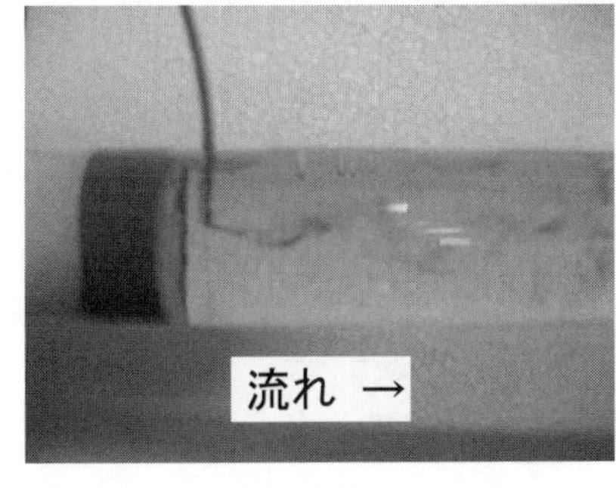

(b) 乱流

図 2.17　レイノルズの実験

場合にも，乱れが少ないときには層流の状態を保っていることもあるが，通常の工業的な流れでは乱れがあり乱流になると考えてよい．

ガス湯沸かし器などでは，水が流れる管をまわりから加熱して中の水を温めているが，このときの管内の流れは乱流である方が圧倒的によい．乱流ならば，管壁で加熱された水は速度変動により急速に管全体に広がり，効率よく短時間に水を温めることができる．その他の熱交換器でも同様で，乱流が積極的に使われている．

乱流はミクロ的に見ると常に速度変動があるので厳密には非定常流であるが，多くの場合は時間平均速度を対象として考え，時間平均速度が一定であれば定常流として扱われる．

【例題 2・3】　＊＊＊＊＊＊＊＊＊＊＊＊＊＊＊＊＊＊＊＊＊＊

内径 150mm の円管内に 20℃，1 気圧の空気を流す．流れを層流にするためには，流量はいくらにすればよいか．ただし，空気の密度を 1.205kg/m^3，粘度を 1.810×10^{-5}Pa·s とする．

【解答】　円管内の流れであるので臨界レイノルズ数は 2300 である．

層流であるための条件は，

$$Re = \frac{vd}{\nu} < 2300$$

流量を Q，管内径を d，密度を ρ，粘度を μ とする．平均流速が $v = 4Q/\pi d^2$，動粘度が $\nu = \mu/\rho$ であることを考慮して整理すると，

$$Q < \frac{2300\mu\pi d}{4\rho}$$

$$= \frac{2300 \times 1.810 \times 10^{-5}(\text{Pa} \cdot \text{s}) \times 3.14 \times 0.150(\text{m})}{4 \times 1.205(\text{kg/m}^3)} = 0.00407(\text{m}^3/\text{s})$$

よって，流量は 0.00407m^3/s より小さくすればよい．

＊＊＊＊＊＊＊＊＊＊＊＊＊＊＊＊＊＊＊＊＊＊

2・2・5　混相流 (multi-phase flow)

混相流(multi-phase flow)とは，気相，液相，固相のうち 2 つ以上の相を含む流れである．これに対して，1 つだけの相の場合を単相流(single-phase flow)と呼ぶ．混相流は相の組み合わせから，気液 2 相流，固気 2 相流，固液 2 相流などの種類がある．

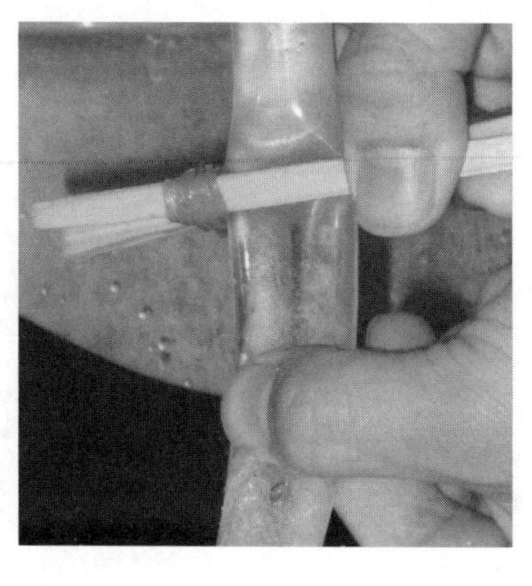

図 2.18　キャビテーション

混相流の代表的な例として，キャビテーション(cavitation)が挙げられる．液体の圧力を下げていくと中に含まれる気相成分が小気泡となって現れ，さらに飽和蒸気圧(saturated vaper pressure)以下になると液体が蒸発し，気泡の発生と成長が盛んになる．このような現象をキャビテーションといい，振動や騒音を発生する．キャビテーションでできた気泡が圧力上昇によって消滅する際には，非常に高い圧力が発生するので，場合によっては機器などの壁面に損傷を与えるかい食(erosion)が起こる場合がある．

図 2.18 は簡単にできるキャビテーションの実験である．透明なホースを用意し，蛇口にホースバンドなどでしっかり固定して水を流す．図のように，

輪ゴムでとめた割りばしや指などを利用してホースの一部をつぶして流路面積を小さくする．流量を多くすると，シャーという音が発生し，水が白くにごる．このときにキャビテーションが起こり，小さな気泡が発生して水を白く見せているのである．狭い流路の所では流速が大きくなるので圧力が下がり（運動エネルギーが増加する分だけ圧力は下がる．詳細は4•4節ベルヌーイの式を参照），水の気化が始まったのである．

船を速く走らせるときの限界

船を速く走らせようとしてプロペラを高速で回転させても限界がある．流体の流れには，速度が大きくなるほど圧力が下がるという性質がある（4•4節参照）．プロペラの回転数をどんどん上げていくとプロペラの周辺の流速が増加し，やがて圧力は飽和蒸気圧まで減少し，キャビテーションが発生する．この状態では，気泡があるためプロペラの推進力は急激に減少してしまう．したがって，ただ単にプロペラを高速回転させても限界がある．

===== 練習問題 ======================

【2・1】 A velocity field is given by

$$\boldsymbol{u} = -Ay\,,\ \ \boldsymbol{v} = Ax\,,\ \ \boldsymbol{w} = 0\,.$$

Find the acceleration at the point $(x,\,y,\,z)$.

【2・2】 ある2次元の流れにおいて，x 方向，y 方向速度成分がそれぞれ，$\boldsymbol{u} = A$，$\boldsymbol{v} = B$ で表されるという（A，B は定数）．流れの流線を表す式を求めよ．

【2・3】 平板間距離が H，片方の平板が速さ U で動いているクエット流れがある．平板の運動方向を x 軸，平板に垂直な方向を y 軸とするとき，x，y 方向の伸びひずみ速度，せん断ひずみ速度，渦度を求めよ．

【2・4】 非定常な一様流とはどのような流れか，例をあげて説明せよ．

【2・5】 A two-dimensional velocity field is given by

$$\boldsymbol{u} = -\frac{Ay}{x^2+y^2}\,,\ \ \boldsymbol{v} = \frac{Ax}{x^2+y^2}$$

where A is a constant. What is this flow called? Develop expressions for (1)the acceleration and (2)the vorticity.

【2・6】 Compute and plot the streamlines for the flow of Problem【2・5】.

【2・7】 内径100mmの円管内を平均流速15.0m/sで水が流れている．水の動粘度を $1.004\times10^{-6}\mathrm{m^2/s}$ とするとき，レイノルズ数を求めよ．また，この流れは層流か，乱流か．

【2・8】 What is the Reynolds number of air flowing at 10.0 ft/s through a 3-inch-diameter pipe if its density is 0.0752 lbm/ft^3 and its viscosity is 0.380×10^{-6} lbf-s/ft^2.

【解答】

【2・1】 From Eq.(2.5), $\alpha_x = -A^2 x,\ \alpha_y = -A^2 y,\ \alpha_z = 0$.
Therefore, $\alpha = (-A^2 x,\ -A^2 y,\ 0)$.

【2・2】 式(2.10)から，$(1/A)dx = (1/B)dy$.
両辺を積分して，$x/A = y/B + C$ （C は積分定数）.
よって，$y = (B/A)x + C'$ （$C' = BC$，任意の定数）となり，傾き B/A の直線群となる.

【2・3】 $\boldsymbol{u} = (U/H)y$，$\boldsymbol{v} = 0$ であり，式(2.12)，式(2.13)，式(2.17)，および式(2.20)からそれぞれ，$\dot{\varepsilon}_x = 0$，$\dot{\varepsilon}_y = 0$，$\dot{\gamma}_{xy} = U/H$，$\omega_z = -U/H$.

【2・4】 時間とともに流れは変化するが（非定常），各瞬間では場所に関係なく同一方向に同じ速さで流れている（一様）流れ．たとえば，流れ場全体が一様に往復運動している場合など.

【2・5】 (1) From Eq.(2.5), $\alpha_x = -A^2 x / \left(x^2 + y^2\right)^2$，$\alpha_y = -A^2 y / \left(x^2 + y^2\right)^2$.

$$|\alpha| = A^2 / \left(\sqrt{x^2 + y^2}\right)^3 .$$

(2) From Eq.(2.20), $\omega_z = 0$.
Therefore, this flow is a free vortex.

【2・6】 From Eq.(2.10), $-\left\{\left(x^2 + y^2\right)/Ay\right\}dx = \left\{\left(x^2 + y^2\right)/Ax\right\}dy$

$$xdx = -ydy .$$

By integration, $x^2/2 = -y^2/2 + C$ (C is a constant).
Hence, the streamlines are represented by $x^2 + y^2 = R^2$ (a family of circles), where $R = \sqrt{2C}$.

【2・7】 式(2.25)から，$Re = 1.49 \times 10^6$．レイノルズ数が約 4000 をはるかに上回っており，乱流と考えられる.

【2・8】 From Eq.(2.25), $Re = 1.54 \times 10^4$.

第 2 章の文献

(1) Daugherty, R. L., *Fluid Mechanics with Engineering Applications*, Eighth Edition (1985).

(2) 石綿良三，流体力学入門, (2000)，森北出版.

(3) Massey, B. and Ward-Smith, J., *Mechanics of Fluids*, Seventh Edition, (1998) Stanley Thornes Ltd.

(4) 日本機械学会編，流れのふしぎ, (2004)，講談社.

(5) 大橋秀雄，流体力学(1), (1982)，コロナ社.

(6) Sabersky, R. H., Acosta, A. J., Hauptmann, E. G. and Gates E.M., *Fluid Flow, A First Course in Fluid Mechanics*, Fourth Edition (1999).

(7) 白倉昌明，大橋秀雄，流体力学(2), (1969)，コロナ社.

(8) White, F. M., *Fluid Mechanics*, Fourth Edition, (1999) McGraw-Hill.

第 3 章

静止流体の力学

Fluid Statics

3・1　静止流体中の圧力 (pressure in a static fluid)

3・1・1　圧力と等方性 (pressure and its isotropy)

流体が静止している場合，流体中の任意の面に働く力は垂直力のみとなり，せん断力は作用しない．いま，流体中のある 1 点において面積 ΔA を有する微小面要素を考えその面要素に働く垂直な力を ΔF とすると,次式で表される極限値

$$p = \lim_{\Delta A \to 0} \frac{\Delta F}{\Delta A} \tag{3.1}$$

は面要素に作用する圧力の強さ(intensity of pressure)あるいは単にその点での圧力(pressure)と呼ばれている．

圧力の単位は SI 単位ではパスカル Pa が用いられ， Pa=N/m^2=kg/ms^2 である．（このほかに，kgf/cm^2， mmH$_2$O あるいは mmAq（水柱ミリメートル)，mmHg （水銀柱ミリメートル)，atm (標準気圧)， at（工学気圧)，bar （バール）などが用いられる.）

さて，静止している流体中の任意の 1 点における圧力はあらゆる方向に等しく，位置のみの関数である．この性質は圧力の等方性と呼ばれ，次のように証明される．

いま， 図 3.1 に示されるように，密度 ρ の静止流体中に長さ dx ，dy ，dz の辺をもつ微小四面体(infinitesimal tetrahedron)PABC を考える．この流体部分に作用する力は面に垂直に作用する圧力による力と重力のみである．座標系として直交座標系（デカルト座標系）を用い，四面体の辺 PA, PB, PC を各々 x， y， z 軸に平行にとる．z 軸は鉛直上向きにとる．また，点 P の座標は (x, y, z) とする．いま，圧力 p_x， p_y， p_z を x ， y ， z 軸方向に働く圧力とし，p を面積 dA の斜面 ABC に垂直に作用する圧力とする． α， β， γ を斜面 ABC の法線が x， y， z 軸をなす角度とすると，斜面 ABC の x， y， z 軸方向の投影を考えることにより次の関係式が得られる．

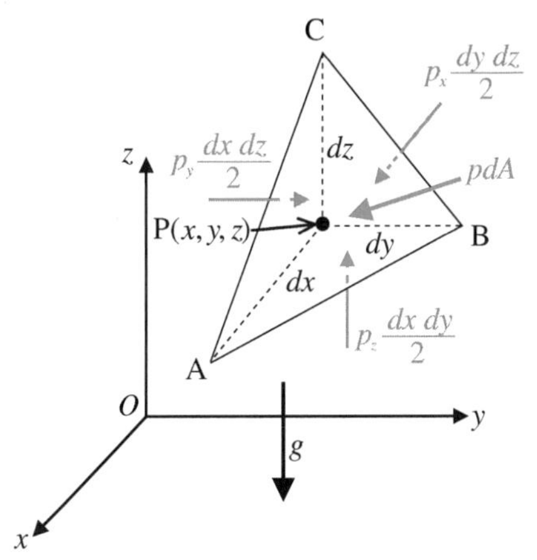

図 3.1　微小四面体の力学的平衡

$$dA\cos\alpha = \frac{dy\,dz}{2},\quad dA\cos\beta = \frac{dx\,dz}{2},\quad dA\cos\gamma = \frac{dx\,dy}{2} \tag{3.2}$$

力の平衡条件は， x, y, z 軸方向に各々次のようになる．

$$\left.\begin{aligned} &p_x \frac{dydz}{2} - pdA\cos\alpha = 0 \quad (x\text{ 軸方向}) \\ &p_y \frac{dxdz}{2} - pdA\cos\beta = 0 \quad (y\text{ 軸方向}) \\ &p_z \frac{dxdy}{2} - pdA\cos\gamma - \rho g\frac{1}{6}dxdydz = 0 \quad (z\text{ 軸方向}) \end{aligned}\right\} \tag{3.3}$$

z 軸方向については，流体の自重 $\rho g(1/6)dxdydz$ が考慮されている．式(3.3)と式(3.2)を組み合わせると

$$p_x - p = 0, \quad p_y - p = 0, \quad p_z - p - \frac{\rho gdz}{3} = 0$$

となり，微小四面体 PABC が点に収束する極限においては，$dz \to 0$ であるので，結局

$$p_x = p_y = p_z = p \tag{3.4}$$

となる．ここで，斜面 ABC の方向は全く任意であるので，このことは圧力 p が点 P であらゆる方向に同じ値をとる（パスカルの原理）ことを示す．また，点 P の位置も任意であるので，静止流体中の圧力は位置のみの関数，すなわち点関数(a point function) $p = p(x, y, z)$ であることがわかる．

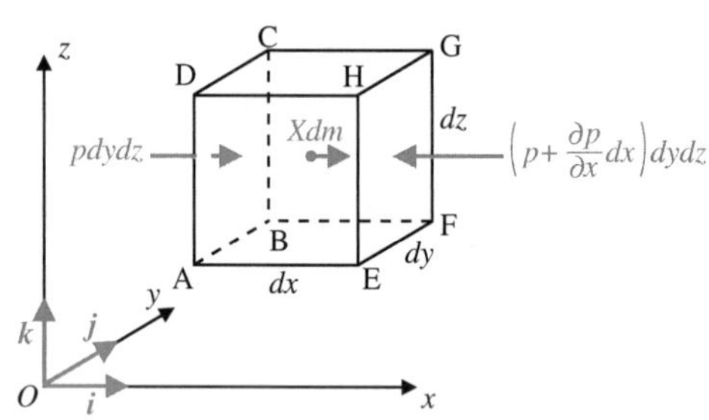

図 3.2　微小流体要素の力の釣り合い

3・1・2　オイラーの平衡方程式 (Euler's equilibrium equation)*

密度 ρ が一定の静止した流体中で，長さ dx, dy, dz の辺をもつ微小平行六面体(infinitesimal parallelhexahedron)を考える（図 3.2 参照）．この小さな流体要素に作用する表面力(surface force)は，それらに作用する物体力(body force)と静的平衡状態になければならない．いま，流体要素に働く体積力を単位質量あたり $\boldsymbol{K} = \boldsymbol{i}X + \boldsymbol{j}Y + \boldsymbol{k}Z$ とする．ただし，$\boldsymbol{i}, \boldsymbol{j}, \boldsymbol{k}$ はそれぞれ x, y, z 方向の単位ベクトルである．したがって，X, Y, Z は単位質量あたりの物体力ベクトルの x, y, z 方向の成分である．微小六面体の面 ABCD に作用する全圧力は $pdydz$ であり，面 ABCD から x 方向に dx だけ離れた面 EFGH に作用する全圧力は $\left[p + (\partial p/\partial x)dx\right]dydz$ となる．また，微小六面体の質量を dm とすると x 方向の全体積力は $Xdm = X\rho dxdydz$ となる．したがって，x 方向の力の平衡条件は

$$pdydz + X\rho dxdydz - \left(p + \frac{\partial p}{\partial x}dx\right)dydz = 0$$

ゆえに，$\partial p/\partial x = X\rho$ となる．同様に y, z 方向の力の平衡条件より $\partial p/\partial y = Y\rho$，$\partial p/\partial z = Z\rho$ が得られる．単位ベクトル $\boldsymbol{i}, \boldsymbol{j}, \boldsymbol{k}$ を用いるとこれらの式は次のようにまとめられる．

$$\boldsymbol{i}\frac{\partial p}{\partial x} + \boldsymbol{j}\frac{\partial p}{\partial y} + \boldsymbol{k}\frac{\partial p}{\partial z} = \rho(\boldsymbol{i}X + \boldsymbol{j}Y + \boldsymbol{k}Z)$$

あるいは

$$\nabla p = \rho \boldsymbol{K} \tag{3.5}$$

ここで，$\nabla \equiv \boldsymbol{i}(\partial/\partial x)+\boldsymbol{j}(\partial/\partial y)+\boldsymbol{k}(\partial/\partial z)$ であり，$\nabla p = \mathrm{grad}\, p$ は圧力こう配ベクトルを表す．式(3.5)はオイラーの平衡方程式(Euler's equilibrium equation)と呼ばれている．ここで，式(3.5)の x, y, z 成分におのおの dx, dy, dz をかけ，加え合わせると

$$\frac{\partial p}{\partial x}dx+\frac{\partial p}{\partial y}dy+\frac{\partial p}{\partial z}dz=\rho(X\,dx+Y\,dy+Z\,dz)$$

となる．この式の左辺は圧力 p の全微分であるので，

$$dp=\rho(X\,dx+Y\,dy+Z\,dz) \tag{3.6}$$

となることがわかる．一方，式(3.5)の各方向の平衡条件 $\partial p/\partial x=\rho X$，$\partial p/\partial y=\rho Y, \partial p/\partial z=\rho Z$ を偏微分することにより，次式が成立することがわかる．

$$\frac{\partial X}{\partial y}=\frac{\partial Y}{\partial x},\quad \frac{\partial X}{\partial z}=\frac{\partial Z}{\partial x},\quad \frac{\partial Y}{\partial z}=\frac{\partial Z}{\partial y} \tag{3.7}$$

これは物体力ベクトル $\boldsymbol{K}$ の回転がないこと，すなわち $\mathrm{rot}\,\boldsymbol{K}=0$ を意味する．ベクトル解析学（たとえば，Aris, R.(1962)）によれば，このことは $\boldsymbol{K}$ がスカラーポテンシャル $\Psi=\Psi(x,y,z)$ を持つことの必要十分条件である．すなわち，物体力は次のように表すことができる．

$$X=-\frac{\partial\Psi}{\partial x},\quad Y=-\frac{\partial\Psi}{\partial y},\quad Z=-\frac{\partial\Psi}{\partial z} \tag{3.8a}$$

あるいはベクトル形で

$$\boldsymbol{K}=-\nabla\Psi \tag{3.8b}$$

実際，式(3.8a)を式(3.7)へ代入すれば，式(3.7)が成立することが容易にわかる．式(3.8a)あるいは式(3.8b)はオイラーの平衡方程式である式(3.5)から直接導かれたものであり，これより流体が静止した平衡状態にあれば，流体に働く物体力はポテンシャルを持つことがわかる．

式(3.8a)を式(3.6)へ代入すると

$$dp=-\rho\left(\frac{\partial\Psi}{\partial x}dx+\frac{\partial\Psi}{\partial y}dy+\frac{\partial\Psi}{\partial z}dz\right)=-\rho\,d\Psi$$

となり積分すると次式を得る．

$$p=-\rho\Psi+C \tag{3.9}$$

ここで C は積分定数である．p と Ψ は位置 $\boldsymbol{x}=(x,y,z)$ のみの関数，すなわち点関数 $p(x,y,z)$，$\Psi(x,y,z)$ であり，ある基準点 $\boldsymbol{x}_0$ でのこれらの値を p_0，Ψ_0 とすると $p_0=-\rho\Psi_0+C$，故に $p=p_0-\rho(\Psi-\Psi_0)$ となる．このことは，等圧面(isobaric surface)は等ポテンシャル面(equipotential surface)と一致する

∇（ナブラ）の定義とこう配

∇ の定義

$$\nabla=\boldsymbol{i}\frac{\partial}{\partial x}+\boldsymbol{j}\frac{\partial}{\partial y}+\boldsymbol{k}\frac{\partial}{\partial z}$$

スカラ $f(x,y,z)$ のこう配

$$\mathrm{grad}\ f=\nabla f=\boldsymbol{i}\frac{\partial f}{\partial x}+\boldsymbol{j}\frac{\partial f}{\partial y}+\boldsymbol{k}\frac{\partial f}{\partial z}$$

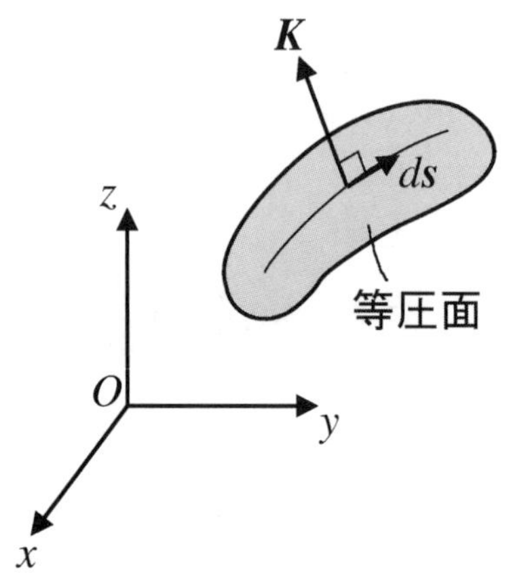

図 3.3　等圧面と体積力ベクトルの関係

ことを示す．

また，式(3.6)より，等圧面上においては $dp=0$ であるので，等圧面上の微小線素ベクトル $d\boldsymbol{s}=(dx,dy,dz)$ と体積力ベクトル $\boldsymbol{K}$ の間には次式が成立することがわかる．

$$Xdx+Ydy+Zdz=\boldsymbol{K}\cdot d\boldsymbol{s}=0 \tag{3.10}$$

これは，等圧面が体積力ベクトルに垂直であることを意味する（図 3.3 参照）．

3・1・3　重力場における圧力分布 (pressure distribution in the gravity field)

重力のみの作用を受けている静止流体中の圧力変化は，式(3.6)において $X=0,\ Y=0,\ Z=-g$ とすれば次式で表される（g は重力加速度）．

$$dp=-\rho g dz \tag{3.11}$$

液体では，ρ は一定とみなすことができるので，式(3.11)を積分して

$$p=-\rho g z+C$$

ここで，C は積分定数で，$z=z_0$（液表面）での圧力を p_a とすれば，$C=p_a+\rho g z_0$ となり，したがって静止液体中の圧力分布は

$$p=p_a+\rho g(z_0-z) \tag{3.12}$$

となる．ここで p_a を基準にした圧力，すなわち $p-p_a$ を改めて p と書き，かつ液表面から鉛直下方に測った距離，すなわち深さを $h=z_0-z$ とすると

$$p=\rho g h \tag{3.13}$$

となる．この関係より圧力は液面からの深さ h に比例することがわかる．式(3.13)はまた，圧力を液柱の高さで表すことができることを示している．この意味での液柱の高さを水頭あるいはヘッド(head)と呼び，ここに，圧力の単位として mmH_2O, mmAq, mmHg を使用する理由がある．なお圧力の表し方は，完全な真空状態を基準として表す絶対圧(absolute pressure)と大気圧を基準として表すゲージ圧(gage pressure)の２通りのものがある．標準大気の絶対圧（標準気圧）は，$g=9.80665\ \mathrm{m/s^2}$ の場所で 0 ℃の水銀柱の高さ 760 mm に相当する圧力（すなわち 760 mmHg）で，工学単位で 1.0332 $\mathrm{kgf/cm^2}$，ＳＩ単位で 101.325 kPa である．理学単位では 1.01325 bar または 1013.25 mbar である．また，この標準気圧の圧力を単に 1atm（1 気圧）と呼ぶ．なお，工学では 1 $\mathrm{kgf/cm^2}$ の圧力を 1at（1 工学気圧）と呼ぶことがあり，1 at = 98.0665 kPa = 735.52 mmHg である．式(3.12)において，p_a を大気圧と考えると，式(3.13)は液体中のゲージ圧が液面からの深さ h に比例することを意味する．なお，表 3.1 に従来の圧力単位と SI 単位の換算表を示す．

表 3.1　圧力の従来の単位と SI 単位の換算表

従来の単位	SI 単位(Pa)への換算
$\mathrm{kgf/cm^2}$	9.80665×10^4 Pa
$\mathrm{kgf/m^2}$	9.80665 Pa
mmHg	1.33322×10^2 Pa
mmH_2O	9.80665 Pa
mH_2O	9.80665×10^3 Pa
at（工学気圧）	9.80665×10^4 Pa
atm（標準気圧）	1.01325×10^5 Pa
bar（バール）	10^5 Pa
Torr（トル）	1.33322×10^2 Pa

図 3.4 は大気圧，絶対圧力，ゲージ圧力の関係を示す．測定圧力が大気圧より低い場合は，その差（正の値をとる）を負圧(negative pressure)あるいは真空ゲージ圧力(vacuum gage pressure)と呼んでいる．

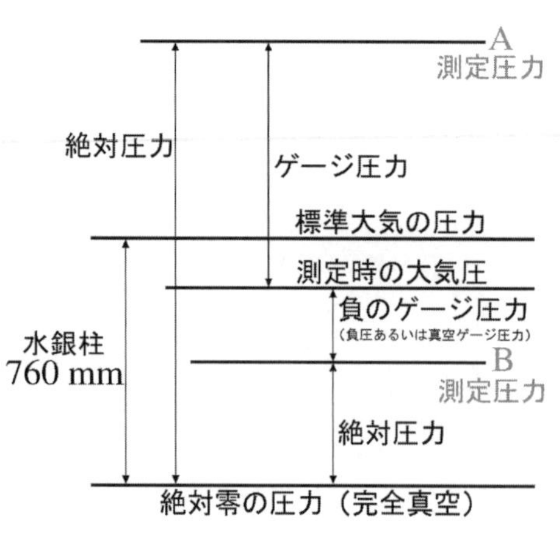

図 3.4　絶対圧力とゲージ圧力

【Example 3・1】　＊＊＊＊＊＊＊＊＊＊＊＊＊＊＊＊＊＊＊＊＊＊＊

Find the head h of water corresponding to an intensity of pressure p of 3×10^5 Pa. The density ρ of water is 10^3 kg/m^3.

【Solution】 Since $p=\rho gh$,

Head of water $h=\dfrac{p}{\rho g}=\dfrac{3\times10^5}{10^3\times9.81}=30.6\ (\mathrm{m})$.

＊＊＊＊＊＊＊＊＊＊＊＊＊＊＊＊＊＊＊＊＊＊＊

【例題 3・2】　＊＊＊＊＊＊＊＊＊＊＊＊＊＊＊＊＊＊＊＊＊＊＊

水面下 15 m の圧力（ゲージ圧）を求めよ．また水面の圧力が標準気圧のとき，絶対圧はどれだけか．

【解答】ρg の値は平均値として，9810 N/m^3 を用いれば，式(3.13)よりゲージ圧力 p は

$$p=\rho gh=9810\times15=147150\ (\mathrm{N/m^2})=147.15\ (\mathrm{kPa})$$

絶対圧 p_{abs} は標準気圧 $p_a=101.325$ kPa を上記のゲージ圧 p に加えることによって求められる．

$$p_{\mathrm{abs}}=p_a+p=101.325+147.15=248.475(\mathrm{kPa})\fallingdotseq 248\ (\mathrm{kPa})$$

＊＊＊＊＊＊＊＊＊＊＊＊＊＊＊＊＊＊＊＊＊＊＊

【例題 3・3】　＊＊＊＊＊＊＊＊＊＊＊＊＊＊＊＊＊＊＊＊＊＊＊

比重 $s=13.6$ の水銀がゲージ圧で 1.65 bar の圧力を生じるための高さを求めよ．また，水の場合の高さも求めよ．ただし，水の密度 ρ_w を 1000 kg/m^3 とせよ．

【解答】 水銀の密度は $\rho=s\rho_w=13.6\times1000=13600$ kg/m^3．また 1.65 bar $=1.65\times10^5$ Pa より

$$h=\frac{p}{\rho g}=\frac{1.65\times10^5}{13600\times9.81}=1.24\ (\mathrm{m})$$

水の場合には，密度が水銀の 1/13.6 倍であるので

$$h=\frac{1.24}{1/13.6}=16.9\ (\mathrm{m})$$

＊＊＊＊＊＊＊＊＊＊＊＊＊＊＊＊＊＊＊＊＊＊＊

次に気体の場合を考える．気体の場合は密度 ρ は圧力 p の関数であるから，式(3.11)において ρ を一定として積分することはできない．しかしながら，気体を完全気体と仮定し気体の温度が一定の状態(isothermal state)や断熱状態(adiabatic state)で変化する場合は容易に積分することができる．以下にこれを示す．

等温条件の場合は基準面における圧力，密度，絶対温度をそれぞれ p_0,ρ_0,T_0 とし，高さ z の場合を $p,\rho,T(=T_0)$ とすると $p/\rho=p_0/\rho_0=RT_0$ で

ある．ここで R は気体定数である．式(3.11)より

$$dz = -\frac{dp}{\rho g} = -\frac{p_0}{\rho_0 g}\frac{dp}{p} = -\frac{RT_0}{g}\frac{dp}{p}$$

これを積分すると

$$\int_0^z dz = -\frac{RT_0}{g}\int_{p_0}^{p}\frac{dp}{p}$$

よって

$$z = -\frac{RT_0}{g}\ln\left(\frac{p}{p_0}\right) \tag{3.14a}$$

さらに，圧力 p について整理すると

$$p = p_0\,\mathrm{e}^{-\frac{gz}{RT_0}} \tag{3.14b}$$

断熱条件の場合は，ρ と p の間には $p\rho^{-\kappa} = p_0\rho_0^{-\kappa} =$ 一定 の関係がある．ここで，κ は定圧比熱(specific heat at constant pressure) C_p と定積比熱(specific heat at constant volume) C_v の比 C_p/C_v であり，比熱比(specific-heat ratio)あるいは断熱指数(adiabatic index)と呼ばれている．$dz = -dp/(\rho g)$ を積分することにより

$$z = -p_0^{\frac{1}{\kappa}}(g\rho_0)^{-1}\int_{p_0}^{p} p^{-\frac{1}{\kappa}}dp = \frac{\kappa}{\kappa-1}\frac{p_0^{1/\kappa}}{\rho_0 g}\left(p_0^{\frac{\kappa-1}{\kappa}} - p^{\frac{\kappa-1}{\kappa}}\right) \tag{3.15a}$$

p について整理すると

$$p = p_0\left\{1-\left(\frac{\kappa-1}{\kappa}\right)\frac{\rho_0 gz}{p_0}\right\}^{\frac{\kappa}{\kappa-1}} = p_0\left\{1-\left(\frac{\kappa-1}{\kappa}\right)\frac{gz}{RT_0}\right\}^{\frac{\kappa}{\kappa-1}} \tag{3.15b}$$

式(3.14a)，(3.14b)と式(3.15a)，(3.15b)はそれぞれ等温および断熱変化する気体の高さと圧力の関係を表す．実際の大気の場合は，対流圏（地上約 11 km まで）において，気温は一定ではなく，高度 100 m 上昇するごとに約 0.65 K ずつ下がる．また，この温度の下がり方は断熱変化の場合より小さい．そこで，いま高度 z [m] における大気の絶対温度 T [K] を近似的に次式で表した場合を考える．

$$T = T_0 - Bz \tag{3.16}$$

ここで，T_0 は海面上 $(z=0)$ での絶対温度であり，$B = 6.5\times10^{-3}$ [K/m] とする．完全気体の状態方程式から，$\rho = p/(RT) = p/\{R(T_0 - Bz)\}$ であり，気体定数 R は，空気の場合 $R = 287$ [J/(kg·K)] である．これを式(3.11)へ代入して積分すると大気中の圧力 p と高度 z の関係の精度の高い近似式として次式が得られる．

$$p = p_a\left(1-\frac{Bz}{T_0}\right)^{g/(RB)} \tag{3.17}$$

ここで，p_a は海面上 $(z=0)$ での大気圧であり，$g/(RB) = 5.257$ である．

比熱

系の温度を 1K 上げるのに要する熱量をその系の熱容量[J/K]，単位質量あたりの熱容量を比熱[J/(K・kg)]と呼ぶ．

圧力一定の条件で加熱するときの比熱を定圧比熱 C_p，体積一定のときの比熱を定積比熱 C_v という．

固体や液体では両者の差は無視できるほどで，単に比熱という．気体では，一般に定圧比熱のほうが定積比熱より大きい．

【Example 3・4】　＊＊＊＊＊＊＊＊＊＊＊＊＊＊＊＊＊＊＊＊＊＊＊

If sea-level pressure is 101350 Pa, compute the standard pressure at an altitude of 7000 m, using (1) the accurate formula (3.17) and (2) an isothermal assumption at a standard sea-level temperature of 15℃ (=288.16 K). Is the isothermal approximation adequate?

【Solution】(1)　Use absolute temperature in the accurate formula, Eq. (3.17)

$$p = p_a\left(1-\frac{0.00650\times 7000}{288.16}\right)^{5.257} = 101350\times 0.8421^{5.257}$$
$$= 101350\times 0.40512 = 41059 \text{ (Pa)}$$

(2)　If the atmosphere were isothermal at 288.16 K, Eq. (3.14b) would apply

$$p \approx p_a \exp\left(-\frac{gz}{RT}\right) = 101350\times\exp\left(-\frac{9.81\times 7000}{287\times 288.16}\right)$$
$$= 101350\times\exp(-0.830) \approx 44200 \text{ (Pa)}$$

This is 7.6 percent higher than the accurate result. The isothermal formula is inaccurate in the troposphere.

＊＊＊＊＊＊＊＊＊＊＊＊＊＊＊＊＊＊＊＊＊＊

3・1・4　マノメータ (manometer)

液柱の高さを計ることにより，流体の圧力を測定する計器を液柱圧力計またはマノメータ(manometer)という．

a．通常マノメータ (simple manometer)

測定しようとする流体が液体でかつ圧力が比較的低い場合は，図 3.5 に示すように液体の容器にガラス管を適当に連結し，液自身の高さ h を測って点 A の圧力を知ることができる．このような液柱圧力計をピエゾメータ(piezometer)と呼ぶ．液体の密度が ρ であれば，図中の点 A の圧力 p は次式で与えられる．

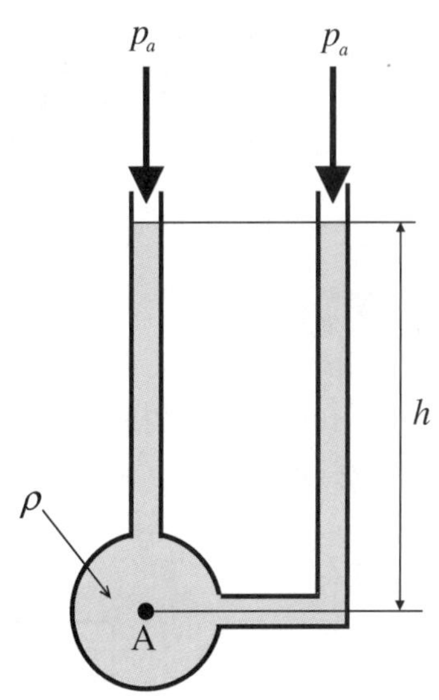

図 3.5　ピエゾメータ

$$p = p_a + \rho g h \tag{3.18}$$

ここに，p_a は液面の圧力で大気圧に等しいので，p をゲージ圧で表せば，$\rho g h$ となる．この h が高くなりすぎる場合は図 3.6 に示されるような U 字管マノメータ(U-tube manometer)が用いられ，U 字型のガラス管内に密度の大きな液体を入れる．測定する容器の中が高圧のガスのような場合にも図 3.6 に示されるような方法で容器内の圧力を測定することができる．図 3.6 の場合，容器内の点 A の圧力 p_A は次のように求められる．容器内の流体の密度を ρ_1，U 字管液の密度を ρ_2，U 字管の他端は大気圧 p_a に開放されているとする．図中点 B の圧力は $p_A+\rho_1 g h_1$，点 C の圧力は $p_a+\rho_2 g h_2$ である．両者は同じ水面上に働く圧力であるので，等しくなければならない．

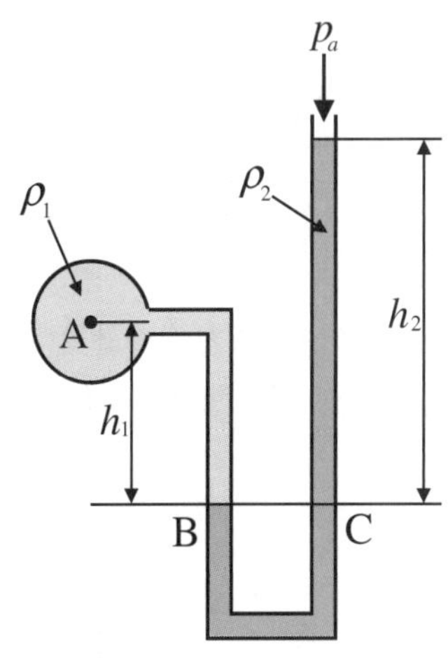

図 3.6　U 字管マノメータ

$$p_A + \rho_1 g h_1 = p_a + \rho_2 g h_2$$

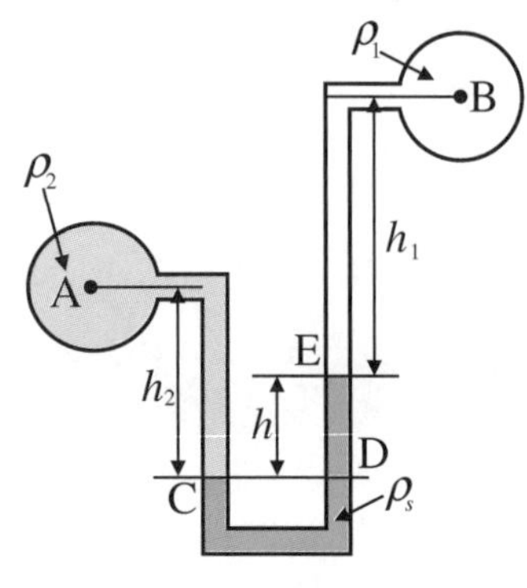

(a)　U 字管形

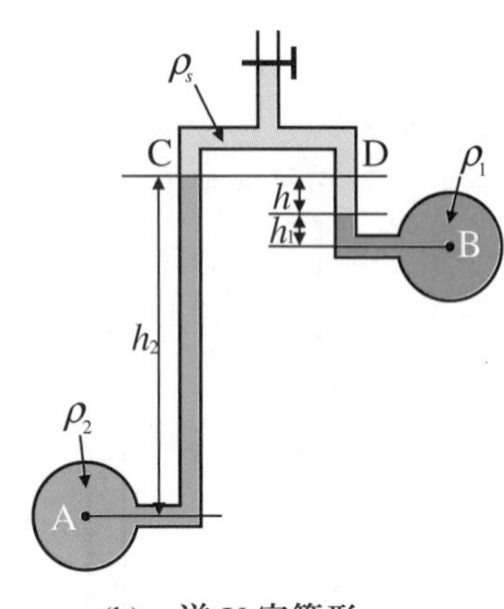

(b)　逆 U 字管形

図 3.7　示差マノメータ

よって

$$p_A = p_a + g(\rho_2 h_2 - \rho_1 h_1) \tag{3.19}$$

これは容器内の点 A の絶対圧力であり，ゲージ圧は $p_A - p_a = g(\rho_2 h_2 - \rho_1 h_1)$ となる．

b．示差マノメータ (differential manometer)

図 3.7(a)，図 3.7(b)に示されるように，2 点 A，B の圧力差のみを求める液柱計を示差マノメータ(differential manometer)と呼んでいる．図 3.7(a)は U 字管の液体の密度 ρ_s が容器の液体の密度 ρ_1，ρ_2 より大きい場合に用いられる．点 A と点 B の圧力差 $p_A - p_B$ は次のようにして求まる．点 C における圧力は $p_A + \rho_2 g h_2$ であり，これと水平の位置にある点 D における圧力は $p_B + \rho_1 g h_1 + \rho_s g h$ である．これらは等しいので，

$$p_A + \rho_2 g h_2 = p_B + \rho_1 g h_1 + \rho_s g h$$

よって

$$p_A - p_B = g(\rho_1 h_1 + \rho_s h - \rho_2 h_2) \tag{3.20}$$

図 3.7(b)は U 字管を倒立させ，上部に容器内の液体より小さい密度の流体（たとえば空気）を封じ込んだものである．この場合の圧力差は

$$p_A - p_B = g(\rho_2 h_2 - \rho_1 h_1 - \rho_s h) \tag{3.21}$$

となる．

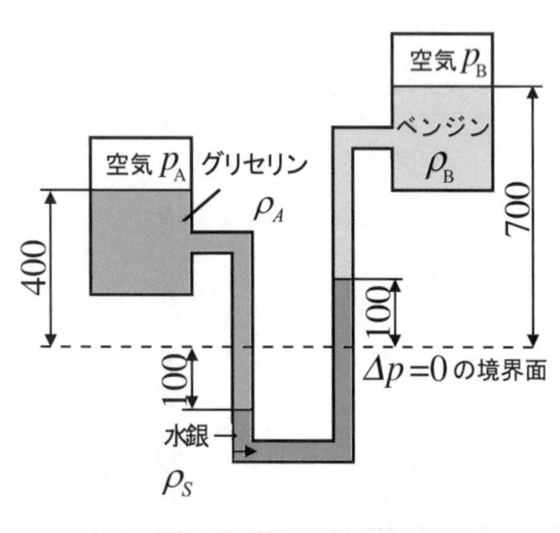

図 3．8　圧力差の計算
（例題 3.5，単位 mm）

【例題 3・5】　＊＊＊＊＊＊＊＊＊＊＊＊＊＊＊＊＊＊＊＊＊＊＊＊＊

図 3.8 のような状態における圧力差 $\Delta p = p_A - p_B$ を求めよ．ただし，グリセリン，ベンジン，水銀の密度は，各々 $\rho_A = 1.255\times10^3$ kg/m³，$\rho_B = 868$ kg/m³，$\rho_S = 13.520\times10^3$ kg/m³ とする．また，重力加速度は $g = 9.81$ m/s² とする．

【解答】式(3.20)より

$$\begin{aligned}\Delta p = p_A - p_B &= g(\rho_B h_1 + \rho_S h - \rho_A h_2)\\ &= 9.81\times\{868\times(0.7-0.1)+13520\times(0.1+0.1)-1255\times(0.1+0.4)\}\\ &= 25.5\times10^3\ (\mathrm{Pa}) = 25.5\ (\mathrm{kPa})\end{aligned}$$

＊＊＊＊＊＊＊＊＊＊＊＊＊＊＊＊＊＊＊＊＊＊＊＊

c．微圧計(micro manometer)

微小な圧力差を計る圧力計を微圧計(micro manometer)と呼び，種々の形式のものがある．図 3.9 に示すものは 2 液微圧マノメータ(two-liquid micro manometer)であり，断面 a の U 字管の上方に十分大きな断面積 A の容器がそれぞれつけてある．まず，密度 ρ_3 の液体を 0-0 のレベルまで入れ，次に ρ_2 の液体を 1-1 のレベルまで入れる．これら 2 種類の液体は混合しにくく，かつ両者の密度差は小さいものとする．いま，容器の上部に密度 ρ_1 の流体が満た

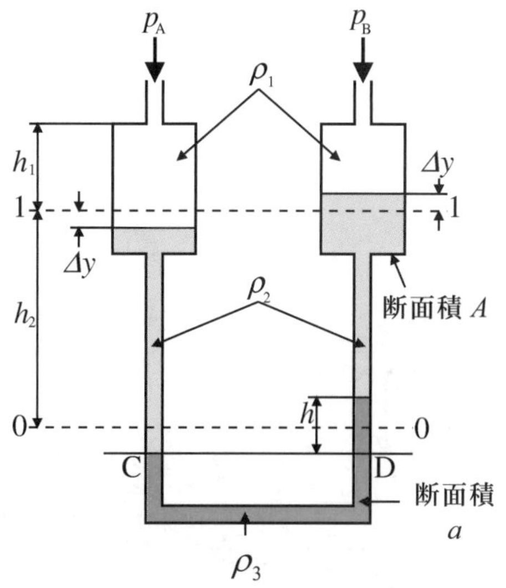

図 3.9　2 液微圧マノメータ

され，図 3.9 に示すように p_A，p_B の圧力がかかったとする．その時，容器内の液面の変位を Δy とすれば，2 つの容器に働く圧力の差 $p_A - p_B$ は次のようにして求められる．点 C における圧力は

$$p_A + \rho_1 g(h_1 + \Delta y) + \rho_2 g\left(h_2 + \frac{h}{2} - \Delta y\right)$$

一方，点 C と同じ高さにある点 D の圧力は

$$p_B + \rho_1 g(h_1 - \Delta y) + \rho_2 g\left(h_2 - \frac{h}{2} + \Delta y\right) + \rho_3 gh$$

これらは等しいので

$$p_A + \rho_1 g(h_1 + \Delta y) + \rho_2 g\left(h_2 + \frac{h}{2} - \Delta y\right)$$
$$= p_B + \rho_1 g(h_1 - \Delta y) + \rho_2 g\left(h_2 - \frac{h}{2} + \Delta y\right) + \rho_3 gh$$

よって

$$p_A - p_B = \rho_3 gh - \rho_2 g(h - 2\Delta y) - 2\rho_1 g\Delta y$$

体積一定則 $2\Delta yA = ha$ を考慮して，Δy を消去すると

$$p_A - p_B = h\left\{\rho_3 g - \rho_2 g\left(1 - \frac{a}{A}\right) - \rho_1 g\frac{a}{A}\right\} \tag{3.22}$$

ここで，a/A が小さいものとして，これを含む項を消去すれば

$$p_A - p_B \fallingdotseq (\rho_3 - \rho_2)gh \tag{3.23}$$

この式より，ρ_3 と ρ_2 の差が小さければ，同じ圧力差 $p_A - p_B$ に対して，h の読みは拡大され，圧力計としての感度は高いことになる．

【Example 3・6】　* *

In the two-liquid micrometer of Fig.3.9, calculate the pressure difference $p_A - p_B$, in pascals, when air is in the system, specific gravity of liquid 2 $S_2 = 1.0$, specific gravity of liquid 3 $S_3 = 1.10$, $a/A = 0.01$, $h = 10$ mm, $t = 20$ ℃, and the atmosphere pressure is 760 mmHg. Note that the density of pure water at standard conditions is 1000 kg/m^3, the specific gravity of mercury is 13.6.

【Solution】 The density of air,

$$\rho_1 = \frac{p}{RT} = \frac{0.76 \times 13.6 \times 1000 \times 9.81}{287 \times (273 + 20)}$$
$$= 1.21\ (\mathrm{kg/m^3})$$

$$\rho_1 g\frac{a}{A} = 1.21 \times 9.81 \times 0.01 = 0.119\ (\mathrm{N/m^3})$$

$$\rho_3 g-\rho_2 g\left(1-\frac{a}{A}\right)=1000\times 9.81\times(1.10-0.99)$$
$$=1080\ (\mathrm{N/m^3}).$$

Substituting into Eq. (3.22) gives,

$$p_A-p_B=0.01\times(1080-0.119)=10.8\ (\mathrm{Pa}).$$

＊＊＊＊＊＊＊＊＊＊＊＊＊＊＊＊＊＊＊＊＊＊＊

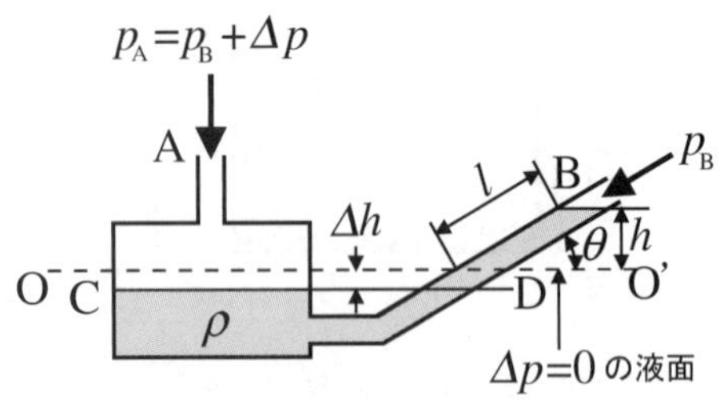

図 3.10　傾斜マノメータ

図 3.10 に示される型の微差圧計は傾斜マノメータ (inclined-tube manometer) と呼ばれるものであり，通常気体の微圧を計るのに用いられる．図中 O-O′ レベルは傾斜マノメータの両側 A, B に圧力差がない場合の液面の高さを表す．いま，A と B に圧力差 $\Delta p=p_A-p_B$ が作用したときに，容器内の液面は Δh 下がり，斜めの液柱の液面が h だけ上昇したとする．両側に作用する流体が通常気体であるので，その重量による影響を無視すれば，点 C と点 D の圧力が等しいことにより

$$p_A=p_B+\rho g(h+\Delta h)$$

よって，圧力差は次式で与えられる．

$$\Delta p=p_A-p_B=\rho g(h+\Delta h)$$

容器と液柱の断面積をそれぞれ S，a とすれば，体積一定則より $S\Delta h=al$ であり，また，$h=l\sin\theta$ であるので，これらの Δh と h の値を使用して，Δp を求めれば

$$\Delta p=\rho gl\left(\sin\theta+\frac{a}{S}\right) \tag{3.24}$$

となる．ここで，$a/S\fallingdotseq 0$ とすれば，

$$\Delta p\fallingdotseq\rho gl\sin\theta \tag{3.25}$$

すなわち，θ を小さくすれば，読み l は大きくなり，圧力計の感度は高まることになる．

【例題 3・7】　＊＊＊＊＊＊＊＊＊＊＊＊＊＊＊＊＊＊＊＊＊＊

図 3.10 のような傾斜マノメータを用いて圧力を測定する．圧力を加えないときの液面より $l=40$ cm 変位した場合，圧力差 Δp はいくらか．ただし，容器と液柱の径はそれぞれ 20 cm, 1 cm であり，傾斜管の傾きは $\theta=25°$ とする．また，マノメータの液体は比重 0.79 のエチルアルコールとする．

【解答】圧力差 Δp は式(3.24)より

$$\Delta p=\rho gl\left(\sin\theta+\frac{a}{A}\right)=0.79\times 1000\times 9.81\times 0.4\times\left\{\sin 25°+\left(\frac{0.01}{0.2}\right)^2\right\}$$
$$=1320\ (\mathrm{Pa})=1.32\ (\mathrm{kPa})\quad[0.0134\ (\mathrm{kgf/cm^2})]$$

＊＊＊＊＊＊＊＊＊＊＊＊＊＊＊＊＊＊＊＊＊＊

3・2　面に働く静止流体力 (hydrostatic forces on surfaces)

静止した流体中の壁面に作用する力は面に垂直な圧力のみであり，せん断力は働かない．液体の貯蔵タンク，ダム，水門などを設計する場合，圧力によって壁面に作用する力の大きさ,方向,作用点を求めることが重要となる．

3・2・1　平面に働く力 (force on flat surfaces)

図 3.11 に示すように，水平面と角度αの傾きをなす壁面を考える．いま，面積Aの任意の形状をした平板が壁面の一部を構成しているとして，平板に働く力を考えてみよう．壁面と液面との交線をx軸にとり，その上に原点Oを任意に定め，原点Oからx軸に垂直に傾斜面に沿ってy軸をとる．平板の微小面積dAに液体側から作用する圧力による垂直方向の力は，液面からの深さをhとすると，$pdA=(p_a+\rho gh)dA$で与えられる．ここで，p_aは大気圧である．いま，平板の片側は液体に接し，反対側は大気に接しているとすると,大気側から働く力は$p_a dA$となり，dAに働く合力は両側からの圧力差（すなわちゲージ圧）によって求められ，$(p-p_a)dA=\rho ghdA$となる．よって，平板全体に働く力は,

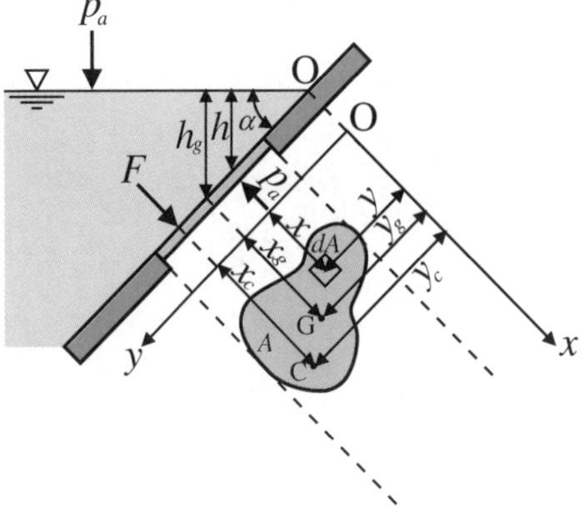

図 3.11　平面壁に作用する全圧力

$$F=\int_A \rho ghdA=\rho g\sin\alpha\int_A ydA \tag{3.26}$$

いま，x軸から平板の図心（重心）Gまでの距離をy_gとすれば，図心の定義から

$$\int_A ydA=y_g A \tag{3.27}$$

であるので，式(3.26)はまた，次のように表される．

$$F=\rho gAy_g\sin\alpha=\rho gh_g A=p_g A \tag{3.28}$$

ここで，h_gは図心の液面からの深さであり，p_gは図心におけるゲージ圧を表す．ゆえに，液体中の静止した平板に働く全圧力は，図心におけるゲージ圧と平板の面積の積に等しいことがわかる．

次に，全圧力の作用点(圧力の中心，center of pressure) Cの位置を求めてみる．圧力の中心がx軸からy_cの距離にあるとすれば，x軸まわりの圧力によるモーメントのつり合いより，

$$\begin{aligned}y_c F&=\int_A ydF=\int_A y\rho ghdA\\&=\rho g\sin\alpha\int_A y^2dA=\rho gI_x\sin\alpha\end{aligned} \tag{3.29}$$

となる．式(3.29)において，dFは微小な面積dAに作用する圧力による合力であり，$I_x=\int_A y^2dA$は図形のx軸まわりの断面 2 次モーメント(second moment of the area)である．Fに式(3.28)を代入するとy_cは次式で求められる．

$$y_c=\frac{\rho gI_x\sin\alpha}{F}=\frac{I_x}{y_g A} \tag{3.30}$$

さて，図心 G を通り x 軸に平行な軸に対する断面 2 次モーメントを I_{xg} とすると $I_x = I_{xg} + y_g^2 A$ の関係があり，したがってこれを式(3.30)に代入すれば，

$$y_c = \frac{I_{xg}}{y_g A} + y_g \qquad (3.31)$$

となる．これより，全圧力 F は y 軸が水平面となす角 α に関係なく，図心 G から y 方向に $I_{xg}/(y_g A)$ だけ下方の点 C に作用することがわかる．

次に圧力の中心の x 座標 x_c を求める．y 軸まわりのモーメントを考えることにより

$$x_c F = \int_A x dF = \rho g \sin\alpha \int_A xy dA$$

よって

$$x_c = \frac{\rho g \sin\alpha}{F} \int_A xy dA = \frac{I_{xy}}{y_g A} \qquad (3.32)$$

となる．ここで，I_{xy} は図形の x 軸と y 軸に対する断面相乗モーメント(product of inertia of the area)である．G を通り x 軸と y 軸に平行な軸まわりの断面相乗モーメントを I_{xyg} とすると $I_{xy} = x_g y_g A + I_{xyg}$ の関係があるので，式(3.32)は

$$x_c = \frac{I_{xy}}{y_g A} = x_g + \frac{I_{xyg}}{y_g A} \qquad (3.33)$$

となる．図心を通り y 軸に平行な軸に対して左右対称な図形は $I_{xyg} = 0$ であり，圧力の中心はこの対称軸上にあることがわかる．

表 3.2 に各種図形の面積特性を示しておく．

表 3.2 各種図形の面積特性

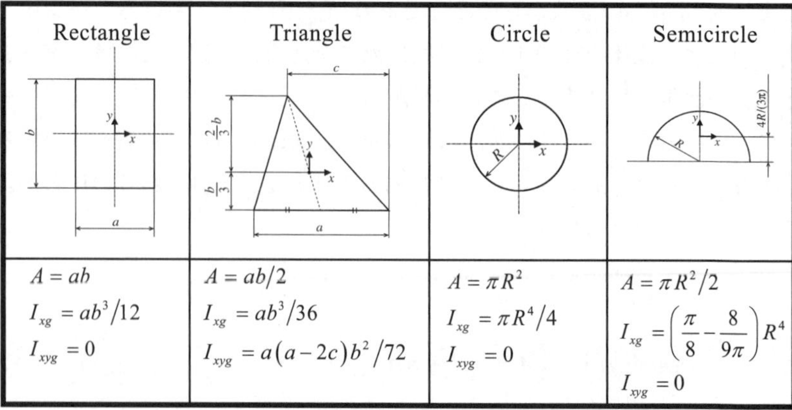

Rectangle	Triangle	Circle	Semicircle
$A = ab$ $I_{xg} = ab^3/12$ $I_{xyg} = 0$	$A = ab/2$ $I_{xg} = ab^3/36$ $I_{xyg} = a(a-2c)b^2/72$	$A = \pi R^2$ $I_{xg} = \pi R^4/4$ $I_{xyg} = 0$	$A = \pi R^2/2$ $I_{xg} = \left(\frac{\pi}{8} - \frac{8}{9\pi}\right) R^4$ $I_{xyg} = 0$

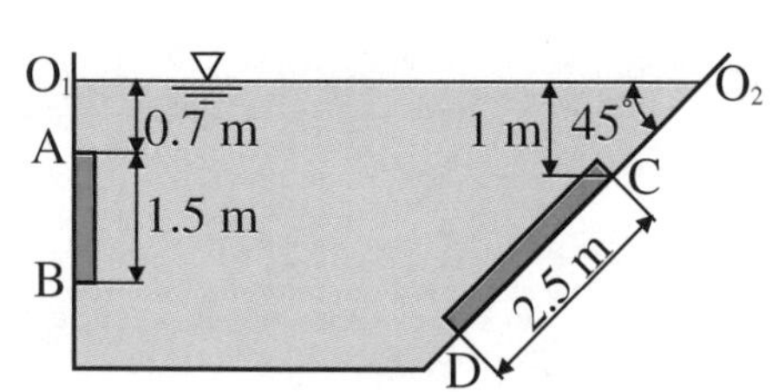

Fig. 3.12　Total force and center of pressure on the flat areas (Example 3.8)

【Example 3・8】　＊＊＊＊＊＊＊＊＊＊＊＊＊＊＊＊＊＊＊＊＊＊

Find the total force and the center of pressure due to the water acting on the areas shown in Fig.3.12.

(1) the 1 m by 1.5 m rectangular area AB

(2) the 1.5 m by 2.5 m triangular area CD (the apex of the triangle is at C)

【Solution】 (1)　From Eq. (3.28), the total force

$$F = \rho g h_g A$$
$$= 1000 \times 9.81 \times (0.7 + 0.75) \times (1 \times 1.5)$$
$$= 21.3 \times 10^3 \text{ (N)}$$

This total force acts at the center of pressure which is at a distance y_c from axis O_1.　From Eq. (3.31),

$$y_c = \frac{I_{xg}}{y_g A} + y_g = \frac{1 \times (1.5)^3 / 12}{1.45 \times (1 \times 1.5)} + 1.45 = 1.58 \text{ (m) from axis } O_1.$$

(2)　$\overline{O_2C} = \sqrt{2} = 1.41$ m. From the table 3.2, y_g of the centroid is given by

$$y_g = 1.41 + \frac{2}{3} \times 2.5 = 3.08 \text{ (m)}$$

$$\therefore F = \rho g h_g A = 1000 \times 9.81 \times \frac{3.08}{1.41} \times \frac{1}{2} \times 1.5 \times 2.5 = 40.2 \times 10^3 \text{ (N)}$$

This force acts at a distance y_c from axis O_2 and is measured along the plane of the area CD

$$y_c = \frac{I_{xg}}{y_g A} + y_g = \frac{1.5 \times (2.5)^3 / 36}{3.08 \times 1.5 \times 2.5 / 2} + 3.08 = 3.19 \text{ (m)}$$

from axis O_2.

＊＊＊＊＊＊＊＊＊＊＊＊＊＊＊＊＊＊＊＊＊＊

3・2・2　曲面に働く力 (force on curved surfaces)

図 3.13 に示すように，液体中の任意の曲面 A に作用する力について考える．座標系は，液面上の任意の点 O を原点とし，面上に x, y 軸，鉛直下方に z 軸をとる．曲面上の微小面積 dA に立てた単位法線ベクトルを $\boldsymbol{n}$ とし，その x, y, z 方向成分をそれぞれ l, m, n とする．すると，この成分 l, m, n はそれぞれ，ベクトル $\boldsymbol{n}$ と x, y, z 軸とのなす角度の余弦（方向余弦）を表す．このとき，dA に作用する圧力による力のベクトル $\boldsymbol{F}$ は，dA の深さを z とすると $d\boldsymbol{F} = \rho g z\, dA\, \boldsymbol{n}$ で与えられる．ここで，dA の yz 面，zx 面，xy 面（液面）への投影面積が各々 $dA_x = dA\, l$，$dA_y = dA\, m$，$dA_z = dA\, n$ となることを考慮すると $d\boldsymbol{F}$ の x, y, z 成分は次のように表される．

$dF_x = \rho g z\, dA l = \rho g z\, dA_x$，　$dF_y = \rho g z\, dA m = \rho g z\, dA_y$，　$dF_z = \rho g z\, dA n = \rho g z\, dA_z$

これらを積分することにより，曲面 A に作用する全圧力の成分 F_x，F_y，F_z は次のように求められる．

$$\left.\begin{aligned} F_x &= \rho g \int_{A_x} z\, dA_x \\ F_y &= \rho g \int_{A_y} z\, dA_y \\ F_z &= \rho g \int_{A_z} z\, dA_z \end{aligned}\right\} \qquad (3.34)$$

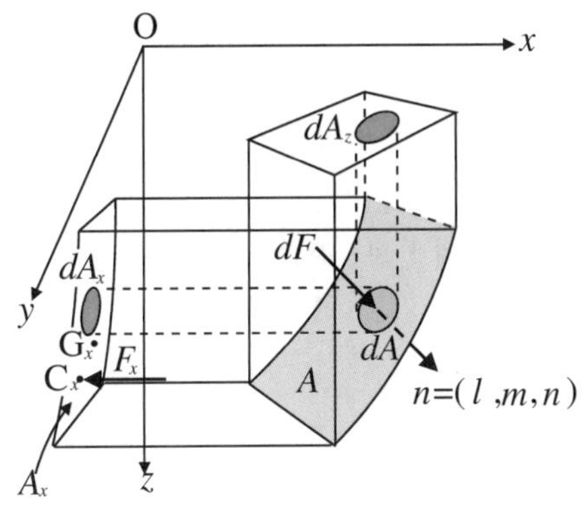

図 3.13　曲面に働く力

ここで，A_x，A_y，A_z はそれぞれ曲面 A を yz 面，zx 面，xy 面へ投影した面積を表す．式(3.34)の第 1 式より，F_x は A_x に作用する力に等しいことが容易にわかる．すると，3・2・1 項と同様の議論により，F_x は次式で与えられる．

$$F_x = \rho g z_g A_x \tag{3.35}$$

ここで，z_g は図形 A_x の図心の z 座標（液面からの深さ）である．また，F_x の圧力の中心の y，z 座標を y_c，z_c とすると式(3.30)，(3.32)より

$$z_c = \frac{1}{z_g A_x}\int_{A_x} z^2 dA_x,\ \ y_c = \frac{1}{z_g A_x}\int_{A_x} zy dA_x \tag{3.36}$$

となる．F_y については，曲面 A の zx 面への投影 A_y について同様の方法で計算できる．なお，F_z については，式(3.34)の第 3 式よりわかるように曲面 A を底面として液表面までの高さを持った液柱の重量に等しく，その作用線は液柱の重心を通る．

3・3　浮力と浮揚体の安定性 (buoyancy and stability of floating bodies)

3・3・1　アルキメデスの原理 (Archimedes' principle)

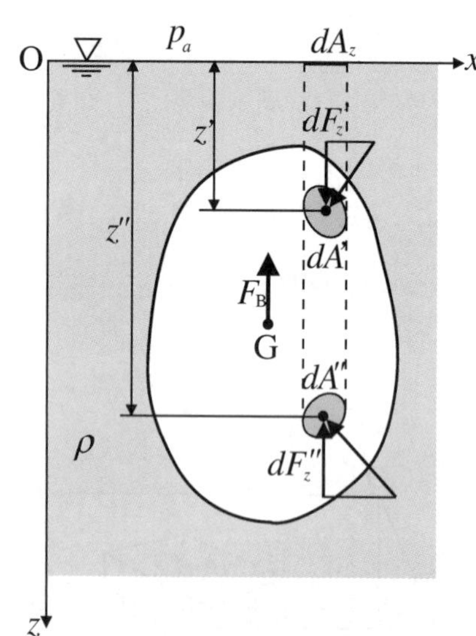

図 3.14　液体中の物体に作用する力

静止した流体中にある物体は，それが排除した流体の重量に等しい大きさの鉛直上向きの力すなわち浮力(buoyancy)を受ける．これはアルキメデスの原理(Archimedes' principle)と呼ばれ，以下のように説明されている．

例えば，図 3.14 に示されるような密度 ρ の一様な液体中に浸された任意の形の物体を考える．物体に作用する圧力は 3・2・2 項で示した曲面に作用する圧力と同じように計算できる．いま，物体に働く鉛直方向の合力 F_B を決定するために，鉛直方向に並んだ 2 つの微小面要素 dA' と dA'' を考える．これらの微小面要素に作用する鉛直方向の力は $dF_z' = (p_a + \rho g z')dA_z$，$dF_z'' = (p_a + \rho g z'')dA_z$ である．ここで，p_a は液面での大気圧，z' と z'' はそれぞれ dA' と dA'' の液面からの深さ，dA_z は dA' と dA'' の液面への投影面積である．これらの合力は鉛直上向きに $dF_z = \rho g(z'' - z')dA_z$ となる．$(z'' - z')dA_z$ は 2 つの面要素 dA' と dA'' の間の柱体の体積である．すると dF_z を物体の全体にわたって積分することによって鉛直上向きの合力は

$$F_B = \rho g V \tag{3.37}$$

となる．ここに，V は物体によって排除された液体の体積である．

F_B は平行で同じ方向の力 dF_z の合力である．dF_z は柱体の重量に等しいので，その合力である F_B はこれらの微小浮力 dF_z の総和の中心，すなわち排除した液体の重心を通らなければならない．この排除した液体の重心を浮力の中心(center of buoyancy)と呼び，液体の密度 ρ が一様のとき，これは物体の体積 V の重心 G に一致する．なお，浮力の中心は物体の重心とは必ずしも一致しないことに注意すべきである．

【Example 3・9】　＊＊＊＊＊＊＊＊＊＊＊＊＊＊＊＊＊＊＊＊＊＊＊

A block of concrete weighs 100 lbf in air and weighs only 70 lbf when immersed in fresh water (specific weight of water $\gamma_w = 62.4$ lbf/ft^3). What is the average specific weight of the block?

【Solution】 From a balance between the apparent weight, the buoyant force and the actual weight, we obtain,

$$70 + F_B - 100 = 0\ , \quad \therefore F_B = 30\ (\text{lbf})\ .$$

Solving gives the volume of the block V as $30/62.4 = 0.481\ \text{ft}^3$.

Therefore, the average specific weight of the block is,

$$\gamma_{\text{block}} = \frac{100\ (\text{lbf})}{0.481\ (\text{ft}^3)} = 208\ (\text{lbf/ft}^3)\ .$$

＊＊＊＊＊＊＊＊＊＊＊＊＊＊＊＊＊＊＊＊＊＊

3・3・2　浮揚体の安定性 (stability of floating bodies)*

船のように液面に浮かんでいる物体は浮揚体(floating body)と呼ばれている．図 3.15(a)は浮揚体が静止している場合を示している．浮揚体の重量を W，重力の作用点（重心）を G とする．また，浮力を F_B，浮力の中心を C とすれば，G と C は同一鉛直線上にあり，力のつり合いより $F_B = W$ となる．この場合，G と C を通る鉛直線を浮揚軸，液面で切られる仮想の浮揚体の切断面を浮揚面(waiter-plane area)という．また，浮揚面から物体の最下底までの深さを喫水(draft)という．

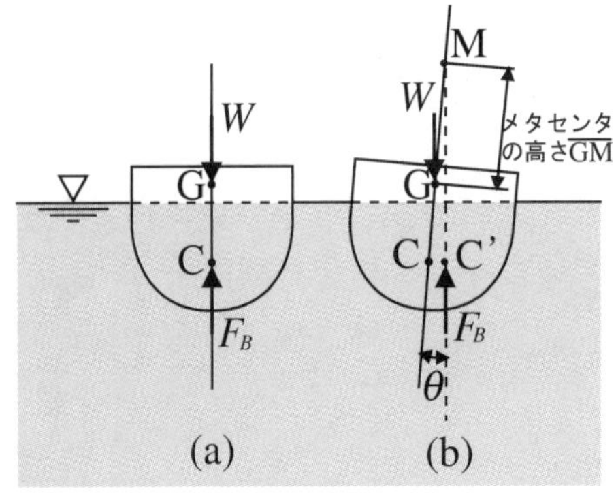

図 3.15　浮揚体の安定条件

いま，図 3.15(b)を示すように，つり合いの状態から，角度 θ だけ傾けた状態を考えると，浮力の中心 C は C′ に移り，浮力 F_B は C′ を通って鉛直上方に働く．この新しい浮力の作用線が傾く前の浮揚軸と交わる点 M をメタセンタ(meta center)と呼び，$\overline{\text{GM}}$ をメタセンタの高さ(metacentric height)と呼ぶ．図のように，M が G より上方にあれば，物体の質量Wと浮力 F_B とが復元偶力をつくり，物体は安定(stable)である．もし，M が G より下方にあれば，偶力は物体をさらに傾ける作用を生じ，不安定(unstable)となる．M が G と一致する場合は中立(neutral)である．なお，浮揚体の傾き θ が変わるとメタセンタ M の位置も移動する．θ を 0 に近づけたときの極限におけるメタセンタを真のメタセンタと呼ぶ．

次に，傾き角 θ が小さい場合のメタセンタの高さ $\overline{\text{GM}}$ を求めてみる．図 3.16 は浮揚体をつり合いの状態から微小な角 $\delta\theta$ だけ傾けた状態とする．図中の G と C はそれぞれ図 3.15 と同様に傾き角が 0 の場合の浮揚体の重心および浮力の中心を表し，また C′ は傾いた後の浮力の中心を表す．いま，浮揚体が傾く前の浮揚軸(G と C を結ぶ線)と浮揚面の交点を原点 O として，図のように x 軸，y 軸をとる．回転軸は紙面に垂直な方向である．浮揚体が $\delta\theta$ だけ傾いたため，図中の OBB′ で示されるくさび形部分が液面下に沈み，したがってその部分に対する浮力は増加する．一方，反対側の OAA′ のくさび形部分は液面から浮き上がるため，浮力は失われる．ここで，浮揚体が傾く前の浮揚面上に原点 O から x の位置にある微小面積 dA をとり，図に示されるようにくさび形部分内の微小体積 $dV = x\delta\theta dA$ を考えれば，この部分の浮力の増加によ

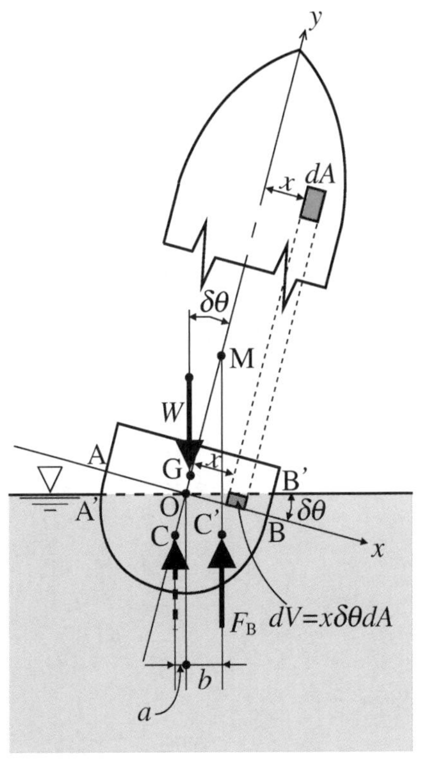

図 3.16　微小な傾き角での
メタセンタ

る y 軸まわりのモーメントは $\rho g x^2 \delta\theta\, dA$ となる．したがって，くさび形部分全体に対する浮力の増減により生じる y 軸まわりのモーメントは次のように与えられる．

$$\int_A \rho g x^2 \delta\theta\, dA = \rho g\, \delta\theta \int_A x^2 dA = \rho g\, \delta\theta\, I_y$$

ここで, A は浮揚面の面積， $I_y = \int_A x^2 dA$ は浮揚面の y 軸に対する断面 2 次モーメントである．このモーメントと点 C に作用していた浮力によるモーメント $-F_B \cdot a$ (a は CO 間の水平距離)との和が傾いたときの浮力によるモーメント $F_B \cdot b$ (b は OC′ 間の水平距離)に等しくならなければならない．すなわち

$$\rho g\, \delta\theta\, I_y - F_B \cdot a = F_B \cdot b$$

よって

$$\rho g\, \delta\theta\, I_y = F_B (a + b) \tag{3.38}$$

また，浮揚体の排除した体積を V とすれば浮力は $F_B = \rho g V$ であり，傾き角 $\delta\theta$ が小さいことから $a + b = \overline{\mathrm{CM}}\, \delta\theta$ である．これらを式(3.38)へ代入すると

$$\rho g\, \delta\theta\, I_y = \rho g V\, \overline{\mathrm{CM}}\, \delta\theta$$

よって

$$\overline{\mathrm{CM}} = \frac{I_y}{V}$$

したがって，メタセンターの高さ $\overline{\mathrm{GM}}$ は次式で与えられる．

$$\overline{\mathrm{GM}} = \frac{I_y}{V} - \overline{\mathrm{CG}} \tag{3.39}$$

浮揚体は $\overline{\mathrm{GM}} > 0$ ならば安定， $\overline{\mathrm{GM}} = 0$ ならば中立， $\overline{\mathrm{GM}} < 0$ ならば不安定である．

【例題 3・10】　＊＊＊＊＊＊＊＊＊＊＊＊＊＊＊＊＊＊＊＊＊＊＊

断面が 5 cm×10 cm で長さ 1 m の角材を 1 m×5 cm の面を底にしてそれを浮かべる場合

(1)　喫水はいくらか．

(2)　2° 傾けたときのモーメントはいくらか．ただし，回転軸は 1m の辺に平行とする．

(3)　(2)のときの安定性を調べよ．

ただし，水の密度は 1000 kg/m³，角材の比重は 0.8，重力加速度の大きさは 9.81 m/s² とする．

【解答】 (1)　喫水を h [cm] とすれば，角材の重量 W と浮力 F_B のつり合いより， $W = F_B$,

$$0.8 \times 5\,(\mathrm{cm}) \times 10\,(\mathrm{cm}) \times 100\,(\mathrm{cm}) = 1.0 \times 5\,(\mathrm{cm}) \times h \times 100\,(\mathrm{cm})$$

$$\therefore h = 8\,(\mathrm{cm})$$

(2) $I_y = \int_A x^2 dA = 100\int_{-2.5}^{2.5} x^2 dx = 100 \times \left[\frac{x^3}{3}\right]_{-2.5}^{2.5} = 1042\ (\mathrm{cm}^4) = 1.042 \times 10^{-5}\ (\mathrm{m}^4)$

よってモーメントは

$$\rho g\,\delta\theta\, I_y = 1000 \times 9.81 \times \frac{2\pi}{180} \times (1.042 \times 10^{-5})$$
$$= 3.567 \times 10^{-3}\ (\mathrm{N \cdot m}) = 3.567 \times 10^{4}\ (\mathrm{dyn \cdot cm})$$

(3)　角材の重心 G の底からの高さ $10\ (\mathrm{cm})/2 = 5\ (\mathrm{cm})$
角材の浮力の中心 C の底からの高さ $h/2 = 8\ (\mathrm{cm})/2 = 4\ (\mathrm{cm})$
したがって $\overline{\mathrm{CG}} = 5 - 4 = 1\ (\mathrm{cm})$
よって

$$\overline{\mathrm{GM}} = \frac{I_y}{V} - \overline{\mathrm{CG}} = \frac{1042}{5 \times 8 \times 100} - 1 = -0.740\ (\mathrm{cm}) < 0$$

したがってメタセンタの高さは重心 G より 0.74 cm 下にあり，浮揚体は不安定である．

＊＊＊＊＊＊＊＊＊＊＊＊＊＊＊＊＊＊＊＊＊＊＊

3・4　相対的平衡での圧力分布 (pressure distribution in　relative equilibrium)

容器の中に入れられた流体が容器とともに等加速度運動や一定角速度の回転運動を行っている場合，容器に固定した座標系からは流体は相対的に静止しているように見える．このような状態は相対的平衡(relative equilibrium)と呼ばれており，流体中の各点の圧力変化を静力学の問題と同様に扱うことが可能である．

いま，流体が容器とともに一定の加速度 $\boldsymbol{\alpha}$ で運動している場合を考えると，容器に固定した相対座標系での流体に作用する力の平衡条件は式(3.5)中の物体力 $\boldsymbol{K}$（運動のないときの $\boldsymbol{K}$）に慣性力 $-\boldsymbol{\alpha}$ を加えることによって得られる（ただし，$\boldsymbol{K}$，$-\boldsymbol{\alpha}$ は単位質量あたりの力である）．すなわち

$$\nabla p = \rho(\boldsymbol{K} - \boldsymbol{\alpha}) \tag{3.40}$$

図 3.2 と同様に直交座標系をとり，$\boldsymbol{\alpha}$ の x，y，z 方向成分を a_x，a_y，a_z とすれば，圧力の変化分 dp は式(3.6)の導出と同様の手続きにより，次のように表される．

$$dp = \rho\{(X - a_x)dx + (Y - a_y)dy + (Z - a_z)dz\} \tag{3.41}$$

これを空間的に積分すれば，流体中の圧力分布を求めることができる．なお，等圧面上では $dp = 0$ であるので，等圧面上の微小線素ベクトルを $d\boldsymbol{s} = (dx, dy, dz)$ とすると式(3.41)より

$$(X - a_x)dx + (Y - a_y)dy + (Z - a_z)dz = (\boldsymbol{K} - \boldsymbol{\alpha}) \cdot d\boldsymbol{s} = 0 \tag{3.42}$$

よって，等圧面はベクトル $\boldsymbol{K} - \boldsymbol{\alpha}$ に垂直であることがわかる．

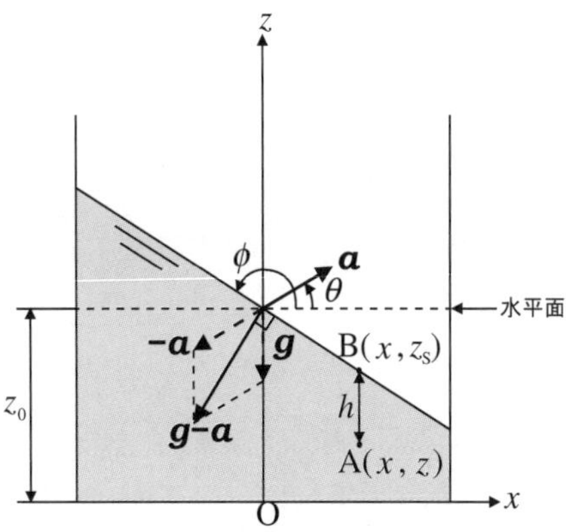

3・4・1　直線運動 (linear motion)

図 3.17 に示すように，流体が入った容器が水平面と θ なる角度の方向に等加速度 $\boldsymbol{\alpha}$ で動いている場合を考える．いま，座標系として容器の底面の中心 O を原点とし，水平方向に x 軸，鉛直上向きに z 軸をとる．ベクトル $\boldsymbol{\alpha}$ の大きさを a とし，x, z 軸方向加速度成分を a_x, a_z とすれば，$\boldsymbol{\alpha}=(a_x, 0, a_z)=(a\cos\theta, 0, a\sin\theta)$ と表される．この加速度 $\boldsymbol{\alpha}$ により，単位質量あたりの液体は慣性力 $-\boldsymbol{\alpha}$ を受ける．また，液体中には鉛直下向きに重力 $\boldsymbol{g}$ が作用しているので，$\boldsymbol{K}=\boldsymbol{g}=(0,0,-g)$ となる．液体中の圧力変化は，式(3.41)より

$$dp=\rho\{-a_x dx-(g+a_z)dz\} \tag{3.43}$$

となる．この式より，液体中の圧力変化は y 方向に依存せず，x と z 方向のみとなる．境界条件として，$x=0,\ z=z_0$（液面の高さ）で $p=p_a$（大気圧）を用いれば，式(3.43)を積分することにより，液体中の任意の点 A(x, z) の圧力は

$$p-p_a=\rho\{-a_x x+(g+a_z)(z_0-z)\} \tag{3.44}$$

となる．点 A 上の液面にある点 B(x, z_s) では $p=p_a$ であるので，$0=\rho\{-a_x x+(g+a_z)(z_0-z_s)\}$ となる．点 A の液面からの深さを $h(=z_s-z)$ とすると，これらを式(3.44)に代入すると点 A でのゲージ圧 p_A は次式で与えられる．

$$p_A=p-p_a=\rho g h\left(1+\frac{a_z}{g}\right) \tag{3.45}$$

式(3.45)より，等加速度運動をしている液体の圧力は運動のない場合の圧力 $\rho g h$ より大きくなることがわかる．

なお，液面の圧力は等圧面であるので，式(3.43)で $dp=0$ とおけば $dz/dx=-a_x/(g+a_z)=\mathrm{const.}$ となる．これは液面の傾きが一定であることを示しており，図 3.17 のように液面の傾き角 ϕ を定義すれば

$$\tan\phi=-\frac{a_x}{g+a_z} \tag{3.46}$$

となることがわかる．

図 3.17　等加速度直線運動する容器内の液体中の圧力分布

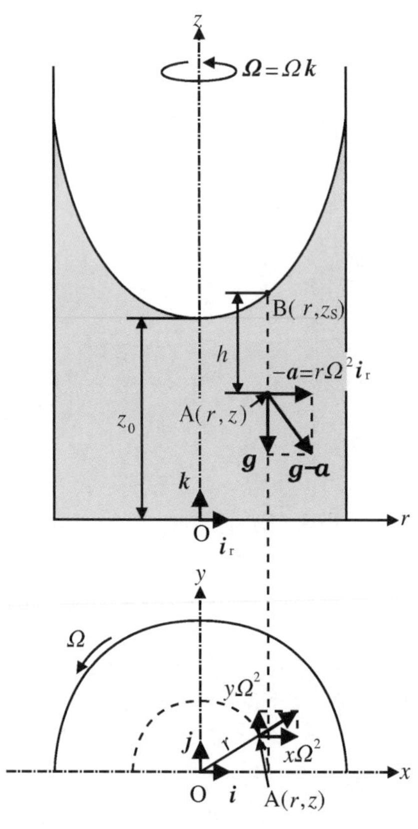

図 3.18　回転容器内の液体の圧力分布および液面形状

3・4・2　強制渦 (forced vortex)

図 3.18 のように，円筒容器内の液体が円筒とともに鉛直軸まわりに角速度 Ω で回転している強制渦(forced vortex, 2・2・3 項参照)を考える．円筒容器内の中心 O を原点として，底面上に x, y 軸，鉛直上方に z 軸をとる．また，x, y, z 軸方向の単位ベクトルを $\boldsymbol{i}, \boldsymbol{j}, \boldsymbol{k}$ とする．容器の回転角速度ベクトルを $\boldsymbol{\Omega}=\Omega\boldsymbol{k}$ で表せば，回転による半径方向の慣性力すなわち遠心力は $-\boldsymbol{\alpha}=-\boldsymbol{\Omega}\times(\boldsymbol{\Omega}\times\boldsymbol{r})=r\Omega^2\boldsymbol{i}_r$ である．ここで $\boldsymbol{r}$ は大きさが r の半径方向位置ベクトル，$\boldsymbol{i}_r$ は半径方向の単位ベクトルである．遠心力は直交座標系では，

$-\boldsymbol{\alpha} = (r\Omega^2(x/r), r\Omega^2(y/r), 0) = (x\Omega^2, y\Omega^2, 0)$で表される．一方，液体には，回転運動とはかかわりなく，物体力として重力$\boldsymbol{K} = \boldsymbol{g} = (0, 0, -g)$が作用している．したがって液体中の圧力変化$dp$は式(3.41)より

$$dp = \rho(x\Omega^2 dx + y\Omega^2 dy - g\,dz)$$

で表される．これを$x = 0, y = 0, z = z_0$（液面の高さ）で$p = p_a$（大気圧）の境界条件の下で積分すれば，液体中の任意の点A(r, z)の圧力は

$$p - p_a = \frac{\rho}{2}(x^2 + y^2)\Omega^2 - \rho g(z - z_0) = \frac{\rho}{2}r^2\Omega^2 - \rho g(z - z_0) \quad (3.47)$$

で表される．点Aの鉛直上方の液面上の点B(r, z_s)では，$p = p_a$であるので

$$0 = \frac{\rho}{2}r^2\Omega^2 - \rho g(z_s - z_0)$$

よって，液面形状は

$$z_s = z_0 + \frac{r^2\Omega^2}{2g} \quad (3.48)$$

となることがわかる（2･2･3節参照）．式(3.48)を式(3.47)へ代入すれば，任意の点Aのゲージ圧p_Aは次式で与えられる．

$$p_A = p - p_a = \rho g(z_s - z) = \rho g h \quad (3.49)$$

ここで，hは点Aの液面からの深さである．式(3.49)より，p_Aは静止流体の場合と同様に深さhのみの関数となることがわかる．

【Example 3・11】　＊＊＊＊＊＊＊＊＊＊＊＊＊＊＊＊＊＊＊＊＊＊＊＊

A liquid of specific gravity 1.2 is rotated at 100 rpm about a vertical axis. At one point A in the fluid 0.5 m from the axis, the pressure is 50 kPa. Find the pressure at a point B 3 m higher than A and 1.5 m from the axis. Note that the density of pure water at standard conditions is 1000 kg/m^3.

【Solution】 From Eq.(3.47), the pressures for the two points are written as,

$$p_A - p_a = \frac{\rho}{2}{r_A}^2\Omega^2 - \rho g(z_A - z_0)$$

$$p_B - p_a = \frac{\rho}{2}{r_B}^2\Omega^2 - \rho g(z_B - z_0).$$

When the first equation is subtracted from the second,

$$p_B - p_A = \frac{\rho}{2}({r_B}^2 - {r_A}^2)\Omega^2 - \rho g(z_B - z_A).$$

Then,

$$\Omega = 100\ (\text{rpm}) \times 2\pi/60 = 10.47\ (\text{rad/s}),$$

$$\rho g = 1000 \times 1.2 \times 9.81 = 11772\ (\text{N/m}^3),$$

and $r_A = 0.5$ m, $r_B = 1.5$ m, $z_B - z_A = 3$ m.

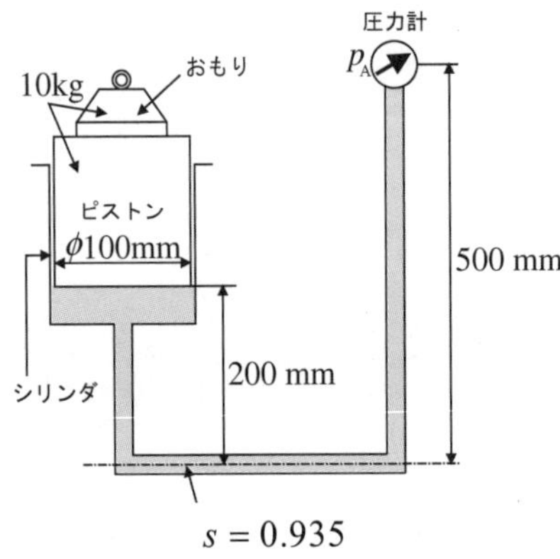

図 3.19　圧力計検定装置
（練習問題 3.2）

The values are substituted into the above equation,

$$p_B - 50000\ (\mathrm{Pa}) = \frac{1000\times1.2}{2}\times(1.5^2-0.5^2)\times10.47^2 -1000\times1.2\times9.81\times3.$$

Hence,

$$p_B = 1.462\times10^5\ (\mathrm{Pa}) = 146.2\ (\mathrm{kPa}).$$

＊＊＊＊＊＊＊＊＊＊＊＊＊＊＊＊＊＊＊＊＊＊

＝＝＝＝＝　練習問題　＝＝＝＝＝＝＝＝＝＝＝＝＝＝＝＝＝＝＝＝＝＝

【3・1】開放されたタンクの中に，まず1.5 m の高さだけ水を満たし，その上にさらに比重 $s = 0.9$ の油を高さ 50 cm だけ満たした場合，タンク底部での圧力はいくらか．ただし，水の密度を $\rho_W = 1000$ kg/m^3，重力加速度の大きさを $g = 9.81$ m/s^2 とし，圧力はゲージ圧で表せ．

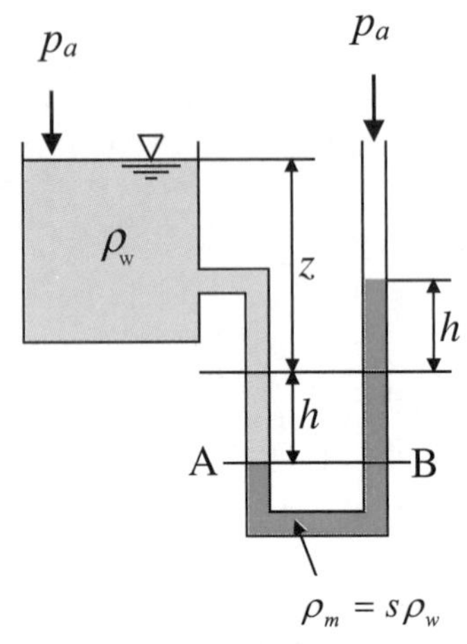

図 3.20　練習問題 3.3

【3・2】図 3.19 は圧力計の検定装置を示す．シリンダと管には油を満たし，シリンダに一定の荷重をかけることにより圧力計の指針を調整する．ピストンとおもりとの全質量が 10 kg のとき，圧力計の示度はゲージ圧でいくらになるか．ただし，油の比重は $s = 0.935$，重力加速度の大きさは $g = 9.81$ m/s^2 とする．

【3・3】図 3.20 に示すように，水を貯えたタンクに水銀を入れた U 字管マノメータが取り付けられている．タンクの水面の高さとマノメータ内の水銀面の平均高さとの差は z である．また 2 つの水銀面の高さの差は $2h$ とする．このとき，z と h との比 z/h はいくらになるか．ただし，水銀の比重を $s = 13.6$ とする．

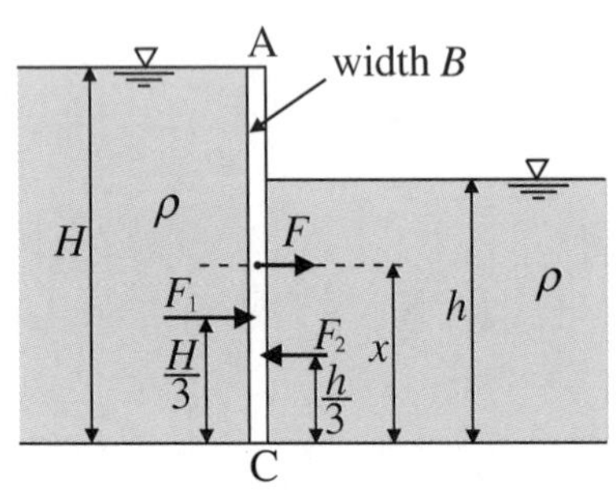

Fig 3.21　Problem 3.4

【3・4】 As shown in Fig.3.21, a vertical dock gate AC of width B has water at a depth of H on one side and to a depth of h on the other side. Find the total horizontal force F on the dock gate and the position x of its line of action from the bottom C.

【3・5】 The circular dam of the diameter d keeps water on one side (Fig.3.22). Find the magnitude and direction of the resultant force F due to the water per meter of its length.

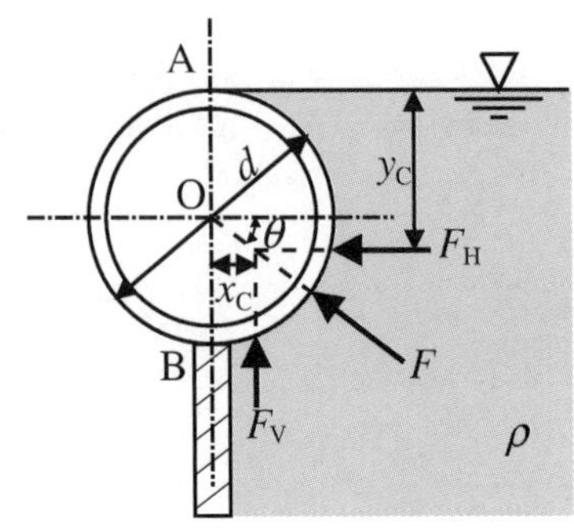

Fig 3.22　Problem 3.5

【3・6】 図 3.23 は浮力の原理を利用して，液体の比重を測定するものであり，ボーメの比重計と呼ばれている．中空のガラス筒の底は球状になっており，そこに鉛が入れてある．これを測定しようとする液体に図のように浮かし，浮面上の筒の読みにより液体の比重を知ることができる．いま，比重計をある液体に浮かしたところ，水に浮かしたときより，筒が $h = 30$ mm だけ上方に浮いたとすると，この液体の比重 s はいくらか．ただし，比重計の質量 $m = 3.0$ g，筒の直径 $d = 4.0$ mm，水の密度 $\rho_W = 1000$ kg/m^3 とする．

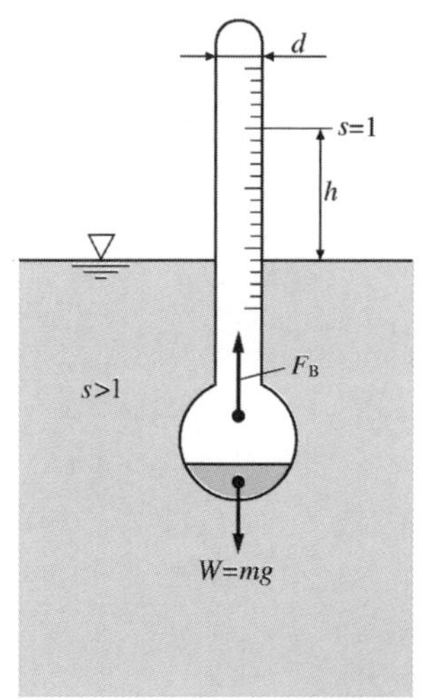

図 3.23　ボーメの比重計
(練習問題 3.6)

【3・7】 A simple accelerometer can be made from a U-tube containing water as in Fig.3.24. When a car with the U-tube is accelerated from 30.0 km/h to 80.0 km/h in a 5 seconds in the horizontal direction (x–direction), find the difference h of the water levels.

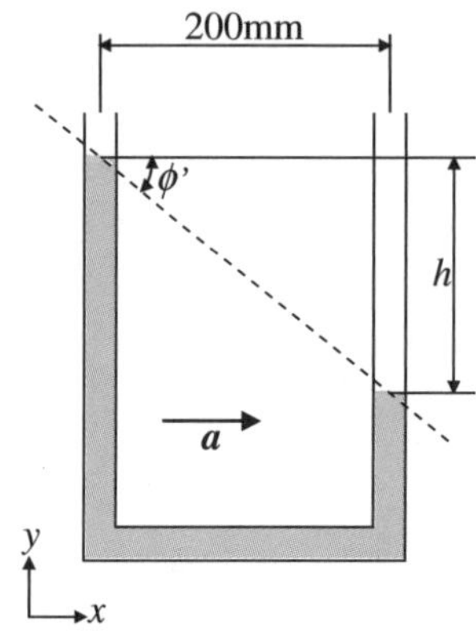

Fig 3.24　U-tube accelerometer
(Problem 3.7)

【3・8】 As shown in Fig.3.25, the 45° V-tube is rotating about axis AO at the uniform angular velocity Ω. The tube contains the water and is open at A and closed at B. What angular velocity will cause the pressure to be equal at points O and B? For this condition, find the position and value of the minimum pressure in the leg OB.

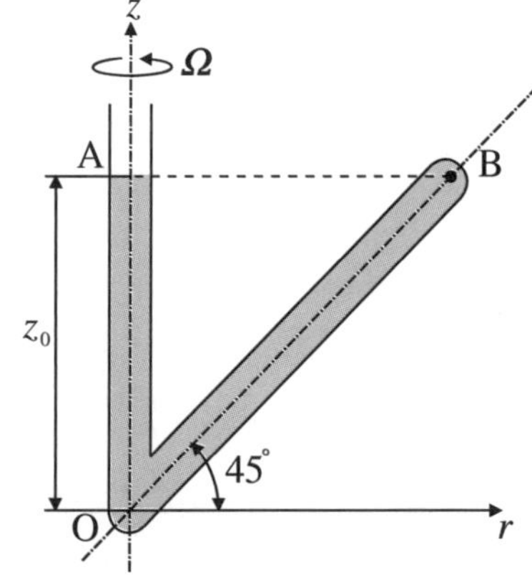

Fig 3.25　Problem 3.8

【解答】

【3・1】水の高さを $h_{\mathrm{water}} = 1.5\,\mathrm{m}$，油の高さを $h_{\mathrm{oil}} = 0.5\,\mathrm{m}$ と表すと，底面でのゲージ圧 p は式(3.18)を利用して，

$$p = \rho_W g h_{\mathrm{water}} + s\rho_W g h_{\mathrm{oil}}$$
$$= 1000 \times 9.81 \times 1.5 + 0.9 \times 1000 \times 9.81 \times 0.5$$
$$= 1.91 \times 10^4\ (\mathrm{Pa}) = 19.1\ (\mathrm{kPa})$$

【3・2】荷重をかけられたシリンダ内の圧力を p_s とすれば

$$p_s = 10\,(\mathrm{kg}) \times 9.81\,(\mathrm{m/s^2}) / [(\pi/4) \times \{0.1\,(\mathrm{m})\}^2]$$
$$= 12500\ (\mathrm{N/m^2})$$

圧力計が示すゲージ圧を p_A とすると

$$p_A = p_s - \rho g(0.5 - 0.2) = 12500 - 0.935 \times 1000 \times 9.81 \times (0.5 - 0.2)$$
$$= 9750\ (\mathrm{Pa}) = 9.75\ (\mathrm{kPa})$$

【3・3】 水の密度を ρ_W，水銀の密度を ρ_m，大気圧を p_a，重力加速度の大きさを g とする．図 3.20 中の点 A の圧力 p_A は $p_A = p_a + \rho_W g(z+h)$．点 B の圧力 p_B は $p_B = p_a + \rho_m g \times 2h = p_a + s\rho_W g \times 2h$．点 A と点 B は同一水平面上にあり，圧力は等しいので

$$p_a + \rho_W g(z+h) = p_a + s\rho_W g \times 2h$$

よって

$$\frac{z}{h} = 2s - 1$$

$s = 13.6$ を代入すれば $z/h = 2 \times 13.6 - 1 = 26.2$

【3・4】 In Fig. 3.21, F_1 is the resultant force on the left-hand side and F_2 is the resultant force on the right-hand side. From Eq. (3.28), F_1 is calculated by

$$F_1 = \rho g A_1 h_g = \rho g \times BH \times \frac{1}{2} H = \frac{1}{2} \rho g B H^2,$$

where $A_1 = BH$ is the area of the left-hand water face, and $h_g = H/2$ is the depth to the centroid of the left-hand water face. From Eq. (3.31), it is found that F_1 acts at (1/3) H from the bottom. Similarly the resultant force on the right-hand side F_2 is given by $F_2 = (1/2)\rho g B h^2$, and it acts at (1/3) h from the bottom.

The total force is $F=F_1-F_2=(1/2)\rho gB(H^2-h^2)$. Taking moments about the bottom of the gate C,

$$Fx=F_1\times\frac{1}{3}H-F_2\times\frac{1}{3}h$$

$$\therefore x=(H^2+Hh+h^2)/\{3(H+h)\}.$$

【3・5】 The horizontal component F_H of the resultant force is calculated by

$$F_H=\rho g\times\text{area of AB}\times\text{depth to the centroid of AB}$$

$$=\rho g\times d\times 1\times\frac{1}{2}d=\frac{1}{2}\rho gd^2$$

The vertical component F_V is given by

$$F_V=\rho g\times\text{volume of the right-hand semiclyndrical sector}$$

$$=\rho g\times\frac{\pi}{8}d^2\times 1=\frac{\rho g\pi d^2}{8}$$

Since the surface is a part of cylinder, the resultant force F will act through the center of cylinder O. If θ is the angle of inclination of F to the horizontal

$$\tan\theta=\frac{F_V}{F_H}=\frac{(1/8)\rho g\pi d^2}{(1/2)\rho gd^2}=\frac{\pi}{4}$$

$$\therefore\theta=38.1^\circ$$

【3・6】 水に比重計を浮かしたときの，水柱の体積をVとすると，式(3.37)より浮力F_Bは$F_B=\rho_W gV$となる．この浮力F_Bと重量$W=mg$はつり合っているので

$$W=mg=\rho_W gV$$

よって，$V=m/\rho_W=3.0\times10^{-3}/1000=3.0\times10^{-6}\ (\mathrm{m^3})$

一方，比重計を測ろうとする液体に浮かした場合の力のつり合いより

$$W=\rho_W gV=s\rho_W g\left(V-\frac{\pi}{4}d^2h\right)$$

よって

$$s=\frac{1}{1-\left(\dfrac{\pi}{4}d^2h/V\right)}=\frac{1}{1-\left\{\dfrac{\pi}{4}\times(4.0\times10^{-3})^2\times30\times10^{-3}/(3.0\times10^{-6})\right\}}$$

$$=1.14$$

【3・7】 The horizontal acceleration a_x is given by

$$a_x=\frac{dv_x}{dt}=\left(\frac{80.0\times10^3}{60\times60}-\frac{30.0\times10^3}{60\times60}\right)\times\frac{1}{5.0}=2.78\ (\mathrm{m/s^2})$$

The vertical acceleration $a_z=0$.

From Eq. (3.46), the slope of surface is

$$\tan\phi=\tan(\pi-\phi')=-\frac{a_x}{g}$$

$$\frac{h}{0.2}=\tan\phi'=\frac{a_x}{g}=\frac{2.78}{9.81}$$

$$\therefore h=0.0567\ (\mathrm{m})=56.7\ (\mathrm{mm}).$$

【3・8】From Eq. (3.47), the water pressure in the tube is given by

$$p - p_a = \frac{\rho}{2} r^2 \Omega^2 - \rho g (z - z_0) = \frac{\rho}{2} r^2 \Omega^2 - \rho g (r - z_0),$$

where z_0 is the depth of O and $z = r \tan 45^\circ = r$. Since the pressure at O (r=0) is equal to the one at B ($r = z_0$),

$$\rho g z_0 = \frac{\rho}{2} {z_0}^2 \Omega^2, \qquad \therefore \Omega = \sqrt{\frac{2g}{z_0}}.$$

The condition of the minimum pressure is $dp/dr = \rho r \Omega^2 - \rho g = 0$.
So the radial coordinate of the position of the minimum pressure $r_{\min}$ is

$$r_{\min} = \frac{g}{\Omega^2}.$$

Substituting $\Omega = \sqrt{2g/z_0}$, $r_{\min} = g/(2g/z_0) = z_0/2$. The value of minimum pressure $p_{\min}$ is obtained as follows,

$$p_{\min} = p_a + \frac{\rho}{2} {r_{\min}}^2 \Omega^2 - \rho g (r_{\min} - z_0)$$

$$= p_a + \frac{\rho}{2} \left(\frac{z_0}{2} \right)^2 \times \frac{2g}{z_0} - \rho g \left(\frac{z_0}{2} - z_0 \right)$$

$$\therefore p_{\min} = p_a + \frac{3}{4} \rho g z_0.$$

The position of $p_{\min}$ in the leg OB is at the distance of $(z_0/2)/\cos 45^\circ = z_0/\sqrt{2}$ from O.

第 3 章の文献

(1) Aris, R., *Vectors, Tensors and the Basic Equations of Fluid Mechanics*, 65, (1962) Dover Publications, Inc.

(2) Bertin, J. J., *Engineering Fluid Mechanics*, (1984) Prentice-Hall, Inc.

(3) Douglas, J. F. and Matthews, R. D., *Solving Problems in Fluid Mechanics*, Volume 1, Third Ed., (1986) Longman Group Ltd.

(4) 古屋善正・ほか 2 名, 流体工学, (1974), 朝倉書店.

(5) Giles, R. V., *Theory and Problems of Fluid Mechanics and Hydraulics*, SI(metric) Ed., (1977) McGraw-Hill Book Company, Inc.

(6) 原田幸夫, 流体の力学, (1964), 槇書店.

(7) 笠原英司, 例題演習　水力学, (1960), 産業図書.

(8) Kaufmann, W., *Fluid Mechanics*, (1963) McGraw-hill Book Company, Inc.

(9) 国清行夫・ほか 2 名, 演習　水力学, (1981), 森北出版.

(10) 中林功一・ほか 2 名, 流体力学の基礎(1), (1993), コロナ社.

(11) Pnueli, D. and Gutfinger, C., *Fluid Mechanics*, (1992) Cambridge University Press.

(12) Sabersky, R. H., Acosta, A. J. and hauptmann, E. G., *Fluid Flow – a First Course in Fluid Mechanics*, Third Ed., (1989) Macmillan Publishing Company.

(13) Streeter, V. L. and Wylie, E. B., *Fluid Mechanics*, Sixth Ed., (1975) McGraw-Hill, Inc.

(14) White, F. M., *Fluid Mechanics*, Fourth. Ed., (1999) McGraw-Hill, Inc.

(15) 吉野章男・ほか 2 名, 詳解　流体工学演習, (1989), 共立出版.

第４章

準１次元流れ

Quasi-one-dimensional Flow

4・1　連続の式 (continuity equation)

流れの中に，１つの閉曲線を通る流線群によって管を形成したとき，それを流管(streamtube)と呼ぶ．2・1・4 項で述べた流線の定義から流線を横切る流れはないので，流管壁を通して流管内の流体が漏れたり外から染み込んできたりすることはない．

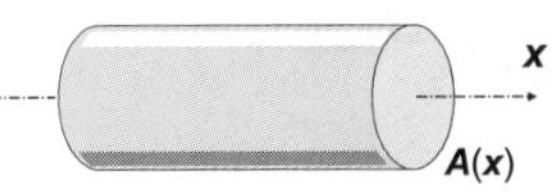

a) １次元流れ

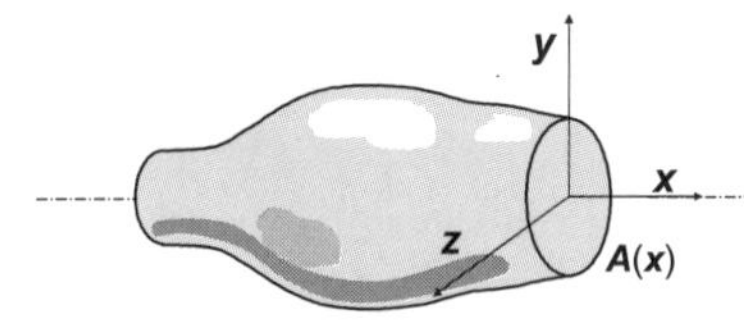

b) 準１次元流れ

図 4.1　流管

流管内の諸量が，図 4.1 に示すように流れ方向の距離 x のみの関数として表されるものを考えよう．ここで，図 4.1(a)のように流管の断面積が一定である場合を１次元流れ(one-dimensional flow)，図 4.1(b)に示すように流管の断面積が x 方向に変化する場合を準１次元流れ(quasi-one-dimensional flow)と呼ぶ．たとえば，図 4.2 に示すようなベンチュリ管(Venturi tube)内の流れにみられるように，現実に遭遇する多くの流れでは，断面積が変化しているところを通過する流れを扱うことが多い．このため，準１次元流れを考える方が便利である．もちろんこのような流れは３次元であるが，断面積内の諸量が一様であるとすれば，x 方向の変化のみを考えればよいことになる．なお，本章では，時間に関して諸量は変化しないとする．すなわち，定常流れを扱うこととする．準１次元流れでは，断面積 A，流速 U，圧力 p，温度 T，密度 ρ は x の関数として次のように表される．

$$A = A(x),\ U = U(x),\ p = p(x),\ T = T(x),\ \rho = \rho(x) \tag{4.1}$$

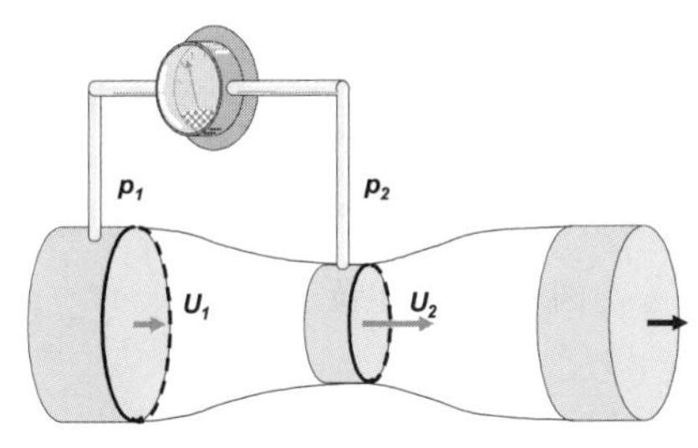

断面１　　断面２

図 4.2　ベンチュリー管の流れ

図 4.3 に示されるホースにつながるノズルの流れを考えよう．このホースおよびノズルの壁面を通じて流体の流入流出はないとする．すなわち，ホースの途中で漏れたり，しみ込んできたりということはない．断面１，２における断面積を A_1，A_2，ノズル出口の断面積を A_{out} とする．ホース内を流れる流体が水であるとして，単位時間あたりに放出された水量（流量）Q_{out} は，ある時間 t 内にノズルから出てきた水を漏らさずバケツに貯めた体積 V_{out} から求められる．すなわち，

$$Q_{out} = \frac{V_{out}}{t} \tag{4.2}$$

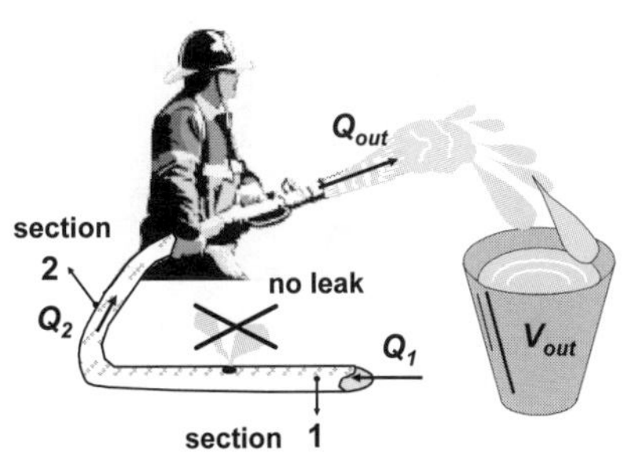

図 4.3　放水流量図

である．これを体積流量 (volume flow rate)あるいは単に流量(flow rate)と呼ぶ．ホースには漏れもしみ込みもないので，この流量の水が途中の断面１および２も通過する．したがって，

$$Q_{out} = Q_1 = Q_2 \quad （準１次元流れ，定常，非圧縮性） \tag{4.3}$$

と表される．

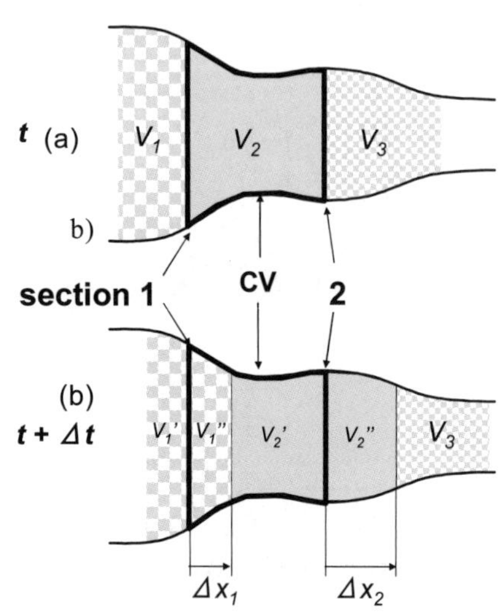

図 4.4　検査体積(CV)における流入流出

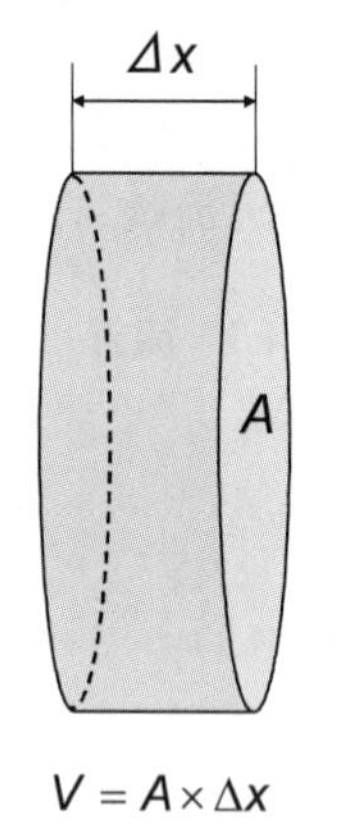

図 4.5　流体粒子の体積

これらの体積流量とそれぞれの位置における流管の断面積とを結びつけるために，図 4.4(a)に示すように，ある時刻 t に太線で囲まれた領域とその上流および下流の領域において，体積 V_1，V_2，V_3 を占める流体を考えよう．体積 V_2 が占めている領域を検査体積(control volume)と呼び，これを CV と表すものとする．本章を通じて簡単のために，CV は固定されて動かず，時間的にもその大きさや形状は変化しないものとする．また，CV 内の諸量も定常状態にあるとする．このような条件において，CV に出入りする流体の収支を以下に考えてみよう．なお流体を水とする．

ある時間 Δt だけ経ったときの状況を図 4.4(b)に示す．V_1 である水の先端部分が長さ Δx_1 だけ CV に入り込み V_1'' の領域を占める．それに押されて CV 内にあった水の先端は Δx_2 だけ CV の外に押し出され，V_2'' の体積だけはみ出る．

水は容易に縮まないので，CV に押し込まれた体積 V_1'' は CV から押し出された体積 V_2'' と同じでなければならない．もし，そうでなければ CV の体積は差 $V_2''-V_1''$ の分だけ変化しなければならないことになる．これは先に設定した CV の体積は変化しないという仮定に矛盾する．したがって，$V_1''=V_2''$ である．

CV に流入および CV から流出する体積について，CV の入口である断面 1 および出口である断面 2 において次のように考えてみよう．まず，図 4.5 に示すように，流体は断面積が A のまま，わずかな距離 Δx だけ移動したとする．したがって，CV の断面 1 を通して流入してきた水の体積 V_1'' は，断面積 A_1 をもつ高さ Δx_1 の円柱における体積であるから，次のように表される．

$$V_1'' = A_1 \Delta x_1 \tag{4.4}$$

体積流量は単位時間あたりの体積変化であるから，微分の定義から，

$$Q_1 = \frac{dV_1''}{dt} = \lim_{\Delta t \to 0} \frac{V_1''-0}{\Delta t} = \lim_{\Delta t \to 0} \frac{A_1 \Delta x_1}{\Delta t} = A_1 \frac{dx_1}{dt} = A_1 U_1 \tag{4.5}$$

ここに $U_1 = \left(dx_1 / dt \right)$ は断面 1 における水の通過速度である．これより，断面 1 を通じて流入した水の体積流量は断面 1 における断面積と速度の積で表されることがわかる．同様の導出によって，

$$Q_2 = A_2 U_2 \tag{4.6}$$

を得る．したがって，式(4.3)，(4.5)，(4.6)から，

$$A_{\mathrm{out}} U_{\mathrm{out}} = A_1 U_1 = A_2 U_2 \quad \text{（準 1 次元流れ，定常，非圧縮性）} \tag{4.7}$$

である．したがって，任意の断面において断面積と流速の積は同じ値をとることから，与えた流量およびノズル出口面積がわかっていれば，ノズル出口の流速は式(4.7)から容易に求めることができる．式(4.7)を連続の式(continuity equation)と呼ぶ．ここでは水を例に取り上げたが，密度変化が無視できるような流体では式(4.7)が成り立つ．

式(4.7)より，体積流量が一定であれば，断面積が大きいほどそこを通過する水の流速は遅く，逆に，断面積が小さいところでは流速が速いことがわかる．

4・2　質量保存則 (conservation of mass)

水のように密度変化の小さい流体に対して，気体では密度変化を無視できない場合が多い．そこで，本節では1･3･3項で述べた圧縮性流体の定常流れを扱うことにする．密度はx位置によって異なるが，少なくとも考えている微小領域（$A\Delta x$）の中では，密度は一様に分布しており一定値を示すものとする．質量は体積に密度をかけたものである．したがって，式(4.5)，(4.6)にそれぞれの位置における密度をかけると，

$$\begin{aligned} \dot{m}_1 &= \rho_1 Q_1 = \rho_1 A_1 U_1 \\ \dot{m}_2 &= \rho_2 Q_2 = \rho_2 A_2 U_2 \end{aligned} \qquad \text{[kg/s]} \qquad (4.8)$$

となる．これらは単位時間あたりに図 4.4 に示す断面 1，2 を通過する流体の質量をそれぞれ表しているから，$\dot{m}_1$，$\dot{m}_2$を質量流量(mass flow rate)と呼ぶ．図 4.6 に示すように，実線で示した検査体積(CV)に，破線で示した流体領域が一致した状態（図 4. 6(a)）からわずか流れた状態に（図 4. 6(b)）なったときのことを考えよう．CV の断面 1 からの流入と断面 2 からの流出の関係および CV が変化しないことから，

$$\dot{m}_1 = \dot{m}_2 \qquad (4.9)$$

である．したがって，

$$\rho_1 A_1 U_1 = \rho_2 A_2 U_2 \qquad \text{（準 1 次元流れ，定常，圧縮性）} \qquad (4.10)$$

の関係を得る．任意の断面においてこれが成り立つので，質量流量は一定であるといえる．これを質量保存則と呼ぶ．

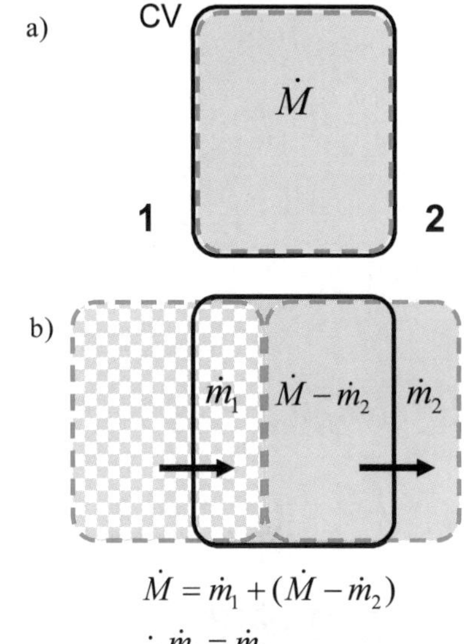

図 4.6　検査体積における質量変化

別の表現からこのことを考えてみよう．すなわち，図 4.6 に示すように，CV 内に流体はとぎれることなく連続的に流入流出するために，CV に含まれる流体の質量の時間変化割合は，その CV に流入する質量流量と流出する質量流量との差に等しくなければならない．したがって，CV 内の質量をMと書くと，

$$\frac{DM}{Dt} = \dot{M} = \dot{m}_2 - \dot{m}_1 = \rho_2 A_2 U_2 - \rho_1 A_1 U_1 \qquad (4.11)$$

である． CV が時間空間的に変化しないこと，また他からの流入流出はないという仮定から， CV に一致した流体領域における質量は時間的に変化しない．すなわち，$DM/Dt = 0$ である．したがって，式(4.11)から，

$$\rho_2 A_2 U_2 - \rho_1 A_1 U_1 = 0$$

である．これは式(4.10)と同じである．

密度が一定であれば，$\rho_1 = \rho_2$であるから，式(4.10)におけるρは消去できて，式(4.7)と同じ結果が得られる．すなわち，体積流量が一定というのは，密度が変化しない流れの場合における質量保存則を表していることがわかる．

【例題 4・1】　＊＊＊＊＊＊＊＊＊＊＊＊＊＊＊＊＊＊＊＊＊＊

図 4.7 に示すように，内径 $d = 2.0$cm のパイプの先端から水が毎分 9.0 リットル出ている．先端から水が吹き出すときの流速を求めよ．

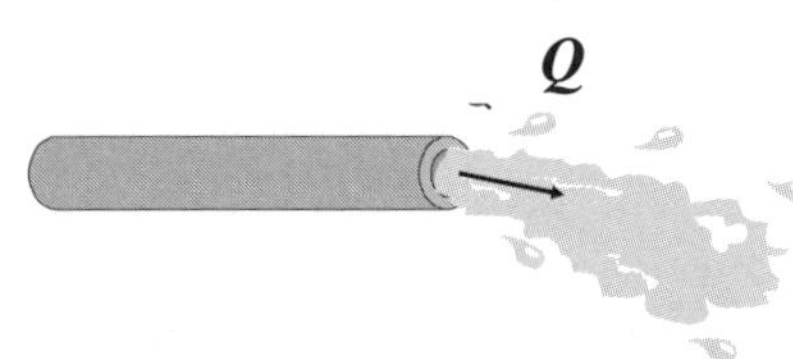

図 4.7　パイプからの放水

【解答】　パイプ先端の断面積 A は

$$A = \pi\left(\frac{d}{2}\right)^2 = \pi \times (0.02/2)^2 = 3.14 \times 10^{-4}\ (\mathrm{m}^2)$$

である．題意により体積流量は次のように求まる．

$$Q = 9.0 \times 10^{-3} / 60 = 1.5 \times 10^{-4}\ (\mathrm{m}^3/\mathrm{s})$$

したがって，式(4.6)より，

$$U = \frac{Q}{A} = \frac{1.5 \times 10^{-4}}{3.14 \times 10^{-4}} = 0.48\ (\mathrm{m/s})$$

＊＊＊＊＊＊＊＊＊＊＊＊＊＊＊＊＊＊＊＊＊＊

【例題 4・2】　＊＊＊＊＊＊＊＊＊＊＊＊＊＊＊＊＊＊＊＊＊＊

図 4.8 に示すように，流体機械の入口と出口に直径 10 cm のパイプが接続されている．入口断面（添え字 1 を付けて表す）で計測された状態の空気が流体機械内で仕事をし，またエネルギーの一部は放熱されて出口断面（添え字 2 を付けて表す）において下に示される状態に変化した．これより出口断面における流速を求めよ．

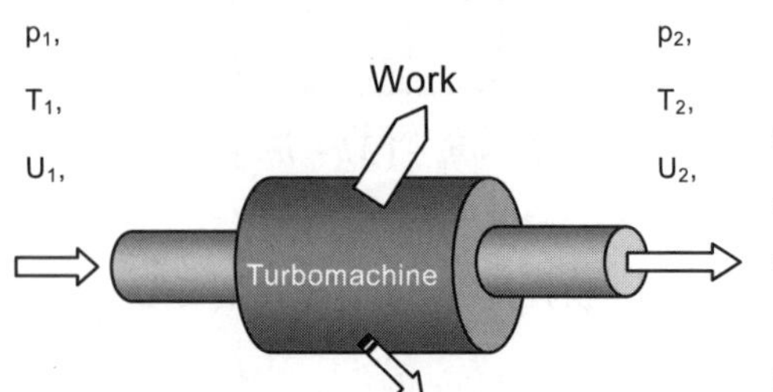

図 4.8　流体機械における入口と出口の状態

条件：　入口断面;　p_1= 10 atm,　T_1= 473 K,　U_1=20 m/s
出口断面;　p_2= 1.0 atm,　T_2= 293 K,　U_2= ? m/s

【解答】流体機械に流入した空気はどこにも漏れずに流出すると考えれば，入口と出口において式(4.10)で表される質量保存則が成り立っている．また，空気は完全気体とみなせるので密度，圧力および温度の間には次に示す状態方程式が成り立っている．

$$\rho = \frac{p}{RT}$$

ここに，R はガス定数(= 287 J/(kg・K))である．入口と出口の断面直径が同じであることから，$A_1 = A_2$ の関係を式(4.10)に代入すると，次のような関係が得られる．

$$\frac{p_1 U_1}{RT_1} = \frac{p_2 U_2}{RT_2}$$

したがって，

$$U_2 = \frac{p_1 T_2}{p_2 T_1} U_1 = \frac{10 \times 293}{1 \times 473} \times 20 = 124\ (\mathrm{m/s})$$

＊＊＊＊＊＊＊＊＊＊＊＊＊＊＊＊＊＊＊＊＊＊

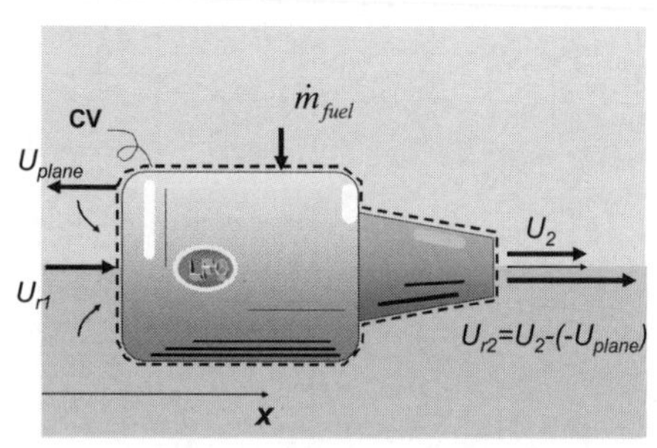

図 4.9　ジェットエンジンにおける流れ

【例題 4・3】　＊＊＊＊＊＊＊＊＊＊＊＊＊＊＊＊＊＊＊＊＊＊

図 4.9 に示すようなジェットエンジンを搭載した航空機が時速 800 km/h で飛行している．エンジンの空気流入口の断面積が 0.80 m²，ジェットの吹き出

し口の断面積が 0.60 m^2 である．飛行高度における空気の密度を 0.74 kg/m^3，燃焼ガスの密度が 0.50 kg/m^3 とする．この状態におけるジェットエンジンからの飛行速度を考慮していないガス噴出速度が 1000 km/h であるとき，消費される燃料の質量流量を求めよ．

【解答】速度 $\boldsymbol{U}_{CV}$ で移動する検査体積とともに移動する観測者が，検査面を通過する速度 $\boldsymbol{U}$ を見たとき，それは相対速度 $\boldsymbol{U}_r$ であって，次のように表される．

$$\boldsymbol{U}_r = \boldsymbol{U} - \boldsymbol{U}_{CV}$$

本例題の場合，流れが一方向であるので速度はスカラで考えられ，入口における速度 $\boldsymbol{U}$ は静止大気なので $U_1 = 0$，出口ではジェットの噴出速度なので $U_2 = 1000\,\text{km/h}$ である．

問題において，図 4.9 に示されるように，エンジン回りにとった検査体積（CV）は航空機の飛行速度 U_{plane} で負方向（左側）へ移動する．したがって，$U_{CV} = -U_{\text{plane}}$ である．エンジンの空気流入口（諸量に添え字 1 をつける）における CV に対する相対流入速度 U_{r1} は次のように表される．

$$\begin{aligned} U_{r1} &= U_1 - U_{CV} \\ &= 0 - (-U_{\text{plane}}) = U_{\text{plane}} \end{aligned} \qquad \text{(A)}$$

同様に，噴出口（諸量に添え字 2 をつける）における相対速度は

$$\begin{aligned} U_{r2} &= U_2 - U_{CV} \\ &= U_2 - (-U_{\text{plane}}) = U_2 + U_{\text{plane}} \end{aligned} \qquad \text{(B)}$$

と表される．

いま，燃料の質量流量を $\dot{m}_{\text{fuel}}$ と書くことにする．質量保存則より，エンジンへ流入する空気の質量流量と燃料の質量流量の和が噴出する燃焼ガスの質量流量と等しいので，次のような関係式を得る．

$$\rho_1 A_1 U_{r1} + \dot{m}_{\text{fuel}} = \rho_2 A_2 U_{r2} \qquad \text{(C)}$$

題意から相対速度は式(A)および(B)から，それぞれ次のような値をとる．

$$\begin{aligned} U_{r1} &= U_{\text{plane}} = 800 \times 10^3 / 3600 = 222 \\ U_{r2} &= U_2 + U_{\text{plane}} = (1000 + 800) \times 10^3 / 3600 = 500 \end{aligned} \qquad \text{(m/s)}$$

$A_1 = 0.8$，$\rho_1 = 0.74$，$U_{r2} = 500$，　$A_2 = 0.6$，$\rho_2 = 0.5$　を式(C)に代入すると，燃料の質量流量が次のように求まる．

$$\begin{aligned} \dot{m}_{\text{fuel}} &= \rho_2 A_2 U_{r2} - \rho_1 A_1 U_{r1} \\ &= 0.50 \times 0.60 \times 500 - 0.74 \times 0.80 \times 222 \\ &= 18.6\ \text{(kg/s)} \end{aligned}$$

これを 1 時間あたりにすると，約 67 ton/h となる．JP5 というジェット燃料を用いているとすると，その密度は 814.8 kg/m^3 であるから，200 リットル入りのドラム缶 411 本分を 1 時間に消費する勘定である．燃費を向上させるためには，エンジンの上流と下流における質量流量差を小さくすることが必要である．

＊＊＊＊＊＊＊＊＊＊＊＊＊＊＊＊＊＊＊＊＊＊＊＊＊

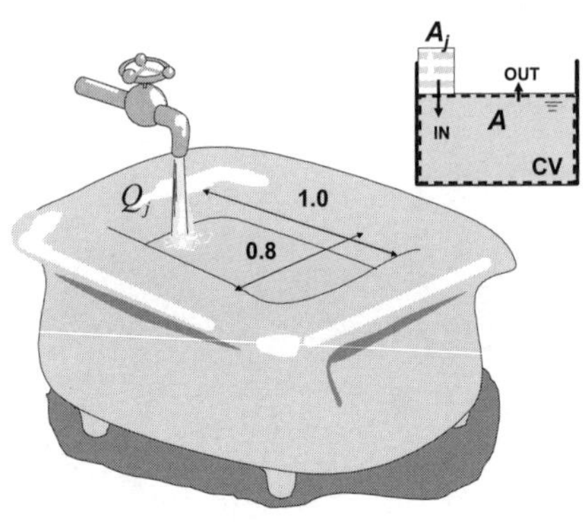

図 4.10　浴槽内の水深変化

【例題 4・4】　＊＊＊＊＊＊＊＊＊＊＊＊＊＊＊＊＊＊＊＊＊＊＊

図 4.10 に示される断面が 0.8×1.0 m² の浴槽に，断面積 A_j の蛇口から 30 リットル／分の流量で水を入れている．水深の変化割合と 0.7m の深さまで入れるのに要する時間を求めよ．

【解答】　水の注入により水深が h から Δh だけ増加したとする．実際に水深が変化している面積は，図中の挿し絵に示されるように浴槽断面積 A から，蛇口より供給される水流の面積 A_j を差し引いたものである．したがって，そのときの体積増分 ΔV は次のように表される．

$$\Delta V = (A - A_j)\Delta h$$

単位時間あたりのこの体積増加分は

$$Q = \lim_{\Delta t \to 0} \frac{\Delta V}{\Delta t} = \lim_{\Delta t \to 0} \frac{\left(A - A_j\right)\Delta h}{\Delta t} = \left(A - A_j\right)\frac{dh}{dt}$$

で表される．これが，蛇口からの流入体積 $Q_j = A_j U_j$ に等しいので，

$$(A - A_j)\frac{dh}{dt} = A_j U_j = Q_j$$

したがって，

$$\frac{dh}{dt} = \frac{Q_j}{A - A_j} \approx \frac{Q_j}{A}$$

なお，$A_j \ll A$ とした．これより，

$$\frac{dh}{dt} \approx \frac{Q_j}{A} = \frac{30 \times 10^{-3} / 60}{0.8 \times 1} = 6.3 \times 10^{-4} \ \text{(m/s)}$$

また，0.7 m の深さまで水が入るのに要する時間は上式を積分して求められる．

$$\int_0^{0.7} dh = \int_0^{t_1} 6.3 \times 10^{-4} dt$$

$$\therefore \left[h\right]_0^{0.7} = 6.3 \times 10^{-4} \left[t\right]_0^{t_1}$$

したがって，0.7 m まで入るのに要する時間 t_1 は，

$$t_1 = \frac{0.7}{6.3 \times 10^{-4}} = 1111 \qquad \text{(s)}$$

$$= 19 \qquad \text{(min)}$$

である．

＊＊＊＊＊＊＊＊＊＊＊＊＊＊＊＊＊＊＊＊＊＊

4・3　エネルギーバランス式 (energy equation)

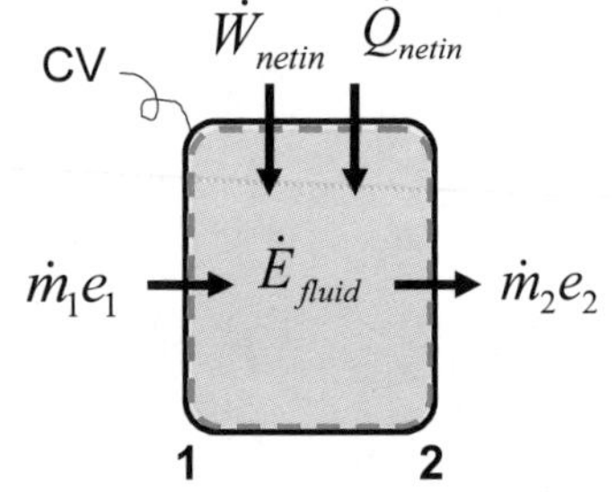

図 4.11 検査体積における流体のもつエネルギー収支

定常な流れがある固定された検査体積 CV に流入流出する際のエネルギーバランスを考えよう．図 4.11 に示されるように，破線で囲まれた流体領域が実線で示された CV に一致するときのことを考えよう． CV は時間的に変化せず，また空間に固定されているものとする．この場合，検査体積に一致した流体領域のエネルギーの時間変化は CV の表面を通じて出入りするエネルギー収支と等しくなる．

CV 内の流体がもつ単位質量あたりのエネルギーを e と書く．この e は，内部エネルギー(internal energy) $\boldsymbol{u}$，運動エネルギー(kinetic energy) $U^2/2$，重力場における位置エネルギー(potential energy) gz の和である．すなわち，

$$e = \boldsymbol{u} + \frac{U^2}{2} + gz \tag{4.12}$$

である．したがって，CV 内の流体全体におけるエネルギー E_{fluid} は次のように表される．

$$E_{\text{fluid}} = \int_{CV} e\rho dV \tag{4.13}$$

この E_{fluid} の時間変化は，CV の表面を通じて流入した流体が持ち込んだ単位時間あたりのエネルギー $\dot{m}_1 e_1$ と，断面 2 から持ち去られる単位時間あたりのエネルギー $\dot{m}_2 e_2$ の差に等しいので，

$$\frac{DE_{\text{fluid}}}{Dt} = \dot{E}_{\text{fluid}} = \dot{m}_2 e_2 - \dot{m}_1 e_1 = \dot{m}(e_2 - e_1) \tag{4.14}$$

と表される．ここで，式(4.9)より $\dot{m}_1 = \dot{m}_2 = \dot{m}$ と置いて，整理した．

一方，CV に一致した流体領域に熱力学第 1 法則 (the first law of thermodynamics)を適用すると，次のように表される．

$$\frac{DE_{\text{fluid}}}{Dt} = \dot{Q}_{\text{netin}} + \dot{W}_{\text{netin}} \tag{4.15}$$

すなわち，流体がもつエネルギーの時間変化は CV の外部から与えられる単位時間あたりの正味熱エネルギー $\dot{Q}_{\text{netin}}$ と，単位時間あたりに外部から加えられた正味仕事によるエネルギー $\dot{W}_{\text{netin}}$ の和に等しいことを表している．

ここに，正味熱エネルギー $\dot{Q}_{\text{netin}}$ は，CV を占める流体にその外から熱伝達によって加えられる熱量と外部へ放熱した分との差し引きの結果である．図 4.12 に示されるように，何らかの方法による加熱 $\dot{Q}_{\text{volume}}$ と着目した流体領域の周辺における流体の流動による摩擦熱 $\dot{Q}_f$ からなる．すなわち，

$$\dot{Q}_{\text{netin}} = \left\{\left(\dot{Q}_{\text{volume}}\right)_{\text{in}} - \left(\dot{Q}_{\text{volume}}\right)_{\text{out}}\right\} + \left\{\left(\dot{Q}_f\right)_{\text{in}} - \left(\dot{Q}_f\right)_{\text{out}}\right\} \tag{4.16}$$

である．

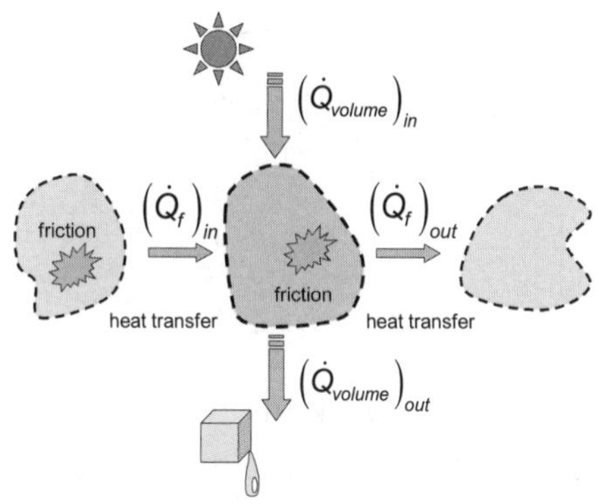

図 4.12　検査体積内の流体に加えられる熱量

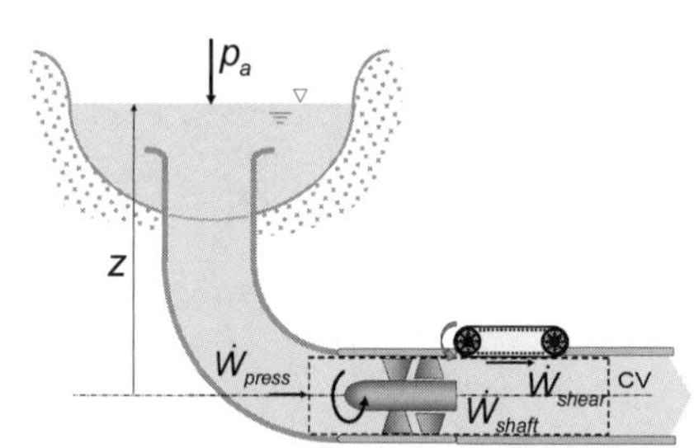

図 4.13　検査体積内の流体に加えられる仕事

一方，仕事は，図 4.13 に示されるように，ポンプ(pump)や送風機(fan)の軸を介して外部から流体に与えられる仕事 $\dot{W}_{\text{shaft}}$，断面 1, 2 に垂直に作用する圧力の差による仕事 $\dot{W}_{\text{press}}$，CV の壁面に平行な力による仕事 $\dot{W}_{\text{shear}}$ からなる．また，流体が外部に仕事をしたとすればそれらの差し引き分すなわち正味の仕事 $\dot{W}_{\text{netin}}$ は次のように表される．すなわち，

$$\begin{aligned}\dot{W}_{\text{netin}} &= \left(\dot{W}_{\text{shaft}} + \dot{W}_{\text{press}} + \dot{W}_{\text{shear}}\right)_{\text{in}} - \left(\dot{W}_{\text{shaft}} + \dot{W}_{\text{press}} + \dot{W}_{\text{shear}}\right)_{\text{out}} \\ &= \left(\dot{W}_{\text{shaft}} + \dot{W}_{\text{press}} + \dot{W}_{\text{shear}}\right)_{\text{netin}}\end{aligned} \tag{4.17}$$

である．

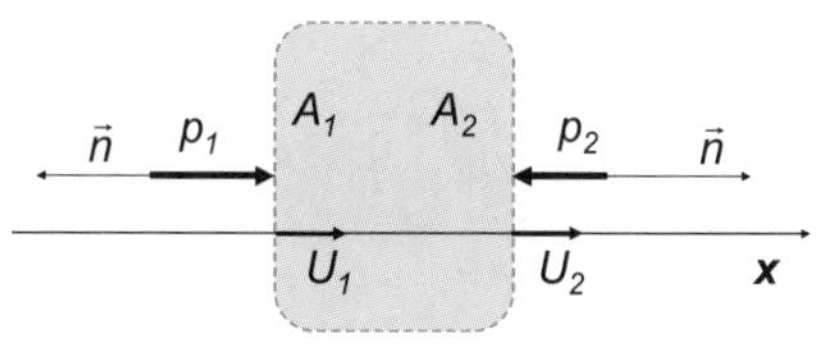

$$\dot{W}_1 = F_1 U_1 = -p_1 A_1 U_1$$
$$\dot{W}_2 = F_2 U_2 = -p_2 A_2 U_2$$

図 4.14　検査体積の表面に作用する圧力による仕事

いま CV の壁面は静止しているとすると $\dot{W}_{\text{shear}} = 0$ である．また，圧力は

単位面積あたりの力であるから，図 4.14 に示されるように，面積 A には pA の力が作用し，その断面部分の流体が速度 U で移動するから，圧力による仕事は pAU と表せる．断面 1 および 2 におけるこれらの差が実際の仕事となるので，

$$\begin{aligned}\left(\dot{W}_{\text{press}}\right)_{\text{netin}} &= \dot{W}_2 - \dot{W}_1 \\ &= -p_2 A_2 U_2 - (-p_1 A_1 U_1)\end{aligned} \tag{4.18}$$

と表すことができる．ここに，図 4.15 に示すように，CV の外部に向かって作用する力を正としているため，流体内部に向かう方向に作用する圧力には負符号を付けている．以上のことから，

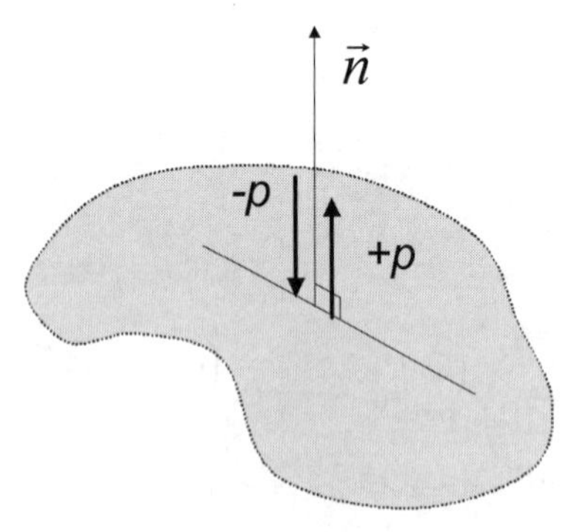

図 4.15　検査体積の壁面から外側に向かう方向を正，内側に入る方向を負とする

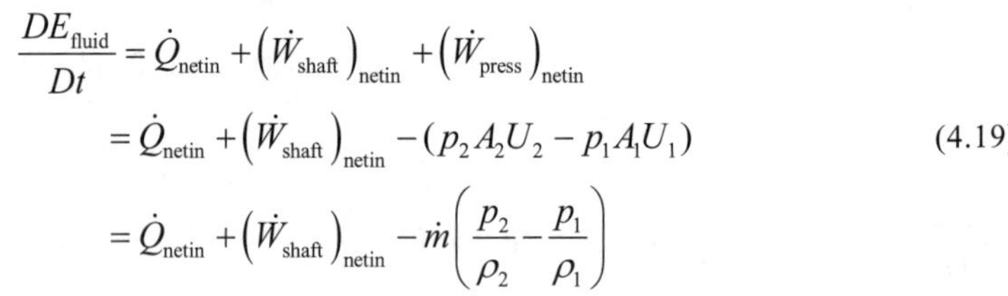

$$\begin{aligned}\frac{DE_{\text{fluid}}}{Dt} &= \dot{Q}_{\text{netin}} + \left(\dot{W}_{\text{shaft}}\right)_{\text{netin}} + \left(\dot{W}_{\text{press}}\right)_{\text{netin}} \\ &= \dot{Q}_{\text{netin}} + \left(\dot{W}_{\text{shaft}}\right)_{\text{netin}} - (p_2 A_2 U_2 - p_1 A_1 U_1) \\ &= \dot{Q}_{\text{netin}} + \left(\dot{W}_{\text{shaft}}\right)_{\text{netin}} - \dot{m}\left(\frac{p_2}{\rho_2} - \frac{p_1}{\rho_1}\right)\end{aligned} \tag{4.19}$$

ここで，左辺のエネルギー変化はすでに式(4.14)で与えられているので，それを式(4.19)に代入すると，

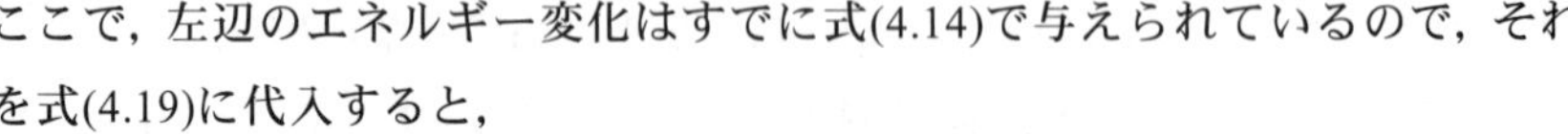

$$\dot{m}(e_2 - e_1) = \dot{Q}_{\text{netin}} + \left(\dot{W}_{\text{shaft}}\right)_{\text{netin}} - \dot{m}\left(\frac{p_2}{\rho_2} - \frac{p_1}{\rho_1}\right) \tag{4.20}$$

両辺を $\dot{m}$ で除して整理すると次のような関係が得られる．

$$(e_2 - e_1) + \left(\frac{p_2}{\rho_2} - \frac{p_1}{\rho_1}\right) = q_{\text{netin}} + \boldsymbol{w}_{\text{shaft}} \tag{4.21}$$

ここに，

$$q_{\text{netin}} = \frac{\dot{Q}_{\text{netin}}}{\dot{m}}\ ,\quad \boldsymbol{w}_{\text{shaft}} = \frac{\left(\dot{W}_{\text{shaft}}\right)_{\text{netin}}}{\dot{m}}$$

であり，それぞれ単位質量あたりの熱量と仕事を表す．式(4.21)が熱の授受および外部から流体になされる（もしくは流体が外部になす）仕事を考慮に入れた流動する流体のエネルギーバランスを表す基礎式である．

流体のエネルギー e を式(4.12)のように書いて式(4.21)に代入すると，次のように表せる．

$$(\boldsymbol{u}_2 - \boldsymbol{u}_1) + \left(\frac{p_2}{\rho_2} - \frac{p_1}{\rho_1}\right) + \left(\frac{U_2^{\ 2}}{2} - \frac{U_1^{\ 2}}{2}\right) + g(z_2 - z_1) = q_{\text{netin}} + \boldsymbol{w}_{\text{shaft}} \tag{4.22}$$

また，エンタルピー $h = \boldsymbol{u} + p/\rho$，を導入して，式(4.22)を書き直すと次のようになる．

$$(h_2 - h_1) + \left(\frac{U_2^{\ 2}}{2} - \frac{U_1^{\ 2}}{2}\right) + g(z_2 - z_1) = q_{\text{netin}} + \boldsymbol{w}_{\text{shaft}} \tag{4.23}$$

この式(4.23)が圧縮性流体を扱う際に用いられる基礎式となる．式(4.23)におけるそれぞれの項がどのようなものかをイメージとして図 4.16 に示す．位置エネルギーや運動エネルギーは流体粒子（ジェットコースター）に対するものであり，内部エネルギーと圧力仕事によるエネルギーの和であるエンタルピーは流体の構成要素である分子（ジェットコースターに乗っている人）そのものの持つ振動や運動のエネルギーである．なお，太陽からは熱エネルギーが与えられ，流れを作るためにポンプによって動力が与えられている．

図 4.16 エネルギーバランスを表す式(4.23)における各項の概念図

【Example 4・5】 ＊＊＊＊＊＊＊＊＊＊＊＊＊＊＊＊＊＊＊＊＊＊＊＊

Steam enters a turbine with a velocity of 100 m/s and enthalpy, h_1, of 3000 kJ/kg. The steam leaves the turbine as a mixture of vapor and liquid having a velocity of 25 m/s and an enthalpy of 2000 kJ/kg. If the flow through the turbine is essentially adiabatic and the change in elevation of the steam is negligible, determine the work output involved per unit mass of steam through-flow.

【Solution】 Applying Eq. (4.23) to the steam in the turbine we get,

$$w_{\text{shaft in}} = h_2 - h_1 + \frac{U_2{}^2 - U_1{}^2}{2}.$$

Since $w_{\text{shaft out}} = -w_{\text{shaft in}}$, we obtain,

$$w_{\text{shaft out}} = h_1 - h_2 + \frac{U_1{}^2 - U_2{}^2}{2}.$$

Thus,

$$w_{\text{shaft out}} = 3000 - 2000 + \left(\frac{100^2 - 25^2}{2}\right)\Big/1000 = 1005 \qquad \text{(kJ/kg)}.$$

＊＊＊＊＊＊＊＊＊＊＊＊＊＊＊＊＊＊＊＊＊＊＊＊

4・4 ベルヌーイの式 (Bernoulli's equation)

ここで，単純化のために，非粘性で非圧縮性の流体，すなわち理想流体(ideal fluid)を考えてみよう．また，等エントロピー変化（可逆・断熱変化）を考えよう．粘性がないために摩擦はなく，$q_f = 0$ である．また，断熱状態を考えると外部との熱の授受がないので，$q_{\text{volume}} = 0$ である．したがって，$q_{\text{netin}} = 0$ である．さらに，摩擦による非可逆性の損失がないこと，かつ非圧縮性流れであることから，内部エネルギーの変化はなく，$u_2 - u_1 = 0$ である．また，流体機械などによる外部からの仕事もない（$w_{\text{shaft}} = 0$）とすると，流動に寄与する仕事は圧力差によるものだけとなる．したがって，何らかの理由によって圧力のこう配が存在すると流体は流動する．理想流体は非圧縮性であるので，密度は一定（ρ = const.）である．以上のことを考慮すると，式(4.22)は次のように簡略化される．

$$\frac{1}{\rho}(p_2 - p_1) + \left(\frac{U_2{}^2}{2} - \frac{U_1{}^2}{2}\right) + g(z_2 - z_1) = 0$$

あるいは，　[W/(kg/s)]　(4.24)

$$\frac{p_1}{\rho} + \frac{U_1{}^2}{2} + gz_1 = \frac{p_2}{\rho} + \frac{U_2{}^2}{2} + gz_2 = \text{const.}$$

この形で表された式の各項の単位からわかるように，式(4.24)は単位質量流量あたりのエネルギー保存則を表している．また，各項に ρ をかけると，

$$(p_2 - p_1) + \left(\frac{\rho U_2^{\ 2}}{2} - \frac{\rho U_1^{\ 2}}{2}\right) + \rho g(z_2 - z_1) = 0$$

あるいは，　[Pa]　(4.25)

$$p_1 + \frac{\rho U_1^{\ 2}}{2} + \rho g z_1 = p_2 + \frac{\rho U_2^{\ 2}}{2} + \rho g z_2 = \text{const.}$$

のように表され，各項は圧力の単位をもつ．このように表されたものをベルヌーイの式(Bernoulli's equation)と呼ぶ．

また，式(4.25)の各項を ρg で除して整理すると，

$$\left(\frac{p_2}{\rho g} - \frac{p_1}{\rho g}\right) + \left(\frac{U_2^{\ 2}}{2g} - \frac{U_1^{\ 2}}{2g}\right) + (z_2 - z_1) = 0$$

あるいは，　[m]　(4.26)

$$\frac{p_1}{\rho g} + \frac{U_1^{\ 2}}{2g} + z_1 = \frac{p_2}{\rho g} + \frac{U_2^{\ 2}}{2g} + z_2 = \text{const.}$$

と表され，各項の単位は[m]となり，水頭(head)バランスを表す式となる．このとき，左辺第1項を圧力ヘッド(pressure head)，第2項を速度ヘッド(velocity head)，第3項を位置ヘッド(potential head)と呼ぶ．また，それらの総和を総ヘッド(total head)と呼ぶ．連続の式(4.7)とともにベルヌーイの式(4.26)は，流れを把握するのにたいへん有用な式である．

8•4節（Example 8•4参照）で述べるが，ベルヌーイの式は理想流体の運動方程式を1つの流線に沿って線積分することからも導くことができる．このことは，ベルヌーイの式が1つの流線に沿って成り立つことを示している．

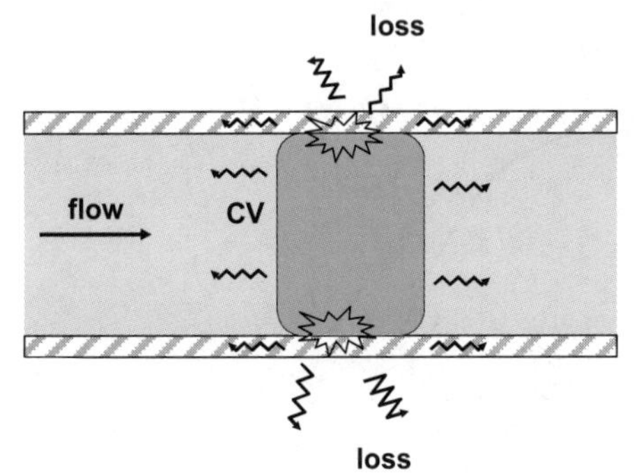

図 4.17　摩擦熱を回収できない

ところで，先に仮定したように，ここで扱っている流体は非粘性，非圧縮性のものであるために，図4.17に示すような摩擦による損失が考慮されていない点で実際の流れと異なる．そのギャップを埋めるために，次のようなことを考えてみよう．

式(4.22)において，非圧縮性流体の場合を考えよう．すなわち，ρ を一定とすると，

$$(\boldsymbol{u}_2 - \boldsymbol{u}_1) + \frac{1}{\rho}(p_2 - p_1) + \left(\frac{U_2^{\ 2}}{2} - \frac{U_1^{\ 2}}{2}\right) + g(z_2 - z_1) = q_{\text{netin}} + \boldsymbol{w}_{\text{shaft}} \quad (4.27)$$

である．内部エネルギーの項を右辺に移すと，

$$\frac{1}{\rho}(p_2 - p_1) + \left(\frac{U_2^{\ 2}}{2} - \frac{U_1^{\ 2}}{2}\right) + g(z_2 - z_1) = \boldsymbol{w}_{\text{shaft}} - (\boldsymbol{u}_2 - \boldsymbol{u}_1 - q_{\text{netin}}) \quad (4.28)$$

と表される． 式(4.28)において $\boldsymbol{w}_{\text{shaft}} = 0$ とおいたものと，理想流体に対する式(4.24)とを比較すると $-(\boldsymbol{u}_2 - \boldsymbol{u}_1 - q_{\text{netin}})$ の項が異なる．すなわち，両者の違いは摩擦を考慮したか否かであるから，$(\boldsymbol{u}_2 - \boldsymbol{u}_1 - q_{\text{netin}})$ は摩擦による損失を表すことがわかる．すなわち，この部分は機械的エネルギーとして取り出せないエネルギーである．これを loss と書き，式(4.28)を書き改めると次のようになる．

$$\frac{1}{\rho}(p_2 - p_1) + \left(\frac{U_2^{\ 2}}{2} - \frac{U_1^{\ 2}}{2}\right) + g(z_2 - z_1) = \boldsymbol{w}_{\text{shaft}} - \text{loss} \tag{4.29}$$

これをヘッドの形で表せば，次式のようになる．

$$(\frac{p_2}{\rho g} - \frac{p_1}{\rho g}) + (\frac{U_2^{\ 2}}{2g} - \frac{U_1^{\ 2}}{2g}) + (z_2 - z_1) = \frac{\boldsymbol{w}_{\text{shaft}}}{g} - \Delta h \tag{4.30}$$

ここに，Δhは損失ヘッドを表す．実用的には損失の原因となる部分の流れの代表速度Uを用いて，この損失ヘッドを次式のように書き表す．

$$\Delta h = \zeta \frac{U^2}{2g} \tag{4.31}$$

ここに，ζを損失係数とよび，各種の損失に対して実験的に与えられている（第 6 章参照）．

【例題 4・6】　＊＊＊＊＊＊＊＊＊＊＊＊＊＊＊＊＊＊＊＊＊＊＊

図 4.18 に示されるように，水平におかれた内径 $d_1 = 10.0\text{cm}$ の管が内径 $d_2 = 5.00\text{cm}$ の管に滑らかに接続されている．内径 d_1 の管内を空気が毎分 4.71m³の流量で流れている．接続部の内径 d_1 側における圧力 p_1 は 2.00 気圧であった．接続部の内径 d_2 側における流速と圧力を求めよ．ただし，摩擦による損失を無視し，空気の密度を 1.23 kg/m³とする．

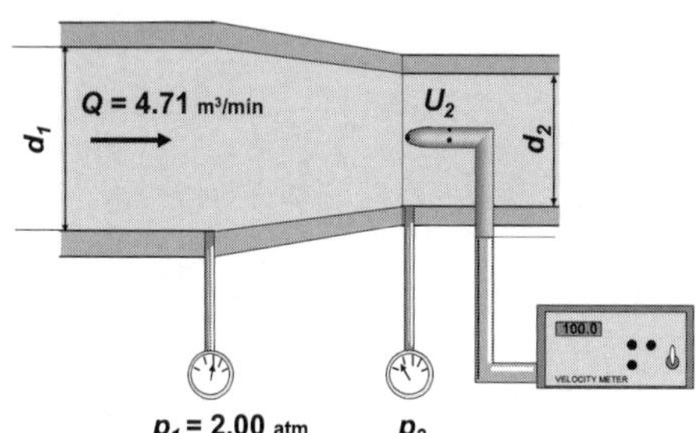

図 4.18　異径管における流速

【解答】 接続部上流の断面における諸量に添え字 1 を，縮流部の断面における諸量には添え字 2 を付けて区別する．まず，式(4.5)より，断面 1 における断面平均流速を流量より求める．

$$Q_1 = 4.71/60 = 7.85 \times 10^{-2} \ \ (\text{m}^3/\text{s})$$

であるから，

$$U_1 = \frac{Q_1}{A_1} = \frac{Q_1}{\pi\left(\frac{d_1}{2}\right)^2} = \frac{0.0785}{\pi\left(\frac{0.1}{2}\right)^2} = 10.0 \quad (\text{m/s})$$

式(4.7)から，接続部における内径 d_2 側の流速は，

$$U_2 = \frac{A_1}{A_2}U_1 = \frac{\pi\left(\frac{d_1}{2}\right)^2}{\pi\left(\frac{d_2}{2}\right)^2}U_1 = \frac{\pi\left(\frac{0.1}{2}\right)^2}{\pi\left(\frac{0.05}{2}\right)^2} \times 10.0 = 40.0 \quad (\text{m/s})$$

また，管は水平におかれているので，$z_1 = z_2$ である．したがって，式(4.25)から，接続部における内径 d_2 側の圧力は

$$1.23 \times \left(\frac{40.0^2}{2} - \frac{10.0^2}{2}\right) + (p_2 - 2.0 \times 101.3 \times 10^3) = 0$$

$$\therefore p_2 = 2.02 \times 10^5 (\text{Pa}),\ \text{または}\ \ p_2 = 1.99 (\text{atm})$$

＊＊＊＊＊＊＊＊＊＊＊＊＊＊＊＊＊＊＊＊＊＊＊＊＊

【Example 4・7】　＊＊＊＊＊＊＊＊＊＊＊＊＊＊＊＊＊＊＊＊＊＊

A horizontal Venturi flow meter consists of a converging-diverging conduit as indicated in Fig. 4.18. The diameters of cross sections (1) and (2) are 10.0 and 5.00 cm. Determine the volume flow rate through the meter if $p_1 - p_2 = 0.01\,\mathrm{atm}$, the flowing fluid is air ($\rho = 1.23\,\mathrm{kg/m^3}$) , and the loss per unit mass from (1) to (2) is negligibly small.

【Solution】 Since the change in elevation is negligible, $z_1 - z_2 = 0$ in Eq. (4.25). From Eq. (4.5), the velocity at each section is expressed by the volume flow rate, Q , as follows.

$$U_1 = \frac{Q}{A_1}\ ,\ U_2 = \frac{Q}{A_2}\ .$$

Substituting the above conditions into Eq. (4.25), we obtain,

$$Q^2 = \frac{2}{\rho}(p_1 - p_2)\bigg/\left(\frac{1}{A_2^{\,2}} - \frac{1}{A_1^{\,2}}\right) = \frac{\pi^2}{8\rho}(p_1 - p_2)\bigg/\left(\frac{1}{d_2^{\,4}} - \frac{1}{d_1^{\,4}}\right).$$

Thus,

$$Q = 3.14\sqrt{\frac{1}{8\times 1.23}\left(0.01\times 1.013\times 10^5\right)\bigg/\left(\frac{1}{0.05^4} - \frac{1}{0.1^4}\right)}$$

$$= 8.23\times 10^{-2} \qquad (\mathrm{m^3/s}).$$

＊＊＊＊＊＊＊＊＊＊＊＊＊＊＊＊＊＊＊＊＊＊

【例題 4・8】　＊＊＊＊＊＊＊＊＊＊＊＊＊＊＊＊＊＊＊＊＊＊

図 4.19　車に近づく流れ

図 4.19 に示すように，車が時速 100 km で走行している．フロント先端部分に作用する圧力は周囲に比べてどの程度上昇するか求めよ．なお，空気の密度を 1.23 kg/m^3 とする．

【解答】　車に乗った座標でみると，上流の地点 1 における流速 U_1 は

$$U_1 = 100\times 10^3 / 3600 = 27.8\ \mathrm{(m/s)}$$

である．またその位置における圧力は大気圧であるので，$p_1 = 101300\,\mathrm{Pa}$ である．車のフロントグリルに流れが衝突すると，そこでは速度が 0 となる（このように速度が 0 となる点をよどみ点という）．したがって，$U_2 = 0$．これら 2 つの点が水平面内にあるとすると $z_1 = z_2$ である．式(4.25)より，

$$1.23\times\left(0 - \frac{27.8^2}{2}\right) + (p_2 - 101300) = 0$$

$$\therefore\ p_2 = 101775\ \mathrm{(Pa)}$$

したがって，1 気圧である周囲の圧力に比べ，$101775 - 101300 = 475$ Pa だけ上昇する．これは 1 m^2 の板の上に約 48 kg の人が乗ったのと同じ程度の圧力である．

＊＊＊＊＊＊＊＊＊＊＊＊＊＊＊＊＊＊＊＊＊＊

【例題 4・9】　＊＊＊＊＊＊＊＊＊＊＊＊＊＊＊＊＊＊＊＊＊＊＊

水平に置かれたノズルによってガスの流速が 4 m/s から 200 m/s まで増加した．ノズル前後におけるエンタルピー変化を求めよ．

【解答】ガスがノズルを通過する際に外部からの熱の流入流失がなく，また，外部から仕事もされていないから，式(4.23)の右辺の項はいずれも 0 である．また，水平に置かれていることから z_2-z_1=0 である．したがって，式(4.23)より，エンタルピー変化は

$$h_2 - h_1 = -\left(\frac{U_2^{\ 2}}{2} - \frac{U_1^{\ 2}}{2}\right) = -\frac{\left(200^2 - 4^2\right)}{2} = -2.00\times10^4 \quad \text{(J/kg)}$$

したがって，負符号が付くことからノズルを通過するガスのエンタルピーは 2.00×10^4 J/kg 減少した．

＊＊＊＊＊＊＊＊＊＊＊＊＊＊＊＊＊＊＊＊＊＊＊

【例題 4・10】　＊＊＊＊＊＊＊＊＊＊＊＊＊＊＊＊＊＊＊＊＊＊＊

ジャンボ旅客機が時速 200km の速度で離陸するとき，翼の上下における速度比は最低どのくらいになるか見積もれ．なお，ジャンボ旅客機の重量を 290 ton，主翼の面積を 485 m² とする．また，空気の密度を 1.23 kg/m³ とせよ．さらに，翼下面における速度は上流における速度と等しいものとする．

【解答】航空機が定常航行しているときには航空機の重さと釣り合う上向きの力(これを揚力という．7・1・2 項参照)が作用している．離陸するには，揚力 F_L が重さ W 以上になる必要がある．揚力 F_L を簡単に見積もれば，翼下面と上面の圧力差 $(p_1 - p_2)$ に翼面積 A をかけたものである．したがって，

$$F_L = (p_1 - p_2)A = W$$

$$\therefore p_1 - p_2 = \frac{W}{A} = \frac{290\times10^3\times9.8}{485} = 5.86\times10^3 \quad \text{(Pa)}$$

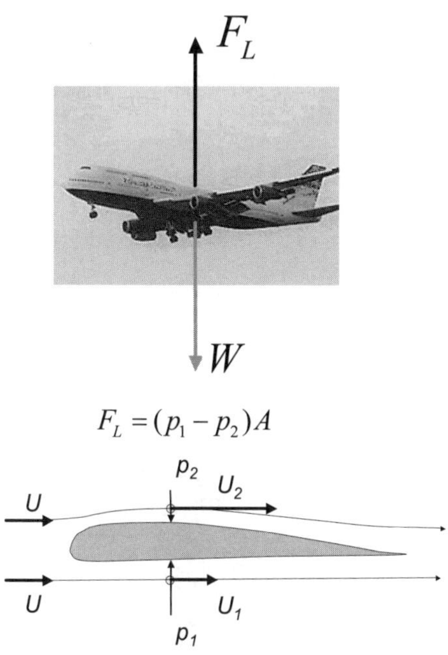

図 4.20　翼まわりの流れ

図 4.20 に表すように，翼の上下面における 2 点は厳密にいえば同じ流線上にはないので，一般的には 1 つのベルヌーイの式で評価することはできない．しかし，2 点を通るそれぞれの流線において，上流では同じ流速であり，また同じ圧力を基準としているため，両者の総エネルギーが一致している．このため，異なる流線上においても，式(4.25)におけるそれぞれの項の変化を比較できることになる．翼上下面における高さの差を無視して，式(4.25)を変形すると，

$$p_1 - p_2 = \frac{1}{2}\rho U_1^{\ 2}\left(\frac{U_2^{\ 2}}{U_1^{\ 2}} - 1\right)$$

$$\therefore \frac{U_2}{U_1} = \sqrt{1 + \frac{p_1 - p_2}{\frac{1}{2}\rho U_1^{\ 2}}}$$

と求められる．したがって，速度比は

$$\frac{U_2}{U_1} = \sqrt{1 + \frac{5.86\times10^3}{\frac{1}{2}\times1.23\times\left(200\times10^3/3600\right)^2}} = 2.02$$

である．

＊＊＊＊＊＊＊＊＊＊＊＊＊＊＊＊＊＊＊＊＊＊＊

【例題 4・11】　＊＊＊＊＊＊＊＊＊＊＊＊＊＊＊＊＊＊＊＊＊＊＊

図 4.21 で表されるように，水面の差が 50 m ある 2 つの湖の間にタービンを取り付けた．タービンに内径 1.0 m の管から 5.0 m/s の流速で水が流入してくる．摩擦による損失を無視し，このタービンで取り出せる動力を見積もれ．

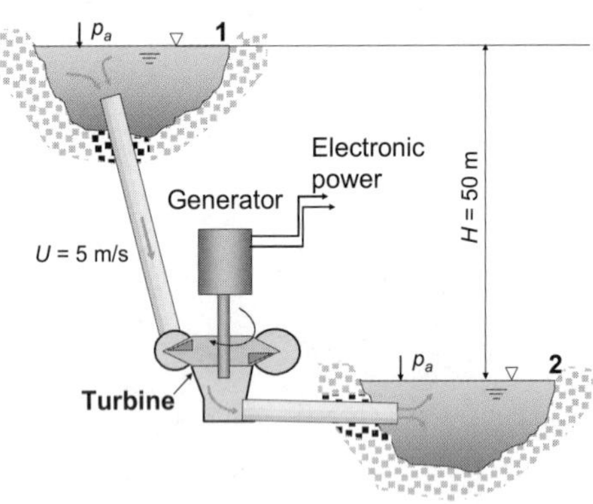

図 4.21　水力発電におけるタービン

【解答】　式(4.30)において，損失を無視する．タービンにおける w_{shaft} は流体がなす仕事になるので，負の符号を付けて表す．また，上流の湖面に点 1 をとり，下流の湖面上に点 2 をとれば，それらの位置では流速を 0 とみなせ，また，高度の違いによる気圧の違いも無視するとすれば，単位質量あたりの仕事は次のように表される．

$$w_{\text{shaft}} = g(z_1 - z_2) = gH = 9.81\times50 = 4.9\times10^2 \quad [\text{W/(kg/s)}]$$

このタービンに流入する質量流量は

$$\dot{m} = \rho AU = 998\times\pi\left(\frac{1}{2}\right)^2\times5.0 = 3.9\times10^3 \quad (\text{kg/s})$$

したがって，動力 L は

$$L = \dot{m}w_{\text{shaft}} = 3.9\times10^3\times50\times9.81 = 1.9\times10^6 \quad (\text{W})$$

である．したがって，このタービンによって取り出せる動力は 1.9 MW である．

＊＊＊＊＊＊＊＊＊＊＊＊＊＊＊＊＊＊＊＊＊＊＊

【例題 4・12】　＊＊＊＊＊＊＊＊＊＊＊＊＊＊＊＊＊＊＊＊＊＊＊

図 4.22 に示されるように，動力 0.6 kW の軸流ファンが壁に取り付けられ室内の空気を室外に排出している．空気の排出口は直径 0.3 m の円形である．空気が排出口から秒速 22 m で吹き出しているとき，このファンの効率を求めよ．ただし，ファン下流での旋回速度成分は無視できるものと仮定する．

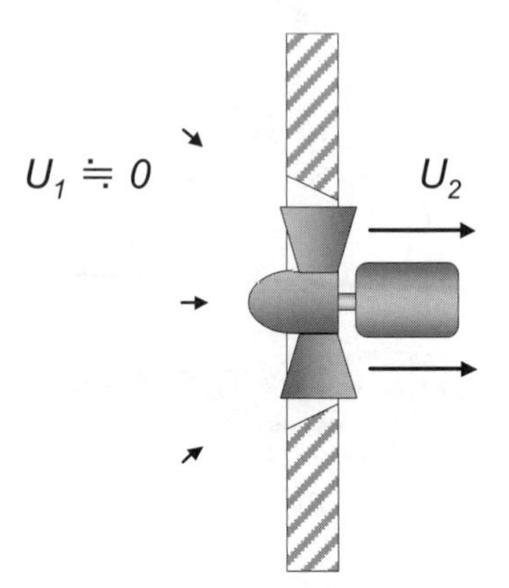

図 4.22　換気扇におけるファンまわりの流れ

【解答】入口における点に添え字 1，出口の点に添え字 2 を付けて区別する．広い空間から空気を取り入れてくるので，取り入れ口における流入する空気の速度は 0 とみなせる．また，ファンの上流と下流では，ほぼ大気圧とみなせる．したがって，式(4.29)は次のようになる．

$$w_{\text{shaft}} - \text{loss} = \frac{U_2^{\,2}}{2}$$

$$= \frac{22^2}{2} = 242 \quad [\text{W/(kg/s)}]$$

また，ファンを駆動するモーターの動力 L が 0.6 kW なので，

$$w_{\mathrm{shaft}}=\frac{L}{\dot{m}}=\frac{L}{\rho A_2 U_2}$$
$$=\frac{0.6\times10^3}{1.23\times\pi\left(\frac{0.3}{2}\right)^2\times22}=314\ \left[\mathrm{W/(kg/s)}\right]$$

したがって，ファンの効率 η は

$$\eta=\frac{w_{\mathrm{shaft}}-\mathrm{loss}}{w_{\mathrm{shaft}}}$$
$$=\frac{242}{314}=0.77$$

である．

＊＊＊＊＊＊＊＊＊＊＊＊＊＊＊＊＊＊＊＊＊＊

＝＝＝＝＝　練習問題　＝＝＝＝＝＝＝＝＝＝＝＝＝＝＝＝＝＝＝＝＝＝

【4・1】 タンクに A, B, C という 3 本のパイプが接続されている．そのうち A および B の 2 本からはそれぞれ毎分 120 リットルと 180 リットルの水が流入している．残りの C のパイプの直径は 10 cm である．タンク内の水面が一定のレベルを保っているとき，この C のパイプから流出する水の平均速度を求めよ．

【4・2】 水と比重 0.8 の油がそれぞれ流れている管が Y 字型の合流管によって接続され，合流後は水と油の混合液として一本の管を流れる．水と油の流量はそれぞれ 0.1 $\mathrm{m^3/s}$ と 0.4 $\mathrm{m^3/s}$ である．混合後の平均密度を求めよ．ただし、水の密度を 1000 $\mathrm{kg/m^3}$ とする．

【4・3】水槽の側面に直径 10 cm の円形の穴があいている．穴の中心の水深が 5 m で，流量係数（＝実際の流量／損失を無視したときの流量）が 0.6 であるとき，穴より流出する流量を求めよ．

【4・4】 図 4.2 に示すベンチュリー管に空気が流れている．断面 1 および 2 の直径がそれぞれ 200 mm，100 mm であり，差圧計の読み p_1-p_2 が 0.01atm であるとき，管内を流れる流量を求めよ．ただし，断面 1 と 2 の間においていかなる損失もないものとせよ．また，空気の密度を 1.23 $\mathrm{kg/m^3}$ とせよ．

【4・5】 新幹線が 270 km/h のスピードで走行している．先頭車両のノーズ部分（よどみ点）における圧力上昇はどのくらいになるか求めよ．空気の密度を 1.23 $\mathrm{kg/m^3}$ とせよ．

【4・6】Water enters a tank through a pipe. At the pipe inlet, the inside diameter of the pipe is 2.0cm and the absolute pressure is 4.0 × 10^5 Pa. The pipe is connected to the tank at the place 5.0m above having 1.0cm in diameter. When the flow speed at the pipe inlet is 2.0 m/s, find the flow speed and the pressure at the pipe exit.

【4・7】 毎分 120 リットルの水を汲み上げているポンプがある．ポンプ入口の直径は 10 cm，ポンプ出口の直径は 5 cm である．ポンプ入口で計測した圧力は 100 kPa，ポンプ出口における圧力は 800 kPa であった．水を理想流体とし，ポンプ入口と出口における位置の差は無視でき，またポンプ内における温度変化は無いとして，このポンプの動力を求めよ．

【4・8】 流速 30 m/s，エンタルピー4000 kJ/kg の蒸気がタービンに流入し，60 m/s, エンタルピー2000 kJ/kg の気液混合流れとしてタービンから流出する．タービン内の流れが断熱で位置エネルギーの変化を無視できるとすると，単位質量あたりの蒸気から取り出せる仕事を求めよ．

【4・9】 Figure 4.2 shows a Venturi meter, which is used to measure flow speed in a pipe. The narrow part of the pipe is called the throat. Derive an expansion for the flow speed v_1 in terms of the cross-section areas A_1 and A_2 and the difference in pressure Δp .

【解答】

【4・1】水面が一定のレベルを保つということは流入流量と流出流量がバランスしていることである．したがって，A，B，C のパイプの流量をそれぞれ Q_A, Q_B, Q_C とすると，題意から，$Q_C = Q_A + Q_B$ である．

いま，

$$Q_A = 120(l/\min) = \frac{120\times10^{-3}}{60}(\mathrm{m^3/s}) = 2.0\times10^{-3}(\mathrm{m^3/s})$$

同様に

$$Q_B = 180(l/\min) = \frac{180\times10^{-3}}{60}(\mathrm{m^3/s}) = 3.0\times10^{-3}(\mathrm{m^3/s})$$

したがって，

$$Q_C = 2.0\times10^{-3} + 3.0\times10^{-3} = 5.0\times10^{-3}(\mathrm{m^3/s})$$

また，断面積 A のパイプ C を平均流速 U で流れる場合の体積流量 Q_C は

$$Q_C = AU$$

と表せる．したがって，パイプの直径が 0.1 m なので，断面積は $A = (0.1/2)^2\pi$ であるから，先に求めた流量の関係を用いると，

$$Q_C = 5.0\times10^{-3} = \left(\frac{0.1}{2}\right)^2 \pi\times U$$

であるから，パイプ C を流れる平均流速は

$$U = \frac{5.0\times10^{-3}}{(0.1/2)^2\pi} = 0.64(\mathrm{m/s})$$

【4・2】質量保存則を用いる．水の密度は 1000 kg/m^3，油の密度は題意から 800 kg/m^3 である．したがって，体積流量からそれぞれの質量流量を求めると，

$$\dot{m}_W = \rho Q_W = 1000 \times 0.1 = 100\left(\mathrm{kg/s}\right)$$

$$\dot{m}_a = 0.8\rho Q_a = 0.8 \times 1000 \times 0.4 = 320\left(\mathrm{kg/s}\right)$$

したがって，混合後の質量は混合後の密度を ρ_{M} とすると

$$\dot{m}_r = \dot{m}_W + \dot{m}_a = 100 + 320 = \rho_{\mathrm{M}}\left(Q_W + Q_a\right) = \rho_{\mathrm{M}} \times \left(0.1 + 0.4\right)$$

だから，

$$\rho_{\mathrm{M}} = \frac{420}{0.5} = 840\ (\mathrm{kg/m^3})$$

【4・3】水槽水面と円形の穴から出る水流の表面には同じ大気圧がかかっているとすると，その間におけるベルヌーイの式から穴から噴出する速度 $\boldsymbol{v}$ は次のように表せる．ただし，水槽水面から穴の中心までの距離を H とする．

$$\boldsymbol{v} = \sqrt{2gH}$$

流量 Q はこの速度と流量係数 C から

$$Q = C\left(\frac{d}{2}\right)^2 \pi \boldsymbol{v}$$

と表せる．問題に与えられた量から

$$Q = 0.6 \times \left(\frac{0.1}{2}\right)^2 \pi \times \sqrt{2g \times 5} = 0.047\left(\mathrm{m^3/s}\right)$$

【4・4】 流量を Q と表すと，断面積 $A_1\left(=\left(d_1/2\right)^2\pi\right)$ の断面1および断面積 $A_2\left(=\left(d_2/2\right)^2\pi\right)$ の断面2における流速はそれぞれ $\boldsymbol{v}_1 = Q/A_1$, $\boldsymbol{v}_2 = Q/A_2$ で表される．いま，垂直方向に高度差はないとして速度の関係をベルヌーイの式(4.26)に代入すると，

$$\frac{p_2 - p_1}{\rho g} + \frac{1}{2g}\left\{\left(\frac{Q}{A_2}\right)^2 - \left(\frac{Q}{A_1}\right)^2\right\} = 0$$

したがって，

$$Q = \sqrt{\frac{2\left(p_1 - p_2\right)A_1^2 A_2^2}{\rho\left(A_1^2 - A_2^2\right)}}$$

ここで， $A_1 = \left(0.2/2\right)^2\pi = 0.031$， $A_2 = \left(0.1/2\right)^2\pi = 7.9 \times 10^{-3}$ および問題に与えられた量を上式に代入すると，

$$Q = \sqrt{\frac{2 \times \left(0.01 \times 101.3 \times 10^3\right) \times 0.031^2 \times \left(7.9 \times 10^{-3}\right)^2}{1.23 \times \left(0.031^2 - \left(7.9 \times 10^{-3}\right)^2\right)}}$$

$$= 0.33\left(\mathrm{m^3/s}\right)$$

【4・5】新幹線から見た相対座標系で求めることができる．ベルヌーイの式(4.26)において，高度差はないものとし，ノーズではよどみ点であるので，圧力を p_0 と表し，相対速度は0であるとする．上流における相対速度を U ，圧力を p と表すと，

$$p_0 - p = \frac{\rho U^2}{2}$$

である．したがって，与えられた量を上式に代入すると，

$$p_0 - p = \frac{1.23 \times \left(270 \times 10^3 / 3600\right)^2}{2} = 3459\left(\mathrm{Pa}\right)$$

または，気圧に換算すると 0.034 atm.

【4･6】 Let point 1 be at the pipe inlet and point 2 at the pipe exit. The speed $\boldsymbol{v}_2$ at the pipe exit is obtained from the continuity equation, Eq. (4.7):

$$\boldsymbol{v}_2 = \frac{A_1}{A_2}\boldsymbol{v}_1 = \left(\frac{2.0}{1.0}\right)^2 \times 2.0 = 8.0\left(\mathrm{m/s}\right)$$

We take $z_1 = 0$ at the inlet and $z_2 = 5.0\,\mathrm{m}$ at the pipe exit. We are given p_1 and $\boldsymbol{v}_1$; we can find p_2 from Bernoulli's equation (4.26) :

$$\begin{aligned} p_2 &= p_1 - \frac{\rho}{2}\left(\boldsymbol{v}_2^{\,2} - \boldsymbol{v}_1^{\,2}\right) - \rho g\left(z_2 - z_1\right) \\ &= 4.0 \times 10^5 - \frac{1}{2} \times 1000 \times \left(64 - 4.0\right) - 1000 \times 9.81 \times \left(5 - 0\right) \\ &= 3.2 \times 10^5\left(\mathrm{Pa}\right) \end{aligned}$$

【4・7】 ポンプ入口の量にサフィックス 1 を出口には 2 を付けて区別する．入口及び出口の速度は流量から，

$$\boldsymbol{v}_1 = \frac{Q}{\pi d_1^{\,2}/4} = \frac{120 \times 10^{-3}/60}{\pi \times 0.1^2/4} = 0.255$$

$$\boldsymbol{v}_2 = \frac{Q}{\pi d_2^{\,2}/4} = \frac{120 \times 10^{-3}/60}{\pi \times 0.05^2/4} = 1.02$$

であるから，式(4.29)にこれらと与えられている量を代入すると，

$$\begin{aligned} \boldsymbol{w}_{\mathrm{shaft}} &= \frac{p_2 - p_1}{\rho} + \left(\frac{\boldsymbol{v}_2^{\,2}}{2} - \frac{\boldsymbol{v}_1^{\,2}}{2}\right) \\ &= \left(800 \times 10^3 - 100 \times 10^3\right)/1000 + 0.490 \\ &= 700\left(\mathrm{W}/\left(\mathrm{kg/s}\right)\right) \end{aligned}$$

また，質量流量は ρQ であるから，このポンプの動力 L は

$$L = \rho Q \boldsymbol{w}_{\mathrm{shaft}} = 1000 \times \left(120 \times 10^{-3}/60\right) \times 700 = 1.4 \times 10^3\,(\mathrm{W})$$

【4・8】 式(4.23)において，断熱であるので，$q_{\mathrm{neitin}} = 0$，位置エネルギーの変化を無視するので，$z_2 - z_1 = 0$ である．式(4.23)に与えられた量を代入する．

$$\begin{aligned} \boldsymbol{w}_{\mathrm{shaft}} &= \left(2000 \times 10^3 - 4000 \times 10^3\right) + \left(\frac{60^2}{2} - \frac{30^2}{2}\right) \\ &= \left(-2000 \times 10^3\right) + 1350 \\ &= -2.0 \times 10^6\,(\mathrm{W}/\left(\mathrm{kg/s}\right)) \end{aligned}$$

負符号なので，流体からタービンに仕事がなされる．

【4・9】 We apply Bernoulli's equation to the wide (point 1) and narrow (point 2) parts of the pipe, with $z_1 = z_2 : p_1 + \frac{\rho \boldsymbol{v}_1^{\,2}}{2} = p_2 + \frac{\rho \boldsymbol{v}_2^{\,2}}{2}$.

From the continuity equation, $v_2 = \left(A_1 / A_2\right) v_1$. Substituting this and rearranging, we get

$$p_1 - p_2 = \frac{\rho v_1^2}{2}\left(\frac{A_1^2}{A_2^2} - 1\right)$$

Because A_1 is greater than A_2, v_2 is greater than v_1 and pressure p_2 in the throat is less than p_1. A net force to the right accelerates the fluid as it enters the throat, and a net force to the left slows it as it leaves. Combining the above results and solving for v_1, we get

$$v_1 = \sqrt{\frac{2\triangle p}{\rho\left(A_1^2 / A_2^2 - 1\right)}}$$

第 4 章の文献

(1) Anderson, Jr., J. D., *Fundamentals Aerodynamics*, (1984) McGraw-Hill.

(2) 望月修・丸田芳幸, 流体音工学入門, (1996), 朝倉書店.

(3) 望月修, 図解流体工学, (2002), 朝倉書店.

(4) White, F.M., *Fluid Mechanics*, (1986) McGraw-Hill.

第 5 章

運動量の法則

Momentum Principle

5・1　質量保存則 (conservation of mass)

運動量の法則を示す前に，まず任意の検査体積(control volume)に対する質量保存則について述べる．4・1 節では，準 1 次元流れに質量保存則を適用したが，ここでは図 5.1 中の破線で示すように，任意の形状をもち，空間に固定された検査体積を考える．時刻 t でこの検査体積（破線）内にあった流体が，時刻 $t+\Delta t$ で二点鎖線に囲まれた領域へ流れたとする．破線で囲まれた検査体積を CV と表し，時刻 t においてこの検査体積内に含まれていた流体の質量を $m_{CV}(t)$ とする．また，時刻 $t+\Delta t$ で二点鎖線に囲まれた領域を FV と表し，この領域内の流体の質量を $m_{FV}(t+\Delta t)$ とする．流れ場の中に吸い込みや湧き出しがなければ，検査体積 CV 内の流体が領域 FV へ移動する際に，その質量は保存されることから，次式が成り立つ．

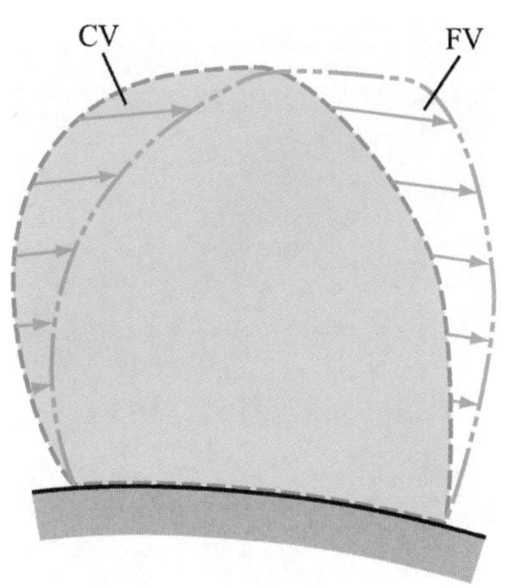

図 5.1　検査体積 CV と流体の塊 FV

$$m_{FV}(t+\Delta t) = m_{CV}(t) \tag{5.1}$$

さらに，図 5.2 に示すとおり，検査体積 CV の境界（破線）と領域 FV の境界（二点鎖線）とで囲まれた 2 つの領域を 1 および 2 と表記し，時刻 $t+\Delta t$ でそれぞれの領域に含まれる流体の質量をそれぞれ $m_1(t+\Delta t)$ および $m_2(t+\Delta t)$ とすると，時刻 $t+\Delta t$ で領域 FV 内を占める流体の質量 $m_{FV}(t+\Delta t)$ は次式で表せる．

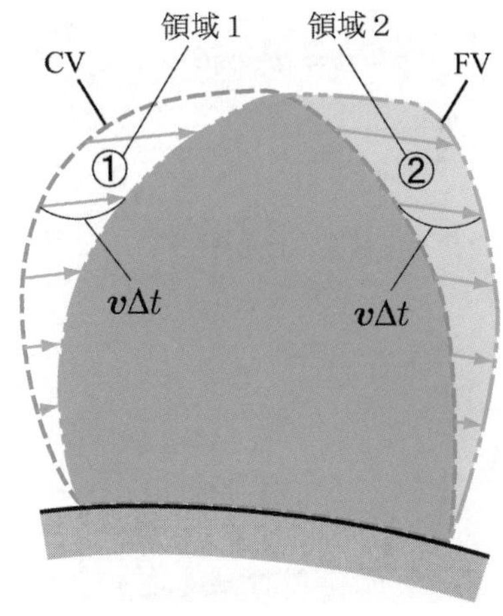

図 5.2　検査体積と流体の流入①および流出②

$$m_{FV}(t+\Delta t) = m_{CV}(t+\Delta t) - m_1(t+\Delta t) + m_2(t+\Delta t) \tag{5.2}$$

以上の式(5.1)および式(5.2)より

$$m_{CV}(t+\Delta t) - m_{CV}(t) = m_1(t+\Delta t) - m_2(t+\Delta t) \tag{5.3}$$

したがって，次式が得られる．

$$\lim_{\Delta t\to 0}\left[\frac{m_{CV}(t+\Delta t) - m_{CV}(t)}{\Delta t}\right] = \lim_{\Delta t\to 0}\left[\frac{m_1(t+\Delta t)}{\Delta t}\right] - \lim_{\Delta t\to 0}\left[\frac{m_2(t+\Delta t)}{\Delta t}\right] \tag{5.4}$$

ところで，上式の左辺は

$$\lim_{\Delta t\to 0}\left[\frac{m_{CV}(t+\Delta t) - m_{CV}(t)}{\Delta t}\right] = \frac{\partial m_{CV}}{\partial t}$$

と表される．ここで，検査体積 CV は空間に固定されているから，時間微分は偏微分 $\partial/\partial t$ となっていることに注意を要する．また，時刻 $t+\Delta t$ で領域 1 および 2 を占める流体の質量 $m_1(t+\Delta t)$ および $m_2(t+\Delta t)$ は，Δt 時間に検査体積 CV の境界を通過して，それぞれ流入および流出した流体の質量に相当する．そこで，単位時間あたりに検査体積に流入する流体の質量を $\dot{m}_{\mathrm{in}}$，検査体積から流出する流体の質量を $\dot{m}_{\mathrm{out}}$ と表せば，式(5.4)の右辺第1および第2項は

$$\lim_{\Delta t\to 0}\left[\frac{m_1(t+\Delta t)}{\Delta t}\right]=\dot{m}_{\mathrm{in}},\quad \lim_{\Delta t\to 0}\left[\frac{m_2(t+\Delta t)}{\Delta t}\right]=\dot{m}_{\mathrm{out}}$$

となる．以上から，式(5.4)は次式のように記述できる．

$$\frac{\partial m_{CV}}{\partial t}=\dot{m}_{\mathrm{in}}-\dot{m}_{\mathrm{out}} \qquad \text{（非定常，圧縮性）} \qquad (5.5)$$

上式は，「検査体積 CV 内に含まれる流体の質量の時間変化率が，検査体積の境界を通って単位時間あたりに流入する流体の質量 $\dot{m}_{\mathrm{in}}$ と流出する流体の質量 $\dot{m}_{\mathrm{out}}$ との差に等しい」ことを示している．これが，空間に固定された任意の検査体積に対して成り立つ質量保存則(conservation of mass)である．

定常流れでは，時間的変化がないので，式(5.5)から質量保存則として次式を得る．

$$\dot{m}_{\mathrm{in}}=\dot{m}_{\mathrm{out}} \qquad \text{（定常，圧縮性）} \qquad (5.6)$$

すなわち，4･1 節の準1次元流れに対してすでに示したとおり，定常流れでは検査体積に流入および流出する質量流量(mass flow rate) $\dot{m}$ が等しくなる．また，非圧縮性流体であれば，密度 ρ が変化しないから，質量保存則は体積流量(volume flow rate) $Q=\dot{m}/\rho$ を用いて次のとおり表される．

$$Q_{\mathrm{in}}=Q_{\mathrm{out}} \qquad \text{（定常／非定常，非圧縮性）} \qquad (5.7)$$

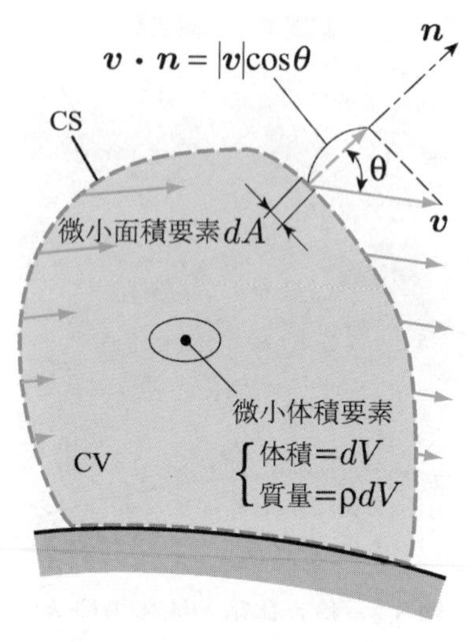

図 5.3　検査体積内の質量および境界からの流出量

第4章で述べたとおり，以上の質量保存則に基づいて得られた式は，連続の式(continuity equation)とも呼ばれる．

さて，密度 ρ と速度ベクトル $\boldsymbol{v}$ を用いて，質量保存則の式(5.5)をさらに書き直してみよう．図 5.3 に示すとおり，検査体積 CV 内部の微小な体積要素 dV に含まれる流体の質量は ρdV であるから，検査体積に含まれる流体の全質量 m_{CV} は検査体積全体にわたる体積分により

$$m_{CV}=\int_{CV}\rho dV \qquad (5.8)$$

で表される．また，検査体積の境界 CV 上の微小面積要素 dA を通過して検査体積から流出する流体の質量流量 $d\dot{m}$ は，次式のとおり表される．

$$d\dot{m}=\rho\boldsymbol{v}\cdot\boldsymbol{n}dA \qquad (5.9)$$

ここで，図 5.3 に示すように，$\boldsymbol{n}$ は微小面積要素 dA の外向き単位法線ベクトルである．スカラー積 $\boldsymbol{v}\cdot\boldsymbol{n}$ は面積要素に垂直な速度成分 $|\boldsymbol{v}|\cos\theta$ であり，検査体積から流出する時に正の値，流入する時に負の値をとるので，$\boldsymbol{v}\cdot\boldsymbol{n}dA$ は面積要素を通過して流出する流体の体積流量を表している．したがって，$\rho\boldsymbol{v}\cdot\boldsymbol{n}dA\,(=d\dot{m})$ は検査体積の境界上の微小面積要素を通過する質量流量で

あり，検査体積から流出する時に正，流入する時に負となる．このことから，検査体積の全境界面 CS にわたって式(5.9)の $d\dot{m}$ を面積分すると，検査体積から流出および流入する質量流量の差 $\dot{m}_{\mathrm{out}}-\dot{m}_{\mathrm{in}}$ が得られる．すなわち

$$\dot{m}_{\mathrm{out}}-\dot{m}_{\mathrm{in}}=\int_{CS}\rho\boldsymbol{v}\cdot\boldsymbol{n}dA \tag{5.10}$$

と表される．式(5.8)および式(5.10)から，質量保存則の式(5.5)は次式のように記述される．

$$\frac{\partial}{\partial t}\int_{CV}\rho dV=-\int_{CS}\rho\boldsymbol{v}\cdot\boldsymbol{n}dA \quad \text{（非定常，圧縮性）} \tag{5.11}$$

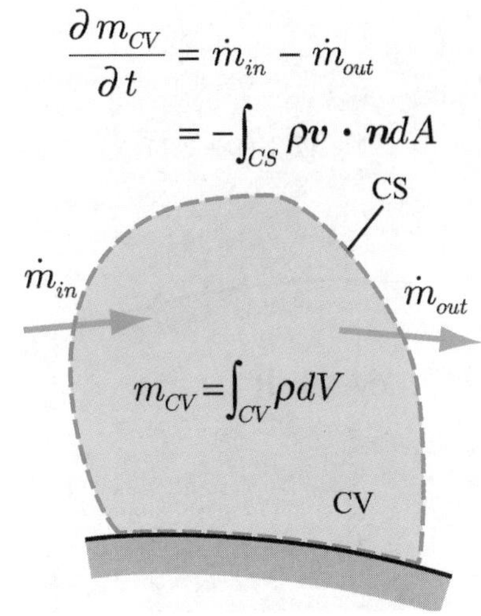

図 5.4　質量保存則

なお，非圧縮性流れの場合，密度 ρ が時間的にも空間的にも変化しないから，非定常・定常の区別なく，上式の左辺は常に零であり，次の関係が成り立つ．

$$\int_{CS}\boldsymbol{v}\cdot\boldsymbol{n}dA=Q_{\mathrm{out}}-Q_{\mathrm{in}}=0 \quad \text{（定常／非定常，非圧縮性）}$$

すなわち，非圧縮性流れであれば，非定常および定常にかかわりなく，式(5.7)の関係が成り立つことがわかる．

以上の質量保存則をまとめて，図 5.4 に示す．

【例題 5・1】　＊＊＊＊＊＊＊＊＊＊＊＊＊＊＊＊＊＊＊＊＊＊＊＊

図 5.5 に示すように，内半径 R の円管内を非圧縮性流体が体積流量 Q で定常に流れている．流体の流れは軸対称であり，その速度は管軸方向成分のみをもち，管壁上で 0，管中心軸上で最大値を示す回転放物面形の分布をしている．このとき，中心軸上の最大流速 U を体積流量 Q および内半径 R で表せ．

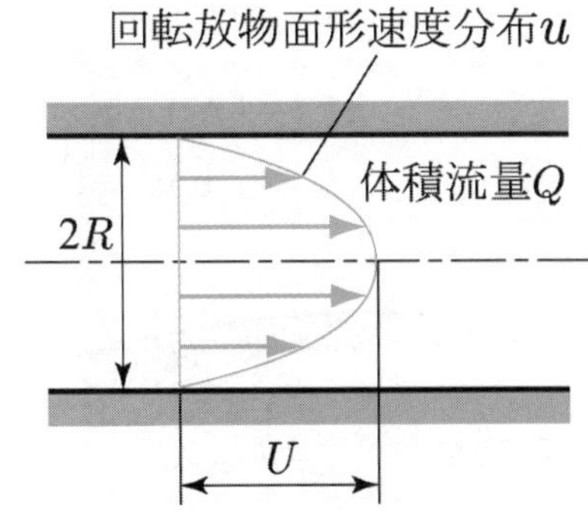

図 5.5　例題 5.1

【解答】流れは軸対称であり，回転放物面形の速度分布をしていることから，ある断面における流速 $\boldsymbol{u}$ の分布は次式で表される．

$$\boldsymbol{u}=U\left\{1-\left(r/R\right)^2\right\} \tag{A}$$

ここで，U は中心軸上の最大流速，r は中心軸からの半径である．流れは定常であり，流体は非圧縮性流体であるから，式(5.7)の関係により，いずれの断面を流れる体積流量も等しく，その値は Q である．すなわち，

$$Q=\int_0^R\boldsymbol{u}\cdot 2\pi r\,dr=2\pi U\int_0^R\left\{1-\left(r/R\right)^2\right\}r\,dr=\frac{\pi}{2}R^2U$$

が成り立つので，U は次式で表される．

$$U=\frac{2Q}{\pi R^2} \tag{B}$$

＊＊＊＊＊＊＊＊＊＊＊＊＊＊＊＊＊＊＊＊＊＊＊

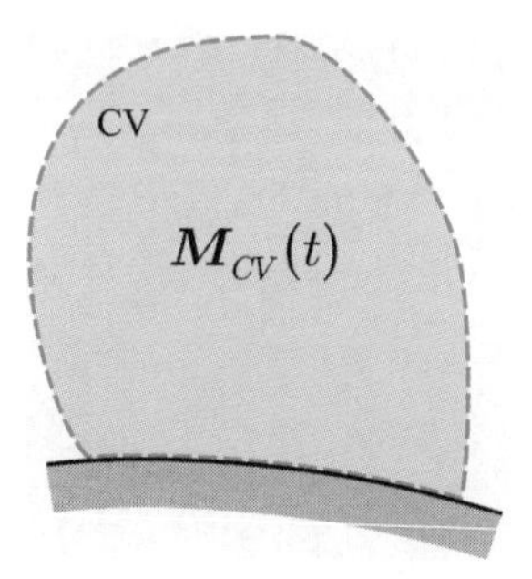

(a) 検査体積 CV

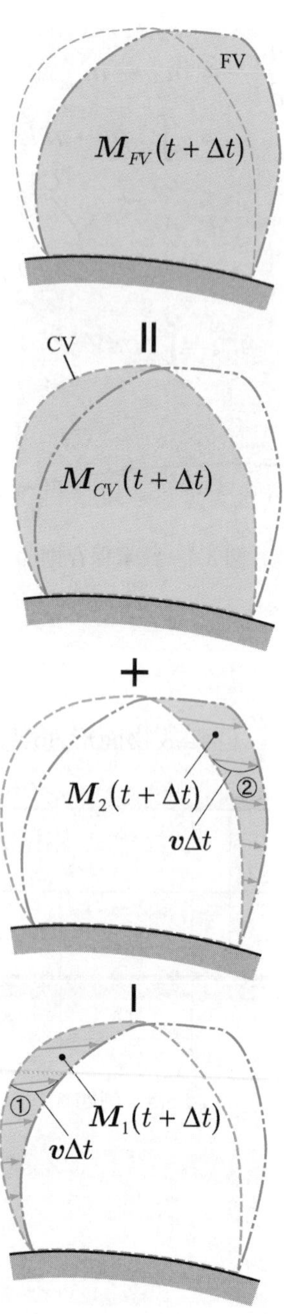

(b) 運動量の流入①および流出②

図 5.6　検査体積および運動量の変化

5・2　運動量方程式 (momentum equation)

ニュートンの運動の第2法則によれば，質量 m の物体が外力 $\boldsymbol{F}$ を受けて速度 $\boldsymbol{v}$ で動く場合，その運動は次式で記述される．

$$m\frac{d\boldsymbol{v}}{dt}=\boldsymbol{F} \tag{5.12}$$

ここで，外力 $\boldsymbol{F}$ および速度 $\boldsymbol{v}$ はベクトル量であることはいうまでもない．上式は次のようにも表せる．

$$\frac{d}{dt}(m\boldsymbol{v})=\boldsymbol{F} \tag{5.13}$$

すなわち，「運動量(momentum) $m\boldsymbol{v}$ の単位時間あたりの変化は物体に作用する外力(external force) $\boldsymbol{F}$ に等しい」ことがわかる．この運動量方程式(momentum equation)に従って，流体も流れるのである．

任意の流体の塊に，上述の運動量方程式を適用してみよう．図 5.6 に示すとおり，破線で囲まれた任意の検査体積 CV を空間に固定してとる．時刻 t で検査体積内を占めている流体の塊に着目する．この流体が，時刻 $t+\Delta t$ において，二点鎖線で示された領域 FV へ移動したとする．時刻 t で流体の塊（検査体積 CV 内の流体）がもっていた運動量を $\boldsymbol{M}_{CV}(t)$，時刻 $t+\Delta t$ で流体の塊（領域 FV 内の流体）がもつ運動量を $\boldsymbol{M}_{FV}(t+\Delta t)$ とする．このとき，着目している流体の塊がもつ運動量の時間変化率（式(5.13)の左辺）は，次式で表される．

$$\frac{d}{dt}(m\boldsymbol{v})=\lim_{\Delta t\to 0}\left[\frac{\boldsymbol{M}_{FV}(t+\Delta t)-\boldsymbol{M}_{CV}(t)}{\Delta t}\right] \tag{5.14}$$

また，図 5.2 と同様に，検査体積 CV の境界（破線）と領域 FV の境界（二点鎖線）とで囲まれた2つの領域をそれぞれ 1 および 2 と表記すると，時刻 $t+\Delta t$ で領域 FV 内の流体がもつ運動量 $\boldsymbol{M}_{FV}(t+\Delta t)$ は，図 5.6(b)に示すとおり，

$$\boldsymbol{M}_{FV}(t+\Delta t)=\boldsymbol{M}_{CV}(t+\Delta t)+\boldsymbol{M}_2(t+\Delta t)-\boldsymbol{M}_1(t+\Delta t)$$

と表せるから，式(5.14)は次のように変形することができる．

$$\frac{d}{dt}(m\boldsymbol{v}) =\lim_{\Delta t\to 0}\left[\frac{\boldsymbol{M}_{CV}(t+\Delta t)-\boldsymbol{M}_{CV}(t)}{\Delta t}\right]+\lim_{\Delta t\to 0}\left[\frac{\boldsymbol{M}_2(t+\Delta t)}{\Delta t}\right]-\lim_{\Delta t\to 0}\left[\frac{\boldsymbol{M}_1(t+\Delta t)}{\Delta t}\right] \tag{5.15}$$

時刻 $t+\Delta t$ において領域 2 および 1 内の流体が有する運動量 $\boldsymbol{M}_2(t+\Delta t)$ および $\boldsymbol{M}_1(t+\Delta t)$ は，Δt 時間に検査体積 CV の境界（破線）を通過して，それぞれ流出および流入した流体のもつ運動量に等しい．ここで，検査体積の境界を通って，単位時間あたりに流出および流入する運動量をそれぞれ $\dot{\boldsymbol{M}}_{out}$ およ

び $\dot{\boldsymbol{M}}_{in}$ と表せば，式(5.15)は次のように表せる．

$$\frac{d}{dt}(m\boldsymbol{v})=\frac{\partial \boldsymbol{M}_{CV}}{\partial t}+\dot{\boldsymbol{M}}_{out}-\dot{\boldsymbol{M}}_{in} \tag{5.16}$$

上式により，流体の塊がもつ運動量の単位時間あたりの変化が，空間に固定された検査体積に着目して記述されたことになる．式(5.13)によると，この運動量の時間変化率は，時刻 t における流体の塊，すなわち検査体積 CV が受けるすべての外力の和 $\boldsymbol{F}$ に等しいから，次の関係が成り立つ．

$$\frac{\partial \boldsymbol{M}_{CV}}{\partial t}+\dot{\boldsymbol{M}}_{\mathrm{out}}-\dot{\boldsymbol{M}}_{\mathrm{in}}=\boldsymbol{F} \qquad \text{（非定常）} \tag{5.17}$$

上式は，流体の塊に対して成り立つ運動量方程式(5.13)を，空間に固定された検査体積に着目して書き換えたものである．検査体積は任意に設定可能であり，式(5.17)の形で記述された運動量方程式(momentum equation)は，工学上極めて有用である．なお，運動量および力はベクトル量であるから，運動量方程式を適用する際には，運動量と力の大きさだけでなく，それらの向きを考えなければならないことはいうまでもない．

式(5.17)の左辺第 1 項は，空間に固定された検査体積 CV 内の全運動量 $\boldsymbol{M}_{CV}$ の時間変化率であり，流体の密度を ρ とすれば，図 5.7 に示すとおり，検査体積内部の微小体積要素 dV を占める流体のもつ運動量は $\boldsymbol{v}\rho dV$ であるから，

$$\frac{\partial \boldsymbol{M}_{CV}}{\partial t}=\frac{\partial}{\partial t}\int_{CV}\boldsymbol{v}\rho dV \tag{5.18}$$

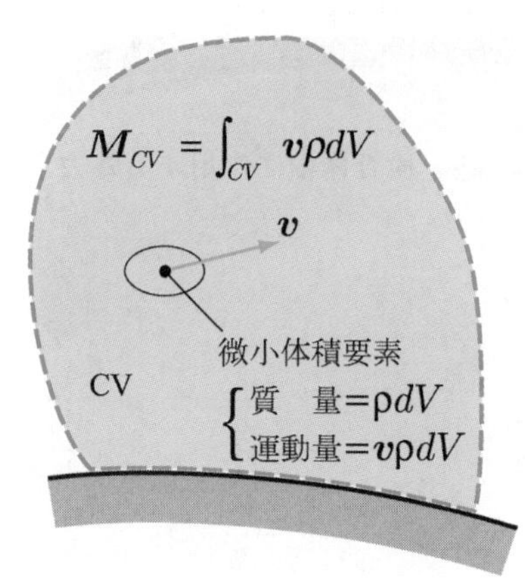

図 5.7　検査体積内の運動量

と表される．流れが定常である場合，この時間変化率は **0** となるから，運動量方程式は次式で表される．

$$\dot{\boldsymbol{M}}_{\mathrm{out}}-\dot{\boldsymbol{M}}_{\mathrm{in}}=\boldsymbol{F} \qquad \text{（定常）} \tag{5.19}$$

上式から，「定常流れでは，検査体積の境界面を通って単位時間あたりに流出する運動量 $\dot{\boldsymbol{M}}_{\mathrm{out}}$ と流入する運動量 $\dot{\boldsymbol{M}}_{\mathrm{in}}$ との差は，検査体積に作用する外力 $\boldsymbol{F}$ と等しい」ことがわかる．

式(5.17)および式(5.19)の左辺にある運動量の差 $\dot{\boldsymbol{M}}_{\mathrm{out}}-\dot{\boldsymbol{M}}_{\mathrm{in}}$ について考えてみよう．前節の式(5.9)において述べたとおり，検査体積の境界面上の微小面積要素 dA を単位時間あたりに通過する流体の質量（質量流量）は $\rho\boldsymbol{v}\cdot\boldsymbol{n}dA$ と表され，その値は検査体積から流出する時に正，流入する時に負となる．したがって，図 5.8 に示すように，この微小面積要素を単位時間あたり通過する運動量は $\boldsymbol{v}\rho(\boldsymbol{v}\cdot\boldsymbol{n})dA$ であり，この運動量を検査体積の全境界面 CS にわたって面積分すると，検査体積の境界を通って単位時間あたりに流出および流入する全運動量の差 $\dot{\boldsymbol{M}}_{\mathrm{out}}-\dot{\boldsymbol{M}}_{\mathrm{in}}$ が得られる．すなわち

$$\dot{\boldsymbol{M}}_{\mathrm{out}}-\dot{\boldsymbol{M}}_{\mathrm{in}}=\int_{CS}\boldsymbol{v}\rho(\boldsymbol{v}\cdot\boldsymbol{n})dA \tag{5.20}$$

と表せる．

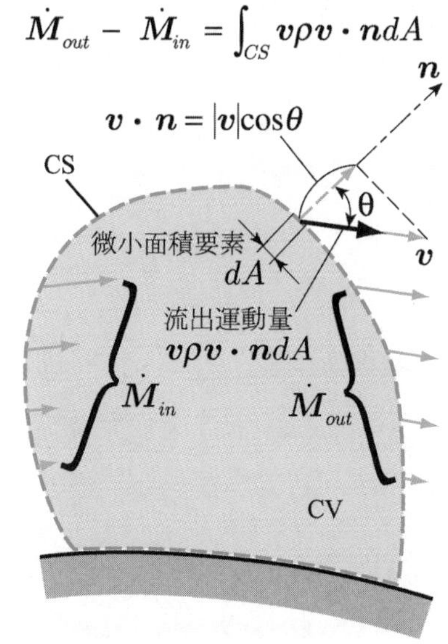

図 5.8　検査体積の境界を通過する運動量

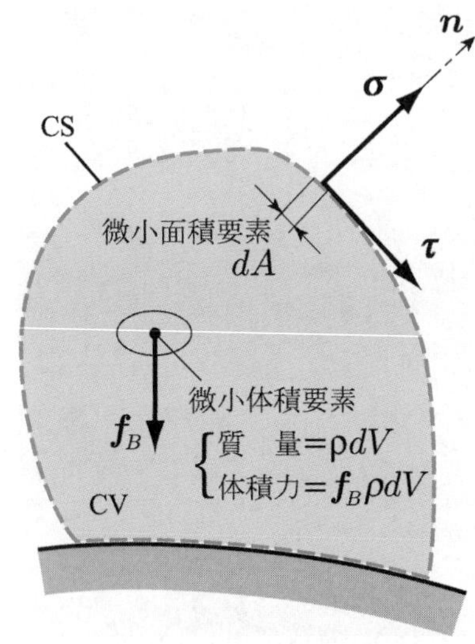

図 5.9　検査体積に作用する外力

式(5.17)および式(5.19)の右辺 $\boldsymbol{F}$ は，検査体積に作用する外力（外部から受ける力）であり，次式のとおり，検査体積 CV の内部に作用する体積力(body force) $\boldsymbol{F}_B$，ならびに検査体積の境界面 CS に作用する表面力(surface force) $\boldsymbol{F}_S$ からなる．

$$\boldsymbol{F} = \boldsymbol{F}_B + \boldsymbol{F}_S \tag{5.21}$$

体積力としては重力や電磁力などがあり，単位質量あたりの体積力を $\boldsymbol{f}_B$ とすれば，図 5.9 に示す微小体積要素 dV に働く体積力は $\boldsymbol{f}_B \rho dV$ であるから，検査体積に作用する全体積力 $\boldsymbol{F}_B$ は検査体積 CV 全体にわたる体積分により

$$\boldsymbol{F}_B = \int_{CV} \boldsymbol{f}_B \rho dV \tag{5.22}$$

と表される．たとえば，体積力として重力が作用している場合，重力加速度の大きさを g，鉛直上向きの単位ベクトルを $\boldsymbol{i}_Z$ とすると，検査体積に作用する全体積力は

$$\boldsymbol{F}_B = \int_{CV} \left(-g\boldsymbol{i}_Z \rho\right) dV \tag{5.23}$$

となる．一方，表面力 $\boldsymbol{F}_S$ は，図 5.9 に示すとおり，検査体積の境界面上の微小面積要素 dA に垂直に作用する法線応力(normal stress) $\boldsymbol{\sigma}$ および平行に作用するせん断応力(shear stress) $\boldsymbol{\tau}$ から成り，両者を境界面 CS にわたって面積分することにより

$$\boldsymbol{F}_S = \int_{CS} (\boldsymbol{\sigma} + \boldsymbol{\tau}) dA \tag{5.24}$$

と表される．なお，流体の粘性が無視できる場合，せん断応力は $\boldsymbol{0}$ であり，また法線応力は流体の圧力 p のみから成り，その圧力は検査体積に対して境界の外向き単位法線ベクトル $\boldsymbol{n}$ と逆向きに作用するから，このとき表面力は

$$\boldsymbol{F}_S = \int_{CS} \left(-p\boldsymbol{n}\right) dA \tag{5.25}$$

となる．以上の式(5.18)，(5.20)，(5.21)，(5.22)および式(5.24)を用いれば，運動量方程式(5.17)は次式のとおり記述することができる．

$$\frac{\partial}{\partial t}\int_{CV} \boldsymbol{v}\rho dV + \int_{CS} \boldsymbol{v}\rho\left(\boldsymbol{v}\bullet\boldsymbol{n}\right) dA = \int_{CV} \boldsymbol{f}_B \rho dV + \int_{CS} (\boldsymbol{\sigma} + \boldsymbol{\tau}) dA$$

（非定常）　(5.26)

表面力 $\boldsymbol{F}_S$ を求める際には，検査体積の境界全体にわたって式(5.24)の積分を実行する必要がある点には注意を要する．すなわち，図 5.10 中の物体 A のように，物体内部が検査体積 CV に含まれることなく，その周囲を検査体積で囲まれている場合には，その物体表面は検査体積の境界面として取り扱われなければならない．しかしながら，物体 B のように，物体の一部のみが検査体積に含まれ，その物体が検査体積の境界面 CS で切断されている場合には，物体表面は検査体積の境界面を構成しないが，検査体積の境界による物

体の切断面（図 5.10 中の SB）は検査体積の境界面 CS の一部として取り扱う必要がある．つまり，物体の切断面 SB に作用する法線応力およびせん断応力も含めて，式(5.24)の積分を実行しなければならない．いうまでもなく，この切断面 SB にわたる表面力の積分値は，物体 B を支持する力に等しい．

運動量方程式を適用する際には，検査体積のとり方に十分な注意を払う必要がある．以下の例題で示すとおり，検査体積のとり方によっては，問題が複雑になる場合がある．流れ場ができる限り定常となること，検査体積を流出および流入する運動量の評価が容易であること，検査体積の境界面に作用する表面力の評価が容易であることに留意して，検査体積を設定することが重要である．また，検査体積は任意に設定することが可能であり，流体が流れていない領域を含んでもかまわない．たとえば，図 5.10 で示したように，物体を横切って，検査体積に物体内部が含まれるようなとり方をしてもよい．問題が簡単になるように，検査体積は自由に設定することができるのである．

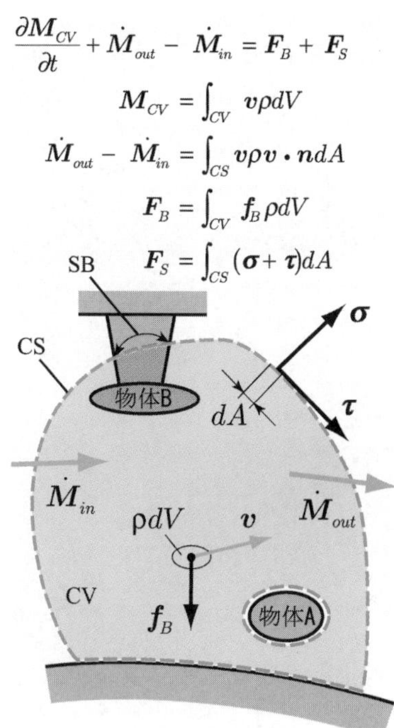

図 5.10　運動量法則

【例題 5・2】　＊＊＊＊＊＊＊＊＊＊＊＊＊＊＊＊＊＊＊＊＊＊＊＊

図 5.11 に示すように，水位が一定に保たれた十分に大きな水槽があり，その鉛直な側壁の内面に内径 D の円管が水平に取り付けられている．この円管から水槽内の水が，図 5.11 のとおり，円管の内壁に接触することなく，縮流を起こして，大気中へ水平に噴出するとき，噴流の直径 d を求めよ．ただし，この流れにおいて流体の粘性は無視でき，また噴流の直径を評価している断面で流速は一様であり，さらに円管の肉厚は十分に薄いものとする．なお，縮流とは，図 5.11 に示した水槽の開口部（円管入口）のような先鋭な角部に沿って流体は流れることができず，角部で流れが壁面からはがれる結果，噴出した流体が開口部の面積よりも小さな領域しか占めない現象である．

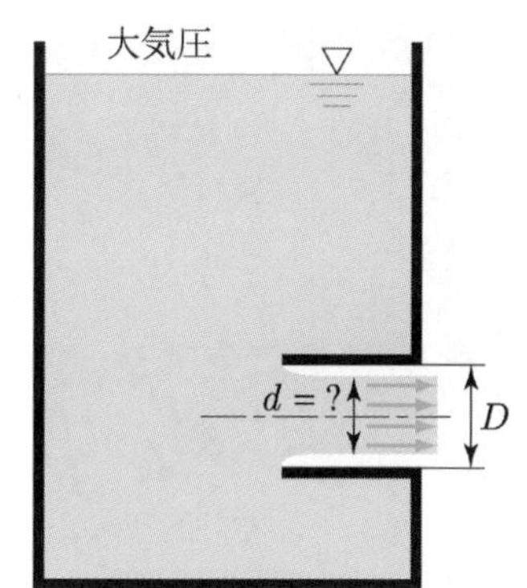

図 5.11　例題 5.2

【解答】　円管の中心軸から水槽の水面までの高さを H とする．流体の粘性が無視できること，すなわち損失がないことから，水槽の水面と噴流の間にベルヌーイの式を適用すると，水の密度を ρ，噴流の流速を U，大気圧を p_a として

$$p_a + \rho g H = p_a + \frac{\rho}{2}U^2$$

ここで，$\boldsymbol{g}$ は重力加速度である．上式から噴流の速度 U は次のように決まる．

$$U = \sqrt{2gH} \tag{C}$$

図 5.12 中の破線で示すような検査体積を設定して，噴流方向（水の噴出方向，x 方向）の運動量方程式を考える．水槽が十分に大きく，水位が一定に保たれているので，この流れは定常であると見なせる．したがって，式(5.19)の噴流方向成分を考える．まず，検査体積から単位時間あたりに流出する噴流方向の運動量 $\dot{M}_{\mathrm{out},\,x}$ は，検査体積の境界面 S_8S_9 を通過する直径 d の噴流のみから成り，次式で与えられる．

$$\dot{M}_{\mathrm{out},\,x} = U\rho U\frac{\pi}{4}d^2 = \rho g H\frac{\pi}{2}d^2 \tag{D}$$

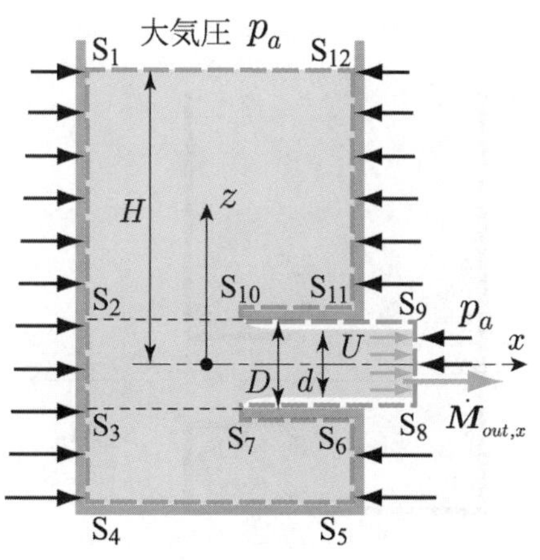

図 5.12　検査体積と x 方向の運動量法則

一方，水位が一定に保たれているから，水面 S_1S_{12} での流速は 0 である．し

たがって，検査体積へ流入する運動量はない．すなわち，単位時間あたりに流入する噴流方向の運動量 $\dot{M}_{\mathrm{in},\,x}$ は次式となる．

$$\dot{M}_{\mathrm{in},\,x} = 0 \tag{E}$$

次に，検査体積に作用する外力を評価する．検査体積内の流体に体積力として重力が作用しているが，これは噴流方向（水平方向）の成分をもたない．また，流体の粘性は無視できることから，検査体積の境界面に作用する表面力は，法線応力としての圧力による力のみである． この圧力のうち，境界面 S_1S_{12}， S_4S_5，S_6S_7，S_7S_8，S_9S_{10}，および $S_{10}S_{11}$ に作用する圧力は噴流方向（水平方向）の成分をもたない．それ以外の境界面 S_1S_4，S_5S_6，S_8S_9，および $S_{11}S_{12}$ に作用する圧力のみが，図 5.12 に示すとおり，噴流方向の外力成分を有する．さて，水槽が十分に大きく，かつ円管もある程度長ければ，境界面 S_1S_4, S_5S_6, および $S_{11}S_{12}$ 上の圧力は，水の噴出の影響を受けず，次式で表せる．

$$p = p_a + \rho g\left(H - z\right)$$

ここで，z は円管の中心軸から鉛直上向きにとった座標である．したがって，境界面 S_1S_2 と $S_{11}S_{12}$ に作用する圧力は同じ大きさで互いに逆向きであるから，この両面に作用する外力は打消し合う．境界面 S_3S_4 と S_5S_6 に作用する圧力についても同様である．ところで，境界面 S_8S_9 では，噴流と大気が含まれるが，噴流内の圧力は周囲の大気と等しいので，境界面 S_8S_9 にわたって一様に大気圧 p_a が作用する．よって，境界面 S_2S_3 に作用する水圧は，対応した境界面 S_8S_9 に作用する大気圧と打消し合わない．結局，検査体積の境界面に作用する外力のうち，噴流方向成分 F_x は，

$$\begin{aligned} F_x &= \int_{S_2S_3}\left\{p_a + \rho g\left(H - z\right)\right\}dA - \int_{S_8S_9} p_a\, dA \\ &= \int_{S_2S_3} \rho g\left(H - z\right)dA = \rho g H \frac{\pi}{4} D^2 \end{aligned} \tag{F}$$

となる．噴流方向の運動量方程式

$$\dot{M}_{\mathrm{out},\,x} - \dot{M}_{\mathrm{in},\,x} = F_x \tag{G}$$

に式(D)～(F)を代入すると，次の結果を得る．

$$d = \frac{D}{\sqrt{2}}$$

このような噴出口は，ボルダの口金(Borda's mouthpiece)と呼ばれる．図 5.12 のような検査体積をとれば，以上のとおり明快な解答が得られる．しかしながら，図 5.13 の破線で示すような検査体積を設定すると，この問題は複雑になり，解けなくなる．なぜならば，検査体積の境界面 S_2S_{10} および S_3S_7 上の口金近傍において，水の流入を無視できず，この流入する水が噴流方向の運動量をもっていることは明らかであるが，その運動量を正しく評価することができないからである．このとおり，検査体積を設定する際には，十分な流体力学的考察をなすことが重要である．

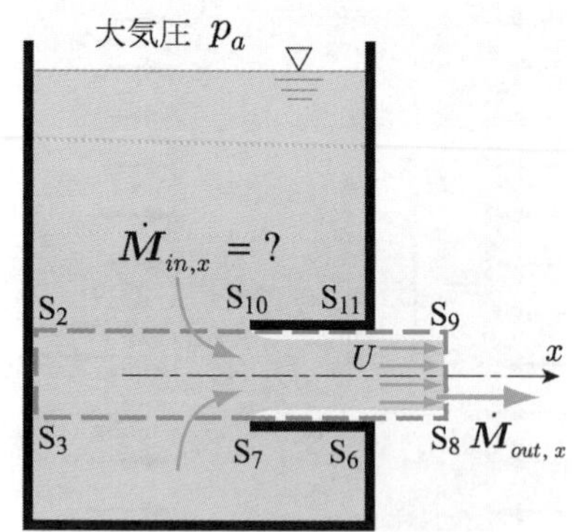

図 5.13　不適切な検査体積（例題 5.2）

＊＊＊＊＊＊＊＊＊＊＊＊＊＊＊＊＊＊＊＊＊＊＊＊＊

【Example 5・3】 ＊＊＊＊＊＊＊＊＊＊＊＊＊＊＊＊＊＊＊＊＊＊＊

A nozzle attached to a vertical pipe turns the flow of water through 60 degrees and discharges water into the atmosphere as shown in Fig. 5.14. The nozzle inlet and outlet areas are 0.02 m^2 and 0.01 m^2, respectively. The nozzle has a weight of 200 N, and the volume of water in the nozzle is 0.015 m^3. The density of water is 1000 kg/ m^3. When the volume flow rate is 0.1 m^3/s, the gage pressure at the flange (nozzle inlet) is 40 kPa. What vertical force must be applied to the nozzle at the flange to hold it in place? Assume that the velocity and pressure of water are uniformly distributed at the inlet and outlet of the nozzle.

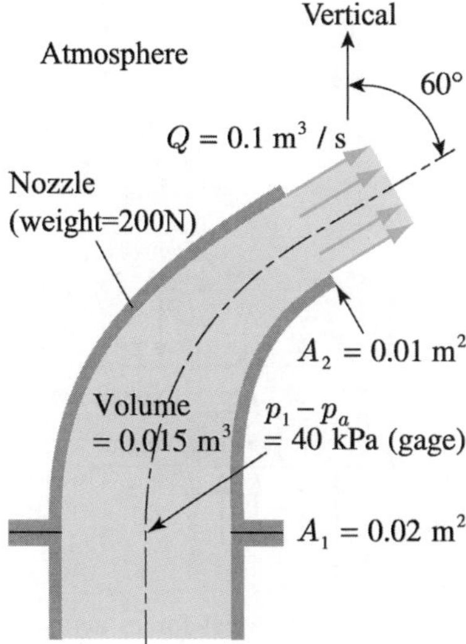

Fig. 5.14 Example 5.3

【Solution】 We select a control volume that includes the entire nozzle and the water contained in the nozzle at an instant, as is indicated by broken line in Fig. 5.15. Water flow at low speeds, as in this example, may be considered incompressible. Therefore, Eq. (5.7) is applied to the control volume to give the volume flow rate Q in the nozzle as

$$Q = U_1 A_1 = U_2 A_2$$

where suffixes 1 and 2 denote the inlet and outlet of the nozzle, respectively. From the above equation we obtain the water velocities U_1 and U_2 at the nozzle inlet and outlet as follows:

$$U_1 = \frac{Q}{A_1} = \frac{0.1}{0.02} = 5\left(\mathrm{m/s}\right), \qquad U_2 = \frac{Q}{A_2} = \frac{0.1}{0.01} = 10\left(\mathrm{m/s}\right) \tag{H}$$

To apply the vertical (z direction) component of the momentum equation (5.19) to the control volume, the vertical momentum flow rates out of and into the control volume are evaluated, using the results of Eq.(H) and the density of water, $\rho = 1000\,\mathrm{kg/m^3}$, as

$$\dot{M}_{\mathrm{out},\,z} = \left(U_2 \cos\theta\right)\rho Q = (10 \times \cos 60°) \times 1000 \times 0.1 = 500\left(\mathrm{N}\right) \tag{I}$$

and

$$\dot{M}_{\mathrm{in},\,z} = U_1 \rho Q = 5 \times 1000 \times 0.1 = 500\left(\mathrm{N}\right) \tag{J}$$

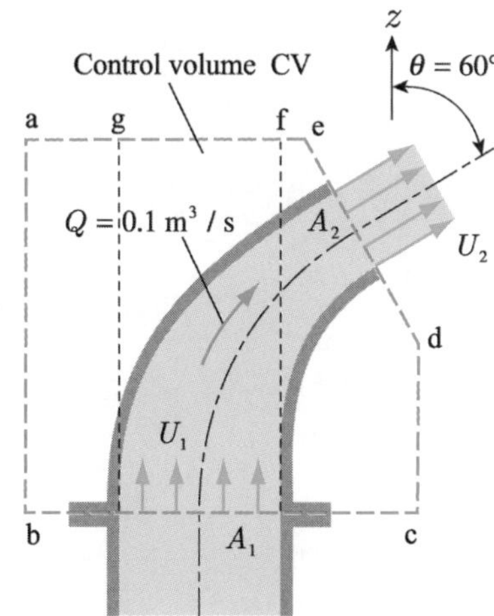

Fig. 5.15 Control volume in Example 5.3

We evaluate the vertical component of forces acting on the control volume. Surface forces due to the atmospheric pressure, p_a, exerted on portions de and ea of the control surface contribute to the vertical force component. Forces acting on the portion bc of the control surface also contribute to the vertical component: the vertical forces due to the nozzle inlet pressure, p_1, and the atmospheric pressure and the vertical component, $F_{N,z}$, of the anchoring force required to hold the nozzle in place. The anchoring force includes surface forces acting on the cross sections of the flange bolts. Assuming that the area of the flange is negligible, however, the force due to the atmospheric pressure on the portion bc is canceled out by the vertical component of the forces due to the atmospheric pressure acting on the portions def and ga. The gravity exerts body forces, as weight, on the nozzle

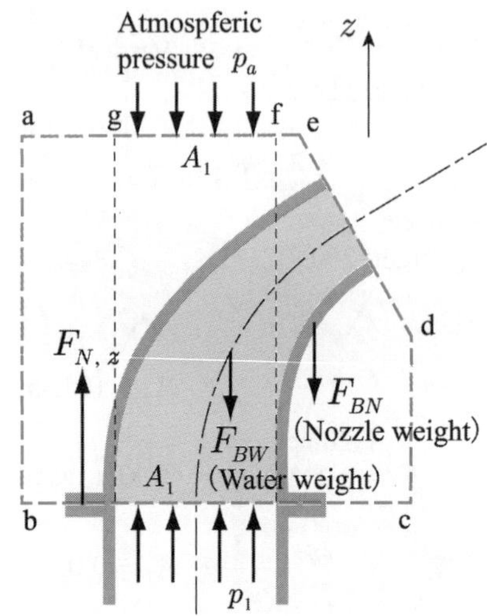

Fig. 5.16 Vertical forces acting on the control volume in Example 5.3

and the water contained in the nozzle at an instant. The body forces due to the nozzle weight, F_{BN}, and the water weight, F_{BW}, are vertical (in the negative z direction). Note that the weight of the air contained in the control volume is negligible as compared with F_{BN} and F_{BW}. The vertical forces acting on the contents of the control volume are shown in Fig. 5.16.

Application of the vertical component of the momentum equation (5.19) to the control volume leads to

$$\dot{M}_{\text{out},z} - \dot{M}_{\text{in},z} = p_1 A_1 - p_a A_1 + F_{N,z} - F_{BW} - F_{BN}$$

Solving the above equation for $F_{N,z}$ we obtain

$$F_{N,z} = \dot{M}_{\text{out},z} - \dot{M}_{\text{in},z} - \left(p_1 - p_a\right) A_1 + F_{BW} + F_{BN} \tag{K}$$

From quantities given in the problem statement,

$$p_1 - p_a = 40\left(\text{kPa}\right) \tag{L}$$

$$F_{BW} = \rho V g = 1000 \times 0.015 \times 9.81\left(\text{N}\right) \tag{M}$$

$$F_{BN} = 200\left(\text{N}\right) \tag{N}$$

In the above, g is the acceleration of gravity, and V denotes the volume of water contained in the nozzle. By substituting Eqs.(I), (J) and (L)～(N) into Eq. (K), we get

$$F_{N,z} = 500 - 500 - \left(40 \times 10^3\right) \times 0.02 + 1000 \times 0.015 \times 9.81 + 200 = -453\left(\text{N}\right)$$

The negative sign indicates that the vertical force required to hold the nozzle in place is exerted downward in the vertical direction.

＊＊＊＊＊＊＊＊＊＊＊＊＊＊＊＊＊＊＊＊＊＊

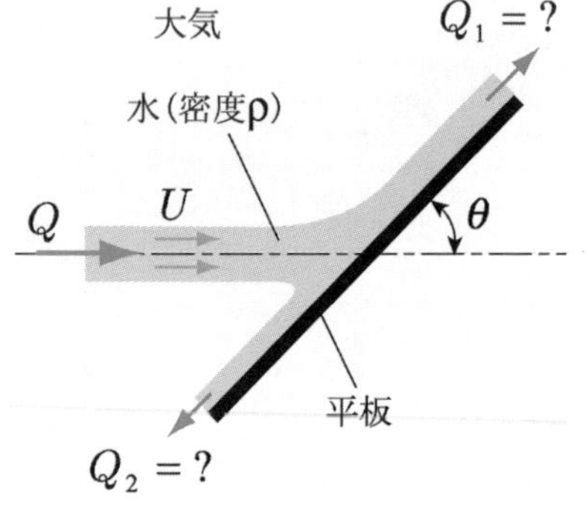

図 5.17　例題 5・4

【例題 5・4】　＊＊＊＊＊＊＊＊＊＊＊＊＊＊＊＊＊＊＊＊＊＊＊

図 5.17 に示すように，密度 ρ の水からなる大気中の 2 次元噴流が，体積流量 Q，流速 U で，静止した平板に θ の角度をなして斜めに衝突した後，水流は平板に沿って 2 方向に分かれて流れる．このとき，平板に沿って 2 方向に分岐した水流のそれぞれの体積流量 Q_1 および Q_2，ならびに平板を支持するために必要な力 $\boldsymbol{F}_p$ を求めよ．ただし，この流れは水平面内にあり，また流体の粘性は無視できるものとする．

【解答】 噴流は大気中を流れるので，その圧力は大気圧 p_a に等しい．また，平板上の水流は大気に接しており，かつ水平面内にあるから，平板との衝突域から十分離れて水流が平板に平行になった位置では，水流の圧力も大気圧 p_a に等しい．この衝突域から十分離れた位置での分岐した水流の速度をそれぞれ U_1 および U_2 とする．流体の粘性が無視できることから，ベルヌーイの式により

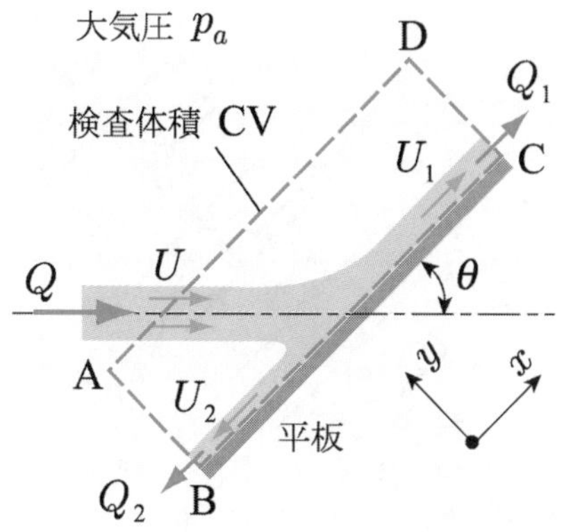

図 5.18　検査体積（例題 5.4）

$$p_a + \frac{\rho}{2}U^2 = p_a + \frac{\rho}{2}U_1^2, \quad p_a + \frac{\rho}{2}U^2 = p_a + \frac{\rho}{2}U_2^2$$

なお，流れが水平面内にあることから，上式において位置エネルギーの変化はない．したがって，上のベルヌーイの式から

$$U = U_1 = U_2 \tag{O}$$

次に，運動量方程式を考えるにあたって，図 5.18 のように，平板に平行に x 軸を，平板に垂直に y 軸をとり，破線で示された長方形の検査体積を設定する．

検査体積の境界面を通して，単位時間あたりに流出する x および y 方向の運動量 $\dot{M}_{\text{out},\,x}$ および $\dot{M}_{\text{out},\,y}$ は，式(O)を考慮して

$$\dot{M}_{\text{out},\,x} = U_1\rho Q_1 - U_2\rho Q_2 = U\rho Q_1 - U\rho Q_2 \tag{P}$$

$$\dot{M}_{\text{out},\,y} = 0 \tag{Q}$$

単位時間あたりに流入する x および y 方向の運動量 $\dot{M}_{\text{in},\,x}$ および $\dot{M}_{\text{in},\,y}$ は

$$\dot{M}_{\text{in},\,x} = \left(U\cos\theta\right)\rho Q \tag{R}$$

$$\dot{M}_{\text{in},\,y} = -\left(U\sin\theta\right)\rho Q \tag{S}$$

となる．

この検査体積に作用する外力のうち，体積力として重力が水流に作用しているが，この重力は x - y 平面（水平面）内の成分をもたない．また，粘性は無視できると仮定することから，検査体積の境界面に作用する表面力のうち，せん断応力は 0 であり，法線応力は圧力のみである．この圧力のうち，境界面 AB, CD, および DA に作用する圧力は，大気圧 p_a である．しかしながら，境界面 BC に作用する圧力は，前述のとおり，水流の衝突域から十分離れた位置では大気圧に等しいが，衝突域では明らかに大気圧よりも高くなっているはずである．そこで，境界面 BC にわたる圧力の積分値を $F_{BC,\,y}$ とおく．なお，せん断応力は 0 であるから，いうまでもなく，境界面 BC に作用する外力の x 方向成分はない．このとき，検査体積に作用する外力は図 5.19 のとおりであり，その x および y 方向成分 F_x および F_y はそれぞれ

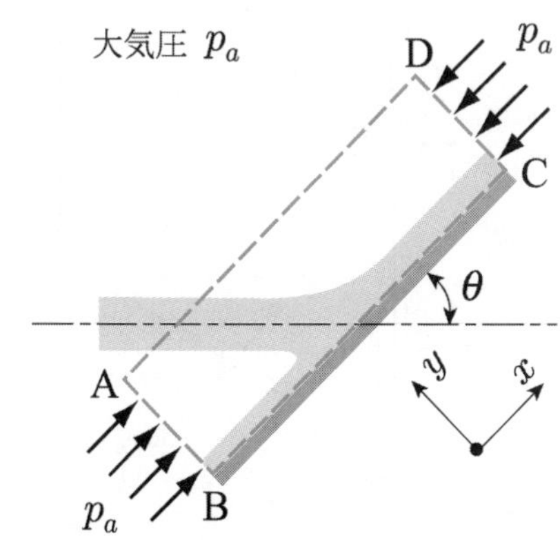

(a) x 方向成分

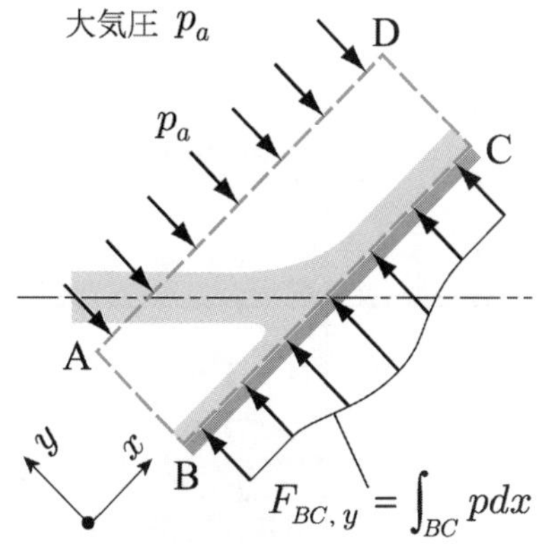

(b) y 方向成分

図 5.19　検査体積に作用する外力（例題 5.4）

$$F_x = p_a A_x - p_a A_x = 0 \tag{T}$$

$$F_y = F_{BC,\,y} - p_a A_y \tag{U}$$

となる．A_x は境界面 AB および CD の面積，A_y は境界面 DA の面積を表す．

この流れは定常とみなせるから，検査体積に x 方向の運動量方程式

$$\dot{M}_{\text{out},\,x} - \dot{M}_{\text{in},\,x} = F_x$$

を適用する．上式に式(P)，(R)および式(T)を代入すると

$$Q_1 - Q_2 - Q\cos\theta = 0 \tag{V}$$

を得る．ところで，定常流れに対する質量保存則の式(5.6)から，

$$\rho Q_1 + \rho Q_2 = \rho Q \tag{W}$$

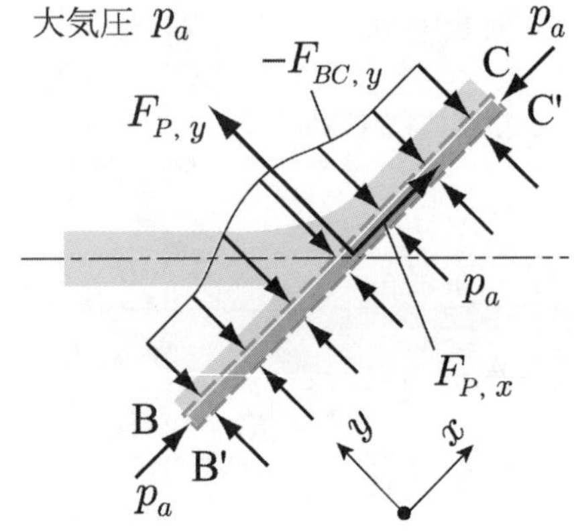

図 5.20　平板に対する力のつり合い

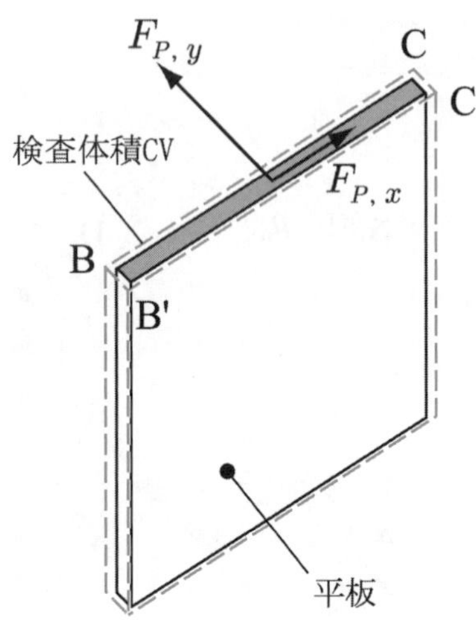

図 5.21　平板を支持する力

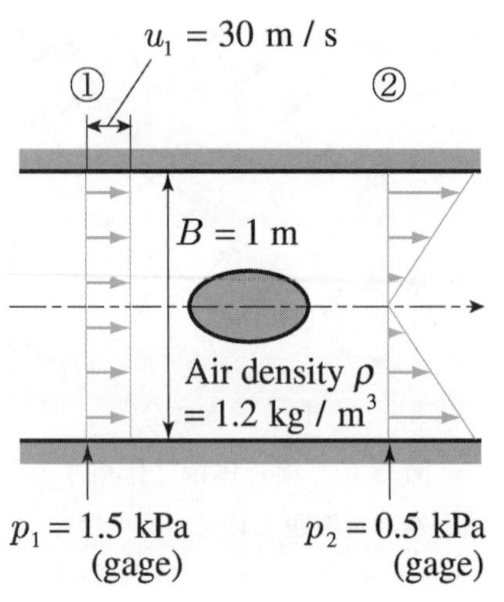

Fig. 5.22　Example 5.5

が成り立つ．式(V)および式(W)より，次の結果が得られる．

$$Q_1 = \frac{1+\cos\theta}{2}Q, \quad Q_2 = \frac{1-\cos\theta}{2}Q \tag{X}$$

また，検査体積に対する y 方向の運動量方程式は

$$\dot{M}_{\mathrm{out},\,y} - \dot{M}_{\mathrm{in},\,y} = F_y$$

と表される．上式に式(Q)，(S)および式(U)を代入して

$$F_{BC,\,y} = \rho QU\sin\theta + p_a A_y \tag{Y}$$

が得られる．さらに，ここで図 5.20 中の破線で示されたように，平板に沿った検査体積を新たに設定して，この検査体積 BB'C'C に対する力のつり合いを考える．平板を支持するために必要な力 $\boldsymbol{F}_P$ は，図 5.21 で 3 次元的に示すとおり，検査体積が切断した平板の端面に作用しており，その x および y 方向成分をそれぞれ $F_{P,\,x}$ および $F_{P,\,y}$ とする．検査体積 BB'C'C には，図 5.20 に示されたような外力が作用している．特に，この検査体積の境界面 BC に作用する外力の積分値は，図 5.19(b)で示した検査体積 ABCD との作用・反作用の関係から，$-F_{BC,\,y}$ である．検査体積 BB'C'C を通って流入および流出する運動量はないから，この検査体積に対する x および y 方向の運動量方程式は，次のように，力のつり合いの式となる．

$$F_{P,\,x} + p_a A_{BB'} - p_a A_{CC'} = 0$$
$$F_{P,\,y} - F_{BC,\,y} + p_a A_{B'C'} = 0$$

上式において，$A_{BB'} = A_{CC'}$ および $A_{B'C'} = A_y$ を考慮の上，式(Y)を代入して，次の結果を得る．

$$F_{P,\,x} = 0$$
$$F_{P,\,y} = \rho QU\sin\theta$$

以上から，紙面に垂直な方向の単位高さあたりの平板を支持するために要する力 $\boldsymbol{F}_P$ は， y の正の向きで大きさ $\rho QU\sin\theta$ であることがわかる．

＊＊＊＊＊＊＊＊＊＊＊＊＊＊＊＊＊＊＊＊＊＊

【Example 5・5】　＊＊＊＊＊＊＊＊＊＊＊＊＊＊＊＊＊＊＊＊＊＊

A blunt object is tested in a two-dimensional wind tunnel with a constant width of 1 m, as shown in Fig. 5.22. The object shape is symmetrical about the tunnel centerline and does not change in the direction normal to the paper. The pressure is uniform across sections ① and ②. The upstream pressure is 1.5 kPa gage, and the downstream pressure is 0.5 kPa gage. The air velocity at the upstream section ① is 30 m/s and is uniformly distributed over the section. The velocity profile at the downstream section ② is linear and symmetrical about the tunnel centerline: it varies from zero at the centerline to a maximum at the tunnel wall. Assume that the flow is incompressible and two-dimensional, and that the air density is 1.2 kg/m^3. Neglecting the viscous force on the tunnel wall, calculate the drag force acting on the object per unit height normal to the paper.

【Solution】 As shown by broken line in Fig. 5.23, a control volume that includes only the fluid from section ① to section ② is selected. The x axis is aligned with the tunnel centerline and the y axis is normal to the flow and the tunnel wall. Since the flow is two-dimensional, we consider the flow field per unit height normal to the paper.

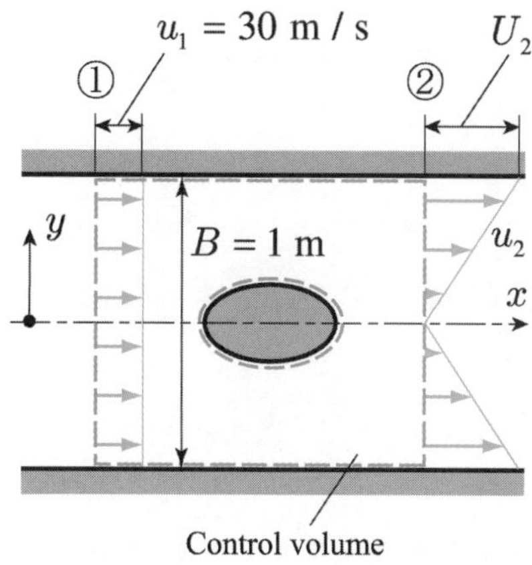

Fig. 5.23 Control volume in Example 5.5

The volume flow rate of the air into the control volume, Q_{in}, is evaluated by using the uniform velocity profile at section ① as

$$Q_{\text{in}} = \boldsymbol{u}_1 \times (B \times 1) = 30 \times (1 \times 1) = 30\ (\text{m}^3/\text{s}) \tag{a}$$

The linear velocity profile at section ② is given by

$$\boldsymbol{u}_2 = U_2 \frac{y}{B/2} \tag{b}$$

where U_2 denotes the air velocity on the tunnel wall at section ②. Using Eq.(b) we can express the air volume flow rate out of the control volume, Q_{out}, as

$$Q_{\text{out}} = 2\int_0^{B/2} \boldsymbol{u}_2\, dy = 2\int_0^{B/2} U_2 \frac{y}{B/2} dy = \frac{1}{2} U_2 B \tag{c}$$

Since the flow is incompressible, application of the continuity equation to the control volume yields

$$Q_{\text{out}} = Q_{\text{in}}$$

Substituting Eqs.(a) and (c) into the above equation, we obtain

$$U_2 = \frac{2Q_{\text{in}}}{B} = \frac{2 \times 30}{1} = 60\ (\text{m/s}) \tag{d}$$

To determine the drag force acting on the object, we apply the momentum equation (5.19) to the control volume. The x component of the momentum flow rate out of the control volume, $\dot{M}_{\text{out},x}$, is evaluated by using Eqs.(b) and (d) as

$$\dot{M}_{\text{out},x} = 2\int_0^{B/2} \boldsymbol{u}_2\, \rho \boldsymbol{u}_2\, dy = 2\int_0^{B/2} \rho \left(U_2 \frac{y}{B/2} \right)^2 dy$$

$$= \frac{1}{3}\rho U_2^2 B = \frac{1}{3} \times 1.2 \times 60^2 \times 1 = 1440\ (\text{N}) \tag{e}$$

The x component of the momentum flow rate into the control volume, $\dot{M}_{\text{in},x}$, is also evaluated as

$$\dot{M}_{\text{in},x} = \boldsymbol{u}_1\, \rho \boldsymbol{u}_1 B = \rho \boldsymbol{u}_1^2 B = 1.2 \times 30^2 \times 1 = 1080\ (\text{N}) \tag{f}$$

Since the object shape is symmetrical about the tunnel centerline (the x axis), the surface force integrated over the control volume boundary that is in contact with the object, F, has only the x component. We neglect the viscous force on the tunnel wall, as mentioned in the problem statement. The forces contributing to the momentum equation in the x direction are shown in Fig. 5.24. Therefore, the x component of the momentum equation applied to the control volume gives

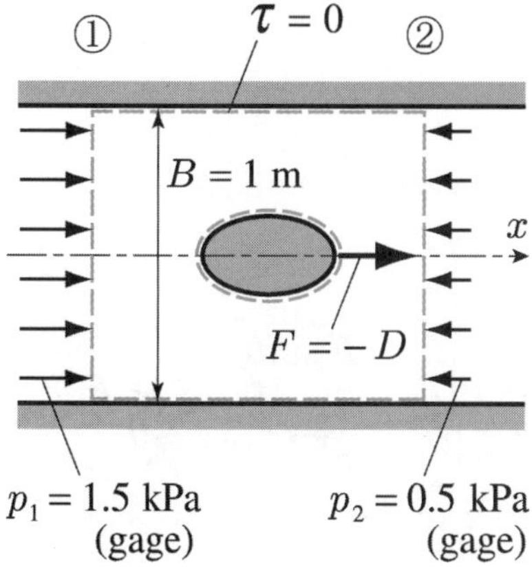

Fig. 5.24 External forces in the x direction acting on the control volume in Example 5.5

$$\dot{M}_{\text{out},x} - \dot{M}_{\text{in},x} = p_1 \times (B \times 1) - p_2 \times (B \times 1) + F \tag{g}$$

From Eqs.(e), (f) and (g), the force exerted on the control volume by the object, F, is

$$F = \dot{M}_{\mathrm{out},\,x} - \dot{M}_{\mathrm{in},\,x} - \left(p_1 - p_2\right)B$$
$$= 1440 - 1080 - (1.5\times10^3 - 0.5\times10^3)\times1 = -640\,(\mathrm{N})$$

The drag force exerted on the object by the flow, D, is equal in magnitude but opposite in direction from F. Finally, we obtain

$$D = -F = 640\,(\mathrm{N})$$

The drag force acting on the object per unit height normal to the paper is directed toward the flow and is equal in magnitude to 640 N.

＊＊＊＊＊＊＊＊＊＊＊＊＊＊＊＊＊＊＊＊＊＊

5・3　角運動量方程式 (moment-of-momentum equation)

質量 m の物体が外力 $\mathbf{F}$ を受けて速度 $\mathbf{v}$ で動く運動は，前節で述べたとおり，式(5.13)の運動量方程式，すなわち

$$\frac{d}{dt}\left(m\mathbf{v}\right) = \mathbf{F} \tag{5.27}$$

により記述される．原点から測った位置ベクトルを $\mathbf{r}$ として，上式の両辺に左から $\mathbf{r}$ を外積（ベクトル積）としてかけると

$$\mathbf{r}\times\frac{d}{dt}\left(m\mathbf{v}\right) = \mathbf{r}\times\mathbf{F} \tag{5.28}$$

を得る．ところで，この左辺に関連して

$$\frac{d}{dt}\left(\mathbf{r}\times m\mathbf{v}\right) = \frac{d\mathbf{r}}{dt}\times m\mathbf{v} + \mathbf{r}\times\frac{d}{dt}\left(m\mathbf{v}\right) \tag{5.29}$$

が成り立つが，

$$\frac{d\mathbf{r}}{dt} = \mathbf{v}$$

であることを考慮すると，式(5.29)の右辺第 1 項は $\mathbf{0}$ であることから，次の関係が得られる．

$$\frac{d}{dt}\left(\mathbf{r}\times m\mathbf{v}\right) = \mathbf{r}\times\frac{d}{dt}\left(m\mathbf{v}\right) \tag{5.30}$$

したがって，式(5.30)により式(5.28)は次のように書き換えられる．

$$\frac{d}{dt}\left(\mathbf{r}\times m\mathbf{v}\right) = \mathbf{r}\times\mathbf{F} \tag{5.31}$$

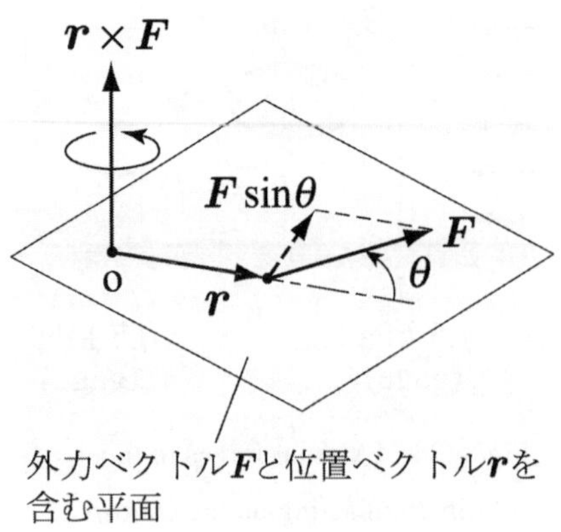

図 5.25　外力のモーメント

上式の意味を考えてみよう．図 5.25 に示すとおり，位置ベクトル $\mathbf{r}$ と外力 $\mathbf{F}$ とのなす角 θ を，$\mathbf{r}$ 方向から $\mathbf{F}$ へ向かって測るものとして定義する．この

とき外積の定義から，上式の右辺にある外積 $\boldsymbol{r}\times\boldsymbol{F}$ は，大きさが

$$|\boldsymbol{r}\times\boldsymbol{F}|=|\boldsymbol{r}|\cdot|\boldsymbol{F}|\sin\theta$$

であり，方向がベクトル $\boldsymbol{r}$ および $\boldsymbol{F}$ を含む平面に垂直で，向きが θ の正方向に右ねじを回したときにねじの進む向きであるようなベクトルを意味する．これは，外力 $\boldsymbol{F}$ が原点まわりに及ぼす回転の効果，すなわち原点Oに関する外力 $\boldsymbol{F}$ のモーメント(moment)であることがわかる．同様にして，式(5.31)の左辺中にある外積 $\boldsymbol{r}\times m\boldsymbol{v}$ は，運動量 $m\boldsymbol{v}$ の原点に関するモーメントであり，角運動量(moment of momentum または angular momentum)と呼ばれる．したがって，式(5.31)は，「角運動量の単位時間あたりの変化は物体に作用する力のモーメントに等しい」ことを示している．これが，いわゆる角運動量方程式(moment-of-momentum equation)である．

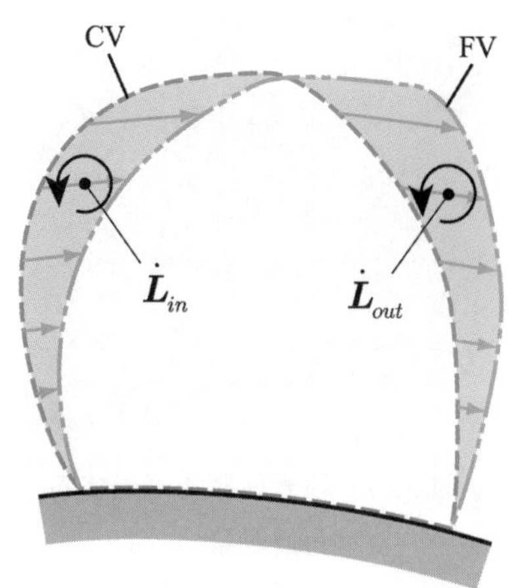

図 5.26 検査体積と角運動量の流入および流出

任意の流体の塊に着目して，その流体のもつ全角運動量を $\boldsymbol{L}$，流体の塊が外部から受けるすべての力のモーメントを $\boldsymbol{T}$ とすると，式(5.31)により

$$\frac{d\boldsymbol{L}}{dt}=\boldsymbol{T} \tag{5.32}$$

が成り立つ．この流体の塊に着目して得られた角運動量方程式を，空間に固定された検査体積に着目して書き換える．前節と同様に，図 5.26 中の破線で示された検査体積 CV を空間に固定して設定し，時刻 t で検査体積内を占めていた流体の塊が，Δt 時間後に二点鎖線で示された領域 FV へ流れたとする．このとき，式(5.16)の導出とまったく同様にして，流体の塊がもつ角運動量の時間変化率（式(5.32)の左辺）は，次式で表される．

$$\frac{d\boldsymbol{L}}{dt}=\frac{\partial\boldsymbol{L}_{CV}}{\partial t}+\dot{\boldsymbol{L}}_{\mathrm{out}}-\dot{\boldsymbol{L}}_{\mathrm{in}} \tag{5.33}$$

ここに，$\boldsymbol{L}_{CV}$ は検査体積内の全角運動量を，$\dot{\boldsymbol{L}}_{\mathrm{out}}$ および $\dot{\boldsymbol{L}}_{\mathrm{in}}$ は検査体積の境界面から単位時間あたりにそれぞれ流出および流入する流体のもつ角運動量を示す．したがって，式(5.32)は次のようになる．

$$\frac{\partial\boldsymbol{L}_{CV}}{\partial t}+\dot{\boldsymbol{L}}_{\mathrm{out}}-\dot{\boldsymbol{L}}_{\mathrm{in}}=\boldsymbol{T} \qquad \text{(非定常)} \tag{5.34}$$

上式が，空間に固定された検査体積に着目して記述された角運動量方程式(moment-of-momentum equation)である．上式中の $\boldsymbol{L}_{CV}$，$\dot{\boldsymbol{L}}_{\mathrm{out}}$，$\dot{\boldsymbol{L}}_{\mathrm{in}}$ および $\boldsymbol{T}$ は，すべてベクトル量であることはいうまでもない．現象が定常である場合，上式の左辺第 1 項は $\boldsymbol{0}$ となるから，角運動量方程式は次式で表される．

$$\dot{\boldsymbol{L}}_{\mathrm{out}}-\dot{\boldsymbol{L}}_{\mathrm{in}}=\boldsymbol{T} \qquad \text{(定常)} \tag{5.35}$$

すなわち，「定常流れでは，検査体積の境界面を通って単位時間あたりに流出する角運動量 $\dot{\boldsymbol{L}}_{\mathrm{out}}$ と流入する角運動量 $\dot{\boldsymbol{L}}_{\mathrm{in}}$ との差は，検査体積に外部から作用する力のモーメントに等しい」ことがわかる．なお，本節で述べられた角運動量方程式は，絶対座標（静止座標）系に固定された検査体積に着目して，

導かれている点には注意を要する．

式(5.34)の左辺第 1 項は，空間に固定された検査体積 CV 内の全角運動量 $\boldsymbol{L}_{CV}$ の時間変化率であり，微小体積要素 dV 内の流体のもつ角運動量は $\boldsymbol{r}\times\boldsymbol{v}\rho dV$ であるから，

$$\frac{\partial \boldsymbol{L}_{CV}}{\partial t}=\frac{\partial}{\partial t}\int_{CV}\boldsymbol{r}\times\boldsymbol{v}\rho dV \tag{5.36}$$

と表される．また，検査体積の境界面 CS から単位時間あたりに流出および流入する角運動量の差 $\dot{\boldsymbol{L}}_{\text{out}}-\dot{\boldsymbol{L}}_{\text{in}}$ は，式(5.20)と同様にして，図 5.27 に示すとおり

$$\dot{\boldsymbol{L}}_{\text{out}}-\dot{\boldsymbol{L}}_{\text{in}}=\int_{CS}(\boldsymbol{r}\times\boldsymbol{v})\rho(\boldsymbol{v}\cdot\boldsymbol{n})dA \tag{5.37}$$

$\dot{\boldsymbol{L}}_{out}-\dot{\boldsymbol{L}}_{in}=\int_{CS}(\boldsymbol{r}\times\boldsymbol{v})\rho\boldsymbol{v}\cdot\boldsymbol{n}dA$

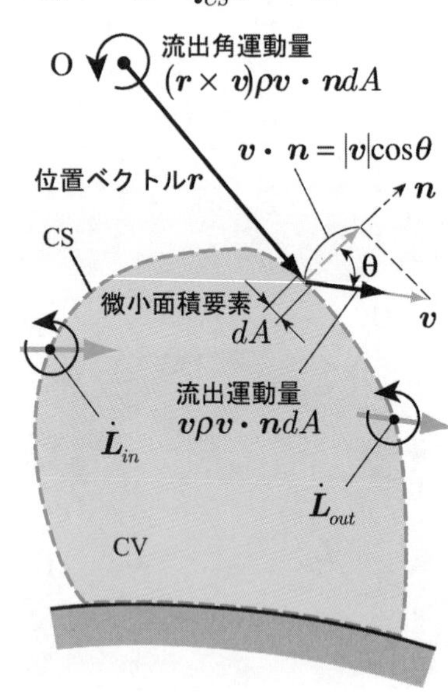

図 5.27　検査体積を通過する角運動量

と表せる．さらに，検査体積に外部から作用するモーメント（トルク）$\boldsymbol{T}$ は，次式のとおり，検査体積 CV の内部に作用する体積力 $\boldsymbol{F}_B$ によるモーメント $\boldsymbol{T}_B$，および検査体積の境界面 CS に作用する表面力 $\boldsymbol{F}_S$ によるモーメント $\boldsymbol{T}_S$ からなる．

$$\boldsymbol{T}=\boldsymbol{T}_B+\boldsymbol{T}_S \tag{5.38}$$

単位質量あたりの体積力を $\boldsymbol{f}_B$ とすると，体積力によるモーメント $\boldsymbol{T}_B$ は

$$\boldsymbol{T}_B=\int_{CV}\boldsymbol{r}\times\boldsymbol{f}_B\rho dV \tag{5.39}$$

境界面上に作用する法線応力を $\boldsymbol{\sigma}$，およびせん断応力を τ とすると，表面力によるモーメント $\boldsymbol{T}_S$ は

$$\boldsymbol{T}_S=\int_{CS}\boldsymbol{r}\times(\boldsymbol{\sigma}+\tau)dA \tag{5.40}$$

と表される．以上の式(5.36)～(5.40)を用いれば，角運動量方程式(5.34)は次のように記述される．

$$\frac{\partial}{\partial t}\int_{CV}\boldsymbol{r}\times\boldsymbol{v}\rho dV+\int_{CS}(\boldsymbol{r}\times\boldsymbol{v})\rho(\boldsymbol{v}\cdot\boldsymbol{n})dA=\int_{CV}\boldsymbol{r}\times\boldsymbol{f}_B\rho dV+\int_{CS}\boldsymbol{r}\times(\boldsymbol{\sigma}+\tau)dA$$

（非定常）　(5.41)

$$\frac{\partial \boldsymbol{L}_{CV}}{\partial t}+\dot{\boldsymbol{L}}_{out}-\dot{\boldsymbol{L}}_{in}=\boldsymbol{T}_B+\boldsymbol{T}_S$$

$$\boldsymbol{L}_{CV}=\int_{CV}\boldsymbol{r}\times\boldsymbol{v}\,\rho dV$$

$$\dot{\boldsymbol{L}}_{out}-\dot{\boldsymbol{L}}_{in}=\int_{CS}(\boldsymbol{r}\times\boldsymbol{v})\rho\boldsymbol{v}\cdot\boldsymbol{n}dA$$

$$\boldsymbol{T}_B=\int_{CV}\boldsymbol{r}\times\boldsymbol{f}_B\rho dV$$

$$\boldsymbol{T}_S=\int_{CS}\boldsymbol{r}\times(\sigma+\tau)dA$$

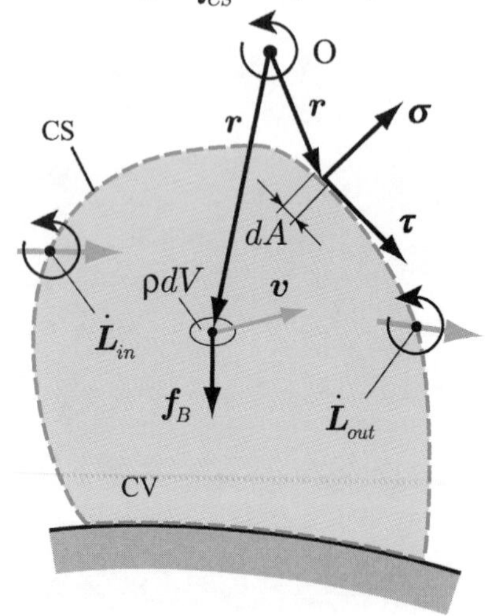

図 5.28　角運動量法則

以上の角運動量法則を図 5.28 にまとめて示す．この角運動量法則は，前節で述べた運動量方程式と同様に，工学上きわめて有用な法則である．特に，旋回を伴う流れやターボ機械（ポンプや水車などのようにある軸まわりに回転する流体機械）内の流れに対して，適用されることが多い．

【例題 5・6】　＊＊＊＊＊＊＊＊＊＊＊＊＊＊＊＊＊＊＊＊＊＊＊

遠心ポンプは，図 5.29 に示すように，多数の羽根をもち，中心軸まわりに回転する羽根車内を，水が通過することによって水にエネルギーを与えるターボ機械である．図に示された羽根車はその中心軸 z まわりに一定角速度 ω で反時計方向に回転しており，羽根車の入口および出口で，中心軸から測った半径がそれぞれ r_1 および r_2 である．羽根車内を流れる水の全体積流量が Q であるとき，羽根車の入口および出口において，絶対座標（静止座標）系から計測された流速の大きさと周方向から測った流れ角は，それぞれ $\boldsymbol{v}_1$，α_1 および $\boldsymbol{v}_2$，α_2 である．また，この入口および出口の流れは，中心軸（z）方向の速度成分をもっていない．このとき，羽根車を駆動するために必要な動力 W を求めよ．ただし，水の密度は一定であり，その値を ρ とする．さらに，羽根車の入口および出口において流れは一様であること，ならびに入口および出口断面に沿ったせん断応力は無視できることを仮定せよ．

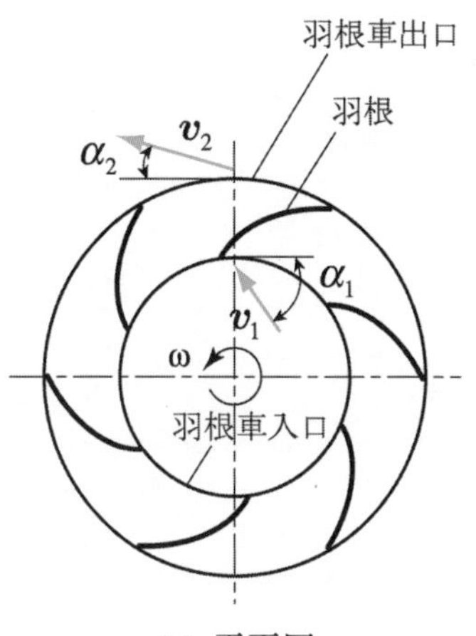

(a) 平面図

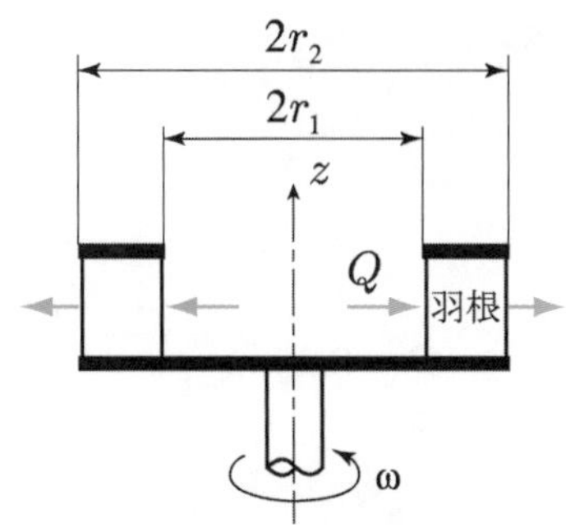

(b) 子午断面図

図 5.29　例題 5・6

【解答】　角運動量方程式(5.34)は，絶対座標系で空間に固定された検査体積に着目して導かれたものであるから，この問題においても絶対座標から見たポンプ羽根車の流れ場に着目する．ポンプの羽根枚数は有限であるから，羽根車の入口および出口において，瞬間の流れ場は周方向に一様でないが，問題のように入口および出口で一様流れを仮定することは，絶対座標系から見た時間平均流れ場が一様であることを意味する．この時間平均流れに着目すると，式(5.34)の左辺第 1 項の非定常項は無視できるので，式(5.35)で表せる角運動量方程式を適用する．

図 5.30 で破線により示された検査体積を，絶対座標系に固定してとる．この検査体積は，その子午断面（中心軸 z を含む断面）の形状が矩形であり，羽根部全体を囲むようなリング状の形をしている．この検査体積の境界のうち，z 軸に垂直な境界面 AD および BC は，羽根を挟み込む前シュラウドおよび後シュラウドの外側に位置している．内周境界面 AB および外周境界面 CD は，羽根車のそれぞれ入口および出口に位置している．なお，内周境界面 AB は，図 5.30(b)のとおり，後シュラウドを横切っている．この検査体積に対して，羽根車の回転軸，すなわち中心軸（z 軸）まわりの角運動量方程式を適用する．

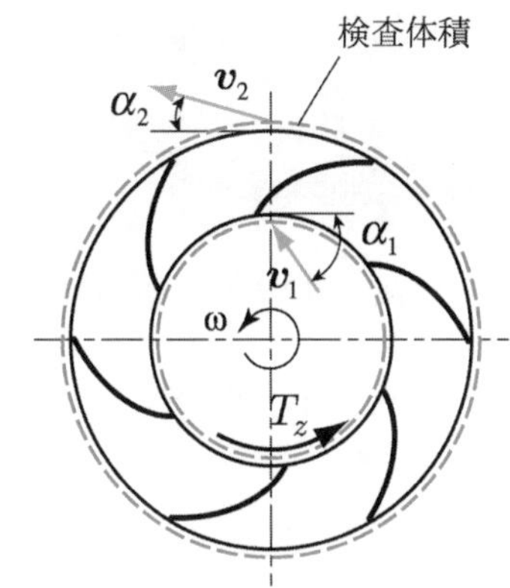

(a) 平面図

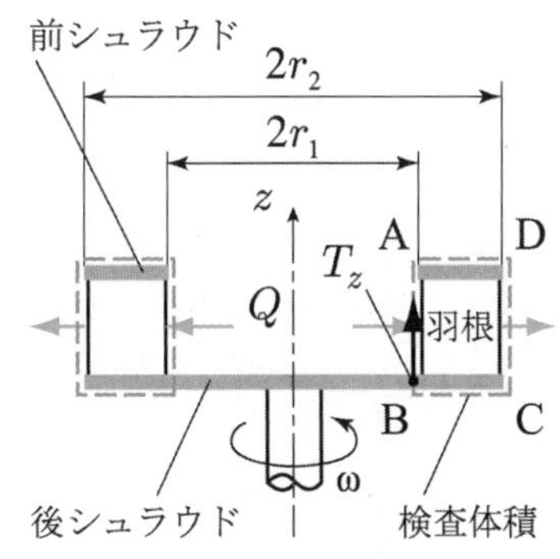

(b) 子午断面図

図 5.30　検査体積（例題 5.6）

検査体積から単位時間あたりに流出する z 軸まわりの角運動量 $\dot{L}_{\mathrm{out},\,z}$ は，外周境界面 CD において

$$\dot{L}_{\mathrm{out},\,z} = \left(r_2 \boldsymbol{v}_2 \cos\alpha_2\right)\rho Q \tag{h}$$

だけある．一方，流入する z 軸まわりの角運動量 $\dot{L}_{\mathrm{in},\,z}$ は，内周境界面 AB において

$$\dot{L}_{\mathrm{in},\,z} = \left(r_1 \boldsymbol{v}_1 \cos\alpha_1\right)\rho Q \tag{i}$$

だけある．

次に，検査体積に外部から作用する z 軸まわりのモーメントを考える．検査体積内の羽根車および水に重力が作用しており，z 方向が鉛直方向と一致していなければ，局所的にはこの重力による z 軸まわりのモーメントが作用

する．しかしながら，回転している羽根車と水は，絶対座標系から見ると，時間平均的には z 軸まわりに軸対称な形状をしているから，時間平均流れ場において，重力による z 軸まわりのモーメントは，積分すると打ち消しあって 0 となる．また，検査体積の境界面 AD および BC は羽根車の外部に位置するから，そこでは外力として圧力のみが垂直に作用するが，その圧力は z 軸まわりのモーメントに寄与しない．さらに，円筒形をした内周および外周境界面 AB および CD 上の流れ場では，せん断応力が無視できることから，外力として法線応力のみが作用し，それは z 軸まわりのモーメントをもたない．ただし，内周境界面 AB 上では，境界が後シュラウドを横切ることにより，シュラウドの切断面が現れており，そこには羽根部を支持するための外力が作用している．この後シュラウドの切断面に作用する外力の z 軸まわりのモーメントを T_z とする．

以上から，検査体積に対する z 軸まわりの角運動量方程式は

$$\dot{L}_{\mathrm{out},\,z} - \dot{L}_{\mathrm{in},\,z} = T_z \tag{j}$$

と書ける．上式に式(h)および式(i)を代入すると

$$T_z = \rho Q\left(r_2 v_2 \cos\alpha_2 - r_1 v_1 \cos\alpha_1\right)$$

が得られる．この z 軸まわりのモーメント T_z が，境界面 AB による後シュラウドの切断面に沿って反時計方向に作用している．この T_z により羽根車は角速度 ω で反時計まわりに回転しているのであるから，羽根車を駆動するために必要な動力 W は次式で与えられる．

$$W = T_z\omega = \rho Q\omega\left(r_2 v_2 \cos\alpha_2 - r_1 v_1 \cos\alpha_1\right)$$

＊＊＊＊＊＊＊＊＊＊＊＊＊＊＊＊＊＊＊＊＊＊

===== 練習問題 =====================

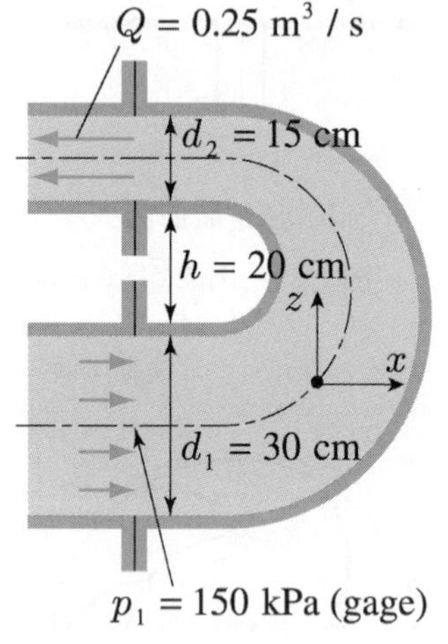

Fig. 5.31　Problem 5•1

【5・1】 Water flows through a 180 degrees converging pipe bend as illustrated in Fig. 5.31. The centerline of the bend is in the vertical plane. The flow cross-sectional diameter is 30 cm at the bend inlet and 15 cm at the bend outlet. The bend has a flow passage volume of 0.10 m^3 and a weight of 500 N. The volume flow rate of the water is 0.25 m^3/s and the gage pressure at the center of the bend inlet is 150 kPa. The density of water is 1000 kg/ m^3. Neglecting the viscous force in the bend, calculate the horizontal (x direction) and vertical (z direction) anchoring forces required to hold the bend in place.

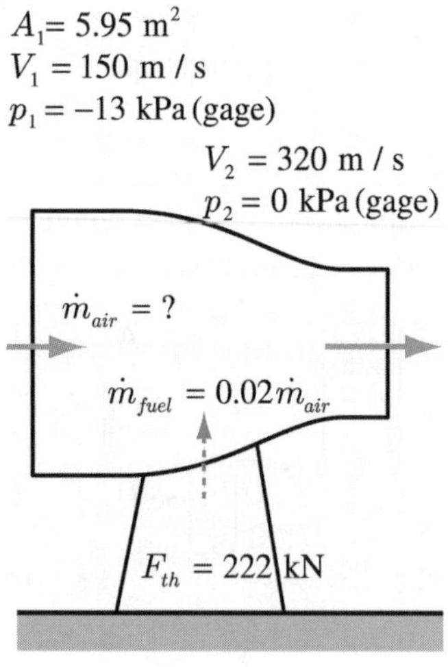

$A_1 = 5.95$ m^2
$V_1 = 150$ m / s
$p_1 = -13$ kPa (gage)
$V_2 = 320$ m / s
$p_2 = 0$ kPa (gage)
$\dot{m}_{air} = ?$
$\dot{m}_{fuel} = 0.02\dot{m}_{air}$
$F_{th} = 222$ kN

図 5.32　練習問題 5•2

【5・2】 図 5.32 の示すように，地上のテストスタンドに設置されたジェットエンジンの性能試験を実施した．エンジン入口において，その面積は 5.95 m^2，流入する空気の流速は 150 m/s，圧力は-13 kPa（ゲージ）であった．一方，エンジン出口では，噴出ガスの流速は 320 m/s，圧力は大気圧であった．また，エンジンの推力（テストスタンドに作用するエンジン軸方向の力）は 222kN であった．このとき，燃料はエンジンに対して垂直に供給され，その質量流量は流入空気の 2 %であると仮定して，このエンジン内を流れる空気の質量流量を求めよ．

【5・3】 A water jet pump has a total area of 0.075 m^2 and a water jet with a speed of 30 m/s and a cross-sectional area of 0.01 m^2 as shown in Fig. 5.33. The jet is within a secondary stream of water having a speed of 3 m/s at the pump inlet. The jet and secondary stream are completely mixed and leave the pump exit in a uniform stream. The density of water is 1000 kg/ m^3. Assume that the pressure is uniform across the pump inlet. Neglecting the viscous force on the pump duct wall, determine the pressure rise through the pump.

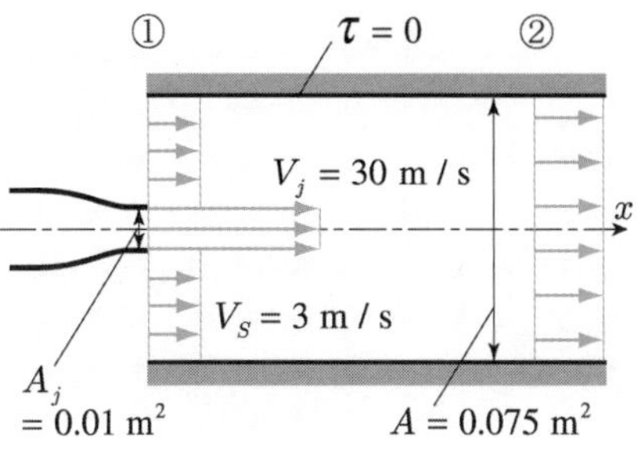

Fig. 5.33　Problem 5・3

【5・4】　図 5.34 に示されるとおり，ディフューザが内径 $2R$ の水平に設置された円管に接続されており，このディフューザを通って，空気が体積流量 Q で大気中に吐き出される．ディフューザのフランジ断面（入口断面）において，流速は軸方向成分のみをもち，壁面上で 0，中心軸上で最大値を示す回転放物面状の分布をしている．また，この断面で，圧力は一様であり，その圧力と大気圧との差は Δp である．このとき，フランジのボルトに作用する引張り力の総和 F を求めよ．ただし，空気の密度を ρ とする．

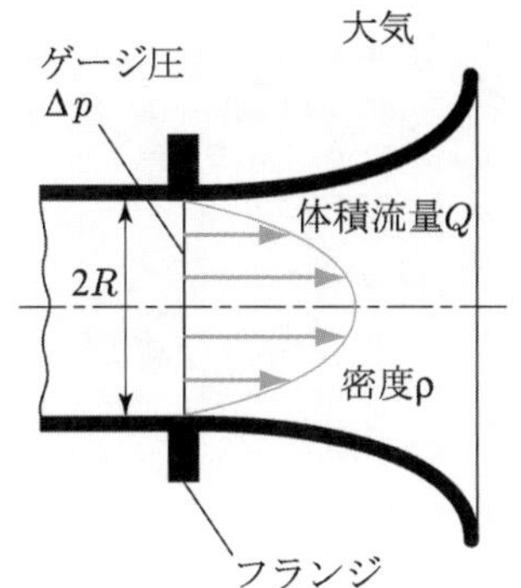

図 5.34　練習問題 5・4

【5・5】 Incompressible flow develops in a horizontal, straight pipe with an inside diameter of $2r_0$ as illustrated in Fig. 5.35. At an upstream section ①, the velocity profile is uniform, with a constant value of U. At a downstream section ②, the velocity profile is axisymmetric and parabolic, with zero velocity at the pipe wall and a maximum velocity at the centerline. The pressure distributions are uniform at the sections ① and ②: the pressures are equal to constant values of p_1 and p_2, respectively. The density of fluid is ρ. Derive a formula for the friction force, F_τ, exerted by the pipe wall on the fluid between the sections ① and ②, as a function of U, p_1, p_2, ρ and r_0.

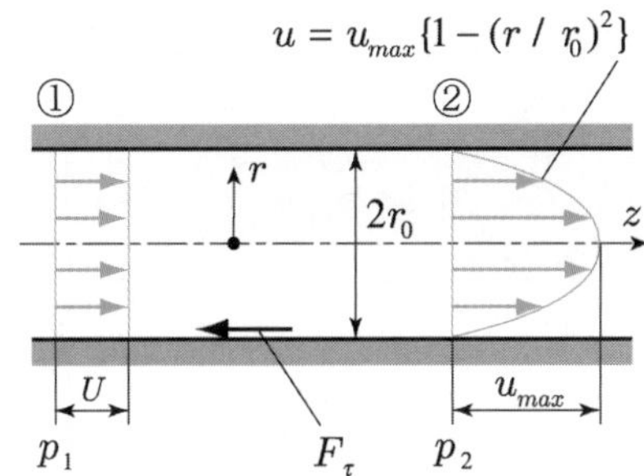

Fig. 5.35　Problem 5・5

【5・6】　図 5.36 に示すとおり，水平面内を一定角速度で回転するスプリンクラーから，水が全体積流量 12 liters/min で散布されている．このスプリンクラー先端の二つのノズル出口は，5 mm の内径をもち，回転軸から 0.2 m の半径に位置している．また，ノズルの中心軸は周方向に対して 30 ° 傾いている．水は回転軸上に沿って鉛直方向から供給され，ノズル出口では水平面内の速度成分のみをもって流出する．スプリンクラーにはベアリング部の摩擦に伴うトルク 0.15 N·m が回転方向とは逆に作用している．水の密度を 1000 kg/m^3 として，スプリンクラーの回転角速度 ω を求めよ．

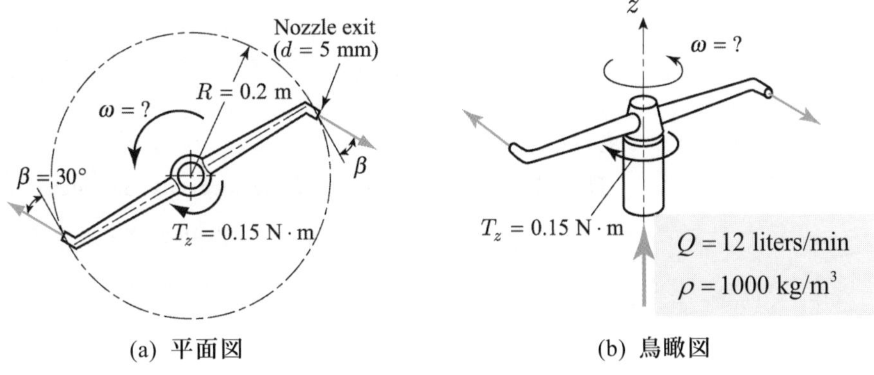

図 5.36　練習問題 5・6

【解答】

【5・1】 We select a control volume that includes the entire bend and the water contained in the bend. Application of the x component of the momentum equation to the control volume yields

$$-U_2\rho Q-U_1\rho Q=p_1A_1+p_2A_2+F_x$$

where F_x is the horizontal anchoring force acting on the bend. From the continuity equation the velocities at the inlet and outlet of the bend are given as

$$U_1=\frac{Q}{A_1}=\frac{0.25}{\pi\times 0.30^2/4}=3.54\left(\mathrm{m/s}\right)$$

$$U_2=\frac{Q}{A_2}=\frac{0.25}{\pi\times 0.15^2/4}=14.15\left(\mathrm{m/s}\right)$$

Since the viscous force is neglected, application of the Bernoulli's equation to the bend flow leads to

$$\begin{aligned}p_2&=p_1+\frac{\rho}{2}\left(U_1^2-U_2^2\right)-\rho g\left(z_2-z_1\right)\\&=150\times 10^3+\frac{1000}{2}\left(3.54^2-14.15^2\right)-1000\times 9.81\times 0.425=52.0\left(\mathrm{kPa}\right)\end{aligned}$$

Thus, we obtain

$$\begin{aligned}F_x&=-p_1A_1-p_2A_2-\rho Q\left(U_2+U_1\right)\\&=-150\times 10^3\times\frac{\pi\times 0.30^2}{4}-52.0\times 10^3\times\frac{\pi\times 0.15^2}{4}-1000\times 0.25\left(14.15+3.54\right)\\&=-15.9\left(\mathrm{kN}\right)\end{aligned}$$

On the other hand, the z component of the momentum equation applied to the control volume gives

$$F_z-F_B-F_W=0$$

where F_z is the vertical anchoring force acting on the bend, and F_B and F_W denote the bend weight and the water weight, respectively. Thus, we get

$$F_z=F_B+F_W=500+1000\times 9.81\times 0.1=1.48\left(\mathrm{kN}\right)$$

【5・2】 エンジンを取り囲むように検査体積をとり，エンジン軸方向の運動量方程式を考えると

$$1.02\dot{m}_{air}V_2-\dot{m}_{air}V_1=p_1A_1-p_2A_1+F_{th}$$

が成り立つ．上式を流入空気の質量流量 $\dot{m}_{air}$ について解くと

$$\dot{m}_{air}=\frac{\left(p_1-p_2\right)A_1+F_{th}}{1.02V_2-V_1}=\frac{\left(-13\times 10^3-0\right)\times 5.95+222\times 10^3}{1.02\times 320-150}=820\left(\mathrm{kg/s}\right)$$

を得る．

【5・3】 A control volume that includes only the water from the pump inlet to the pump exit is selected. The continuity equation applied to the control volume gives

$$V_jA_j+V_S\left(A-A_j\right)=V_2A$$

From the above equation we obtain

$$V_2 = V_j \frac{A_j}{A} + V_S\left(1-\frac{A_j}{A}\right) = 30\times\frac{0.01}{0.075} + 3\times\left(1-\frac{0.01}{0.075}\right) = 6.60\,(\mathrm{m/s})$$

Application of the streamwise (x) component of the momentum equation to the control volume results in

$$V_2\rho V_2 A - \left\{V_j\rho V_j A_j + V_S\rho V_S\left(A-A_j\right)\right\} = p_1 A - p_2 A$$

Thus, the pressure rise through the pump, $p_2 - p_1$, can now be determined as

$$p_2 - p_1 = \rho\left\{V_j^2\frac{A_j}{A} + V_S^2\left(1-\frac{A_j}{A}\right) - V_2^2\right\}$$

$$= 1000\times\left\{30^2\times\frac{0.01}{0.075} + 3^2\times\left(1-\frac{0.01}{0.075}\right) - 6.60^2\right\} = 84.2\,(\mathrm{kPa})$$

【5・4】ディフューザの入口断面における流速 $\boldsymbol{u}_1$ の分布は次式で表される．

$$\boldsymbol{u}_1 = U_1\left\{1-\left(\frac{r}{R}\right)^2\right\}$$

ここで，U_1 は中心軸上の流速，r は中心軸からの半径である．例題 5.1 と同様にして，連続の式から U_1 は Q を用いて次式で表される．

$$U_1 = \frac{2Q}{\pi R^2}$$

図 5.37 に示されるように検査体積を設定し，ディフューザの中心軸方向（z 方向）の運動量方程式を考える．境界面 AB はディフューザの入口断面を通るが，境界 BC，CD および DA はディフューザから十分離れた位置にとる．したがって，検査体積の境界のうち，ディフューザ外部に位置する境界面上では，流速は 0 であり，圧力は大気圧 p_a に等しい．このとき，検査体積に対する z 方向の運動量方程式は

$$-\int_0^R \boldsymbol{u}_1\rho\boldsymbol{u}_1\cdot 2\pi r\,dr = p_1\pi R^2 - p_a\pi R^2 - F$$

と書き表される．ディフューザ入口でのゲージ圧力 $p_1 - p_a$ は Δp として与えられているから，ボルトに作用する引張り力の総和 F は次式のとおり求まる．

$$F = \pi R^2\left\{\frac{4}{3}\rho\left(\frac{Q}{\pi R^2}\right)^2 + \Delta p\right\}$$

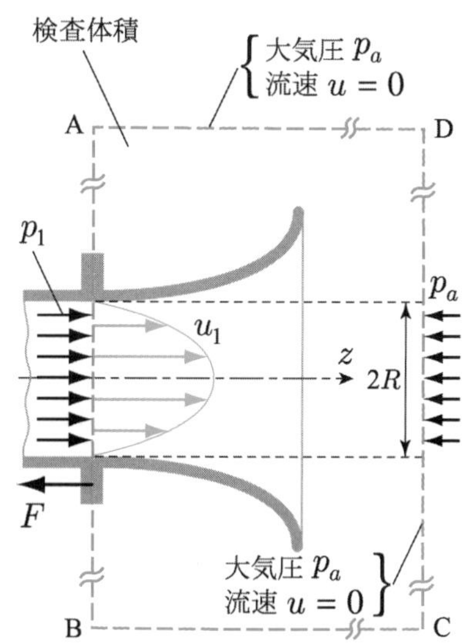

図 5.37　検査体積およびそれに作用する z 方向の外力（練習問題 5・4）

【5・5】 We use a control volume that includes only the fluid from the upstream section ① to the downstream section ②. As was shown in Example 5・1, the continuity equation applied to the control volume gives the maximum velocity at the downstream section as

$$\boldsymbol{u}_{\max} = 2U$$

Application of the axial component of the momentum equation to the control volume yields

$$\int_0^{r_0}\boldsymbol{u}\rho\boldsymbol{u}\cdot 2\pi r dr - U\rho U\pi r_0^2 = \left(p_1 - p_2\right)\pi r_0^2 - F_\tau$$

Solving the above equation for the friction force, we obtain

$$F_\tau = \pi r_0^2 \left\{ \left(p_1 - p_2 \right) - \frac{1}{3} \rho U^2 \right\}$$

【5・6】 例題 5･6 と同様に，絶対（静止）座標系における時間平均流れ場は定常であるとして取り扱えるので，スプリンクラーの回転部を取り囲むように，絶対座標系に固定された検査体積を設定する．ノズル出口から流出する水の速度ベクトルを絶対座標系で $\boldsymbol{v}$，スプリンクラーとともに回転する相対座標系で $\boldsymbol{v}_{\text{rel}}$ と表記すると，図 5.38 に示すように，両者には次の関係が成り立つ．

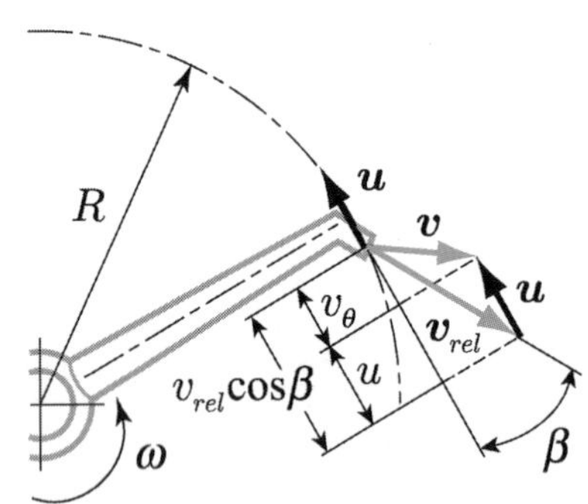

図 5.38　絶対流れと相対流れの関係（練習問題 5･6）

$$\boldsymbol{v} = \boldsymbol{v}_{\text{rel}} + \boldsymbol{u}$$

ここで，$\boldsymbol{u}$ は絶対座標系で記述されたノズル出口の回転速度ベクトルである．連続の式により

$$\left|\boldsymbol{v}_{\text{rel}}\right| = v_{\text{rel}} = \frac{Q/2}{\pi d^2/4} = \frac{(12\times10^{-3}/60)/2}{\pi\times(5\times10^{-3})^2/4} = 5.09\left(\text{m/s}\right)$$

絶対速度ベクトル $\boldsymbol{v}$ の周方向成分 v_θ は，図 5.38 の関係から

$$v_\theta = v_{\text{rel}}\cos\beta - \omega R$$

したがって，検査体積に対して回転軸（z 軸）まわりの角運動量方程式を適用すると

$$-Rv_\theta \rho Q = -T_z$$

以上から，スプリンクラーの回転角速度 ω は次のように求められる．

$$\omega = \left(v_{\text{rel}}\cos\beta - \frac{T_z}{\rho Q R} \right)\frac{1}{R}$$

$$= \left(5.09\times\cos 30^\circ - \frac{0.15}{1000\times(12\times10^{-3}/60)\times0.2} \right)\frac{1}{0.2}$$

$$= 3.29\left(\text{rad/s}\right) = \frac{3.29}{2\pi}\times60\left(\text{rpm}\right) = 31.4\left(\text{rpm}\right)$$

第 5 章の文献

(1) Fox, R. W. and McDonald, A. T., *Introduction to Fluid Mechanics*, Third Edition, (1985) John Wiley & Sons, Inc.

(2) Munson, B. R., Young, D. F. and Okiishi, T. H., *Fundamentals of Fluid Mechanics*, Second Edition, (1994) John Wiley & Sons, Inc.

(3) Roberson, J. A. and Crowe, C. T., *Engineering Fluid Mechanics*, Sixth Edition, (1997) John Wiley & Sons, Inc.

(4) 妹尾泰利, 内部流れの力学 I, 運動量理論と要素損失・管路系, (1995), 養賢堂.

第6章

管内の流れ

Pipe Flows

6・1　管摩擦損失 (friction loss of pipe flows)

6・1・1 流体の粘性 (viscosity of fluid)

油やコンデンスミルクはねばねばしていて流れにくく，これらの流体を管内に流すには何らかの力(force)あるいは動力(power)を必要とする．これに比べ，さらさらしていて流れやすい水や空気の流れでは，第4章で述べたベルヌーイの式(4.26)を用いて計算しても大きな差はないと考えられているが，それでも管内を流す場合には何らかの力を必要とする．また，オートバイや自動車で走る場合，速度が速くなると抵抗が強くなることもよく実感する．これらは，運動する流体がもつ粘さによって生じる物理現象である．現実の流体には大なり小なり粘さが必ず存在し，ねばねばする性質を粘性，粘性のある流体を粘性流体(viscous fluid)と呼ぶことはすでに第1章で述べた．

粘度と温度の関係

粘度 μ や動粘度 ν の大小は，第1章の物性値表のように流体の種類や温度によって異なる．一般に温度が上がると，粘度 μ は液体では減少し，気体では増加する．

ここで，第1章で説明したニュートンの粘性法則を確認しておく．流体の粘性は，流れの中にある物体の表面や流れに沿う微小面に，流れの方向に対して逆向きに作用する摩擦力(friction force)を生じさせる．この力を単位面積あたりで表したせん断応力(shear stress)を τ [Pa]とする．たとえば，図6.1のような x 方向の2次元せん断流を考えてみよう．せん断応力 τ は流体の粘度 μ と流れの速度こう配(velocity gradient) du/dy に正比例し，次のニュートンの粘性法則（式(1.6)）が成り立つ．

$$\tau = \mu \frac{du}{dy} \tag{6.1}$$

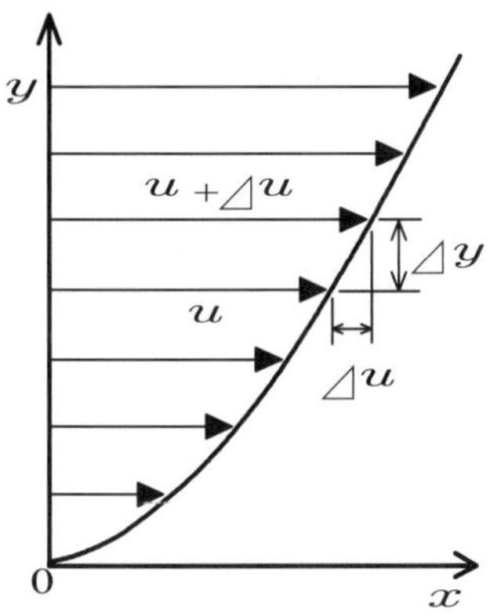

図6.1　ニュートンの粘性法則

特に，物体表面や壁面 $y=0$ におけるせん断応力を壁面せん断応力(wall shear stress) τ_w と表し，次式で求められる．

$$\tau_w = \mu \left.\frac{du}{dy}\right|_{y=0} \tag{6.2}$$

この流れによるせん断応力を粘性摩擦あるいは粘性摩擦抵抗(viscous resistance)と呼ぶ．

6・1・2 管摩擦損失 (friction loss of pipe flow)

どのような流れでも，流体の粘性によって摩擦抵抗がかならず作用する．この摩擦抵抗は，流れを駆動する動力あるいはエネルギーを消費することになるので，流れのエネルギー損失(energy loss)になる．

円管や長方形管内流れの場合，流体の粘性によって生じるエネルギー損失を管摩擦損失(friction loss of pipe flow)と呼ぶ．図 6.2 のように大きな水槽から水平な直管内へ流体が流れる場合，管摩擦損失によって圧力は下流へ向かって徐々に低下する．この圧力の変化を圧力降下(pressure drop)または圧力損失(pressure loss) Δp という．また，圧力損失を次の損失ヘッド(head loss) Δh で表すこともある．流体の密度を ρ，重力加速度の大きさを g として，

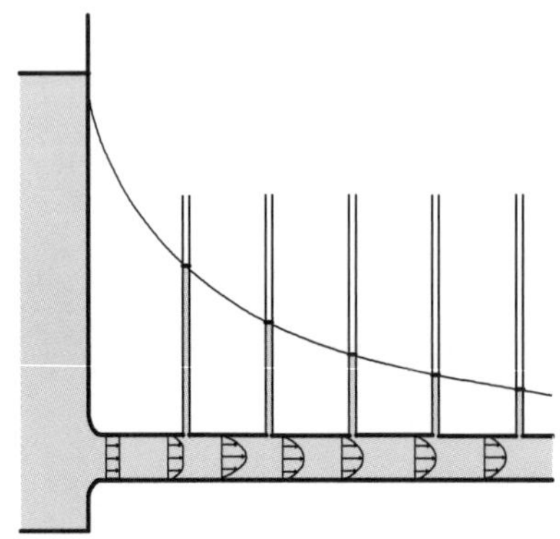

図 6.2　流れのエネルギー損失

$$\Delta h = \frac{\Delta p}{\rho g} \tag{6.3}$$

粘性摩擦やその他の要因によって生じる損失ヘッド Δh を用いると，式(4.30)のように，損失のない流れに対するベルヌーイの式は次のように拡張できる．

$$\frac{p_1}{\rho g} + \frac{v_1^2}{2g} + z_1 = \frac{p_2}{\rho g} + \frac{v_2^2}{2g} + z_2 + \Delta h \qquad \text{(損失あり)} \tag{6.4}$$

管内流れの場合，この損失ヘッド Δh は次のダルシー－ワイスバッハの式(Darcy-Weisbach's formula)で与えられる．

$$\Delta h = \frac{\Delta p}{\rho g} = \lambda \frac{l}{d} \frac{v^2}{2g} \tag{6.5a}$$

あるいは

$$\lambda = \left(\frac{\Delta p}{l} d \right) \Big/ \left(\frac{1}{2} \rho v^2 \right) \tag{6.5b}$$

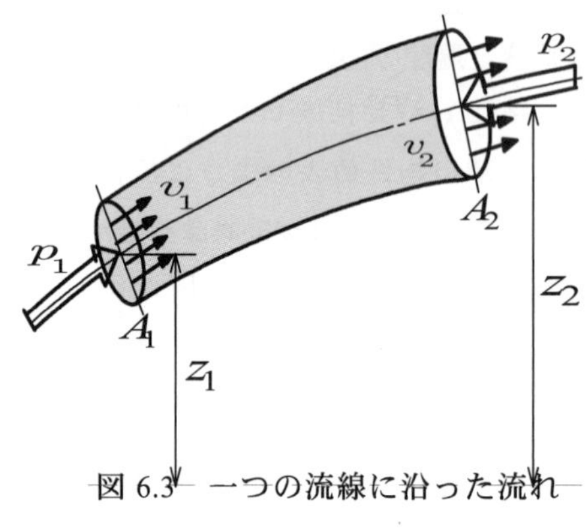

図 6.3　一つの流線に沿った流れ

ここで，l は管の長さ，d は管内径，v は管内平均流速，λ は管摩擦係数(pipe friction coefficient)と呼ばれる無次元数である．管摩擦係数 λ は，流れが層流(laminar flow)の場合にはレイノルズ数(Reynolds number) Re によって，乱流(turbulent flow)の場合にはレイノルズ数と管壁の表面粗さ(surface roughness)によって定まる値となる．

6・2　直円管内の流れ (straight pipe flow)

6・2・1 助走区間内の流れ (inlet flow)

大きな水槽から流体が管内へ流入すると，下流に進むにつれて圧力は降下するとともに，流れの速度分布(velocity distribution)も図 6.4 に示すように徐々に変化する．管壁から境界層(boundary layer)が発達し，下流へ進むにつれて境界層は厚さを増し，ついには管内の流れは境界層におおわれる．このため，速度分布は管入口のほぼ平らな分布から下流の放物形分布へと変化し，それ以降の速度分布は変化しなくなる．この状態を完全に発達した流れ(fully developed flow)と呼び，管摩擦損失による圧力降下も一定の割合となる．

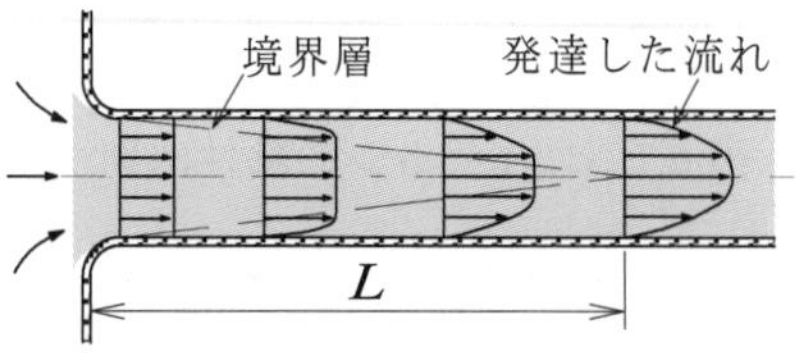

流れが管入口から発達した流れに達する区間を助走区間(inlet region)または入口区間(entrance region)といい，その区間の長さを助走距離(inlet length)または入口長さ(entrance length)と呼ぶ．助走距離 L は次式で与えられている．

層流　$L = (0.06 \sim 0.065) Re \cdot d$ (6.6a)

乱流　$L = (25 \sim 40) d$ (6.6b)

境界層　発達した流れ　L

図 6.4　助走区間の流れ

ここで，Re はレイノルズ数，d は管内径である．

入口部で発生する損失を入口損失(inlet loss)といい，その損失ヘッドは，

$$\Delta h = \zeta \left(v^2 / 2g \right)$$

で表される（ζ は入口損失係数）．通常の管摩擦損失にこれが上乗せされる．

6・2・2 円管内の層流 (laminar pipe flow)

完全に発達した流れの速度分布は下流方向へ変化しないから，管摩擦損失によって生じる圧力損失Δpの作用力と流体の粘性によって生じるせん断応力τの摩擦力とはつり合うことになる．図 6.5 に示すように管軸に沿って流れ方向にx軸を，半径方向にrをとって，円管内流れの中に設けた微小な流体の円柱について力のつり合いを考える．流れ方向を正として，圧力による力は

$$\pi r^2\left\{p-\left(p+\frac{dp}{dx}dx\right)\right\}=-\pi r^2\frac{dp}{dx}dx$$

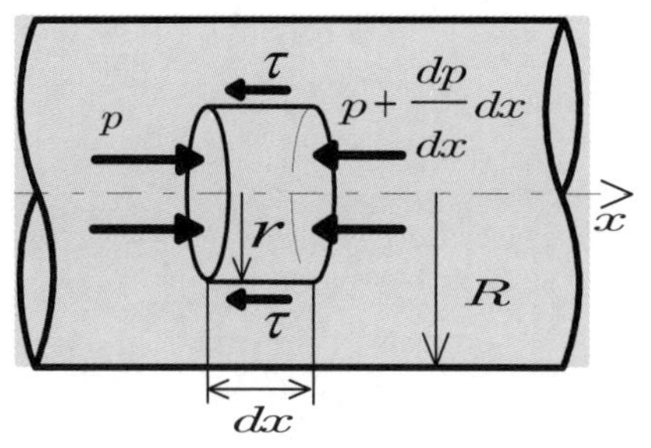

図 6.5　円管内の層流

である．一方，円柱の表面に作用する摩擦力$\tau\cdot 2\pi r dx$は流れと逆方向へ働く．円柱内の流体の運動量は時間変化しないのでこれらの力が釣り合い，両者を等置すると次式が導かれる．

$$\tau=-\frac{r}{2}\frac{dp}{dx} \tag{6.7}$$

円管内流れの場合，レイノルズ数Reがおよそ 2300 以下のとき層流となる．層流のせん断応力は粘性法則の式(6.1)によって与えられ，$y=R-r$の関係を用いて書き直せば

$$\tau=\mu\frac{d\boldsymbol{u}}{dy}=-\mu\frac{d\boldsymbol{u}}{dr} \tag{6.8}$$

となるから，式(6.8)より

$$\frac{d\boldsymbol{u}}{dr}=\frac{r}{2\mu}\frac{dp}{dx} \tag{6.9}$$

となる．これをrについて積分すれば，圧力こう配(pressure gradient) dp/dxは一定であるから

$$\boldsymbol{u}=\frac{r^2}{4\mu}\frac{dp}{dx}+c \tag{6.10}$$

を得る．積分定数cは境界条件：$r=R$ (壁面)で$\boldsymbol{u}=0$ (すべり無し)より

$$c=-\frac{R^2}{4\mu}\frac{dp}{dx} \tag{6.11}$$

となるから，結局，速度分布は次のような軸対称な回転放物面で表される．

$$\boldsymbol{u}=\frac{R^2}{4\mu}\left(-\frac{dp}{dx}\right)\left\{1-\left(\frac{r}{R}\right)^2\right\}\quad\text{(層流)} \tag{6.12}$$

最大速度$\boldsymbol{u}_0$は管軸上にあり，式(6.12)で$r=0$ (管中心)とおけば

$$\boldsymbol{u}_0=\frac{R^2}{4\mu}\left(-\frac{dp}{dx}\right) \tag{6.13}$$

となる．流量(flow rate) Qは速度分布$\boldsymbol{u}$を管断面全体にわたって積分して

$$Q=\int_0^R\boldsymbol{u}\cdot 2\pi r dr=\frac{\pi R^4}{8\mu}\left(-\frac{dp}{dx}\right) \tag{6.14}$$

を得る．よって，断面平均流速(average velocity，単に平均流速ともいう) $\boldsymbol{v}$ は次式のようになる．

$$\boldsymbol{v} = \frac{Q}{\pi R^2} = \frac{R^2}{8\mu}\left(-\frac{dp}{dx}\right) = \frac{\boldsymbol{u}_0}{2} \tag{6.15}$$

圧力こう配 dp/dx は流れ方向へ一定で，圧力は減少する．管長 l 間の圧力降下 Δp を用いて書き直せば

$$-\frac{dp}{dx} = \frac{\Delta p}{l} \tag{6.16}$$

と表されるから，式(6.14)は次のようになる．

$$Q = \frac{\pi R^4}{8\mu}\frac{\Delta p}{l} \tag{6.17}$$

上式は流量 Q が圧力損失 Δp に比例することを意味し，この関係を満たす流れをハーゲン-ポアズイユ流れ(Hagen-Poiseuille flow)という．

ハーゲン-ポアズイユ流れの式(6. 17)をダルシー-ワイスバッハの式(6.5)のように変形すると

$$\Delta p = \frac{64\mu}{\boldsymbol{v}d}\frac{l}{d}\frac{\boldsymbol{v}^2}{2} \tag{6.18}$$

これを式(6.5b)に代入すると，管摩擦係数 λ は次のように導かれる．

$$\lambda = \frac{64}{Re} \quad \text{（層流）} \tag{6.19}$$

ここで，レイノルズ数 Re は流体の粘度 μ あるいは動粘度 ν を用いて

$$Re = \frac{\rho \boldsymbol{v}d}{\mu} = \frac{\boldsymbol{v}d}{\nu} \tag{6.20}$$

である．円管内の層流($Re < 2300$)について導かれた管摩擦係数の理論式(6.19)は実験結果とよく一致する．

レイノルズ数の物理的意味

$$Re = \frac{\boldsymbol{v}d}{\nu}\left(\propto \frac{\text{慣性力}}{\text{粘性力}}\right)$$

【例題 6・1】　＊＊＊＊＊＊＊＊＊＊＊＊＊＊＊＊＊＊＊＊＊＊＊

内径 50mm の円管内を動粘度 $5\times10^{-4}\ \mathrm{m^2/s}$ の油を輸送する場合，層流状態を保てる最大流量 Q を求めよ

【解答】　臨界レイノルズ数 $Re_C = \boldsymbol{v}d/\nu = 2300$ より平均流速は

$$\boldsymbol{v} = Re_C\frac{\nu}{d} = 2300\times\frac{5\times10^{-4}}{0.05} = 23\,(\mathrm{m/s})$$

であるから，最大流量は次のようになる．

$$Q = \boldsymbol{v}\frac{\pi d^2}{4} = 23\times\frac{\pi\times0.05^2}{4} = 4.5\times10^{-2}\,(\mathrm{m^3/s})$$

＊＊＊＊＊＊＊＊＊＊＊＊＊＊＊＊＊＊＊＊＊＊＊

6・2・3 円管内の乱流 (turbulent pipe flow)

管内でも境界層内でも流れのレイノルズ数 Re が大きくなると，流れには高周波成分をともなった不規則な乱れ(turbulence)が発生し，その乱れがやがて管内全体をおおうようになり，ついに完全な乱流となる．1883 年，レイノルズ(Reynolds)は図 6.6 のような実験装置で，管入口から着色液を注入してガラス管内の流れを観察した．流量 Q が少ない間は着色液が明瞭な線状となって秩序よく流れ，流れは層流であることが観測された．ある流量を越えると，下流で着色液は乱れて拡散しはじめ，ついには着色液がガラス管内全体に広がって，流れは乱流となることが示された．この層流から乱流への移行を遷移(transition) と呼び，そのときのレイノルズ数を臨界レイノルズ数(critical Reynolds number) Re_C という．実験によって，通常，円管内の流れでは $Re_C \fallingdotseq 2300$ となることが知られている．このような層流から乱流への遷移は，管内以外の流れにも一般的に見られる現象である．

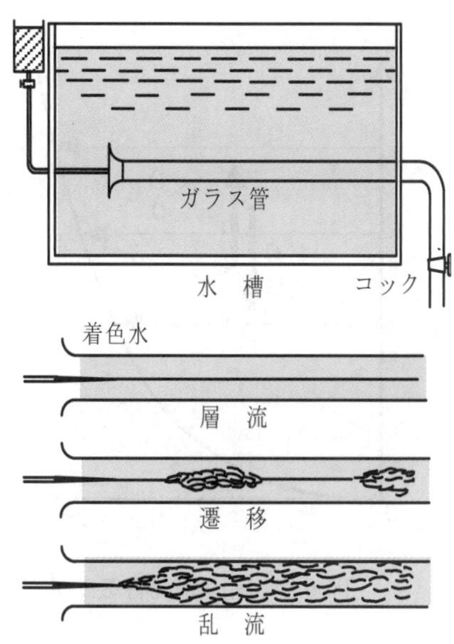

図 6.6　レイノルズの実験

a．レイノルズ応力 (Reynolds stress)

レイノルズ数が Rec より大きくなって流れを乱流に遷移させることになる乱れは，何らかの原因で流れの中に小さな渦(eddy)が誘起されたことによって生じる．この渦運動による乱れは流れの主流方向とそれに垂直な方向にそれぞれ速度変動(velocity fluctuation)を発生させ，流体の混合が促進される．

乱流では速度や圧力を時間平均値(time mean)とそれからの変動値の和として表す. 時間平均値と変動値を表す記号に ¯ (読み方:バー)と ' (読み方:プライム)を用いると, たとえば 2 次元流れの速度成分 $(\boldsymbol{u},\ \boldsymbol{v})$ は次のように表される.

$$x\text{ 方向：}\boldsymbol{u}=\overline{\boldsymbol{u}}+\boldsymbol{u}',\quad y\text{ 方向：}\boldsymbol{v}=\overline{\boldsymbol{v}}+\boldsymbol{v}' \tag{6.21}$$

図 6.7 に示すように速度こう配 $d\overline{\boldsymbol{u}}/dy$ のある 2 次元乱流場で，どのような流体の混合が起こるかを調べてみよう．この場合，速度成分は $\overline{\boldsymbol{v}}=0$ であるから

$$x\text{ 方向：}\boldsymbol{u}=\overline{\boldsymbol{u}}+\boldsymbol{u}',\quad y\text{ 方向：}\boldsymbol{v}=\boldsymbol{v}'$$

となる．流れの中に x 軸に平行な微小面積 dA の平面を考えると，この面を通して単位時間内に y 方向へ流れる流体質量は $\rho\boldsymbol{v}'dA$ である．したがって x 方向の運動量は，これと x 方向速度 $\boldsymbol{u}=\overline{\boldsymbol{u}}+\boldsymbol{u}'$ の積として

$$\rho\boldsymbol{v}'dA(\overline{\boldsymbol{u}}+\boldsymbol{u}')$$

となり，その時間平均値は次のようになる．

$$\overline{\rho\boldsymbol{v}'(\overline{\boldsymbol{u}}+\boldsymbol{u}')}\,dA=\rho(\overline{\boldsymbol{v}'\overline{\boldsymbol{u}}}+\overline{\boldsymbol{u}'\boldsymbol{v}'})\,dA=\rho\overline{\boldsymbol{u}'\boldsymbol{v}'}\,dA$$

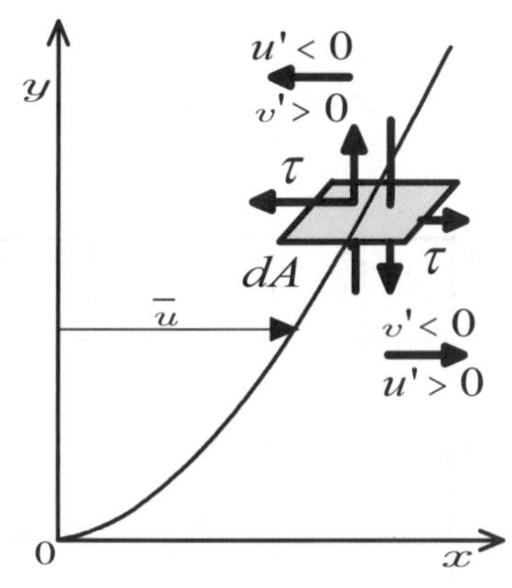

図 6.7　2 次元せん断乱流場

運動量の法則から，この $\rho\overline{\boldsymbol{u}'\boldsymbol{v}'}\,dA$ は x 軸に平行な面積 dA の平面に沿って作用するせん断摩擦力を与えることになる．単位面積あたりに直すと，せん断応力となる．y 方向速度 $\boldsymbol{v}'>0$ の場合，上向きに移動し，$\overline{\boldsymbol{u}}$ の小さい場所から大きい場所へ移動するので $\boldsymbol{u}'<0$ となり，逆に下向き移動 $\boldsymbol{v}'<0$ の場合には $\boldsymbol{u}'>0$ となる．したがって $\boldsymbol{u}'\boldsymbol{v}'$ の時間平均値 $\overline{\boldsymbol{u}'\boldsymbol{v}'}$ は負であるから，速度

変動によって生じるせん断応力を正にとるため $-\rho\overline{u'v'}$ と表す．このせん断応力をレイノルズ応力(Reynolds stress)という．参考のため，次元解析によって単位を調べると

$$\left[-\rho\overline{u'v'}\right] = \frac{\mathrm{kg}}{\mathrm{m}^3}\left(\frac{\mathrm{m}}{\mathrm{s}}\right)^2 = \frac{\mathrm{kg\cdot m/s^2}}{\mathrm{m}^2} = \frac{\mathrm{N}}{\mathrm{m}^2} = \mathrm{Pa}$$

式(6.2)の粘性せん断応力 τ と同じ単位[Pa]である．

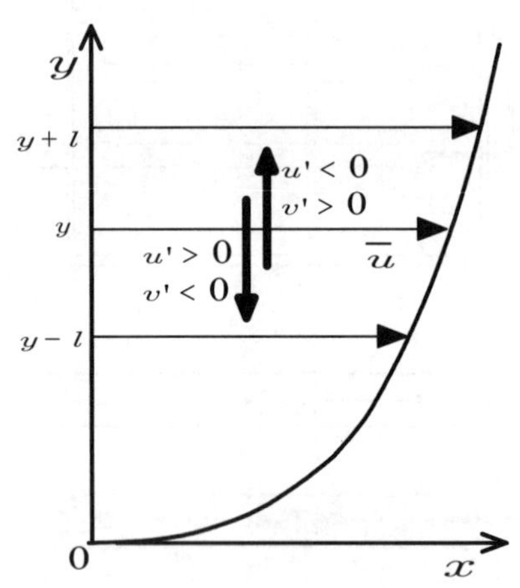

図 6.8　乱流の混合モデル

図 6.8 に示すように乱流における流体の混合は流体の持つ運動量をある距離 l だけ移動した後，周囲の流体と混合すると考えれば，速度変動は

$$|u'| = l\left|\frac{d\overline{u}}{dy}\right|,\ |v'| \approx |u'|$$

の程度と見積もることができる．したがって，レイノルズ応力は速度こう配 $d\overline{u}/dy$ と同符号であることを考慮して，次のように表すことができる．

$$-\rho\overline{u'v'} = \rho l^2\left|\frac{d\overline{u}}{dy}\right|\frac{d\overline{u}}{dy} \tag{6.22}$$

この移動距離 l をプラントル(Prandtl) の混合距離あるいは混合長(mixing length)という．さらに，層流の粘性せん断応力 τ を表す式(6.8)にならってレイノルズ応力を次のように書き換えることもできる．

$$-\rho\overline{u'v'} = \mu_t\frac{d\overline{u}}{dy} \tag{6.23}$$

右辺の μ_t は乱流粘度(eddy viscosity または turbulence viscosity)と呼ばれ，流体の物質定数である粘度 μ と区別して扱われる．粘度 μ は温度が変化しなければ一定値であるが，式(6.23)から乱流粘度は

$$\mu_t = \rho l^2\left|\frac{d\overline{u}}{dy}\right| \tag{6.24}$$

であるから，その大きさは混合長 l の大きさを決めることになる乱れの強さ(turbulence intensity)や速度こう配によって変化する．

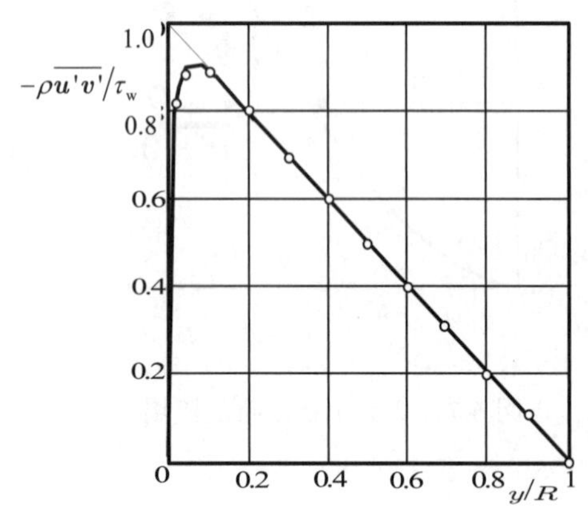

図 6.9　レイノルズ応力分布

乱流のせん断応力 τ は，結局，レイノルズ応力のほかに流体の粘性によって粘性せん断応力も作用するので，

$$\tau = \mu\frac{d\overline{u}}{dy} + \left(-\rho\overline{u'v'}\right) = (\mu + \mu_t)\frac{d\overline{u}}{dy} \qquad \text{（乱流）} \tag{6.25}$$

と表される．完全な乱流では通常 $\mu_t \gg \mu$ と考えてよく，乱流における摩擦抵抗の増大はレイノルズ応力に起因することがわかっている．

b．対数法則 (logarithmic law)

円管内の乱流においても層流と同じく，力のつり合いから半径 r の円筒面に働くせん断応力 τ と圧力こう配 $d\overline{p}/dx$ との間に次の関係が成立する．

$$\tau = -\frac{r}{2}\frac{d\overline{p}}{dx} \tag{6.26}$$

…関係式に基づいて，層流では速度分布の理論式(6.12)を導くことができた…では乱れによってレイノルズ応力が発生するため，理論的に解析す…できない．そのため，実験結果に基づく経験的な解析によって乱流…を求める．

…近くの乱流では混合長 l は壁からの距離 $y = R - r$ に比例

$$\tag{6.27}$$

…は実験によって定められたカルマン定数(Karman's…壁付近では壁面せん断応力は $\tau_w \approx \tau$ と考えられ，

$$\tag{6.28}$$

…される摩擦速度(friction velocity) $\boldsymbol{u_*}$（読み…）

$$\boldsymbol{u_*} = \sqrt{\frac{\tau_w}{\rho}} \tag{6.29}$$

を用いると，式(6.28)は次のようになる．

$$\frac{d\overline{\boldsymbol{u}}}{dy} = \frac{\boldsymbol{u_*}}{ky} \tag{6.30}$$

この式を y について積分すれば（自然対数 $\log_e$ を ln と表記する）

$$\frac{\overline{\boldsymbol{u}}}{\boldsymbol{u_*}} = \frac{1}{k}\ln y + c \tag{6.31}$$

となる．実験結果との比較より上式は壁付近から管中心まで適用できるので，管中心 $y = R$ で $\overline{\boldsymbol{u}} = \boldsymbol{u_0}$ となるように積分定数 c を決めると

$$\frac{\boldsymbol{u_0} - \overline{\boldsymbol{u}}}{\boldsymbol{u_*}} = \frac{1}{k}\ln\frac{R}{y} \tag{6.32}$$

となる．カルマン定数 k は実験的にほぼ 0.4 と決められる．したがって，自然対数 ln を常用対数 $\log\ (=\log_{10})$ に書き直せば

$$\frac{\boldsymbol{u_0} - \overline{\boldsymbol{u}}}{\boldsymbol{u_*}} = 2.5\ln\frac{R}{y} = 5.75\log\frac{R}{y} \tag{6.33}$$

となる．さらに上式を変形し

$$\frac{\overline{\boldsymbol{u}}}{\boldsymbol{u_*}} = 5.75\log\frac{\boldsymbol{u_*}y}{\nu} + B \tag{6.34}$$

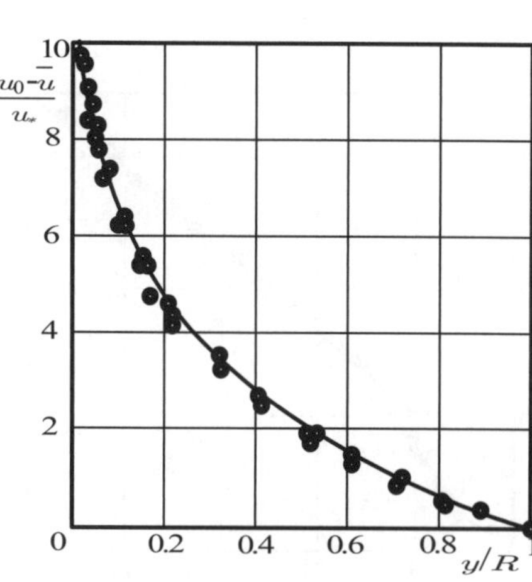

図 6.10　乱流速度分布

書名
JSMEテキストシリーズ
流体力学
著者名
発行所名
日本機械学会
発売所
丸善出版株式会社
部数
冊
9784888983334
ISBN978-4-88898-333-4
C3353 ¥2500E
定価2,750円
（本体2,500円 + 税10%）

B を実験的に決めると 5.5 となるので，乱流の速度分布は次のようになる．

$$\frac{\bar{u}}{u_*}=5.75\log\frac{u_* y}{\nu}+5.5 \qquad （乱流，対数法則） \qquad (6.35)$$

この速度分布式(6.35)を対数法則(logarithmic law)といい，この法則が成り立
領域を乱流層(turbulent layer)という．

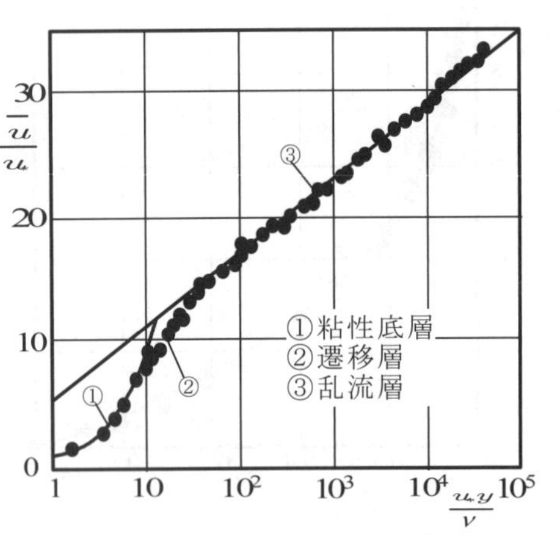

図 6.11　なめらかな円管内の乱流速度分布

実際の円管内乱流では，図 6.11 に示すように壁面近傍の流れでは流
合が抑えられて乱れの弱い部分が存在する．この領域を粘性底層(
sublayer)と呼ぶ．粘性底層の厚さはきわめて薄く，粘性底層内では乱
るレイノルズ応力 $-\rho\overline{u'v'}$ は粘性せん断応力 $\mu d\bar{u}/dy$ に比べてはる
いと考えられるから，次式のようにおける．

$$\tau_w \approx \tau = \mu\frac{d\bar{u}}{dy} \qquad ($$

境界条件： $y=0$ （壁面）で $\bar{u}=0$ （すべり無し）のもとで上式を積

$$\frac{\bar{u}}{u_*}=\frac{u_* y}{\nu} \qquad (6.37)$$

となり，粘性底層の速度分布は直線となる．

式(6.35)と式(6.37)の速度分布を実験結果と比較すれば図 6.11 のようになる．粘性底層内の速度分布は $u_* y/\nu=5$ 付近で式(6.37)から離れ，なめらかに増加し，$u_* y/\nu\approx 70$ 付近から対数法則の速度分布式(6.35)へ移行する．式(6.37) と式(6.35)の中間領域は遷移層(transition layer)あるいはバッファー層(buffer layer)と呼ばれ，粘性作用と乱流の混合作用が同程度に働く領域である．円管内の乱流では Re 数が増加すると τ_w したがって u_* が大きくなるので，粘性底層の厚さは減少する．これらの円管内乱流の速度分布をまとめると，壁面からの無次元距離 $u_* y/\nu$ によって次のような 3 つの領域に分類できる．

(ⅰ) $0<u_* y/\nu<5$ ：　粘性底層，式(6.37)

(ⅱ) $5<u_* y/\nu\lesssim 70$ ：　遷移層

(ⅲ) $70\lesssim u_* y/\nu$ 　：　乱流層，式(6.35)

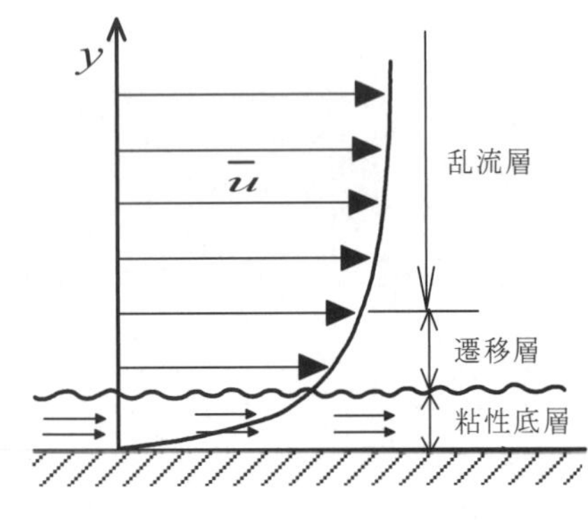

図 6.12　管内乱流のモデル

このような乱流速度分布はレイノルズ数 Re に関係なく成立し，壁近傍の流れに着目して導かれたので壁法則(wall law)とも呼ばれている．

c．乱流管摩擦係数 (turbulent friction coefficient)

層流の場合と同じく，速度分布から管摩擦係数 λ を求めてみよう．対数法則の乱流速度分布式(6.32)を管断面にわたって積分すると，平均流速は

$$v=u_0-3.75u_* \qquad (6.38)$$

となる．また，対数法則の速度分布式(6.35)を管中心 $y=R$ に適用すると

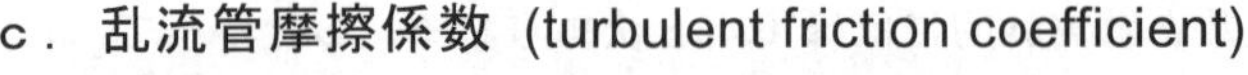

$$u_0=u_*\left(5.75\log\frac{u_* R}{\nu}+5.5\right)$$

〒101-0051
丸善出版株式
東京都千代田区神田
電話 03(3512)
年　月
書名　JSMEテキストシリーズ　流体力学
著者名　日本機械学会
発行所名
発売所　丸善出版株式会社
定価2,750円（本体2,500円＋税10%）
ISBN978-4-88898-333-4 C3353 ¥2500E

であるから，式(6.38)を用いて変形すれば

$$v = u_* \left(5.75 \log \frac{u_* R}{\nu} + 1.75 \right) \tag{6.39}$$

となる．一方，力のつり合い式(6.26)を壁面 $r = R$ (管内径 $d = 2R$)に適用し，管摩擦係数 λ の定義式(6.5)を用いて変形すると，壁面せん断応力は

$$\tau_w = -\frac{d}{4}\frac{d\overline{p}}{dx} = \frac{1}{8}\lambda \rho v^2 \tag{6.40}$$

となり，摩擦速度の式(6.29)を用いて書き直せば

$$\lambda = 8\left(\frac{u_*}{v} \right)^2 \tag{6.41}$$

となる．上式を用いて式(6.39)を変形すれば

$$\frac{u_* R}{\nu} = \frac{1}{2}\frac{vd}{\nu}\frac{u_*}{v} = Re\frac{\sqrt{\lambda}}{4\sqrt{2}}$$

により，乱流管摩擦係数 λ は次のように得られる．

$$\frac{1}{\sqrt{\lambda}} = 2.035 \log\left(Re\sqrt{\lambda} \right) - 0.91 \tag{6.42}$$

上式の係数を少し修正して

$$\frac{1}{\sqrt{\lambda}} = 2.0 \log\left(Re\sqrt{\lambda} \right) - 0.8 \qquad (乱流, Re = 3\times10^3 \sim 3\times10^6) \tag{6.43}$$

とおくと，広範囲のレイノルズ数 $Re = 3\times10^3 \sim 3\times10^6$ にわたって実験結果とよく一致する．この関係式(6.43)をプラントルの式(Prandtl's formula)と呼ぶ．

壁法則の乱流速度分布から導かれた式(6.43)は対数を含む複雑な形となっているため，実際に計算するにはやや不便である．そのため，乱流管摩擦係数λについては実用上便利な実験式が提示されている．ブラジウス(Blasius)はおよそ $Re = 3\times10^3 \sim 1\times10^5$ の範囲で

$$\lambda = 0.3164 Re^{-\frac{1}{4}} \qquad (乱流, Re = 3\times10^3 \sim 1\times10^5) \tag{6.44}$$

またニクラッゼ(Nikuradse)はおよそ $Re = 1\times10^5 \sim 3\times10^6$ の範囲で

$$\lambda = 0.0032 + 0.221 Re^{-0.237} \tag{6.45}$$

をそれぞれ実験的に見いだしている．このほか多数の実験式がある．

以上の結果と実験値との比較を図 6.13 に示す．

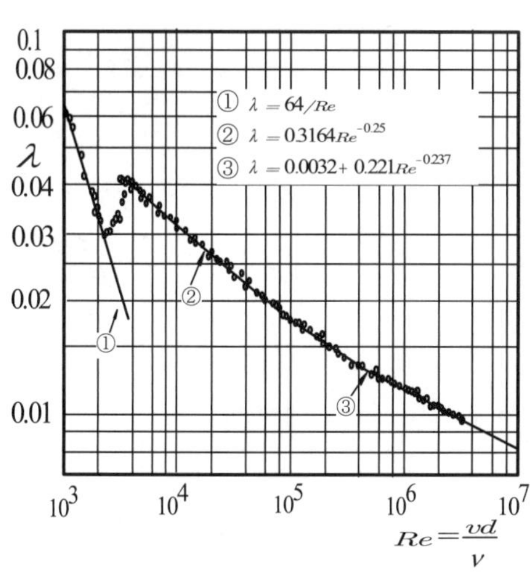

図 6.13　なめらかな円管の管摩擦係数

d．指数法則 (power law)

乱流の速度分布については，対数法則による複雑な式(6.35)のほかに，プラントル-カルマン(Prandtl-Karman)が次元解析によって次のような簡便な式を提示している．

速度 $\overline{u}$ [m/s]は，粘度 μ [Pa･s]，密度 ρ [kg/m³] ，壁面せん断応力 τ_w [Pa]および壁からの距離 y [m]の関数であると考えられるから

$$\bar{\boldsymbol{u}} = f(\mu, \rho, \tau_w, y) \tag{6.46}$$

とおく．ここで，壁面せん断応力の式(6.40)において管摩擦係数 λ にブラジウスの式(6.44)を適用すれば

$$\tau_w = 0.03955 \rho \boldsymbol{v}^{\frac{7}{4}} \nu^{\frac{1}{4}} d^{-\frac{1}{4}} \tag{6.47}$$

であるから $\tau_w \propto \boldsymbol{v}^m$ とおき，さらに $\bar{\boldsymbol{u}} \propto \boldsymbol{v}$ より $\bar{\boldsymbol{u}} \propto \tau_w{}^{1/m}$ と仮定する．したがって式(6.46)を次のように表す．

$$\bar{\boldsymbol{u}} = B \mu^{\alpha} \rho^{\beta} y^{\gamma} \tau_w{}^{\frac{1}{m}}$$

この式を次元解析すれば，$\alpha = 1 - \dfrac{2}{m}$，$\beta = -1 + \dfrac{1}{m}$，$\gamma = -1 + \dfrac{2}{m}$ となるから

$$\bar{\boldsymbol{u}} = B \left(\frac{y}{\nu} \right)^{\frac{2}{m}-1} \left(\frac{\tau_w}{\rho} \right)^{\frac{1}{m}} \tag{6.48}$$

を得る．式(6.47)より $m = 7/4$ であるから上式は次のようになる．

$$\bar{\boldsymbol{u}} \propto y^{\frac{1}{7}}$$

管中心 $y = R$ で $\bar{u} = \boldsymbol{u}_0$ を考慮すれば，結局

$$\frac{\bar{\boldsymbol{u}}}{\boldsymbol{u}_0} = \left(\frac{y}{R} \right)^{\frac{1}{7}} \quad \text{（乱流，1/7 乗則）} \tag{6.49}$$

なる乱流速度分布が得られる．この式を 1 / 7 乗則(one-seventh law)という．

ニクラッゼは $Re = 4 \times 10^3 \sim 3 \times 10^6$ の範囲で実験を行い，乱流速度分布は次のような 1 /n 乗則あるいは指数法則(power law)で表されることを示した．

$$\frac{\bar{\boldsymbol{u}}}{\boldsymbol{u}_0} = \left(\frac{y}{R} \right)^{\frac{1}{n}} \tag{6.50}$$

指数 n の値は次のように Re 数によって変化する．

$$n = 3.45 Re^{0.07} \tag{6.51}$$

指数法則による乱流速度分布式(6.50)は対数を含まないので便利な式としてよく使用されるが，管中心や管壁における速度こう配 $d\bar{\boldsymbol{u}}/dy$ の値など実際と異なる点もある．

e．粗い管 (rough pipe)

なめらかな壁面(smooth surface)を持つ円管内の乱流について速度分布や管摩擦係数を述べてきたが，実用されている管やダクトの内面は凹凸状の粗さをもつことがよくある(図 6.14)．層流とは異なり，円管内の乱流はレイノルズ数 Re だけでなく，壁面粗さ(wall roughness)の影響を大きく受ける．壁面に存在する凹凸の突起高さを k_s とすると，壁面粗さ k_s の影響によって乱流は次のように分類される．

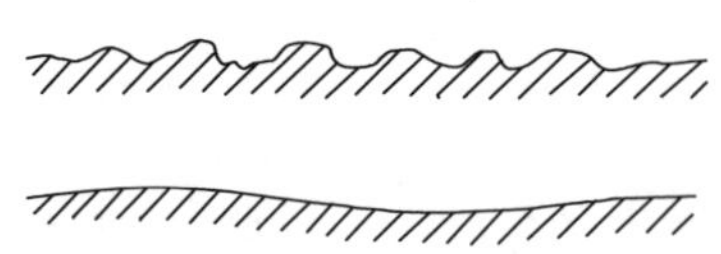

図 6.14　粗い壁面

(ⅰ) $u_* k_s/\nu<5$：粗さは粘性底層に含まれ，速度分布や管摩擦係数はなめらかな円管内の乱流と一致する．これを流体力学的になめらか(hydraulically smooth)と呼ぶ．

(ⅱ) $5<u_* k_s/\nu<70$：円管内の乱流は相対粗さ k_s/d と Re 数の両者に影響を受ける．コールブルック(Colebrook)は次のような管摩擦係数の実験式を提示している．

$$\frac{1}{\sqrt{\lambda}}=-2.0\log\left(\frac{k_s}{d}+\frac{9.34}{Re\sqrt{\lambda}}\right)+1.14 \tag{6.52}$$

(ⅲ) $70<u_* k_s/\nu$：この状態を完全に粗い(fully rough)という．流れは Re 数によらず粗さ k_s のみに影響受けるが，なめらかな円管内の乱流と同じ混合長 $l=ky$ が成立する．ニクラッゼは砂粒を内壁面にすき間なく貼り付けた円管で実験を行い，次の速度分布と管摩擦係数を提示している．

$$\frac{\bar{u}}{u_*}=5.75\log\frac{y}{k_s}+8.5 \tag{6.53}$$

$$\frac{1}{\sqrt{\lambda}}=-2.0\log\frac{k_s}{d}+1.14 \tag{6.54}$$

粗い円管内乱流の管摩擦係数 λ を求めるには，図 6.17 に示すムーディ線図(Moody diagram) を使用するとたいへん便利である．レイノルズ数 Re と相対粗さ k_s/d を与えれば，このムーディ線図からただちに管摩擦係数 λ を読みとることができる．

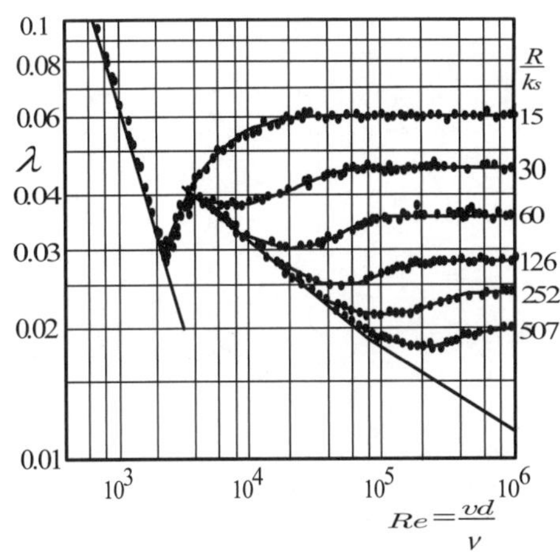

図 6.15　粗い円管の管摩擦係数

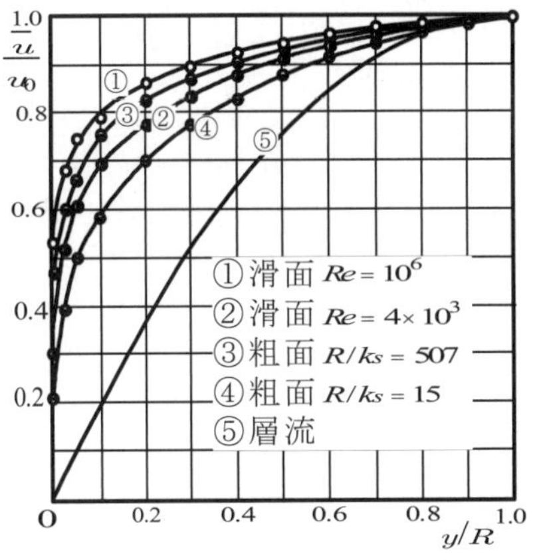

図 6.16　円管内の乱流速度分布

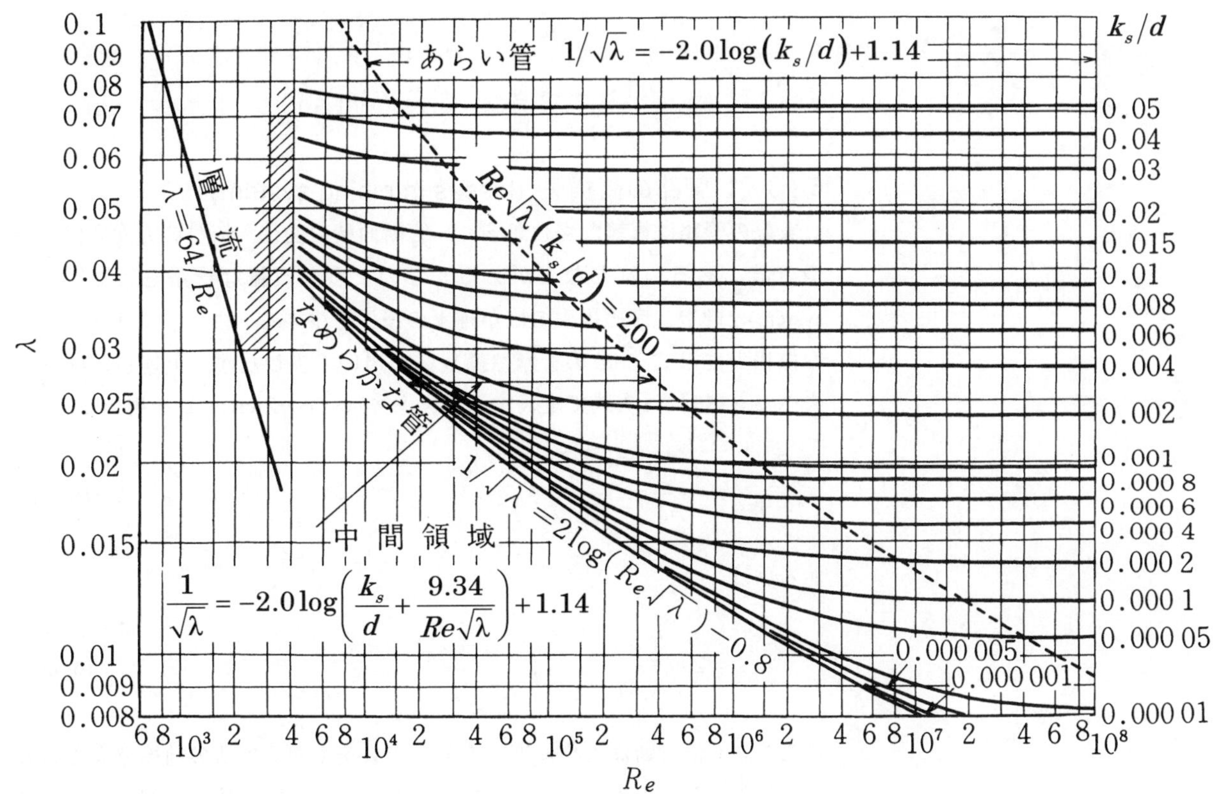

図 6.17　ムーディ線図

【例題 6・2】　＊＊＊＊＊＊＊＊＊＊＊＊＊＊＊＊＊＊＊＊＊＊＊

内径 200mm の直円管内を毎分 2000 ℓ で 20℃(大気圧)の空気が流れるとき，全長 1km の損失圧力を求めよ．

【解答】20℃の空気の密度 ρ は表 1.1 に示されているが，気体の状態方程式からも求められ

$$\rho = \frac{p}{RT} = \frac{101.3\times10^3}{287\times(273+20)} = 1.205\left(\mathrm{kg/m^3}\right)$$

動粘度は表 1.3 から $\nu = 15.01\times10^{-6}\,(\mathrm{m^2/s})$ である．流量，平均流速，レイノルズ数はそれぞれ

$$Q = 2000\left(\ell/\mathrm{min}\right) = \frac{2000\times10^{-3}}{60} = 3.33\times10^{-2}\left(\mathrm{m^3/s}\right)$$

$$v = \frac{Q}{\pi d^2/4} = \frac{4\times3.33\times10^{-2}}{3.14\times0.2^2} = 1.06\left(\mathrm{m/s}\right)$$

$$Re = \frac{vd}{\nu} = \frac{1.06\times0.2}{15.01\times10^{-6}} = 1.41\times10^4$$

であるから，流れは乱流である．よって，乱流管摩擦係数と損失圧力は次のようになる．

$$\lambda = 0.3164Re^{-\frac{1}{4}} = 0.3164\times0.0918 = 0.0290$$

$$\Delta p = \lambda\frac{l}{d}\frac{1}{2}\rho v^2 = 0.0290\times\frac{1000\times1.201\times1.06^2}{0.2\times2} = 97.8\left(\mathrm{Pa}\right) = 9.97\left(\mathrm{mmAq}\right)$$

＊＊＊＊＊＊＊＊＊＊＊＊＊＊＊＊＊＊＊＊＊＊＊

6・3　拡大・縮小管内の流れ (divergent and convergent pipe flows)

6・3・1 管路の諸損失 (losses in piping system)

実際の管路は複雑な場合が多く，管断面積の変化，流れの方向変化，合流や分岐，あるいは弁などがある．このような複雑な管路を管路系(piping system)と呼び，摩擦損失のほか種々の損失を生ずる．まっすぐな管内流れの摩擦損失には式(6.5)の管摩擦係数 λ を用いて表したが，上述した種々の損失ヘッド Δh には次式で定義する損失係数(loss coefficient) ζ を用いる．

$$\Delta h = \frac{\Delta p}{\rho g} = \zeta\frac{v^2}{2g} \tag{6.55a}$$

あるいは

$$\zeta = \Delta h\bigg/\left(\frac{v^2}{2g}\right) \tag{6.55b}$$

ここで，v は管断面平均速度であり，損失を生ずる場所の前後で大きい方の流速を用いることもある．この損失係数 ζ は管摩擦係数 λ と同じく損失に関する無次元数であるが，定義式が少し異なることに注意を要する．

6・3・2 管断面積が急激に変化する場合 (pipes with abrupt area change)

a．急拡大管 (abrupt expansion pipe)

図 6.18 に示すような急拡大管内の流れでは，流体が拡大管へジェット状に入り，周囲の流体を巻き込んで渦(vortex)を作るため損失を生ずる．拡大前の断面積 A_1 における圧力と平均流速を p_1, v_1，拡大後の断面積 A_2 における圧力と平均流速を p_2, v_2 とし，急拡大による損失ヘッドを Δh とすれば，損失を含むベルヌーイの式は式(6.4)と同じ次式で表される．

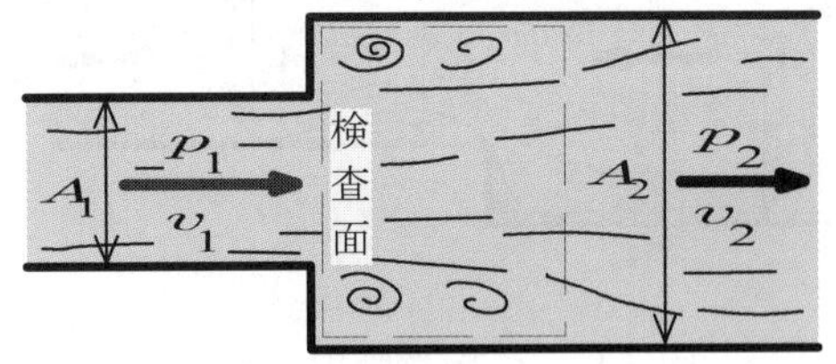

図 6.18　急拡大管内の流れ

$$\frac{p_1}{\rho g}+\frac{v_1^2}{2g}=\frac{p_2}{\rho g}+\frac{v_2^2}{2g}+\Delta h \tag{6.56}$$

一方，圧力 p_1 が拡大直後の断面積 A_2 に作用すると仮定して，図に示す破線の検査面(検査体積)に運動量の法則（式(5.19)）を適用すると，拡大前後における圧力による力の差が単位時間あたりの運動量の差とつり合うから

$$p_1 A_2 - p_2 A_2 = \left(\rho A_2 v_2\right) v_2 - \left(\rho A_1 v_1\right) v_1 \tag{6.57}$$

となる．連続の式

$$A_1 v_1 = A_2 v_2 = Q \tag{6.58}$$

を用いて式(6.57)を書き換えると次のようになる．

$$\frac{p_1}{\rho g}+\frac{v_1^2}{2g}=\frac{p_2}{\rho g}+\frac{v_2^2}{2g}+\frac{\left(v_1-v_2\right)^2}{2g} \tag{6.59}$$

よって式(6.56)と式(6.59)を比較すれば，損失係数 ζ は次のように表される．

$$\Delta h=\frac{\left(v_1-v_2\right)^2}{2g}=\zeta\frac{v_1^2}{2g} \tag{6.60a}$$

$$\zeta=\left(1-\frac{A_1}{A_2}\right)^2 \tag{6.60b}$$

この式をボルダ-カルノーの式(Borda-Carnot's formula)という．

特に，図 6.18 で拡大後の断面積 A_2 が無限に大きい場合の流れでは $v_2 \approx 0$ となり，静止流体中へのジェット(jet)と同じ流れとなる．この場合，損失係数は $\zeta \approx 1$ であって，噴出前の運動エネルギーはすべて損失となり，

$$\Delta h=\frac{v_1^2}{2g}$$

結局，$p_1 \approx p_2$ とみなせることになる．

b．急縮小管 (abrupt contraction pipe)

断面積が A_1 から A_2 まで急に縮小する管でも図 6.19 のようにコーナー部近くに複数の渦が発生するため損失を生ずる．この場合，流れは一度 A_1 から A_c まで収縮した後，A_c から A_2 へ拡大する．連続の式は

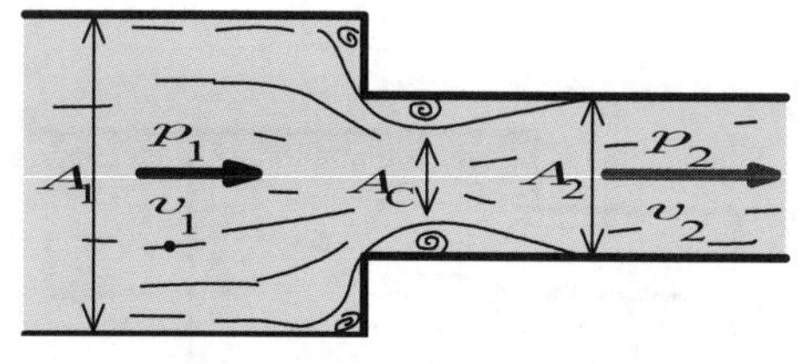

図 6.19　急縮小管内の流れ

$$A_1 v_1 = A_c v_c = A_2 v_2 = Q \tag{6.61}$$

でり，流れは収縮流れで加速された後，拡大流れで減速されることになる．この現象を縮流(contraction)という．急縮小管の損失ヘッド Δh は収縮流れの損失と拡大流れの損失の和と考えられる．急縮小による損失係数 ζ のうち，A_1 から A_c までの損失係数はほぼ 0.04 程度と小さく，A_c から A_2 までの損失係数は急拡大管内の流れと同じ式(6.60)が用いられる．よって，

$$\Delta h = \zeta \frac{v_2^{\,2}}{2g} \tag{6.62a}$$

$$\zeta = 0.04 + \left(1 - \frac{A_2}{A_c}\right)^2 = 0.04 + \left(1 - \frac{1}{\left(A_c/A_2\right)}\right)^2 \tag{6.62b}$$

のように表す．ここで面積比 A_c/A_2 は次の実験式で与えられている．

$$\frac{A_c}{A_2} = 0.582 + \frac{0.0418}{1.1 - \sqrt{A_2/A_1}} \tag{6.63}$$

ただし，コーナー部の形状が丸味のある場合には損失は減少する．

A_1 が非常に大きい場合は管入口と考えられ，損失ヘッドは式(6.62a)で表されるが，入口損失係数 ζ は式(6.62b)ではなく別途実験的に求められる．

6・3・3 管断面積がゆるやかに変化する場合 (pipes with gradual area change)

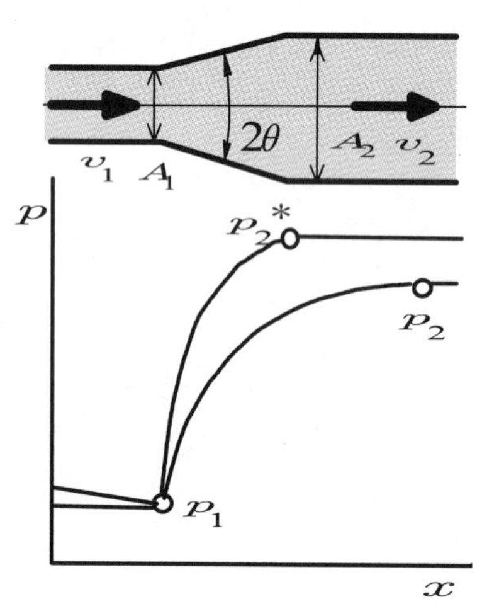

図 6.20　広がり管内の流れ

a．広がり管 (divergent pipe)

図 6.20 のように管断面積がゆるやかに広がる場合，損失ヘッド Δh を

$$\Delta h = \zeta \frac{v_1^{\,2}}{2g}$$

と表すと，損失を含むベルヌーイの式は

$$\frac{p_2 - p_1}{\rho g} = \frac{v_1^{\,2} - v_2^{\,2}}{2g} - \zeta \frac{v_1^{\,2}}{2g} = \left[\left\{1 - \left(\frac{A_1}{A_2}\right)^2\right\} - \zeta\right] \frac{v_1^{\,2}}{2g} \tag{6.64}$$

となる．一方，損失を無視したときの拡大後の圧力を p_2^* とすれば

$$\frac{p_2^* - p_1}{\rho g} = \frac{v_1^{\,2} - v_2^{\,2}}{2g} = \left\{1 - \left(\frac{A_1}{A_2}\right)^2\right\} \frac{v_1^{\,2}}{2g} \tag{6.65}$$

となる．式(6.64)と式(6.65)の比較から実際の圧力 p_2 は p_2^* より低くなることがわかり，p_2 は拡大直後よりも下流で最大となる．このことから広がり管の圧力回復率(pressure recovery factor) η を次式で定義する．

$$\eta = \frac{p_2 - p_1}{p_2^* - p_1} \tag{6.66}$$

このηを用いると損失係数ζは次のように表される.

$$\zeta=(1-\eta)\left\{1-\left(\frac{A_1}{A_2}\right)^2\right\} \tag{6.67}$$

図 6.21 は円すい管の圧力回復率ηが広がり角度θによって変化することを示している. 小さいθでは広がり管の壁面に沿って流れ, 大きいηを示すので損失は小さく, θが大きくなると流れは壁面からはく離(separation)し, 逆流を生じて渦が発生するようになるため損失も大きくなる. このように広がり管内の流れは広がり角度θによって変化するが, 広がり管には速度エネルギーを圧力エネルギーへ変換する機能があり, ターボ機械(turbo-machinery)のディフューザ(diffuser)としてよく使用されている(図 6.22).

図 6.21　円すい管の圧力回復

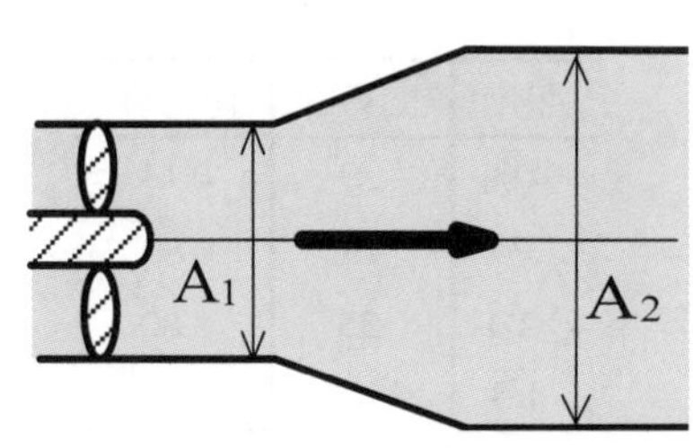

図 6.22　ディフューザ内の流れ

b. 細まり管 (convergent pipe)

断面積がゆるやかに小さくなる細まり管では, 流れ方向へ圧力降下するので縮流やはく離の現象は起こらない. この場合の損失は管摩擦損失のみと考えてよい. 直円管の管摩擦係数λを用いれば, 図 6.23 のような円すい管では$dr=-\tan\theta dx$ かつ $A_1v_1=A_2v_2$ であるから損失ヘッドは次のように表される.

$$\Delta h=\int_{r1}^{r2}\frac{v^2}{2g}\frac{\lambda dx}{2r}=\zeta\frac{v_2^{\,2}}{2g} \tag{6.68a}$$

$$\zeta=\frac{\lambda}{8\tan\theta}\left\{1-\left(\frac{A_2}{A_1}\right)^2\right\} \tag{6.68b}$$

ここで流体の圧力エネルギーを速度エネルギーに変換する機能をもつ先細まり管をノズル(nozzle)といい, この逆のディフューザに比べて損失は少ない.

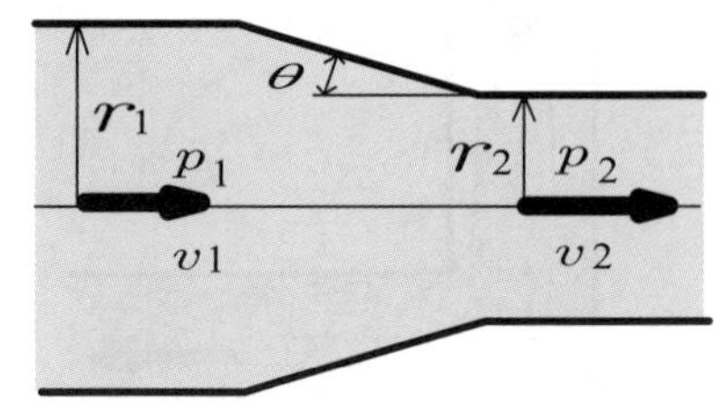

図 6.23　ノズル内の流れ

6・3・4 管路に絞りがある場合 (pipes with throat)

図 6.24 のベンチュリ管(Venturi tube, Venturi meter), オリフィス(orifice)やフローノズル(flow nozzle)は, いずれも流れ方向へ管断面積を絞り, 絞り前後の圧力差からベルヌーイの式によって管内を通過する流量を測定する装置である. これらの流量計(flow meter)内の流れでは縮流やはく離によって圧力損失Δpを生じ, 損失係数ζは広がり管の式(6.67)と細まり管の式(6.68)の和で表されると考えてよい.

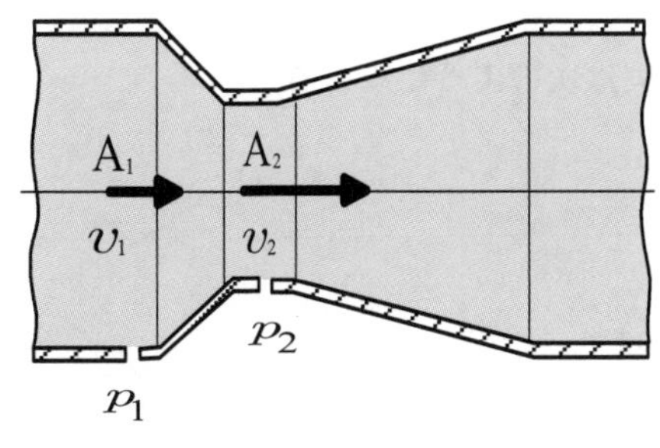

(a)ベンチュリ管

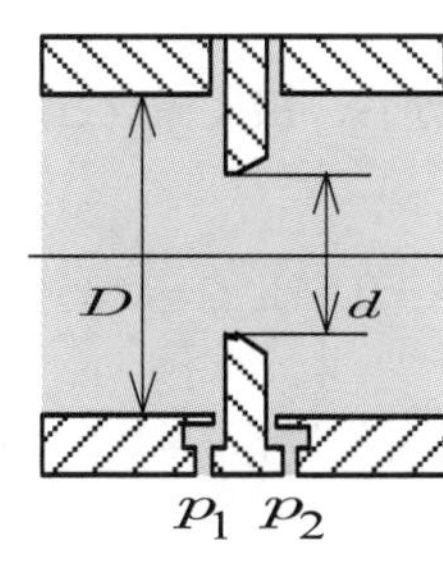

(b)オリフィス

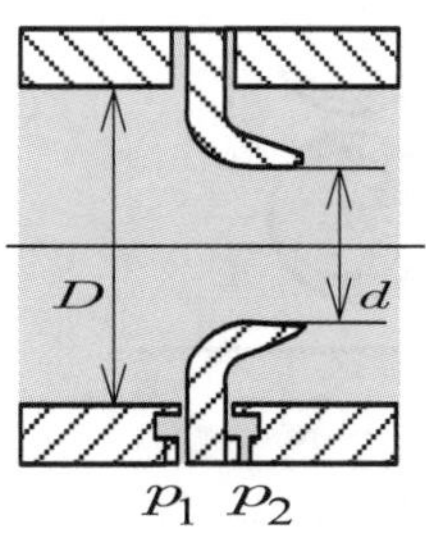

(c)フローノズル

図 6.24　各種流量計

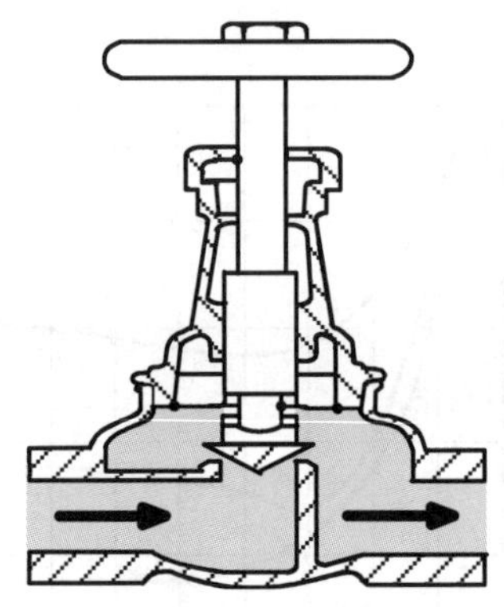

図 6.25　弁内の流れ（止め弁）

また，流量を調節する弁(valve)には種々の形式が用いられる．図 6.25 のように弁(止め弁)を通過する流れも絞りやのど部(throat)のある管内流れとなり，縮流やはく離による圧力損失 Δp を生ずる．弁の損失は急拡大管の式(6.60)や急縮小管の式(6.62)の和と考えられるが，弁の開度や種類によって損失は大きく変化するので表 6.1 のような損失係数 ζ を用いるほうが便利である．なお，表中の止め弁は図 6.25 のようなタイプ，仕切弁は配管に直角な仕切り（ゲート）を上下に開閉するタイプである．

表 6.1　弁の損失係数

開度	止め弁	仕切弁
全開	9	0.13
3/4	13	0.80
2/4	35	3.80
1/4	110	15.0

【例題 6・3】　＊＊＊＊＊＊＊＊＊＊＊＊＊＊＊＊＊＊＊＊＊＊＊

図 6.18 のように内径 100mm から内径 250mm へ急拡大する円管を 10℃の水が流れる．拡大前の圧力と平均流速が 103kPa, 50m/s のとき，拡大後の圧力を求めよ．また，逆向きに流れるときの圧力損失を求めよ．

【解答】　水の密度は $\rho = 1000(\mathrm{kg/m^3})$，管断面積と拡大後の平均流速は

$$A_1 = \frac{\pi d_1^{\,2}}{4} = \frac{3.14 \times 0.1^2}{4} = 0.785 \times 10^{-2}\left(\mathrm{m^2}\right),$$

$$A_2 = \frac{\pi d_2^{\,2}}{4} = 4.906 \times 10^{-2}\left(\mathrm{m^2}\right),$$

$$\boldsymbol{v}_2 = \frac{A_1 \boldsymbol{v}_1}{A_2} = \frac{0.785 \times 10^{-2} \times 50}{4.906 \times 10^{-2}} = 8\left(\mathrm{m/s}\right)$$

である．急拡大管の損失係数と損失圧力は

$$\zeta = \left(1 - \frac{A_1}{A_2}\right)^2 = 0.705,$$

$$\Delta p = \zeta \frac{1}{2}\rho \boldsymbol{v}_1^{\,2} = \frac{0.705 \times 10^3 \times 50^2}{2} = 881 \times 10^3\left(\mathrm{Pa}\right)$$

であるから，急拡大後の圧力は次のようになる．

$$p_2 = p_1 + \frac{1}{2}\rho \boldsymbol{v}_1^{\,2} - \frac{1}{2}\rho \boldsymbol{v}_2^{\,2} - \Delta p$$

$$= 103 \times 10^3 + \frac{1}{2} \times 10^3 \times (50^2 \text{-} 8^2) - 881 \times 10^3 = 440 \times 10^3\left(\mathrm{Pa}\right)$$

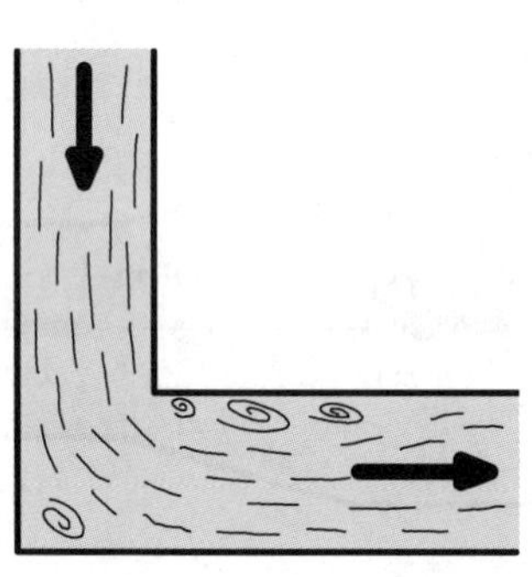

図 6.26　エルボ内の流れ

また，逆向きの急縮小管内流れでは，上流･下流の添字 1,2 を入れ替えて

$$A_1 = 4.906 \times 10^{-2}\left(\mathrm{m^2}\right),\ A_2 = 0.785 \times 10^{-2}\left(\mathrm{m^2}\right),$$

$$\boldsymbol{v}_1 = 8\left(\mathrm{m/s}\right),\ \boldsymbol{v}_2 = 50\left(\mathrm{m/s}\right)$$

であるから，損失係数と圧力損失は次のように求まる．

$$\frac{A_c}{A_2} = 0.641,\ \zeta = 0.354,$$

$$\Delta p = \zeta \frac{1}{2}\rho \boldsymbol{v}_2^{\,2} = 442 \times 10^3\left(\mathrm{Pa}\right)$$

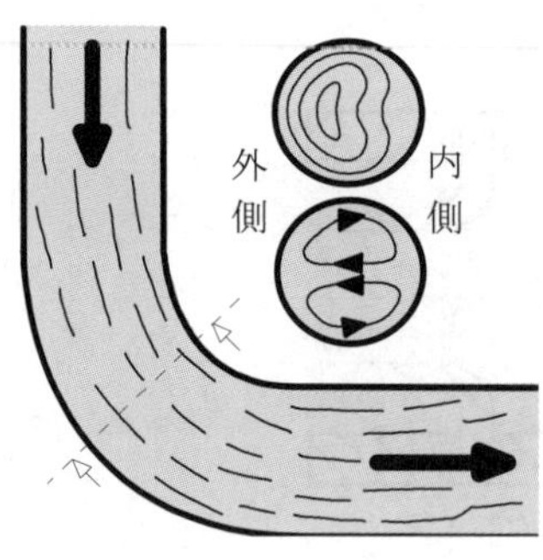

図 6.27　ベンド内の流れ

＊＊＊＊＊＊＊＊＊＊＊＊＊＊＊＊＊＊＊＊＊＊＊

6・4　曲がる管内の流れ (curved pipe flow)

6・4・1 エルボとベンド (elbow and bend)

図 6.26 のように急な方向変化のある管路をエルボ(elbow)とよび，流れはコーナー部で管壁からはく離して渦をつくるため，方向変化の前後で大きい圧力損失 Δh を生ずる．損失ヘッドは式(6.55)と同じように次のように表す．

$$\Delta h = \frac{\Delta p}{\rho g} = \zeta \frac{\boldsymbol{v}^2}{2g} \tag{6.69}$$

ここで損失係数 ζ は，実験結果から図 6.28 のように曲がり角度 θ や管断面の形状によって変化する．図の各曲線はA:長方形断面，B:円形断面の結果であり，C:正方形断面の場合，曲がり部に案内羽根(guide vane)を並べると流れの損失が軽減されることを示している．

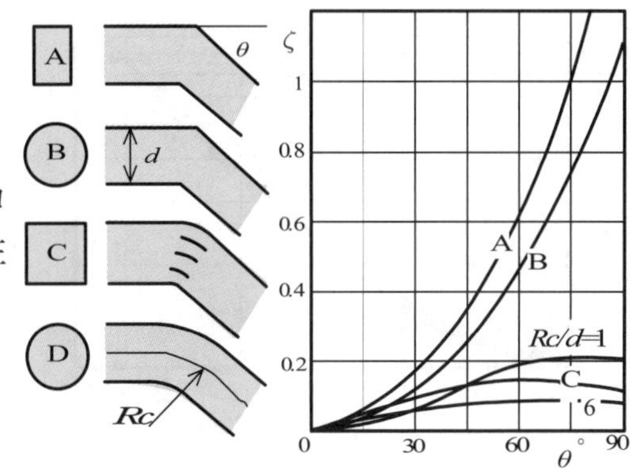

図 6.28　エルボの損失係数

図 6.28 の D のように漸次曲がる管路はベンド(bend)という．この場合流れには管路の曲がりによって遠心力(centrifugal force)が作用し，図 6.27 のように管軸方向の流れは曲がりの外側へ押しやられ，管壁に沿って内側へ回り込むことになる．その結果，流れに垂直な管断面内では一対の渦が発生するため摩擦損失より大きい損失となる．ここで，管軸方向流れを主流(primary flow)といい，断面内の渦を二次流れ (secondary flow) という．また，圧力 p と主流の流速 $\boldsymbol{u}$ の間に

$$\frac{dp}{dr} = \rho \frac{\boldsymbol{u}^2}{r} \tag{6.70}$$

なる力のつり合いが成立するから，曲がり外側の圧力は内側よりも高くなる．

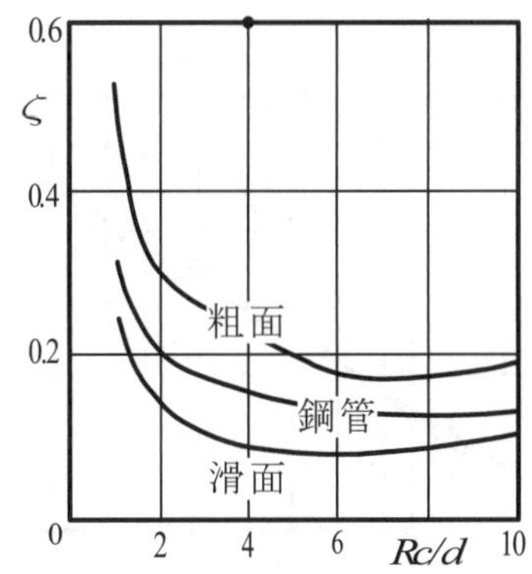

図 6.29　ベンド円管の損失係数

ベンドの損失ヘッド Δh は，損失係数 ζ による損失とベンドの管軸長さ l と同じ長さの直管管摩擦損失の和

$$\Delta h = \left(\zeta + \lambda \frac{l}{d} \right) \frac{\boldsymbol{v}^2}{2g} \tag{6.71}$$

で表される．図 6.29 や図 6.30 に示すように，損失係数 ζ は管摩擦係数 λ と同じく壁面粗さ，管路の曲率半径 R_C あるいは断面形状によって異なる．

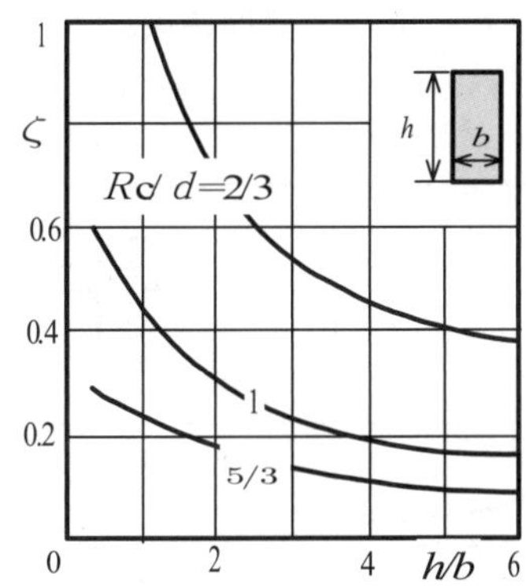

図 6.30　ベンド長方形管の損失係数

6・4・2 曲がり管(curved pipe)

熱交換器(heat exchanger)や化学反応器(chemical reactor)などで使用されている連続して曲がる管を曲がり管という．曲がり管内の流れでも，管路の曲率による遠心力が作用するため図 6.31 のような主流の偏りや二次流れの渦が形成され，圧力損失 Δp は直管内の流れに比べて大きくなる．曲がり円管内流れの速度分布については 6・2 節の直円管内流れのような解析的計算はできないため，コンピュータを用いて数値計算されている．管摩擦係数については，伊藤(Ito)が曲がり円管内の発達した流れについて詳細な実験を行い，次の半実験式を提示している．

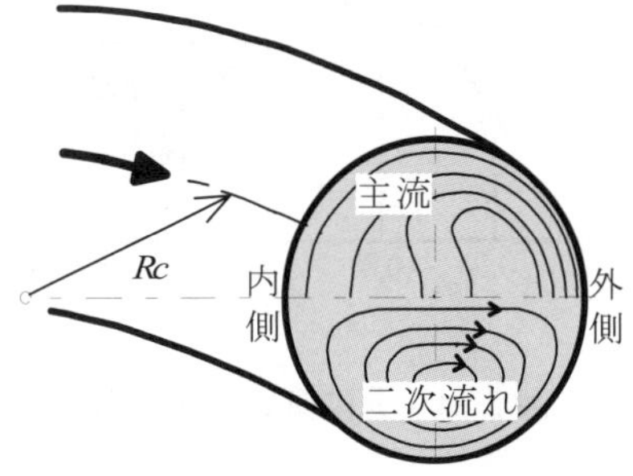

図 6.31　曲がり円管内の流れ

曲がり円管の管摩擦係数を λ_C，直円管のそれを λ_S とし，両者の比 λ_C/λ_S をつくると，層流の場合 λ_S に式(6.19)を用いて

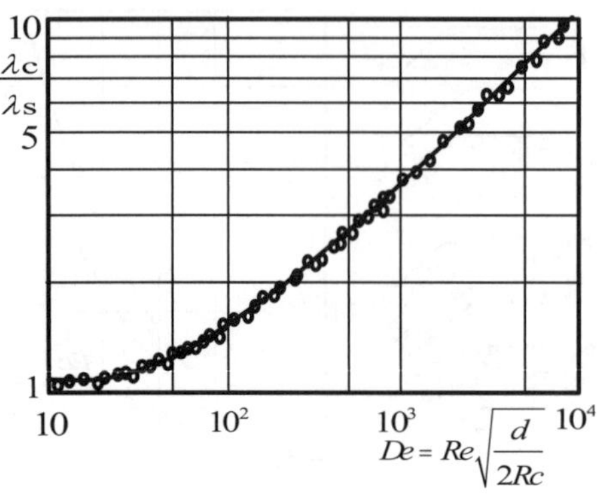

図 6.32　なめらかな曲がり円管の層流管摩擦係数

$$\frac{\lambda_C}{\lambda_S} = 0.1008De^{\frac{1}{2}}(1+3.945De^{-\frac{1}{2}} + 7.782De^{-1} + 9.097De^{-\frac{3}{2}} + 5.608De^{-2}) \tag{6.72}$$

となる．ここで De はレイノルズ数 Re，管路の曲率半径 R_C と管直径 d で定義される次の無次元量で，ディーン数(Dean number)と呼ばれる．

$$De = Re\sqrt{\frac{d}{2R_C}} \tag{6.73}$$

また，なめらかな曲がり円管の乱流管摩擦係数 λ_C は，λ_S にブラジウスの式(6.44)を用いて

$$\frac{\lambda_C}{\lambda_S} = \left\{Re\left(\frac{d}{2R_C}\right)^2\right\}^{0.05} \tag{6.74}$$

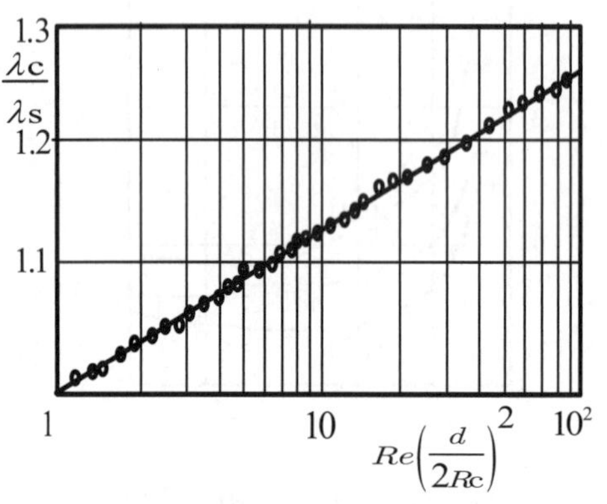

図 6.33　なめらかな曲がり円管の乱流管摩擦係数

と表される．図 6.32 の層流管摩擦係数と図 6.33 の乱流管摩擦係数に示すように，Re 数の増加あるいは曲率半径 R_C の減少につれて遠心力作用が増すため，管摩擦係数比 λ_C/λ_S は 1 より大きくなり，曲がり管内流れの損失は直管内流れよりも大きいことがわかる．層流から乱流へ遷移する臨界レイノルズ数 Re_C は次の実験式で表され，管路の曲率が強くなると増加する．

$$Re_C = 2\times10^4 \times \left(\frac{d}{2R_C}\right)^{0.32} \tag{6.75}$$

曲がり管の管摩擦係数は管断面の形状によって異なり，乱流では壁面粗さの影響を受けることが知られている．

6・4・3 分岐管(branch pipe)

ネットワーク状の複雑な管路系では分岐管によって流れを分流あるいは合流する場合がある．この場合も流れの方向が変化するので渦の発生による損失を生ずる．図 6.34 に分流・合流における損失係数 ζ の例を示す．

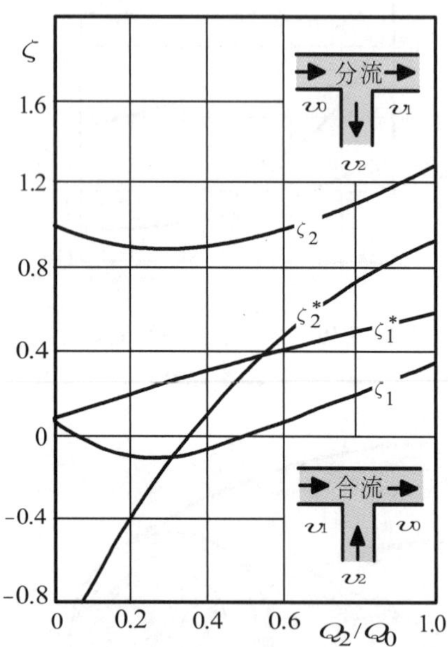

図 6.34　分岐管の損失係数

分流の場合，分流前の管路において圧力，速度，流量，管長，管内径，管摩擦係数をそれぞれ添字 0 を付けて p_0, $\boldsymbol{v}_0$, Q_0, l_0, d_0, λ_0 とし，分流後の 2 本の管路にはそれぞれ添字 1,2 を付けると，損失を含むベルヌーイの式は

$$p_0 + \frac{\rho \boldsymbol{v}_0^2}{2} = p_1 + \frac{\rho \boldsymbol{v}_1^2}{2} + \left(\lambda_0\frac{l_0}{d_0} + \zeta_1\right)\frac{\rho \boldsymbol{v}_0^2}{2} + \lambda_1\frac{l_1}{d_1}\frac{\rho \boldsymbol{v}_1^2}{2} \tag{6.76a}$$

$$p_0 + \frac{\rho \boldsymbol{v}_0^2}{2} = p_2 + \frac{\rho \boldsymbol{v}_2^2}{2} + \left(\lambda_0\frac{l_0}{d_0} + \zeta_2\right)\frac{\rho \boldsymbol{v}_0^2}{2} + \lambda_2\frac{l_2}{d_2}\frac{\rho \boldsymbol{v}_2^2}{2} \tag{6.76b}$$

と表される．ここで ζ_1, ζ_2 は管路 0 から管路 1, 2 への分流損失係数である．同様に，管路 1 と 2 が管路 0 に合流する場合は次のように表される．

$$p_1 + \frac{\rho \boldsymbol{v}_1^2}{2} = p_0 + \frac{\rho \boldsymbol{v}_0^2}{2} + \lambda_1\frac{l_1}{d_1}\frac{\rho \boldsymbol{v}_1^2}{2} + \left(\lambda_0\frac{l_0}{d_0} + \zeta_1^*\right)\frac{\rho \boldsymbol{v}_0^2}{2} \tag{6.77a}$$

$$p_2+\frac{\rho v_2{}^2}{2}=p_0+\frac{\rho v_0{}^2}{2}+\lambda_2\frac{l_2}{d_2}\frac{\rho v_2{}^2}{2}+\left(\lambda_0\frac{l_0}{d_0}+\zeta_2^*\right)\frac{\rho v_0{}^2}{2} \qquad (6.77b)$$

連続の式は，分流・合流ともに $Q_0=Q_1+Q_2$ である．

【例題 6・4】　＊＊＊＊＊＊＊＊＊＊＊＊＊＊＊＊＊＊＊＊＊＊＊

ポンプで 20m 上の給水塔へ，20℃の水を流量 0.6 m^3 /min で送水したい．送水管は内径 75mm，長さ 30m のなめらかな管で，途中に損失係数 1.1 のエルボ４個と損失係数0.2のバルブ１個が取り付けられている．ポンプに必要な圧力と動力を求めよ．

【解答】　水の物性値表より，密度 $\rho=998(\mathrm{kg/m^3})$，動粘度 $\nu=1.004\times10^{-6}(\mathrm{m^2/s})$．平均流速とレイノルズ数は

$$A=\frac{\pi d^2}{4}=\frac{3.14\times0.075^2}{4}=4.41\times10^{-3}\left(\mathrm{m^2}\right),\ Q=\frac{0.6}{60}=0.01\left(\mathrm{m^3/s}\right),$$

$$v=\frac{Q}{A}=\frac{0.01}{4.41\times10^{-3}}=2.27\left(\mathrm{m/s}\right),\ Re=\frac{vd}{\nu}=\frac{2.27\times0.075}{1.004\times10^{-6}}=1.70\times10^5$$

管摩擦係数 λ はニクラッゼの式(6.45)より，$\lambda=0.0159$．エルボとバルブの損失係数を $\zeta_1=1.1$, $\zeta_2=0.2$ と表すと，ヘッド差 $H=20$ (m) の押し上げに必要なポンプ圧力は，損失を含むベルヌーイの式から

$$\Delta p=\frac{1}{2}\rho v^2+(4\zeta_1+\zeta_2+\lambda\frac{l}{d})\frac{1}{2}\rho v^2+\rho gH=226\times10^3\left(\mathrm{Pa}\right)$$

となる．また，ポンプの所要動力は次のようになる．

$$L=\Delta p\,Q=226\times10^3\times0.01=2260\left(\mathrm{W}\right)$$

＊＊＊＊＊＊＊＊＊＊＊＊＊＊＊＊＊＊＊＊＊＊＊

6・5　矩形管内の流れ (rectangular duct flow)

円形以外の断面形状をもつ管路もしばしば使用される．長方形管と正方形管をあわせて矩形管(rectangular duct)と称する．図 6.35 のように矩形管内乱流では，管路の曲がりがなくても，４コーナーへ向かう二次流れ(secondary flow)が存在し，主流の等速度線はゆるやかに湾曲する．このため壁面せん断応力は管壁周囲の場所によって異なる．この場合，次のようにして円管と同様な取扱いがほぼ可能となる．

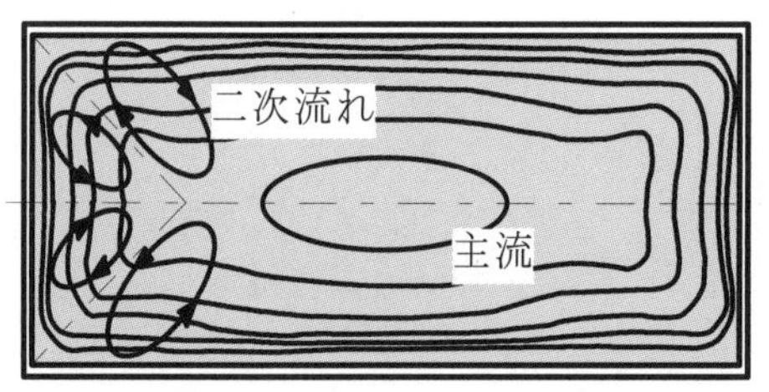

図 6.35　長方形管内の流れ

矩形管内流れにおける力のつり合いは，壁面せん断応力 τ_w，管長 l についての圧力降下 Δp，管断面積 A，ぬれ縁長さ(wetted perimeter, 断面周囲の長さ) L を用いると

$$A\Delta p=Ll\tau_w$$

となる．τ_w を式(6.40)によって摩管擦係数 λ で表し，$m=A/L$ とおくと

$$\Delta p=\lambda\frac{l}{4m}\frac{\rho v^2}{2} \qquad (6.78)$$

となるから，λの定義式(6.5)において内径dを次式で置き換えればよいことがわかる．

$$d_h = \frac{4A}{L} = 4m \tag{6.79}$$

上式のd_hは円管の直径に相当することから水力直径(hydraulic diameter)あるいは等価直径(equivalent diameter)と呼ばれ，正方形管では一辺の長さに相当する．式(6.78)で定義される矩形管の乱流管摩擦係数λは，レイノルズ数

$$Re = \frac{v(4m)}{\nu} = \frac{vd_h}{\nu} \tag{6.80}$$

と相対粗さ$k_S/4m = k_S/d_h$の関数となる．この方法は矩形管だけでなく種々の断面形状をした管路内の流れに利用されている．

【例題 6・5】　＊＊＊＊＊＊＊＊＊＊＊＊＊＊＊＊＊＊＊＊＊＊

30mm×60mm の長方形ダクトに，20℃(大気圧)の空気を流量 4.2　m^3/min で通風している．ダクトは粗さ$k_S = 0.15$mm の鉄板製であるとき，長さ 20m についての圧力降下を求めよ．

【解答】　密度$\rho = 1.201(\mathrm{kg/m^3})$，動粘度$\nu = 15.12\times10^{-6}(\mathrm{m^2/s})$．水力直径は

$$d_h = \frac{4\times0.03\times0.06}{2\times(0.03+0.06)} = 0.04(\mathrm{m})$$

平均流速とレイノルズ数は

$$v = \frac{Q}{A} = \frac{4.2/60}{0.03\times0.06} = 38.9(\mathrm{m/s}),\ Re = \frac{vd_h}{\nu} = \frac{38.9\times0.04}{15.12\times10^{-6}} = 1.03\times10^5$$

乱流かつ相対粗さk_S/d_h=0.00375 であるから，ムーディ線図で管摩擦係数を読みとると，λ=0.029 である．よって，圧力降下は次のようになる．

$$\Delta p = \lambda\frac{l}{d_h}\frac{1}{2}\rho v^2 = 13.2\times10^3\,(\mathrm{Pa}) = 1.34(\mathrm{mAq})$$

＊＊＊＊＊＊＊＊＊＊＊＊＊＊＊＊＊＊＊＊＊＊

＝＝＝＝＝　練習問題　＝＝＝＝＝＝＝＝＝＝＝＝＝＝＝＝＝＝＝＝＝

【6・1】内径 10mm の円管内を流量 1.5l/min で 20℃の水が流れている．流れは層流か乱流か．この管が途中から内径 30mm の太い管に拡大すると，流れは層流か乱流か．

【6・2】　タンクに内径 50mm の長い円管を取り付け，密度 960kg/m^3，粘度 1.5Pa•s の油を流量 0.06 m^3/min で輸送する．この場合の助走距離を求めよ．

【6・3】　An air flows in a smooth pipe of 250mm in diameter at the velocity of 10m/s under the standard atmospheric pressure and the temperature of 20℃. Calculate the head loss and the pressure drop over a 5m length of the pipe.

第6章　練習問題

【6・4】内径 300mm の円管内を 20℃の水が流量 0.015 $\mathrm{m^3/s}$ で流れている．流体力学的になめらかであるためには，壁の粗さ k_S はどの程度であればよいか．

【6・5】内径 5cm，長さ 30m の直円管を 20℃の水が速度 20cm/s で流れている．管内壁の相対粗さが 0.05 のとき，損失ヘッドを求めよ．

【6・6】 A divergent pipe of spreading angle of 15° connects two straight pipes of 4cm and 8cm in diameter. The flow rate of water is 0.8*l*/s. Calculate the pressure recovery factor and the pressure rise.

【6・7】 密度 1.250kg/$\mathrm{m^3}$ の空気が入口内径 100mm，出口内径 250mm のディフューザを流れている．入口の速度 50m/s のとき，圧力上昇 120mmAq であった．ディフューザの効率を求めよ．

【6・8】10m の水面差がある２個の水槽を，内径 100mm，長さ 1m，粗さ 0.1mm の水平な円管で連結している．入口損失係数 0.7 のとき，通過する流量を求めよ．ただし，完全に粗い管と仮定できるものとする．

【6・9】The water is discharged from a dam of 30m deep through a pipe of 200mm in diameter and 1km long. Given the inlet loss coefficient of 0.5 and the pipe friction coefficient of 0.03, what is the exit velocity and the available power?

【6・10】 図 6.36 のように断面積 A_1, A_2 の２個の水槽を水平な円管で連結している．水面差が H_1 から H_2 になるまでの時間を，円管の内径 d，長さ l，管摩擦係数 λ，入口損失係数 ζ で表せ．

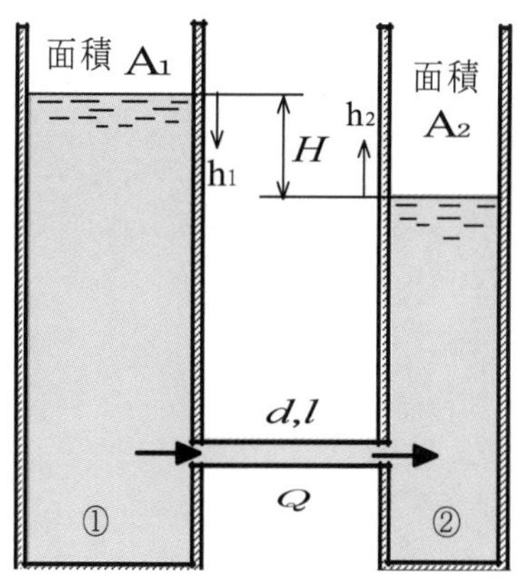

図 6.36　水槽の連結管

【解答】

【6・1】20℃の水の動粘度は物性値表から $\nu = 1.004\times10^{-6}\left(\mathrm{m^2/s}\right)$，内径 $d = 1.0\times10^{-2}\,\mathrm{m}$ の円管内を流れる水の平均流速は

$$v = \frac{Q}{\pi d^2/4} = \frac{1.5\times10^{-3}/60}{3.14\times0.01^2/4} = 0.318\left(\mathrm{m/s}\right)$$

式(6.20)のレイノルズ数は

$$Re = \frac{vd}{\nu} = \frac{0.318\times10^{-2}}{1.004\times10^{-6}} = 3170$$

であり，臨界レイノルズ数 $Re_C = 2300$ よりも大きいので，流れは乱流である．同様に，内径 $d = 3.0\times10^{-2}\,\mathrm{m}$ の太い管では

$$v = 0.0354\left(\mathrm{m/s}\right), \qquad Re = \frac{0.0354\times3\times10^{-2}}{1.004\times10^{-6}} = 1057$$

であるから，層流である．

【6・2】内径 $d = 5.0\times10^{-2}\,\mathrm{m}$，流量 $Q = 0.001\,\mathrm{m^3/s}$ の平均流速は

$$v = \frac{Q}{\pi d^2/4} = 0.509\left(\mathrm{m/s}\right)$$

である．密度 $\rho = 960\,\mathrm{kg/m^3}$，粘度 $\mu = 1.5\,\mathrm{Pa\cdot s}$ を用いて，レイノルズ数を計算すると

$$Re = \frac{\rho v d}{\mu} = \frac{960 \times 0.509 \times 5 \times 10^{-2}}{1.5} = 16.3$$

であるから，流れは層流であり，層流助走距離の式(6.6a)より

$$L = 0.065 \times 16.3 \times 5.0 \times 10^{-2} = 5.3 \times 10^{-2}\,(\mathrm{m})$$

【6・3】Under this condition, the physical property of air is

$$\rho = 1.205\left(\mathrm{kg/m^3}\right),\quad \nu = 1.512 \times 10^{-5}\left(\mathrm{m^2/s}\right)$$

This pipe flow is turbulent, because

$$Re = \frac{vd}{\nu} = \frac{10 \times 25 \times 10^{-2}}{1.512 \times 10^{-5}} = 1.65 \times 10^5$$

By the Nikuradse formula of Eq.(6.45), the friction coefficient is

$$\lambda = 0.0032 + 0.221 Re^{-0.237} = 0.0160$$

So, the pressure drop is calculated by Eq.(6.5b),

$$\Delta p = \lambda \frac{l}{d} \frac{1}{2} \rho v^2 = 0.0160 \times \frac{5}{0.25} \times \frac{1}{2} \times 1.205 \times 10^2 = 19.3\left(\mathrm{Pa}\right)$$

and the head loss is calculated by Eq.(6.5a).

$$\Delta h = \frac{\Delta p}{\rho g} = \frac{19.3}{1.205 \times 9.81} = 1.63\left(\mathrm{m}\right)$$

【6・4】 $d = 0.300\mathrm{m},\ \nu = 1.004 \times 10^{-6}\,\mathrm{m^2/s},\ \rho = 998\,\mathrm{kg/m^3}$ かつ $Q = 0.015\,\mathrm{m^3/s},\ v = 0.212\,\mathrm{m/s},\ Re = 6.33 \times 10^4$ の乱流であるから，壁面せん断応力と摩擦速度は式(6.47)と式(6.29)より

$$\tau_{\mathrm{w}} = 0.112(\mathrm{Pa}),\quad u_* = 0.0106(\mathrm{m/s})$$

となる．なめらかであるためには粘性低層の厚さより小さくなければならないので，壁面粗さは次のようになる．

$$k_s < 5\nu / u_* = 0.47 \times 10^{-3}\left(\mathrm{m}\right) = 0.47\left(\mathrm{mm}\right)$$

【6・5】相対粗さ $k_s/d = 0.05$，レイノルズ数 $Re = 10^4$ における粗い管の乱流管摩擦係数を図 6.17 のムーディ線図から読みとると，$\lambda = 0.073$ であるから，式(6.5a)より損失ヘッドは次のようになる．

$$\Delta h = \lambda \frac{l}{d} \frac{v^2}{2g} = 0.073 \times \frac{30}{0.05} \times \frac{0.2^2}{2 \times 9.81} = 0.089\left(\mathrm{m}\right)$$

【6・6】 From Fig.(6.21) on $A_2/A_1 = 4$ and $2\theta = 15^\circ$, the recovery factor may be read as $\eta = 0.83$. By Eq.(6.64) and Eq.(6.67), the pressure rise is calculated.

$$p_2 - p_1 = \eta \left\{ 1 - \left(\frac{A_1}{A_2} \right)^2 \right\} \frac{\rho v_1^2}{2}$$

$$= 0.83 \times \frac{15}{16} \times \frac{10^3 \times 0.64^2}{2} = 158\left(\mathrm{Pa}\right)$$

【6・7】直径 $d_1 = 0.1\text{m}$，$d_2 = 0.25\text{m}$ と流量一定の関係より

$$v_1 = 50(\text{m/s}),\quad v_2 = v_1\left(\frac{d_1}{d_2}\right)^2 = 8(\text{m/s})$$

式(6.65)と $\Delta h = 120\times10^{-3}\text{mAq}$ より拡大前後の圧力差は

$$p_2^* - p_1 = \frac{1}{2}\rho\left(v_1^2 - v_2^2\right) = \frac{1}{2}\times1.25\times\left(50^2 - 8^2\right) = 1523(\text{Pa})$$

$$p_2 - p_1 = \rho_w g\Delta h = 10^3\times9.81\times120\times10^{-3} = 1176(\text{Pa})$$

よって，式(6.66)より効率は次のようになる．

$$\eta = \frac{p_2 - p_1}{p_2^* - p_1} = 0.772 \to 77.2(\%)$$

【6・8】水面差 $H = 10\text{mAq}$ の圧力差は，式(6.54)と $k_s/d = 0.001$（あるいはムーディ線図）より $\lambda = 0.0196$，および $\zeta = 0.7$ の圧力損失と釣り合うから

$$\rho g H = \left(1 + \lambda\frac{l}{d} + \zeta\right)\frac{1}{2}\rho v^2$$

よって，平均流速および流量は次のようになる．

$$v = 10.2(\text{m/s}),\quad Q = 0.080(\text{m}^3/\text{s})$$

なお，$Re = 1.0\times10^6$ の乱流なので式(6.54)を用いることができる．

【6・9】From the previous problem, the exit velocity is

$$v = \sqrt{\frac{2gH}{1 + \lambda l/d + \zeta}} = \sqrt{\frac{2\times9.81\times30}{1 + 0.03\times10^3/0.2 + 0.5}} = 1.97(\text{m/s})$$

So, its available power is

$$L = \rho g Q H = \rho g\frac{\pi d^2}{4}vH = 18.2\times10^3(\text{W})$$

【6・10】水面差を $h = H_1 - h_1 - h_2$ とおくと，【6.8】より円管内の平均流速は次のように表される．

$$v = \sqrt{\frac{2gh}{1 + \lambda l/d + \zeta}}$$

時間 dt 経過するとき，水面差の変化は $dh = -dh_1 - dh_2$ である．また，水槽の体積変化は円管内を通過する体積に等しいから

$$A_1\,dh_1 = A_2\,dh_2 = v\frac{\pi d^2}{4}dt$$

この関係より $dh = -\left(1 + A_2/A_1\right)dh_2$ であるから

$$dt = -\frac{4A_1A_2}{\pi d^2\left(A_1 + A_2\right)}\frac{dh}{v}$$

よって，これを次のように積分すればよい．

$$t = \int_0^t dt = -\frac{4A_1A_2}{\pi d^2\left(A_1 + A_2\right)}\sqrt{\frac{1+\lambda l/d+\zeta}{2g}}\int_{H_1}^{H_2}\frac{dh}{\sqrt{h}}$$

$$= \frac{8A_1A_2}{\pi d^2\left(A_1 + A_2\right)}\sqrt{\frac{1+\lambda l/d+\zeta}{2g}}\left(\sqrt{H_1} - \sqrt{H_2}\right)$$

第 6 章の文献

藤本武助，(1974)，流体力学，養賢堂.

広瀬幸治，(1976)，流れ学，共立出版.

伊藤英覚，本田睦，(1981)，流体力学，丸善.

加藤宏，(1989)，ポイントを学ぶ流れの力学，丸善.

Schlichting, H., (1979), Boundary-Layer Theory, McGraw-Hill.

妹尾泰利，(1994)，内部流れの力学，養賢堂.

島章，小林陵二，(1980)，水力学，丸善.

須藤浩三，長谷川富市，白樫正高，(1994)，流体の力学，コロナ社.

富田幸雄，(1982)，水力学，実教出版.

第７章 物体まわりの流れ Flow around a Body

7・1 抗力と揚力（drag and lift）

7・1・1 抗力（drag）

風呂のお湯を手でかき混ぜるとき，手の運動を妨げるように，すなわち手の運動方向と逆向きに力が作用することは，誰でもが経験していることであろう．このように，流体中を運動する物体，あるいは流れの中に置かれた物体には流体から力が働く．より厳密に言うと，流体中にある物体と流体との間に相対速度があるとき，その物体には流体から力が作用する．この力のうち，相対速度に平行な方向の成分を抗力（drag）と呼んでいる（図 7.1）．

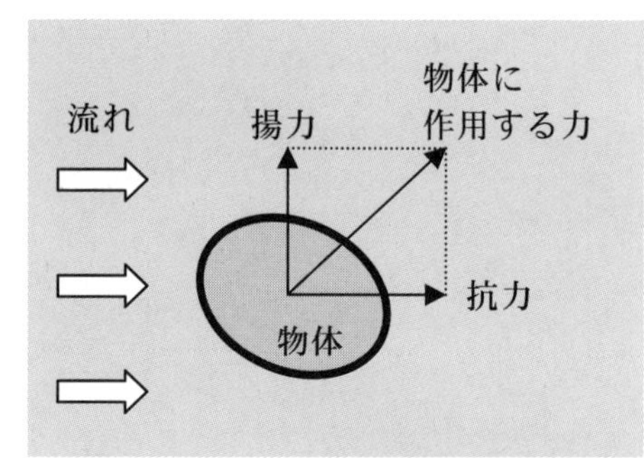

図 7.1　物体に作用する力と抗力

抗力 D は，抗力係数(drag coefficient) C_D を用いて，

$$D=\frac{1}{2}C_D\rho U^2 S \tag{7.1}$$

のように表現される．ここで，ρ は流体の密度，U は物体と流体との相対速度，S は物体の基準面積である．物体の基準面積 S としては，流れに対する物体の正面投影面積が一般に用いられるが，飛行機の場合には主翼の面積が，船の場合には船体体積の 2/3 乗が慣例的に用いられている．表 7.1 に種々の物体に対する抗力係数の例を示しておく．いずれの場合も，流れは物体正面に左から右方向へ流れているものとする．

表 7.1　種々の物体の抗力係数

物体（流れの方向：⇨）	形状	基準面積 S	抗力係数 C_D
円柱	$l/d=1$ 5 10 ∞	dl	0.63 0.74 0.82 1.20
平板	$a/b=1$ 5 10 ∞	ab	1.12 1.19 1.29 2.01
円板		$\frac{\pi}{4}d^2$	1.20
立方体		l^2	1.05
球		$\frac{\pi}{4}d^2$	0.47
流線形物体	$l/d=2.5$	$\frac{\pi}{4}d^2$	0.04

抗力係数 C_D は，物体の形状，寸法，表面粗さ，流体と物体との相対速度，流体の粘性，密度，乱れなどによって影響を受ける．しかし，流れのはく離に基づく抗力が支配的な鈍頭物体では，広いレイノルズ数の範囲でほぼ一定（表 7.1 の値）となることが知られている．

【例題 7・1】　＊＊＊＊＊＊＊＊＊＊＊＊＊＊＊＊＊＊＊＊＊＊＊
空気中を直径 10cm の球が一定速度 10m/s で飛んでいる．この球の受ける抗力の大きさと方向はどのようになるか．ただし，空気の密度を 1.2kg/m^3 とし，抗力係数と基準面積は表 7.1 の値を用いよ．

【解答】 式(7.1)より，抗力（流体抵抗）は

$$D = \frac{1}{2} \times 0.47 \times 1.2 \times (10.0)^2 \times \frac{\pi}{4} \times (0.1)^2 = 0.22 \text{ (N)}$$

また，抗力の作用する向きは流れと同じ向きになるので，この場合には球の飛行方向と逆向きということになる．

＊＊＊＊＊＊＊＊＊＊＊＊＊＊＊＊＊＊＊＊＊＊

抗力は，その発生原因に応じて，摩擦抗力(friction drag)，形状抗力(form drag)あるいは圧力抗力(pressure drag)，誘導抗力(induced drag)，造波抗力(wave drag)，干渉抗力(interference drag)の 5 種類に分類することができる．以下，それぞれについて説明する．

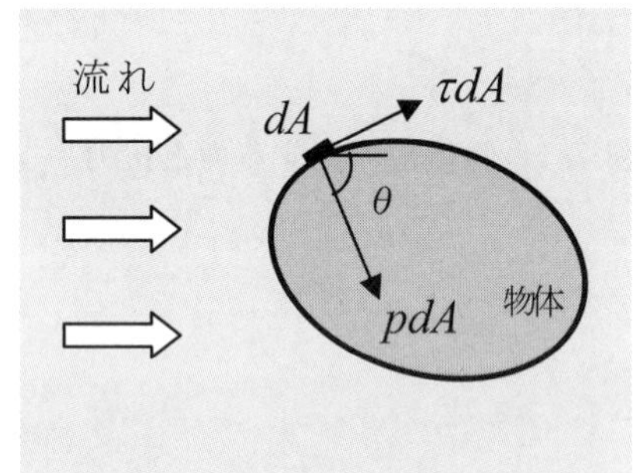

図 7.2　物体表面に作用する力

a．摩擦抗力（friction drag）

物体表面には流体の粘性による摩擦力が流れ方向に作用している．この摩擦力を物体の全表面にわたって積分したものを摩擦抗力という．図 7.2 に示すように，物体表面の微小部分 dA に着目し，この部分に接線方向に作用する摩擦力を τdA，dA の法線方向と流れとのなす角度を θ とすると，摩擦抗力 D_f は，

$$D_f = \int_A \tau \sin\theta dA \qquad (7.2)$$

と求めることができる．新幹線やタンカーなどのように流れ方向に長い物体では，摩擦抗力が卓越している．

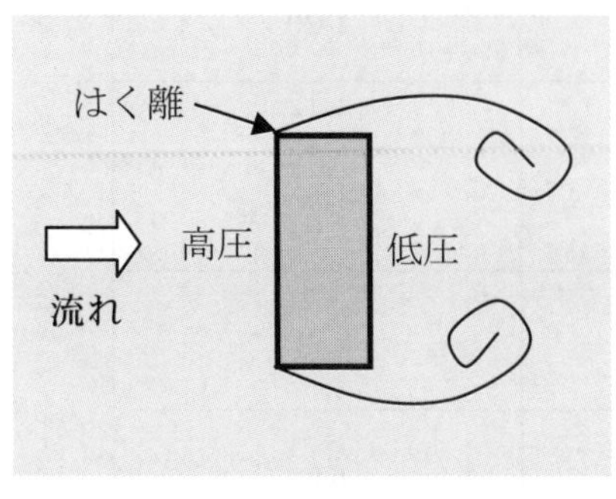

図 7.3　形状抗力

b．形状抗力（form drag）（あるいは圧力抗力（pressure drag））

流れが物体から剥がれる（はく離する）と，流れに対して物体の背面によどみ点圧力より圧力の低い領域が形成される．たとえば，図 7.3 は角柱状物体のはく離の様子を示したものである．物体の全表面にわたって圧力を積分すると，物体背面に生じるこの低圧と，物体正面に生じるよどみ点圧力との差より抗力が発生することになる．この抗力は，物体の形状に依存するので形状抗力，あるいは物体正面・背面間の圧力差によるので圧力抗力と呼ばれる．一般に，レイノルズ数がきわめて小さいときを除けば，鈍頭物体でははく離が避けられないため，形状抗力が支配的となっている．図 7.2 の微小要

素 dA 上の圧力を p とすると，圧力の特性から p は dA に垂直に作用し，形状抗力 D_p は，

$$D_p = \int_A p\cos\theta dA \tag{7.3}$$

と求めることができる．形状抗力は，一般に，流れ方向にあまり長くない鈍頭な物体のとき支配的となっている．

c．誘導抗力（induced drag）

3 次元物体では，物体の両端から強い縦渦を発生している場合がある（たとえば，翼や自動車）．この縦渦を発生させるために消費されるエネルギーは損失であり，物体の抗力と見なされる．あるいは，縦渦の誘導速度により物体まわりの圧力分布が変化し，抗力として寄与するととらえることもできる．このような縦渦の発生に伴う抗力を誘導抗力という．航空機の後流に生じる一対の縦渦（これを翼端渦とよぶ）の模式的な様子を図 7.4 に示す．

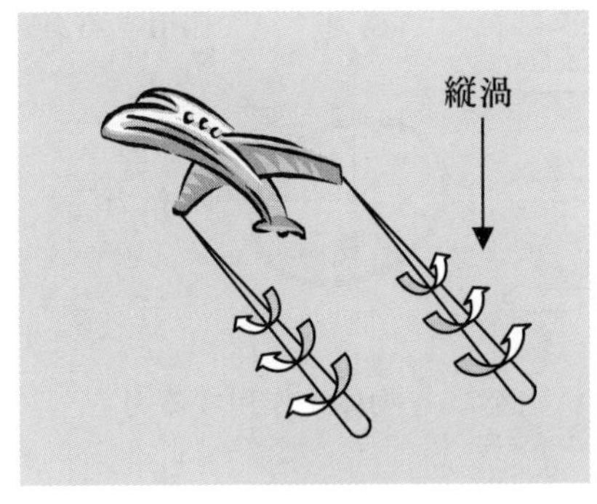

図 7.4　誘導抗力

d．造波抗力（wave drag）

高速な流体（圧縮性流体）の中で衝撃波が形成されたり，船の進行に伴って水面に波が生じるような場合には，それらの波を形成するためにエネルギーが使われ，抗力となる．このような波の発生に伴う抗力を造波抗力と呼んでいる．図 7.5 に超音速流中に置かれたロケット状物体の先端に形成される衝撃波の様子を示す（衝撃波については，第 11 章を参照）．

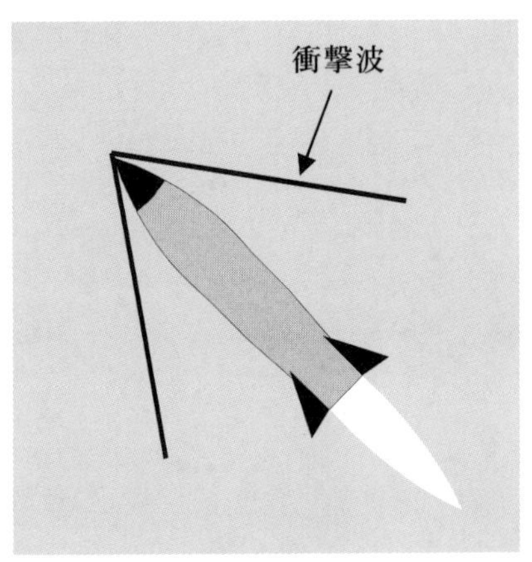

図 7.5　造波抗力

e．干渉抗力（interference drag）

流れの中に物体 1，2 をそれぞれ単独で置いた場合の抗力を D_1，D_2 とする．この 2 つの物体を近接させて同時に置いた場合の抗力 D_{12} は，D_1 と D_2 の和よりも大きくなるのが普通である．両者の差

$$D_I = D_{12} - \left(D_1 + D_2\right) \tag{7.4}$$

は，2 つの物体の相互作用によって生じた抗力であり，干渉抗力と呼ばれている．

物体の抗力は，一般に，これら 5 種類の抗力のうち複数から構成されている．抗力はエネルギー損失になるため抗力を低減することが求められるが，その際には，どのような抗力が支配的であるかを把握し，その抗力を減少させるような対策を取ることが重要となる．

自動車に作用する流体抵抗

普通乗用車が時速 100km で走行しているとき，全抵抗に占める抗力の内訳は，摩擦抗力が 6%，形状抗力が 48%，誘導抗力が 6%，造波抗力が 0%，干渉抗力が 12%である（ただし，概略値）．残りの抵抗は，タイヤの転がり摩擦や軸受の摩擦によるものである．したがって，自動車の形状を修正して形状抗力を低減することがもっとも有効であることがわかる．実際，はく離を生じないように形状を流線形化したり角を丸めたりといった対策がとられている．

7・1・2　揚力（lift）

流体中の物体に作用する力のうち，相対速度に垂直な方向の成分を揚力(lift)と呼ぶ．図 7.6 に流れによって物体に作用する力と揚力との関係を図示する．揚力は，航空機の浮上力，ガスタービンやポンプなど回転機械の回転力に利用されるため，工業上非常に重要な力である．

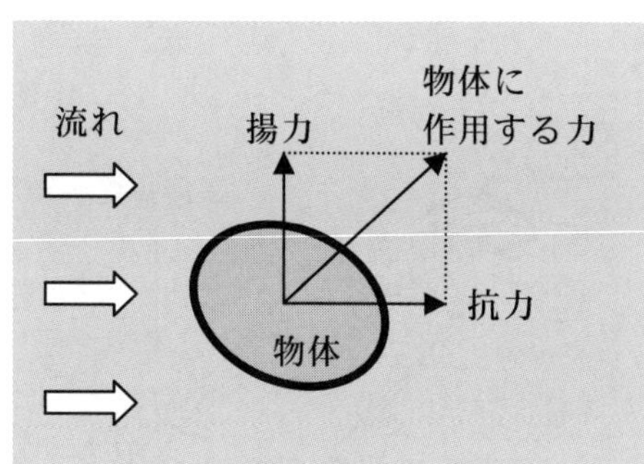

図 7.6　物体に作用する力

揚力 L は，揚力係数(lift coefficient)C_L を用いて，抗力と同様に

$$L = \frac{1}{2} C_L \rho U^2 S \tag{7.5}$$

と表現される．記号の意味は式(7.1)と同様であり，揚力係数 C_L は，物体の形状，寸法，表面粗さ，流体と物体との相対速度，流体の粘性，密度，乱れなどによって影響を受けることが知られている．

揚力は物体に作用する圧力，摩擦力の合力であるが，実用上は圧力の寄与を考えれば十分である．このため，物体の全表面にわたって圧力を積分することにより，

$$L = \int_A p \sin\theta dA \tag{7.6}$$

のように求めることができる（記号は図 7.2 参照）．

以下では，揚力が重要なパラメータとなる翼(airfoil, blade)を例として，揚力の特性について説明することにする．翼は揚力が抗力に卓越した機械要素であり，その断面の例と各部の名称を図 7.7 に示す．また，航空機のように翼が単独で用いられるものを単独翼(single airfoil)，ターボ機械のように複数の翼が同時に用いられるものを翼列(blade raw, cascade)と呼ぶ．図 7.8 に，翼を用いた流体機械の例としてジェットエンジンの断面図を示す．ジェットエンジンは，吸い込んだ空気をファン(fan)を含む圧縮機(compressor)で圧縮し，燃焼器(combustion chamber)において燃料を噴射して燃焼を行い，高温高圧となった燃焼ガスをタービン(turbine)に通して圧縮機の仕事を得た後，高速気流として噴出して推進力を得る流体機械である．翼は，圧縮機とタービンを構成するための重要な要素となっている．

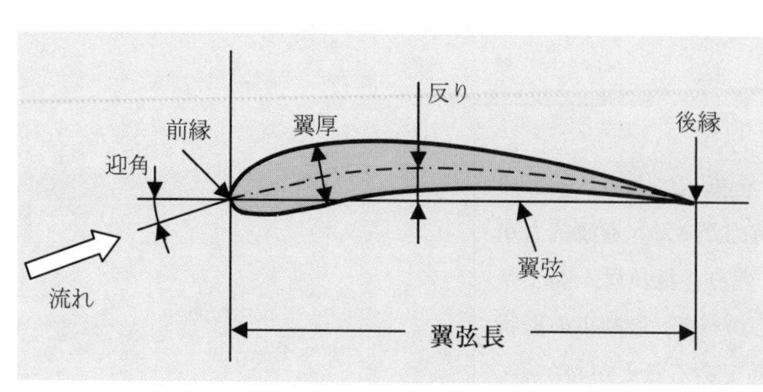

図 7.7　翼断面の例と各部の名称

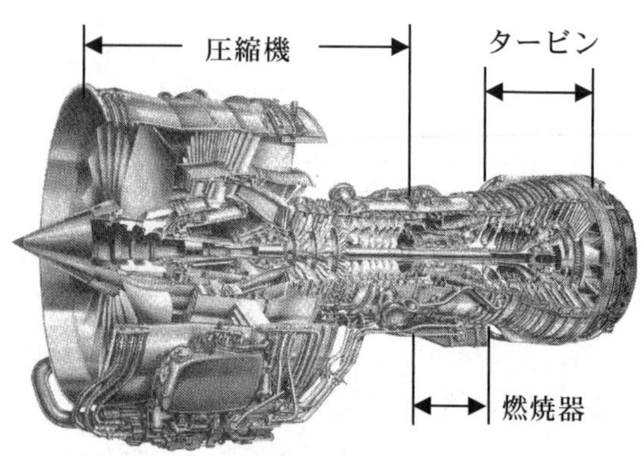

図 7.8　翼を用いる流体機械の例（ジェットエンジン）

翼の流体力学的な性能は，以下で定義される無次元係数によって評価されている．

揚力係数　$$C_L = \frac{L}{\frac{1}{2}\rho U^2 S} \tag{7.7}$$

抗力係数　$$C_D = \frac{D}{\frac{1}{2}\rho U^2 S} \tag{7.8}$$

揚抗比　$$\frac{L}{D} = \frac{C_L}{C_D} \tag{7.9}$$

圧力係数　$$C_p = \frac{P - P_\infty}{\frac{1}{2}\rho U^2} \tag{7.10}$$

モーメント係数　$$C_M = \frac{M}{\frac{1}{2}\rho U^2 Sl} \tag{7.11}$$

ここで，L は揚力，D は抗力，M は前縁もしくは 1/4 翼弦長位置まわりのモーメント，U は翼から十分離れた位置での流速，P は圧力，P_∞ は翼遠方の圧力，l は翼弦長，ρ は流体の密度，S は翼面積である．

翼の流体力学的性能は，翼断面の形（翼形），レイノルズ数，マッハ数，迎角，翼表面の粗さ，翼のアスペクト比（翼幅の 2 乗／翼面積）などによって影響を受けることが知られている．特に，翼の性能は，翼弦と流れとのなす角度 α（これを迎角と呼ぶ．図 7.7 参照）によって大きく変化し，一般に，図 7.9 のような揚力・抗力特性をもつことが実験的に明らかとなっている．図中で揚力が迎角 20° 付近において急減し抗力が急増しているのは，翼上面（背面，負圧面）において流れがはく離するためであり，この状態を失速(stall)と呼んでいる．図 7.10 に失速状態にある翼まわりの流れの模式図を示しておく．翼上面の流れが翼表面に沿っていないことがわかるであろう．

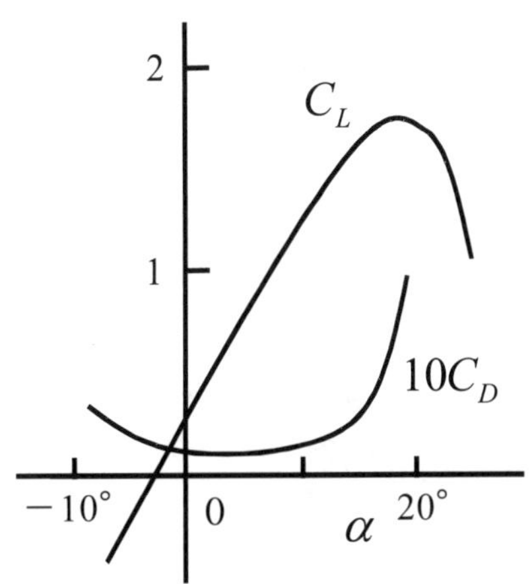

図 7.9　翼の揚力・抗力特性

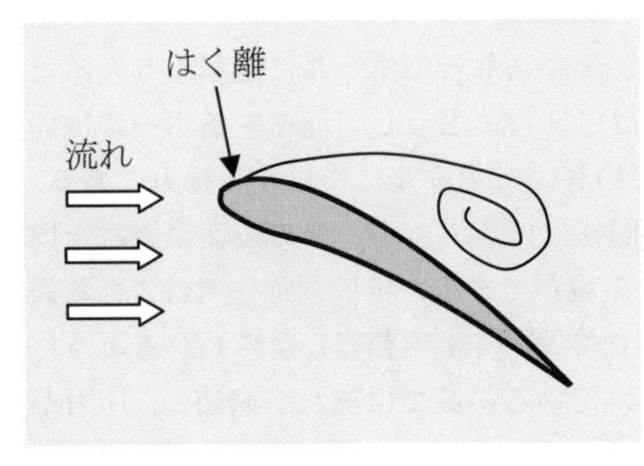

図 7.10　失速状態の翼

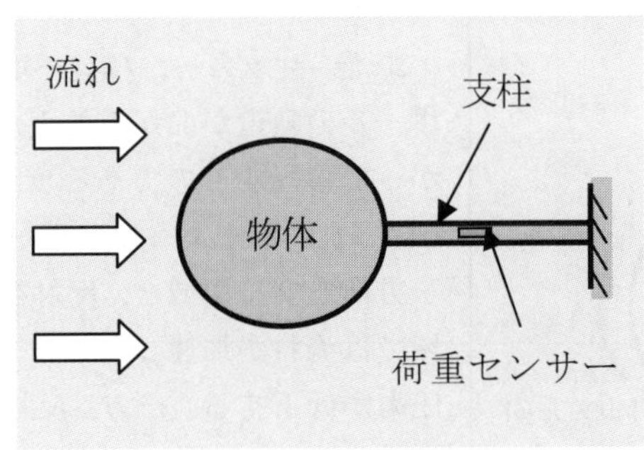

図 7.11　抗力，揚力の計測

抗力と揚力の求め方

流体中に置かれた物体の抗力と揚力を求める方法としては，

（ア）式(7.2)，(7.3)，(7.5)，(7.6)に示したように，物体まわりの流れ状態（速度および圧力の分布）から積分計算する．

（イ）4分力計や6分力計を用いて物体に作用する力を直接求める．（図7.11にこの方法の模式図を示す．なお，この方法を用いると，物体に作用するモーメントも得られる．）

（ウ）物体の下流断面の流れ状態を求め，運動量の変化から運動量法則を用いて力を求める．

などがある．（ア）の方法は物体まわりの流れを詳細に知る必要があるため，実験には向いておらず，主として数値計算（コンピュータ・シミュレーション）において利用されている．一方，(イ)や(ウ)の方法は，比較的簡単な実験装置で計測が可能であり，実験において多用されている．ただし，実験を行う際には，流れの中に物体を支持するための支柱やワイヤを設ける必要があり，これらの流れ場への影響に注意する必要がある．

【例題7・2】　＊＊＊＊＊＊＊＊＊＊＊＊＊＊＊＊＊＊＊＊＊＊＊

翼面積 15m^2，自重 400kgf のグライダーが時速 80km で飛行している．この飛行状態の迎角において翼の揚力係数が 1.2 であるとき，このグライダーは上昇するか下降するか調べなさい．ただし，空気の密度を 1.2kg/m^3，揚力の作用点が機体の重心に一致しているものとし，機体や尾翼の揚力は無視できるものとする．

【解答】式(7.5)より，揚力の大きさは

$$L=\frac{1}{2}C_L\rho U^2S=\frac{1}{2}\times1.2\times1.2\times\left(\frac{80.0\times10^3}{3600.0}\right)^2\times15.0$$

$$=5.33\times10^3\ \text{(N)}=5.44\times10^2\ \text{(kgf)}$$

したがって，このグライダーは上昇することになる．

＊＊＊＊＊＊＊＊＊＊＊＊＊＊＊＊＊＊＊＊＊＊

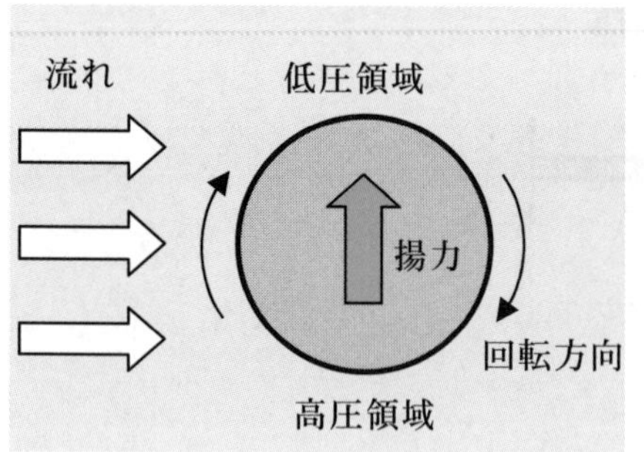

図7.12　回転ボールに作用する揚力

回転するボールはなぜ曲がるのか？

野球，サッカー，バレーボール，テニスなどでボールに回転を与えるとボールの軌道が曲がることが知られている．どうして回転するボールは曲がって飛行するのであろうか．その答えはボールに作用する揚力にある．図7.12に示すように，ボールの回転に伴って，ボールの表面が流れと同じ方向を向く領域と，反対を向く領域ができる．同じ方向を向いている領域では流れが加速し，ベルヌーイの定理（4.4項参照）からわかるように圧力が低下する．一方，反対を向いている領域では流れが減速し，圧力が上昇する．両者の圧力差は，流れと垂直にボールに作用する．すなわち，ボールに対して揚力として働くために，その方向へボールは曲がることになる．このような回転体に対する揚力の発生機構をマグナス効果(Magnus effect)と呼んでいる．

7・2　円柱まわりの流れとカルマン渦（flow around a cylinder and Karman vortex）

本節では，物体まわりの流れの典型例として，一様流中に置かれた円柱まわりの流れについて取り上げることにする．

この流れでは，一様流速 U，円柱直径 d，流体の動粘度 ν で定義されるレイノルズ数(Reynolds number)

$$Re = \frac{Ud}{\nu} \tag{7.12}$$

が重要なパラメータとなっている．

レイノルズ数が 6 以下の場合，流れは図 7.13 (a) のように円柱に付着して流れる．この流れのパターンは理想流体と同様である．しかし，理想流体では圧力分布が完全に対称であり摩擦力も存在しないため円柱に力が作用しないが，実在流体では主として円柱表面の摩擦力により抗力が作用する．この矛盾をダランベールのパラドックスと呼んでいる．

レイノルズ数が 6 以上 40 以下の場合には，流れは円柱側面ではく離し，円柱背後に一対の定常な渦を形成する（図 7.13 (b)）．この渦を双子渦(twin vortex)と呼ぶ．なお，レイノルズ数が大きくなるにしたがって，双子渦の長さは伸びていき，その下流側部分がゆらぎ始める．

レイノルズ数が 40 以上になると，双子渦が安定に存在できず，交互に円柱から剥がれて振動流が発生する（図 7.13 (c)）．円柱から剥がれた渦は，円柱下流で一定間隔を保った千鳥状の列を形成する．この渦の列をカルマン渦(Karman vortex)もしくはカルマン渦列(Karman vortex street)と呼ぶ．円柱から見たカルマン渦の振動数（すなわち渦放出周波数） f は，円柱直径 d，一様流流速 U から定義されるストローハル数(Strouhal number)

$$S_t = \frac{fd}{U} \tag{7.13}$$

によって，レイノルズ数の関数として整理できることが知られている．図 7.14 にレイノルズ数とストローハル数との関係を示す．図から明らかなように，ストローハル数はレイノルズ数が 5×10^2 から 2×10^5 の範囲でほぼ一定値 0.2 をとることがわかる．ただし，レイノルズ数が 300 以上になると，円柱から放出された渦はすぐに乱れてしまい，図 7.13(c)に示したようなきれいなカルマン渦を見ることはできない．

カルマン渦は，工業上，機械に悪影響を及ぼす場合と有効利用が図られる場合の両方の側面を持っている．すなわち，悪影響としては，振動流の発生によって円柱に流れと直角方向の交番起振力が与えられ，円柱が振動を起こして疲労破壊する原因となることが上げられる．逆に，有効利用の例としては，カルマン渦の周波数を計測することで流速や流量を求めることが可能であり，いくつかの計測機器に利用されている．図 7.15 は，微小直径の円柱から放出されるカルマン渦をレーザ・ドップラ流速計を用いて計測し，管路の流量を計測するカルマン渦流量計の模式図である．

なお，カルマン渦は以上述べてきた円柱の場合だけではなく，矩形柱，正方形柱，楕円柱，円錐など鈍頭な物体で一般的に観察される現象である．

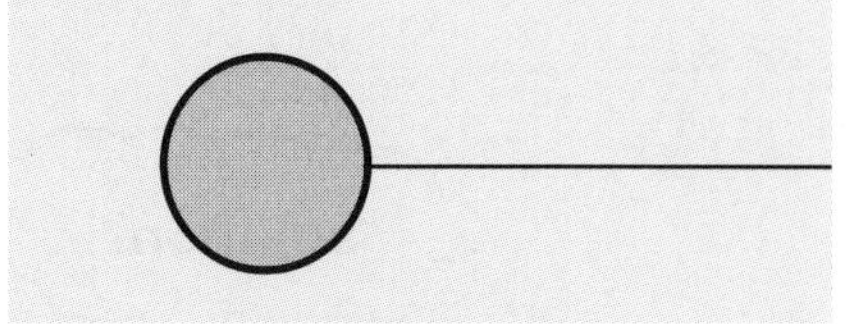

(a) $Re < 6$

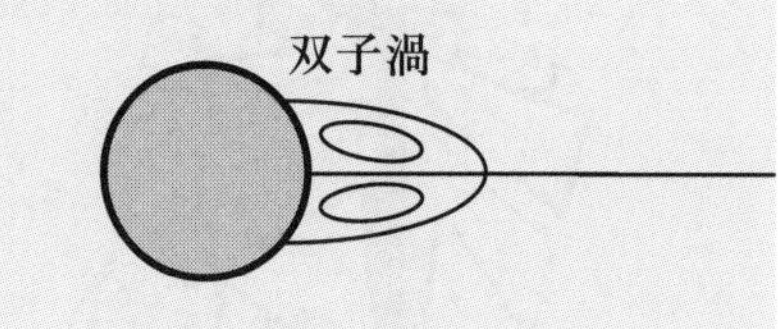

(b) $6 < Re < 40$

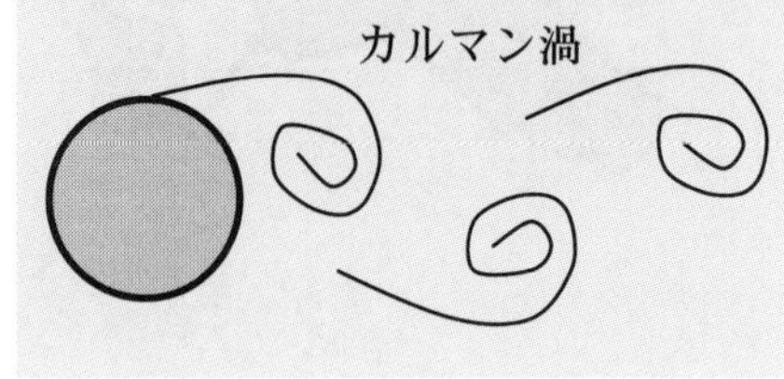

(c) $Re > 40$

図 7.13　レイノルズ数による円柱まわりの流れのパターン変化（流れの向き：⇨）

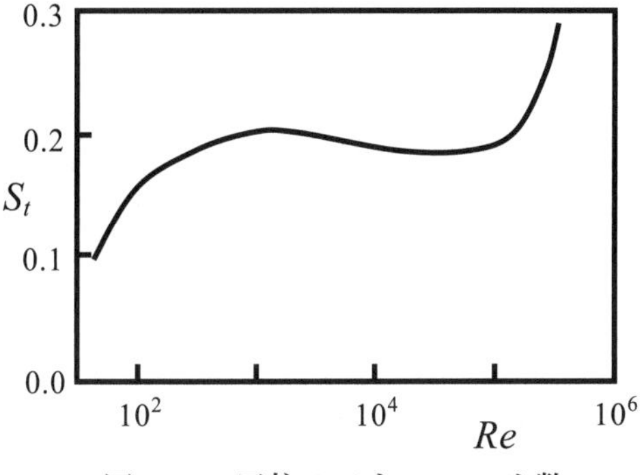

図 7.14　円柱のストローハル数

図 7.15　カルマン渦流量計

カルマン渦の由来

Karman は 1881 年ハンガリー生まれであり，1906 年からドイツのゲッチンゲン大学に留学してプラントル教授の研究指導を受けていた．そのとき，同僚のヒーメンツは円柱からのはく離の実験を行っていたが，いくら注意深く実験を行っても円柱が振動してしまい，良好なデータが得られなかった．プラントル教授は円柱の仕上げ精度に問題があると考えていたが，カルマンはこの振動が円柱のはく離に特有な現象なのではないかと考え，ポテンシャル理論に基づく理論解析を行ってみた．その結果，円柱から放出された渦列が安定に存在するためには，$l/h=0.2806$（ここで，l は渦中心の流れ方向間隔，h は流れと垂直方向の間隔）という千鳥状の配置をとらなければならないことを発見した．

カルマン渦は，このようなカルマンの業績を記念して付けられた名称である．なお，カルマンの導いた渦の配置は，その後行われた多くの実験によっても正しいことが確かめられている．

【例題 7・3】　* *

一様な速度で流れる空気中に直径 5mm の円柱状アンテナが置かれている．このアンテナから放出される渦の周波数を求めなさい．ただし，空気の動粘度は $\nu=1.5\times10^{-5}\ \mathrm{m^2/s}$ とし，円柱のレイノルズ数は 2.0×10^4 であるとする．

【解答】　まずレイノルズ数から一様流速を求めると，

$$U=\frac{Re\,\nu}{d}=\frac{2.0\times10^4\times1.5\times10^{-5}}{0.005}=60.0\quad(\mathrm{m/s})$$

レイノルズ数が 2.0×10^4 のときのストローハル数は 0.2 であるから，式(7.13)を用いて渦の放出周波数は，

$$f=\frac{S_t U}{d}=\frac{0.2\times60.0}{0.005}=2.4\times10^3\quad(\mathrm{Hz})$$

と求められる．

* *

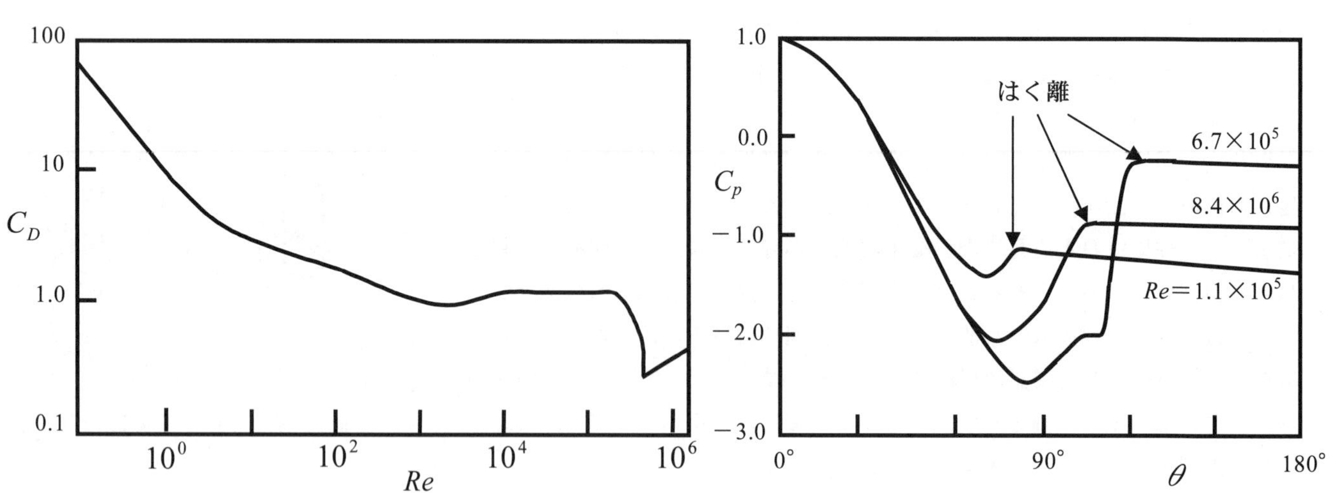

図 7.16　レイノルズ数に対する円柱の抗力係数の変化

図 7.17　円柱まわりの圧力分布

ここで，レイノルズ数の変化によって円柱まわりの流れがどのように変化するかをより詳しく見てみよう．レイノルズ数 Re に対する円柱の抗力係数 C_D の変化を図 7.16 に，前方よどみ点から測った角度 θ に対する円柱まわりの圧力分布 C_p の変化を図 7.17 示す．

レイノルズ数が 5 以下と十分小さいときには摩擦抗力が卓越しており，レイノルズ数の増加とともに抗力係数がゆっくりと減少する．

カルマン渦が発生するようになると，円柱前縁から測って約 80° で層流境界層（第 9 章参照）がはく離するため，円柱背面の低圧による形状抗力が支配的となり，抗力係数はほぼ一定値 1.2 を取るようになる．図 7.17 の圧力分布では，80° 以降に一定圧力の領域が認められるが，この領域がはく離領域に対応している．

レイノルズ数が増加して 5×10^5 付近に達すると，抗力係数が急減して約 0.4 となっていることが認められる．これは，円柱表面の層流境界層がはく離した直後に乱流境界層に遷移し，乱流境界層として再付着し，最終的なはく離点が約 120° に後退するために生じたものである．すなわち，はく離点が下流側にずれることによって，円柱背面の低圧領域が狭められ，抗力が減少しているのである．このときのレイノルズ数を臨界レイノルズ数(critical Reynolds number)と呼んでいる．臨界レイノルズ数は，円柱表面の粗さや一様流に含まれる乱れの強さに影響を受けることが知られており，表面粗さが粗いほど，乱れが強いほど小さくなる．

さらにレイノルズ数が増大すると，抗力係数は増加し始める．これは層流境界層がはく離を起こす前に遷移し，最終的なはく離点が約 100° へ徐々に戻ってしまうために生じている．図 7.17 から，このはく離点の上流側への移動が見てとれる．

なお，ゴルフボールのディンプル（表面のへこみ）は，強制的に境界層を乱して乱流境界層とし，はく離点を後退させることによって抗力を低減して飛距離の向上を図ったものである．

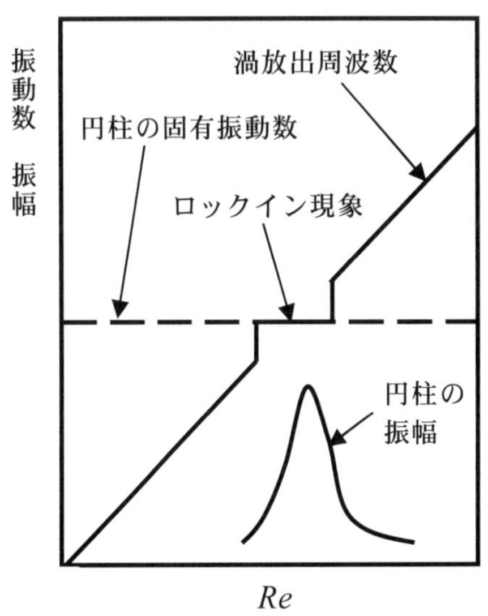

図 7.18　円柱のロックイン現象

7・3　円柱まわりの流れのロックイン現象
（lock-in phenomena of flow around a cylinder）

円柱の固有振動数とストローハル数から計算される渦放出周波数が接近したとき，円柱の振動が励起され，固有振動数に同期して渦が放出される現象をロックイン現象(lock-in phenomenon)と呼んでいる．渦放出周波数および円柱の振動振幅とレイノルズ数との関係を図 7.18 に示す．

円柱の固有振動数がカルマン渦の周波数に近い場合には，カルマン渦の放出に伴って，円柱は流れと垂直方向に振動を生じることになる．この現象をクロスライン振動(cross-line oscillation)と呼んでいる．

また，円柱の固有振動数がカルマン渦の周波数の約 2 倍で，さらに円柱の構造減衰力が弱い場合には，流れ方向に平行な振動と渦の放出が干渉を起こし，流体中に置かれた円柱は流れと平行な自励振動を生じる．このとき円柱から放出される渦は，カルマン渦とは異なり，対称な一対の渦（渦対）として下流へ流れて行く（図 7.19）．この現象をインライン振動(in-line oscillation)と呼んでいる．

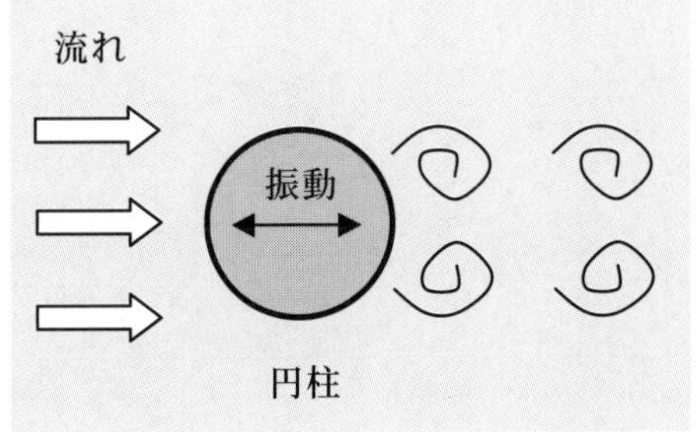

図 7.19　円柱のインライン振動

ロックイン現象が発生すると，円柱の振動が励起されて疲労破壊の原因となるため，ロックイン現象を起こさないような設計が求められる．具体的には，円柱の固有振動数をカルマン渦周波数の 1 倍（クロスライン振動）および 2 倍（インライン振動）から離す，構造減衰を大きくする，円柱の振動振幅を十分小さくとる，渦放出が周期性をもたないように円柱にワイヤを巻く，円柱の背後に分離板を設置するなどの対策が必要となる．

カルマン渦による橋の崩壊

1940 年 11 月，アメリカ西海岸・ワシントン州に建設されたタコマ・ナロウズ橋という吊り橋は，風速 19m/s という日本でいえば春一番程度の風で崩壊してしまった．設計段階では 50m/s を超える強風にも耐えられるように考慮が図られたが，カルマン渦の放出と橋構造の固有振動数が一致してしまったために，ねじれ曲げモードの自振励動を起こし，このような大事故に至ってしまったのであった．橋崩壊の様子は，ワシントン大学のファーカソン教授がビデオにおさめていたため，今でも振動しながら破壊していく様子を見ることができる．この事故以来，橋，高層ビル，煙突などの人工構造物は周期的な渦を放出しにくい断面形状となるように，また，渦放出周波数が構造物の固有振動数に一致しないように十分注意して設計されるようになっている．

===== 練習問題 ======================

【7・1】流速 2m/s の一様流中に直径 10cm，長さ 1m の円柱を軸が流れと直角になるようにおかれている．流体が常温の水であるとき，この円柱の抗力を求めなさい．

【7・2】長さ 1m，幅 3m の平板が一様空気流に対して 10° の迎角でおかれている．一様流速が 12m/s，平板の抗力係数が 0.1，揚力係数が 0.8 のとき，この平板に作用する抗力，揚力，合力の向きと大きさを求めなさい．

【7・3】静水中に直径 1mm，密度 1500kg/m^3 の固体球を落とした．十分時間が経った後に固体球が達する一定速度（これを終端速度と呼ぶ．）を求めなさい．ただし，球の抗力係数は，次式で与えられるものとする．

$$C_D = \frac{24}{Re} \qquad \text{（ストークスの法則）}$$

ただし，$Re = U_{\mathrm{res}} d / \nu$，$U_{\mathrm{res}}$ は球と流体との相対速度，d は球の直径，ν は動粘度を意味する．

【7・4】川の中に直径 10cm の円形断面の杭が立っており，この杭の下流に放出周波数 1Hz のカルマン渦が観察された．川の流速を求めなさい．

【7・5】流体機械の中を 10m/s で空気が流れている．この流れをモニターするために，直径 1cm の円柱状のセンサーを流れと直角に挿入する．センサーの固有振動数としてどのような振動数を避ければよいか．

【7・6】Calculate the drag force acting on the circular plate with the diameter of 30cm in the stream with the velocity of 5m/s and the density of 1.2kg/m^3.

【7・7】Find the lift and drag forces of the car driving at the speed of 80km/h. Assume the front area is 2m^2, the density of air is 1.2kg/m^3, and the lift and drag coefficients are 0.03 and 0.35, respectively.

【7・8】Calculate the terminal velocity of the water droplet in ambient air. Assume the diameter of droplet is 0.5mm, and the drag coefficient is 0.24.

【7・9】A cylinder is located in air stream with the velocity of 15m/s. When the radius is 2cm, estimate the shedding frequency of Karman vortex.

【解答】

【7・1】 164（N）

【7・2】 翼に準じて基準面積 S は平板面積 1×3m^2 を用い，抗力 25.9（N），揚力 207.4（N），合力 209.0（N）

抗力の作用する向きは流れと同じ方向，揚力の作用する向きは流れと直角方向，合力の作用する向きは，流れの方向から測って，82.9°

【7・3】 0.271（m/s）

ヒント：球に作用する重力が抗力と浮力の合力と釣合っている．

【7・4】 0.5（m/s）

【7・5】 カルマン渦によるクロスライン振動とカルマン渦の 2 倍の周波数のインライン振動が起きないように，200 および 400（Hz）を避ければよい．

【7・6】 1.27（N）

【7・7】 Lift　17.8（N），Drag　207.4（N）

【7・8】 4.76（m/s）

【7・9】 75（Hz）

第 7 章の文献

(1) 日野幹夫，流体力学，(1992)，朝倉書店．

(2) 日本機械学会編，機械工学便覧 A5 流体工学，(1988)，日本機械学会．

(3) 田古里哲夫，荒川忠一，流体工学，(1989)，東京大学出版会．

第 8 章

流体の運動方程式

The Equations of Fluid Motion

8・1　連続の式 (continuity equation)

この章では流れに関する基礎的な方程式を導く．それらの方程式は式の形を見ただけでは基礎となる原理との関係を想像しにくい場合が多い．大切なのは，式の形そのものよりも，流れによって運ばれる質量や運動量，それにともなって生ずる力などをどのように定義し，それらの間にどのような関係が成り立つかを理解することにある．そのような流体力学の考え方に慣れることによって，個々の具体的な流れに対してもその流れの物理的な把握ができるようになる．

連続の式は流体力学における質量保存則(law of conservation of mass)である．連続の式を導くときには，ある特定の流体部分に対して考えるよりも，次のようにある特定の空間領域に対して考えるほうがわかりやすい．なぜなら，流体は流れに乗って絶えず移動し，かつ変形し続けており，これを特定の流体部分に対して追跡するのは少しやっかいだからである．流れの中に図 8.1 のように検査体積 CV をとり，この CV について質量保存則を考える．質量保存則は，検査体積 CV において質量の発生と消滅がなく，したがって CV 内部における質量の時間的変化 I_V が，単位時間に CV の表面 CS を通って入ってくる質量と出て行く質量との差 I_S に等しい($I_V = I_S$)といいかえることができる．まず I_V は，密度を ρ とすれば，

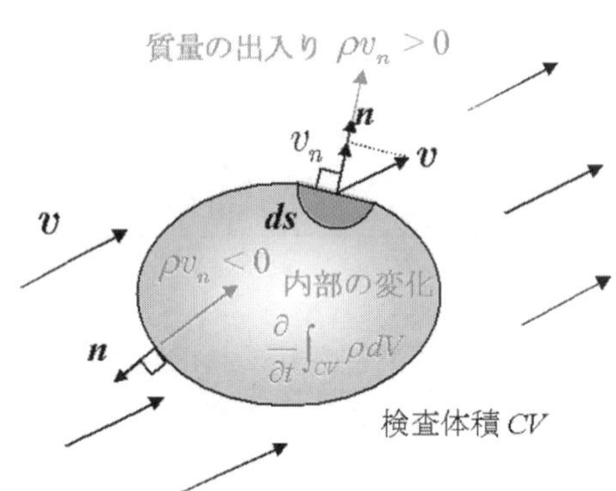

図 8.1　検査体積 CV に対する質量保存則

$$I_V = \frac{\partial}{\partial t}\int_{CV}\rho dV \tag{8.1}$$

で与えられる． I_S は，流速ベクトル $\boldsymbol{v}$ の面 CS に対する外向き法線成分を $v_n\ (= \boldsymbol{v}\cdot\boldsymbol{n})$ とすれば，ガウスの定理(表 8.1 参照)より

$$I_S = -\int_{CS}\rho v_n dS = -\int_{CS}\rho\boldsymbol{v}\cdot\boldsymbol{n}dS = -\int_{CV}\nabla\cdot(\rho\boldsymbol{v})dV \tag{8.2}$$

となる．ここで $\boldsymbol{n}$ は面 CS に対する外向き単位法線ベクトルであり， v_n は検査体積 CV への流入の場合にマイナス，流出の場合にプラスの符号をもつ．質量保存則，すなわち連続の式は $I_V = I_S$ より

$$\frac{\partial}{\partial t}\int_{CV}\rho dV = -\int_{CV}\nabla\cdot(\rho\boldsymbol{v})dV \tag{8.3}$$

この式は，CV のどんなとり方に対しても成り立つから，被積分関数が恒等的にゼロになる．したがって，

表 8.1 ガウスの定理　その 1

> グリーンの定理ともよばれ，検査体積の表面 CS に関する面積分を体積積分に，あるいはその逆の変換に対して利用される．任意のベクトル $\boldsymbol{v}$ に対して
>
> $$\int_{CS}\boldsymbol{v}\cdot\boldsymbol{n}dS = \int_{CV}\nabla\cdot\boldsymbol{v}dV$$
>
> ここで，$\boldsymbol{n}$ は面 CS に対する単位法線ベクトルである．ガウスの定理の説明については他の参考書[今井(1973)，Y.C.ファン(1974)など]に詳しい．

$$\frac{\partial \rho}{\partial t}+\boldsymbol{v}\cdot\nabla\rho+\rho(\nabla\cdot\boldsymbol{v})=0 \tag{8.4}$$

式(8.4)左辺の第 1 項はある特定の位置における密度の時間的変化を示し，第 2 項は流れに乗って移動するときに生ずる密度の変化を示す．したがってこれら 2 項の和がラグランジュ的な意味で密度の実質的変化を表し，2･1 節で述べた実質微分 D/Dt を用いて表せば

$$\frac{D\rho}{Dt}+\rho(\nabla\cdot\boldsymbol{v})=0 \qquad \text{(圧縮性)} \tag{8.5}$$

となる．これが流体力学における質量保存則，すなわち連続の式であり，圧縮性流体および非圧縮性流体のいずれに対しても成り立つ．圧縮性流体の場合には，$\rho(\nabla\cdot\boldsymbol{v})$ は流体の膨張または圧縮による密度変化を示し，これが密度の変化率 $D\rho/Dt$ とつり合うことになる．非圧縮性流体の場合には，

$$\text{非圧縮の条件:}\ \frac{D\rho}{Dt}=0 \tag{8.6}$$

が成り立つので，連続の式(8.5)は次のように簡単になる．

$$\nabla\cdot\boldsymbol{v}=0 \tag{8.7}$$

直交座標では $\boldsymbol{v}=v_x\boldsymbol{i}+v_y\boldsymbol{j}+v_z\boldsymbol{k}$ ($(\boldsymbol{i},\boldsymbol{j},\boldsymbol{k})$ は(x, y, z)方向の単位ベクトル)であるから，非圧縮性流体に対する式(8.7)を速度成分で示せば以下のようになる．

$$\frac{\partial v_x}{\partial x}+\frac{\partial v_y}{\partial y}+\frac{\partial v_z}{\partial z}=0 \qquad \text{(非圧縮性)} \tag{8.8}$$

曲線座標における連続の式を表 8.2 に示す．またこれ以降でもしばしば使われる微分演算 ∇ （ナブラ，nabla)の公式を表 8.3 に示した．

常温の空気の場合，流れの中で圧縮性が問題になるのは速度が約 100m/s 以上の高速気流に限られる（1･3･3 項参照)．液体や高速流れでない気体は非圧縮性流体とみなされ，この第 8 章では非圧縮性流体に話を限定して述べる．

表 8.2　連続の式(8.7)の曲線座標における表示

円柱座標（r, θ, z）
$\dfrac{1}{r}\dfrac{\partial(rv_r)}{\partial r}+\dfrac{1}{r}\dfrac{\partial v_\theta}{\partial\theta}+\dfrac{\partial v_z}{\partial z}=0$
球座標（r, θ, ϕ）
$\dfrac{1}{r^2}\dfrac{\partial(r^2v_r)}{\partial r}+\dfrac{1}{r\sin\theta}\dfrac{\partial(v_\theta\sin\theta)}{\partial\theta}+\dfrac{1}{r\sin\theta}\dfrac{\partial v_\phi}{\partial\phi}=0$

表 8.3 ∇とスカラーA およびベクトル$\boldsymbol{V}$との演算

$\nabla=\boldsymbol{i}\dfrac{\partial}{\partial x}+\boldsymbol{j}\dfrac{\partial}{\partial y}+\boldsymbol{k}\dfrac{\partial}{\partial z}$
$(\boldsymbol{V}\cdot\nabla)=V_x\dfrac{\partial}{\partial x}+V_y\dfrac{\partial}{\partial y}+V_z\dfrac{\partial}{\partial z}$
$\nabla^2=\nabla\cdot\nabla=\dfrac{\partial^2}{\partial x^2}+\dfrac{\partial^2}{\partial y^2}+\dfrac{\partial^2}{\partial z^2}$
$\nabla A=\boldsymbol{i}\dfrac{\partial A}{\partial x}+\boldsymbol{j}\dfrac{\partial A}{\partial y}+\boldsymbol{k}\dfrac{\partial A}{\partial z}$
$\nabla\cdot\boldsymbol{V}=\dfrac{\partial V_x}{\partial x}+\dfrac{\partial V_y}{\partial y}+\dfrac{\partial V_z}{\partial z}$

【例題 8・1】　＊＊＊＊＊＊＊＊＊＊＊＊＊＊＊＊＊＊＊＊＊＊＊＊＊

密度の異なる流体がまじりあって流れているとき，連続の式は成り立つであろうか．例えば，食塩水と水との混合液が図 8.2 のように流れている場合を考えよう．流れは 1 次元であり，$v_x=U$ （一定)とする．密度は場所によって変化するが，下流に流れていっても拡散などによってその流体の密度が変化することはないとする．このような流れに対して連続の式が適用できるかどうか考えよ．適用できるとすれば，圧縮性流体に対する式(8.5)か，あるいは非圧縮性流体に対する式(8.7)または式(8.8)か．

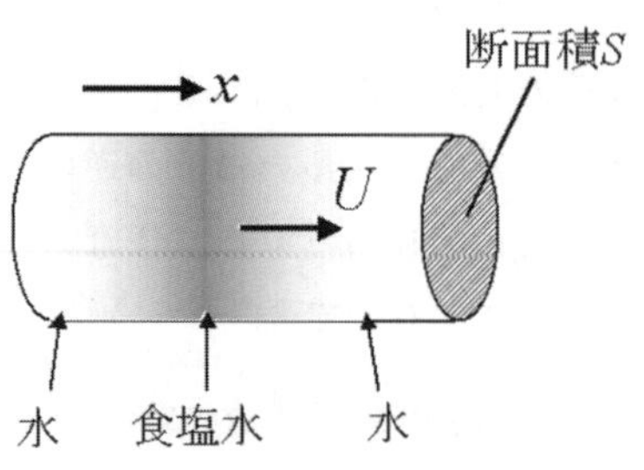

図 8.2　水と食塩水の流れ (例題 8･1)

【解答】　この例題においても質量が発生したり消滅したりすることはないから，質量保存則，すなわち連続の式が成り立つ．実際，$v_x=U$，$v_y=v_z=0$ より，非圧縮性流体に対する連続の式(8.8)が

$$\frac{\partial \boldsymbol{v}_x}{\partial x}+\frac{\partial \boldsymbol{v}_y}{\partial y}+\frac{\partial \boldsymbol{v}_z}{\partial z}=\frac{\partial U}{\partial x}=0$$

成り立つことは明らかである．次に非圧縮の条件式(8.6)が成り立っていることを直接確かめてみよう．流体が下流に移動してもその密度は変化しないので，特定の流体部分を追跡するラグランジェ的な意味では密度一定であり，式(8.6)が成り立つはずである．$t=0$ における密度の x 方向の分布を $\rho=F(x)$ とする．任意の時刻 t における ρ の分布は $\rho=F(x-Ut)$ で表される．$\xi=x-Ut$ とおけば，

$$\frac{\partial \rho}{\partial t}=\frac{\partial F(x-Ut)}{\partial t}=\frac{\partial \xi}{\partial t}\frac{dF(\xi)}{d\xi}=-U\frac{dF(\xi)}{d\xi},$$

$$\boldsymbol{v}_x\frac{\partial \rho}{\partial x}=U\frac{\partial \xi}{\partial x}\frac{dF(\xi)}{d\xi}=U\frac{dF(\xi)}{d\xi}$$

$$\therefore \frac{D\rho}{Dt}=\frac{\partial \rho}{\partial t}+\boldsymbol{v}_x\frac{\partial \rho}{\partial x}=0$$

したがって，オイラー的にある特定の x の位置でみれば ρ は時間的に変化する($\partial\rho/\partial t\neq 0$)．しかし，その時間的変化は移動による変化率($\boldsymbol{v}_x\partial\rho/\partial x$)と相殺されてゼロとなり，非圧縮の条件式(8.6)が成り立っている．

＊＊＊＊＊＊＊＊＊＊＊＊＊＊＊＊＊＊＊＊＊＊＊＊＊

口は敏感な粘度センサー

食品も広い意味では流体である．ひとかたまりの食塊を咀嚼するとき，我々はその食品の粘性や弾性などの力学特性に応じた食感を無意識のうちに感じとっている．Shama ら(1973)は，人が口の中で感じとれる粘度は 10^{-2}～10^{2}[Pa·s]の範囲であると報告している．

8・2　粘性法則 (viscosity law)

流体がゴムのような弾性体や金属のような塑性体と異なるのは，より自由に形を変えて運動できる点にある．自由に，といっても水飴のように粘っこい高粘度の流体と，空気のように粘性を感じさせない低粘度の流体とではその流れは大きく異なる．流体固有の物性である粘性と流体運動との関係を学ぶことが本節の目的である．粘性法則についてはすでに 1.2 節で説明したが，ここでは 3 次元的な一般的な場合を考える．すなわち，流れの中に微小要素をとり，その微小要素の変形とそこに生ずる応力との関係について考える．

8・2・1　圧力と粘性応力 (pressure and viscous stress)

まず流体内部にとった 3 次元的な微小要素における応力の状態をどのように表現するかについて考えよう．応力の定義は単位面積に作用する力であるから，応力を定義するにはその強さ以外にどの面に作用するのか，その力がどの方向を向いているのか，の情報が必要である．面を指定するには，その面に垂直な方向を指定する方法が用いられる．例えば，xy 面は z 軸に垂直であるから z 面と指定する．応力を $\boldsymbol{\sigma}$ とし，その成分をこれら作用面と作用方向の 2 つの添え字をつけて

$$\boldsymbol{\sigma}=\begin{pmatrix}\sigma_{xx} & \sigma_{xy} & \sigma_{xz}\\ \sigma_{yx} & \sigma_{yy} & \sigma_{yz}\\ \sigma_{zx} & \sigma_{zy} & \sigma_{zz}\end{pmatrix} \tag{8.9}$$

と定義する．たとえば，σ_{xy} は図 8.3 に示すように x 面(x 軸に垂直な yz 面)に作用し，y 方向に働く応力を意味する．一般に，式(8.9)のように 2 つの添え

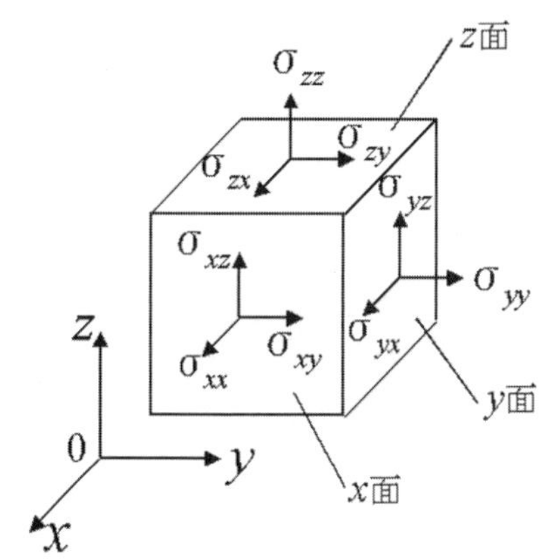

図 8.3 応力の定義

字で区別される 9 つの成分からなる量をテンソル(tensor)と呼ぶ．

流体内部の応力についてもう少し詳しく考えてみよう．式(8.9)で示される微小要素の表面に働く応力には圧力と粘性応力がある．まず圧力について考えよう．たとえば水中の深いところへ潜っていくと，我々の体の表面に水圧を感じる．これは第 3 章で学んだように水深 h に比例する静圧ρgh(ρは水の密度，g は重力の加速度)が働くためである．流体が静止しているときには，圧力は流体中の微小要素の表面にすべての方向から垂直かつ均等に働く応力と定義できる．式(8.9)の形で表すとすれば

$$\text{圧力} = \begin{pmatrix} -p & 0 & 0 \\ 0 & -p & 0 \\ 0 & 0 & -p \end{pmatrix} \tag{8.10}$$

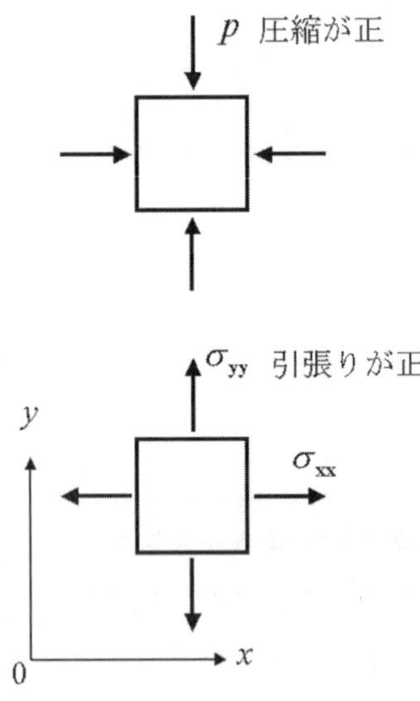

図 8.4 圧力と応力の符号

のように作用面に垂直方向に働く成分(対角成分)のみがゼロでない形になる．圧力 p にマイナスの符号がついている理由は，圧力の符号が図 8.4 に示すように圧縮をプラスに考えるのに対し，一般の応力に対する符号が引っ張りをプラス，圧縮をマイナスにとるためであり，あらかじめマイナスを圧力 p の前につけて符号の整合性をとっている．

流体が静止しているとき粘性応力は生じないから，流体内部に働く応力は圧力のみであり，このときの圧力は第 3 章で学んだ静圧と等しい．しかし，流体が流動しているときには圧力と粘性応力は一体となって微小要素表面に働くため，それらをどのように区別するかが問題となる．流動しているときの圧力は，その表面に法線方向に作用する応力の平均値として，

$$p = -\frac{\sigma_{xx} + \sigma_{yy} + \sigma_{zz}}{3} \tag{8.11}$$

と定義される．一般にテンソルの対角項の和はどのような座標系で表してもその大きさが不変であるという性質をもっており，圧力の定義に好都合であり，流体が静止しているときには静圧に一致する点で矛盾もない．

表 8.4 流体運動の分解

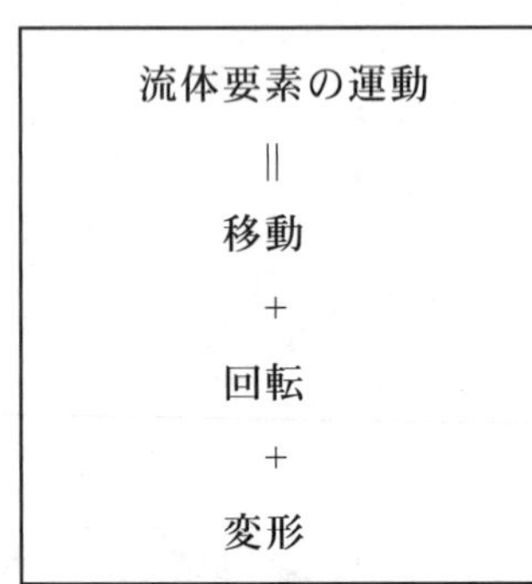
流体要素の運動
||
移動
+
回転
+
変形

圧力は流体の変形運動と関係なく存在する．一方，粘性応力は変形運動が存在するときにのみ生ずる．粘性応力を $\boldsymbol{\tau}$ とすると，流体内部に働く応力 $\boldsymbol{\sigma}$ は圧力 p と粘性応力 $\boldsymbol{\tau}$ の和として

$$\boldsymbol{\sigma} = \begin{pmatrix} -p & 0 & 0 \\ 0 & -p & 0 \\ 0 & 0 & -p \end{pmatrix} + \begin{pmatrix} \tau_{xx} & \tau_{xy} & \tau_{xz} \\ \tau_{yx} & \tau_{yy} & \tau_{yz} \\ \tau_{zx} & \tau_{zy} & \tau_{zz} \end{pmatrix} = \begin{pmatrix} -p+\tau_{xx} & \tau_{xy} & \tau_{xz} \\ \tau_{yx} & -p+\tau_{yy} & \tau_{yz} \\ \tau_{zx} & \tau_{zy} & -p+\tau_{zz} \end{pmatrix} \tag{8.12}$$

と表される．

8・2・2　ひずみ速度 (strain rate)

流体の運動は一見複雑である．したがって，流体の変形運動と粘性応力との関係をどのように結びつけるかを調べる前に，まず一般的な流体の運動について考えてみよう．すなわちここでは，流体の運動が移動(translation)，回転(rotation)，変形(deformation)とに分解できることを学ぶ．流体は絶えず変形

し続けているので，正確には移動，回転，変形の量そのものではなく，それらの単位時間あたりの変化率(rate)が重要になる．以下では単位時間に行われる流体運動について考えよう．

図 8.5 に示すように，流れの中の $\boldsymbol{r}=(x, y, z)$ に位置する点 P と，この近くの $\boldsymbol{r}+d\boldsymbol{r}=(x+dx, y+dy, z+dz)$ に位置する点 Q が流れとともに移動する場合を考える．ベクトル $d\boldsymbol{r}$ の経時変化を調べれば，PQ 間に位置する流体要素の相対的運動がわかる．ここで相対的運動とは流体の運動から移動分を取り除いた運動の意味である．点 P の速度を $\boldsymbol{v}=v_x\boldsymbol{i}+v_y\boldsymbol{j}+v_z\boldsymbol{k}$ とし，点 Q の速度を $(\boldsymbol{v}+d\boldsymbol{v})$ とする．時刻がΔt だけ経過すると点 P は $(\boldsymbol{r}+\boldsymbol{v}\cdot\Delta t)$ へ，点 Q は $(\boldsymbol{r}+d\boldsymbol{r})+(\boldsymbol{v}+d\boldsymbol{v})\cdot\Delta t$ へ移動するから，PQ 間の流体要素 $d\boldsymbol{r}$ はΔt 時間後に $d\boldsymbol{r}+d\boldsymbol{v}\cdot\Delta t$ へと変化する．したがって，流体要素 $d\boldsymbol{r}$ は単位時間についていえば $d\boldsymbol{v}$ の相対的運動を行う．$\boldsymbol{v}$ の各速度成分は x, y, z の関数であるから $d\boldsymbol{v}$ は次のような成分をもつ．

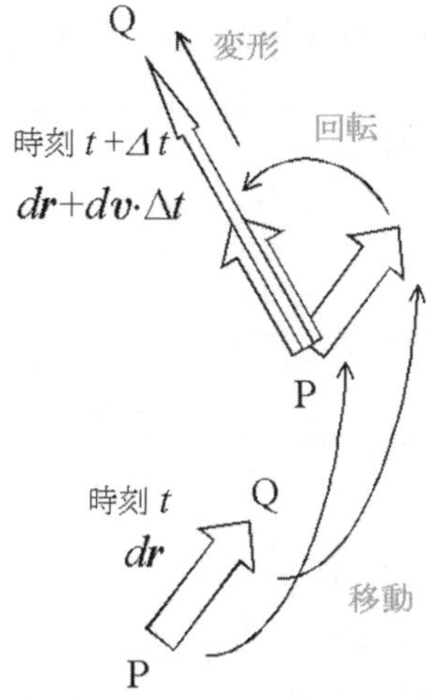

図 8.5　PQ 間の流体要素の運動

$$dv_x=\frac{\partial v_x}{\partial x}dx+\frac{\partial v_x}{\partial y}dy+\frac{\partial v_x}{\partial z}dz$$

$$dv_y=\frac{\partial v_y}{\partial x}dx+\frac{\partial v_y}{\partial y}dy+\frac{\partial v_y}{\partial z}dz$$

$$dv_z=\frac{\partial v_z}{\partial x}dx+\frac{\partial v_z}{\partial y}dy+\frac{\partial v_z}{\partial z}dz$$

これらを行列形式で示すと

$$\begin{pmatrix} dv_x \\ dv_y \\ dv_z \end{pmatrix}=\begin{pmatrix} \frac{\partial v_x}{\partial x} & \frac{\partial v_x}{\partial y} & \frac{\partial v_x}{\partial z} \\ \frac{\partial v_y}{\partial x} & \frac{\partial v_y}{\partial y} & \frac{\partial v_y}{\partial z} \\ \frac{\partial v_z}{\partial x} & \frac{\partial v_z}{\partial y} & \frac{\partial v_z}{\partial z} \end{pmatrix}\begin{pmatrix} dx \\ dy \\ dz \end{pmatrix}=\frac{1}{2}\begin{pmatrix} 2\frac{\partial v_x}{\partial x} & \frac{\partial v_x}{\partial y}+\frac{\partial v_y}{\partial x} & \frac{\partial v_x}{\partial z}+\frac{\partial v_z}{\partial x} \\ \frac{\partial v_y}{\partial x}+\frac{\partial v_x}{\partial y} & 2\frac{\partial v_y}{\partial y} & \frac{\partial v_y}{\partial z}+\frac{\partial v_z}{\partial y} \\ \frac{\partial v_z}{\partial x}+\frac{\partial v_x}{\partial z} & \frac{\partial v_z}{\partial y}+\frac{\partial v_y}{\partial z} & 2\frac{\partial v_z}{\partial z} \end{pmatrix}\begin{pmatrix} dx \\ dy \\ dz \end{pmatrix}$$

$$+\frac{1}{2}\begin{pmatrix} 0 & \frac{\partial v_x}{\partial y}-\frac{\partial v_y}{\partial x} & \frac{\partial v_x}{\partial z}-\frac{\partial v_z}{\partial x} \\ \frac{\partial v_y}{\partial x}-\frac{\partial v_x}{\partial y} & 0 & \frac{\partial v_y}{\partial z}-\frac{\partial v_z}{\partial y} \\ \frac{\partial v_z}{\partial x}-\frac{\partial v_x}{\partial z} & \frac{\partial v_z}{\partial y}-\frac{\partial v_y}{\partial z} & 0 \end{pmatrix}\begin{pmatrix} dx \\ dy \\ dz \end{pmatrix}$$

と表される．ここで，2.1 節で述べたひずみ速度と渦度を $\dot{\boldsymbol{\gamma}}$ と $\boldsymbol{\omega}$ とすると，その 3 次元での表示は

$$\dot{\boldsymbol{\gamma}}=\begin{pmatrix} \dot{\gamma}_{xx} & \dot{\gamma}_{xy} & \dot{\gamma}_{xz} \\ \dot{\gamma}_{yx} & \dot{\gamma}_{yy} & \dot{\gamma}_{yz} \\ \dot{\gamma}_{zx} & \dot{\gamma}_{zy} & \dot{\gamma}_{zz} \end{pmatrix}=\begin{pmatrix} 2\frac{\partial v_x}{\partial x} & \frac{\partial v_x}{\partial y}+\frac{\partial v_y}{\partial x} & \frac{\partial v_x}{\partial z}+\frac{\partial v_z}{\partial x} \\ \frac{\partial v_y}{\partial x}+\frac{\partial v_x}{\partial y} & 2\frac{\partial v_y}{\partial y} & \frac{\partial v_y}{\partial z}+\frac{\partial v_z}{\partial y} \\ \frac{\partial v_z}{\partial x}+\frac{\partial v_x}{\partial z} & \frac{\partial v_z}{\partial y}+\frac{\partial v_y}{\partial z} & 2\frac{\partial v_z}{\partial z} \end{pmatrix} \tag{8.13}$$

表 8.5　曲線座標における
ひずみ速度

円柱座標 (r, θ, z)

$$\dot{\gamma}_{rr}=2\frac{\partial v_r}{\partial r},\ \dot{\gamma}_{\theta\theta}=2\left(\frac{1}{r}\frac{\partial v_\theta}{\partial \theta}+\frac{v_r}{r}\right)$$

$$\dot{\gamma}_{zz}=2\frac{\partial v_z}{\partial z}$$

$$\dot{\gamma}_{r\theta}=\dot{\gamma}_{\theta r}=r\frac{\partial}{\partial r}\left(\frac{v_\theta}{r}\right)+\frac{1}{r}\frac{\partial v_\theta}{\partial \theta}$$

$$\dot{\gamma}_{\theta z}=\dot{\gamma}_{z\theta}=\frac{1}{r}\frac{\partial v_z}{\partial \theta}+\frac{\partial v_\theta}{\partial z}$$

$$\dot{\gamma}_{zr}=\dot{\gamma}_{rz}=\frac{\partial v_r}{\partial z}+\frac{\partial v_z}{\partial r}$$

球座標 (r, θ, ϕ)

$$\dot{\gamma}_{rr}=2\frac{\partial v_r}{\partial r},\ \dot{\gamma}_{\theta\theta}=2\left(\frac{1}{r}\frac{\partial v_\theta}{\partial \theta}+\frac{v_r}{r}\right)$$

$$\dot{\gamma}_{\phi\phi}=2\left(\frac{1}{r\sin\theta}\frac{\partial v_\phi}{\partial \phi}+\frac{v_r}{r}+\frac{v_\theta\cot\theta}{r}\right)$$

$$\dot{\gamma}_{\theta\phi}=\dot{\gamma}_{\phi\theta}=\frac{\sin\theta}{r}\frac{\partial}{\partial \theta}\left(\frac{v_\phi}{\sin\theta}\right)+\frac{1}{r\sin\theta}\frac{\partial v_\theta}{\partial \phi}$$

$$\dot{\gamma}_{\phi r}=\dot{\gamma}_{r\phi}=\frac{1}{r\sin\theta}\frac{\partial v_r}{\partial \phi}+r\frac{\partial}{\partial r}\left(\frac{v_\phi}{r}\right)$$

$$\dot{\gamma}_{r\theta}=\dot{\gamma}_{\theta r}=r\frac{\partial}{\partial r}\left(\frac{v_\theta}{r}\right)+\frac{1}{r}\frac{\partial v_r}{\partial \theta}$$

表 8.6　曲線座標における渦度

円柱座標 (r, θ, z)

$$\omega_{z\theta} = -\omega_{z\theta} = \frac{1}{r}\frac{\partial \boldsymbol{v}_z}{\partial \theta} - \frac{\partial \boldsymbol{v}_\theta}{\partial z}$$

$$\omega_{rz} = -\omega_{zr} = \frac{\partial \boldsymbol{v}_r}{\partial z} - \frac{\partial \boldsymbol{v}_z}{\partial r}$$

$$\omega_{\theta r} = -\omega_{r\theta} = \frac{1}{r}\frac{\partial (r\boldsymbol{v}_\theta)}{\partial r} - \frac{1}{r}\frac{\partial \boldsymbol{v}_r}{\partial \theta}$$

球座標 (r, θ, ϕ)

$$\omega_{\phi\theta} = -\omega_{\theta\phi} = \frac{1}{r^2 \sin\theta}\left(\frac{\partial}{\partial \theta}(r\boldsymbol{v}_\phi \sin\theta) - \frac{\partial (r\boldsymbol{v}_\theta)}{\partial \phi}\right)$$

$$\omega_{\theta r} = -\omega_{r\theta} = \frac{1}{r\sin\theta}\left(\frac{\partial \boldsymbol{v}_r}{\partial \phi} - \frac{\partial (r\boldsymbol{v}_\phi \sin\theta)}{\partial r}\right)$$

$$\omega_{\theta r} = -\omega_{r\theta} = \frac{1}{r}\left(\frac{\partial (r\boldsymbol{v}_\theta)}{\partial r} - \frac{\partial \boldsymbol{v}_r}{\partial \theta}\right)$$

$$\boldsymbol{\omega} = \begin{pmatrix} 0 & \omega_{xy} & \omega_{xz} \\ \omega_{yx} & 0 & \omega_{yz} \\ \omega_{zx} & \omega_{zy} & 0 \end{pmatrix} = \begin{pmatrix} 0 & \dfrac{\partial \boldsymbol{v}_x}{\partial y} - \dfrac{\partial \boldsymbol{v}_y}{\partial x} & \dfrac{\partial \boldsymbol{v}_x}{\partial z} - \dfrac{\partial \boldsymbol{v}_z}{\partial x} \\ \dfrac{\partial \boldsymbol{v}_y}{\partial x} - \dfrac{\partial \boldsymbol{v}_x}{\partial y} & 0 & \dfrac{\partial \boldsymbol{v}_y}{\partial z} - \dfrac{\partial \boldsymbol{v}_z}{\partial y} \\ \dfrac{\partial \boldsymbol{v}_z}{\partial x} - \dfrac{\partial \boldsymbol{v}_x}{\partial z} & \dfrac{\partial \boldsymbol{v}_z}{\partial y} - \dfrac{\partial \boldsymbol{v}_y}{\partial z} & 0 \end{pmatrix} \quad (8.14)$$

であるから，

$$\begin{pmatrix} d\boldsymbol{v}_x \\ d\boldsymbol{v}_y \\ d\boldsymbol{v}_z \end{pmatrix} = \frac{1}{2}\dot{\boldsymbol{\gamma}}\begin{pmatrix} dx \\ dy \\ dz \end{pmatrix} + \frac{1}{2}\boldsymbol{\omega}\begin{pmatrix} dx \\ dy \\ dz \end{pmatrix}$$

(点 P 近傍の流体の
相対的運動) = ($\dot{\boldsymbol{\gamma}}$ による変形) + ($\boldsymbol{\omega}$ による回転)

となる．このように単位時間あたりの流体運動から移動分を除いた相対的運動は変形と回転とに分解できる．このうち，回転は剛体的な運動だから，流体固有の粘性と関係するのは $\dot{\boldsymbol{\gamma}}$ による変形であるといえる．なお，$\dot{\boldsymbol{\gamma}}$ と $\boldsymbol{\omega}$ は式(8.13)と式(8.14)に示すように応力と同様に 9 つの成分からなり，テンソルとしてそれらの成分を 2 つの添え字をつけて表すことができる．

8・2・3　構成方程式 (constitutive equation)

変形とそれにより生ずる応力，すなわちひずみ速度 $\dot{\boldsymbol{\gamma}}$ と粘性応力 $\boldsymbol{\tau}$ との間には密接な関係が存在し，その関係式を構成方程式(constitutive equation)とよぶ．構成方程式を導く上でやっかいな点は，それを導く確固とした原理が存在しないという点である．すなわち，前節で連続の式を導いたときに利用した質量保存則に対応するような原理が存在しないのである．ただ幸いなことに，気体や水のような低分子の液体は以下に示す簡単な比例関係が粘性応力 $\boldsymbol{\tau}$ とひずみ速度 $\dot{\boldsymbol{\gamma}}$ の間に成り立つことが実験的に確認されている．

$$\boldsymbol{\tau} = \mu \dot{\boldsymbol{\gamma}} \quad (8.15)$$

μ は粘度である．直交座標の成分で示せば，次式のようになる．

$$\begin{pmatrix} \tau_{xx} & \tau_{xy} & \tau_{xz} \\ \tau_{yx} & \tau_{yy} & \tau_{yz} \\ \tau_{zx} & \tau_{zy} & \tau_{zz} \end{pmatrix} = \mu \begin{pmatrix} 2\dfrac{\partial \boldsymbol{v}_x}{\partial x} & \dfrac{\partial \boldsymbol{v}_x}{\partial y} + \dfrac{\partial \boldsymbol{v}_y}{\partial x} & \dfrac{\partial \boldsymbol{v}_x}{\partial z} + \dfrac{\partial \boldsymbol{v}_z}{\partial x} \\ \dfrac{\partial \boldsymbol{v}_y}{\partial x} + \dfrac{\partial \boldsymbol{v}_x}{\partial y} & 2\dfrac{\partial \boldsymbol{v}_y}{\partial y} & \dfrac{\partial \boldsymbol{v}_y}{\partial z} + \dfrac{\partial \boldsymbol{v}_z}{\partial y} \\ \dfrac{\partial \boldsymbol{v}_z}{\partial x} + \dfrac{\partial \boldsymbol{v}_x}{\partial z} & \dfrac{\partial \boldsymbol{v}_z}{\partial y} + \dfrac{\partial \boldsymbol{v}_y}{\partial z} & 2\dfrac{\partial \boldsymbol{v}_z}{\partial z} \end{pmatrix}$$

もちろん，円柱座標や球座標で表した $\boldsymbol{\tau}$ と $\dot{\boldsymbol{\gamma}}$ の間にも式(8.15)は成り立つ．式(8.15)はニュートンの粘性則を 3 次元の流れへ拡張した結果である．

【Example 8・2】 ＊＊＊＊＊＊＊＊＊＊＊＊＊＊＊＊＊＊＊＊＊＊

Consider the following three types of motion of a fluid element: (1) rotation with a constant angular velocity Ω ($v_\theta = r\Omega$), (2) extension with a constant extension rate $\partial v_x / \partial x = \alpha$, and (3) simple shear with a constant shear rate $\partial v_x / \partial y = \alpha$. Seek the strain rate tensor $\dot{\gamma}$, vorticity tensor $\boldsymbol{\omega}$, and viscous stress tensor $\boldsymbol{\tau}$. Assume that the viscosity is μ, $v_z = 0$, and the motion of the fluid element is independent of *z*. In the coordinate system rotated by 45°, seek each tensor for the simple shear.

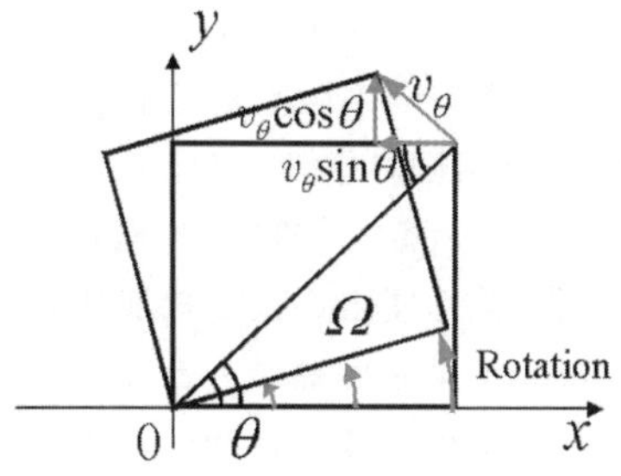

(1) Rotation

【Solution】 (1) Since the circumferential velocity is $v_\theta = r\Omega$ and the radial velocity is $v_r = 0$, the velocity components in *x* and *y* directions are as follows

$$v_x = -v_\theta \sin\theta = -\Omega r \sin\theta = -\Omega y,$$
$$v_y = v_\theta \cos\theta = \Omega r \cos\theta = \Omega x.$$

Thus, Eq.(8.13) and Eq.(8.15) give the following results.

$$\dot{\gamma} = \begin{pmatrix} 0 & 0 & 0 \\ 0 & 0 & 0 \\ 0 & 0 & 0 \end{pmatrix}, \boldsymbol{\omega} = \begin{pmatrix} 0 & -2\Omega & 0 \\ 2\Omega & 0 & 0 \\ 0 & 0 & 0 \end{pmatrix}, \boldsymbol{\tau} = \mu\,\dot{\gamma} = \begin{pmatrix} 0 & 0 & 0 \\ 0 & 0 & 0 \\ 0 & 0 & 0 \end{pmatrix}$$

In this solid-body rotation, the strain rates and the viscous stresses become zero, and the vorticities are twice angular velocity.

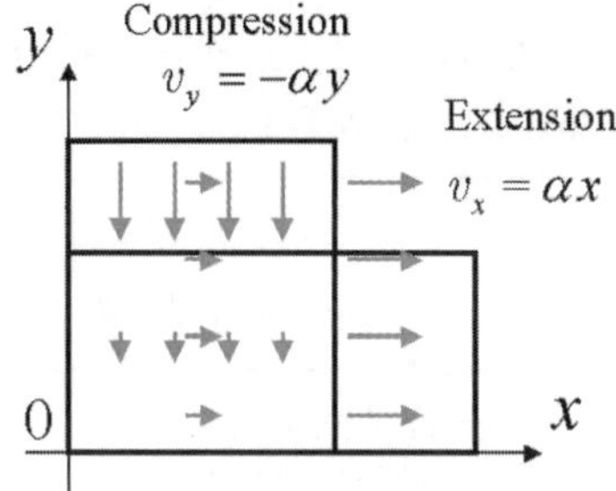

(2) Extension and compression

(2) Since the extension rate in the *x*-direction is $\partial v_x / \partial x = \alpha$, the equation of continuity gives the compression rate $\partial v_y / \partial y = -\alpha$ in the *y*-direction. Assuming $v_x = \alpha x$ and $v_y = -\alpha y$,

$$\dot{\gamma} = \begin{pmatrix} 2\alpha & 0 & 0 \\ 0 & -2\alpha & 0 \\ 0 & 0 & 0 \end{pmatrix}, \boldsymbol{\omega} = \begin{pmatrix} 0 & 0 & 0 \\ 0 & 0 & 0 \\ 0 & 0 & 0 \end{pmatrix}, \boldsymbol{\tau} = \begin{pmatrix} 2\mu\alpha & 0 & 0 \\ 0 & -2\mu\alpha & 0 \\ 0 & 0 & 0 \end{pmatrix}.$$

In the extensional flow, fluid elements do not rotate and undergo pure straining motion.

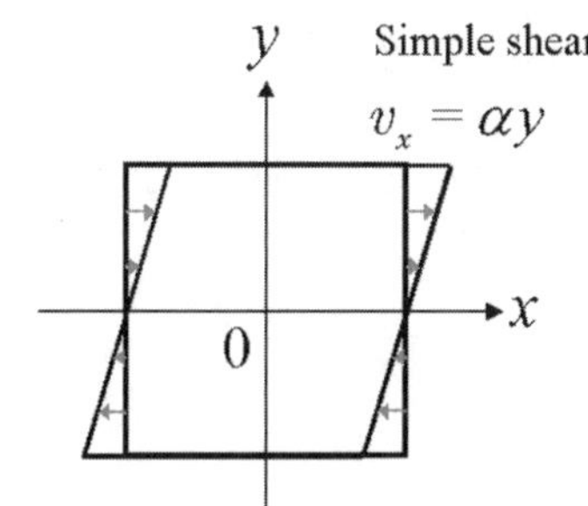

(3a) Simple shear

(3) The simple shear flow gives the velocities $v_x = \alpha y$ and $v_y = -0$, and thus

$$\dot{\gamma} = \begin{pmatrix} 0 & \alpha & 0 \\ \alpha & 0 & 0 \\ 0 & 0 & 0 \end{pmatrix}, \boldsymbol{\omega} = \begin{pmatrix} 0 & \alpha & 0 \\ -\alpha & 0 & 0 \\ 0 & 0 & 0 \end{pmatrix}, \boldsymbol{\tau} = \begin{pmatrix} 0 & \mu\alpha & 0 \\ \mu\alpha & 0 & 0 \\ 0 & 0 & 0 \end{pmatrix}.$$

We next take new coordinates (ξ, η, ζ) rotated by 45° round the *z*-axis.

$$x = \xi\cos\theta - \eta\sin\theta = (\xi - \eta)/\sqrt{2},\ y = \xi\sin\theta + \eta\cos\theta = (\xi + \eta)/\sqrt{2},\ z = \zeta$$

In the rotated coordinate system,

$$v_\xi = (v_x + v_y)/\sqrt{2} = \alpha y/\sqrt{2} = \alpha(\xi + \eta)/2,$$
$$v_\eta = (-v_x + v_y)/\sqrt{2} = -\alpha y/\sqrt{2} = -\alpha(\xi + \eta)/2,\ v_\zeta = 0,$$
$$\frac{\partial v_\xi}{\partial \xi} = \frac{\alpha}{2},\ \frac{\partial v_\xi}{\partial \eta} = \frac{\alpha}{2},\ \frac{\partial v_\eta}{\partial \xi} = -\frac{\alpha}{2},\ \frac{\partial v_\eta}{\partial \eta} = -\frac{\alpha}{2}.$$

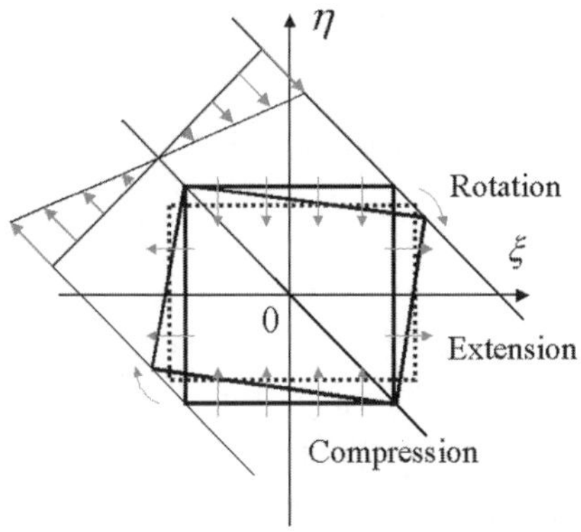

(3b) Simple shear in the coordinate system rotated by 45°

Fig.8.6 Motions of fluid elements. Example 8・2.

Thus,

$$\dot{\gamma} = \begin{pmatrix} 2\dfrac{\partial v_\xi}{\partial \xi} & \dfrac{\partial v_\xi}{\partial \eta} + \dfrac{\partial v_\eta}{\partial \xi} & 0 \\ \dfrac{\partial v_\eta}{\partial \xi} + \dfrac{\partial v_\xi}{\partial \eta} & 2\dfrac{\partial v_\eta}{\partial \eta} & 0 \\ 0 & 0 & 0 \end{pmatrix} = \begin{pmatrix} \alpha & 0 & 0 \\ 0 & -\alpha & 0 \\ 0 & 0 & 0 \end{pmatrix},$$

ひずみ速度の主方向

例題 8.2 (3)の結果は単純せん断が流れ方向に対して 45° 傾いた方向の純粋変形(伸縮変形)と回転に分解できることを示している．一般に，単純せん断に限らずどのような流体要素の運動も座標系のとり方によって純粋変形と回転とに分解できる．これの理由については他の参考書［今井(1973)など］に譲るが，そのような座標の方向は主方向 (principal direction)と呼ばれている．

$$\boldsymbol{\omega}=\begin{pmatrix} 0 & \dfrac{\partial \boldsymbol{v}_\xi}{\partial \eta}-\dfrac{\partial \boldsymbol{v}_\eta}{\partial \xi} & 0 \\ \dfrac{\partial \boldsymbol{v}_\eta}{\partial \xi}-\dfrac{\partial \boldsymbol{v}_\xi}{\partial \eta} & 0 & 0 \\ 0 & 0 & 0 \end{pmatrix}=\begin{pmatrix} 0 & \alpha & 0 \\ -\alpha & 0 & 0 \\ 0 & 0 & 0 \end{pmatrix},\ \boldsymbol{\tau}=\begin{pmatrix} \mu\alpha & 0 & 0 \\ 0 & -\mu\alpha & 0 \\ 0 & 0 & 0 \end{pmatrix}.$$

＊＊＊＊＊＊＊＊＊＊＊＊＊＊＊＊＊＊＊＊＊＊

8・3　ナビエ・ストークスの式 (Navier-Stokes equations)

流体に対する運動方程式はナビエ・ストークスの式と呼ばれ，運動量保存則から導くことができる．この節では，流れの内部に生ずる力には前節の粘性応力を含めてどのような種類があるかをもう少し詳しく調べ，それらが運動量保存則をとおして流体の運動とどのように関係しているかを学ぶ．その関係から運動方程式が得られる．8･1 節と同様に空間に固定された検査体積 CV について考える．

表 8.7　運動量の保存則

単位時間あたりの 運動量の増加 ‖ 正味の流入運動量 + 外力(重力など) + 内力(圧力+粘性応力)

8・3・1　運動量保存則 (conservation of momentum)

運動量保存則は運動量の変化が力積（＝力×時間）に等しいというものである．流体に働く力には外力(external force)と内力(internal force)がある．外力は体積力(body force)で，重力や電磁力などがその例である．内力は前節で学んだ面に作用する力であり，圧力と粘性応力から与えられる．外力を単位質量に働く力ベクトルとして，$\boldsymbol{F}=F_x\boldsymbol{i}+F_y\boldsymbol{j}+F_z\boldsymbol{k}$ と表す．内力は前節の式(8.12)によりその状態が定義されるので，これを利用してある指定された面に対して内力により生ずる力 $\boldsymbol{f}=f_x\boldsymbol{i}+f_y\boldsymbol{j}+f_z\boldsymbol{k}$ を求めることができる．すなわち，その調べる面の単位法線ベクトルが図 8.7 のように $\boldsymbol{n}=n_x\boldsymbol{i}+n_y\boldsymbol{j}+n_z\boldsymbol{k}$ であるとすれば，その面の単位面積あたりの力は次のように示せる．

$$\begin{pmatrix} f_x \\ f_y \\ f_z \end{pmatrix}=\begin{pmatrix} -p+\tau_{xx} & \tau_{yx} & \tau_{zx} \\ \tau_{xy} & -p+\tau_{yy} & \tau_{zy} \\ \tau_{xz} & \tau_{yz} & -p+\tau_{zz} \end{pmatrix}\begin{pmatrix} n_x \\ n_y \\ n_z \end{pmatrix} \tag{8.16}$$

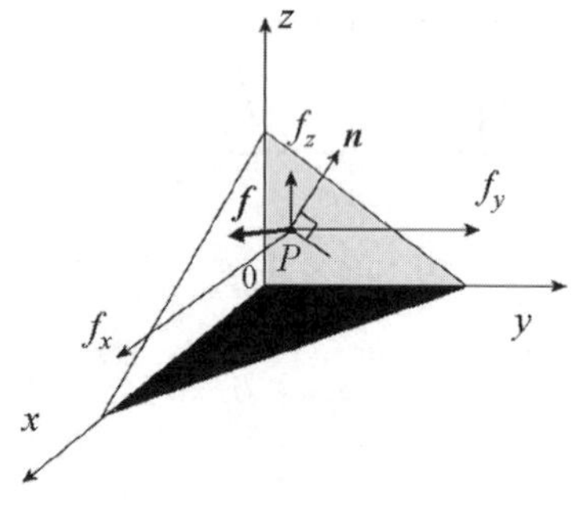

図 8.7　内力により生ずる力 f

あるいは

$$\boldsymbol{f}=-p\boldsymbol{n}+\boldsymbol{\tau}\cdot\boldsymbol{n} \tag{8.17}$$

である．たとえば，x 面に対する単位法線ベクトルの各成分が，$n_x=1$，$n_y=0$，$n_z=0$ のときは，x 面に働く力 $\boldsymbol{f}$ は次のようになる．

$$\begin{pmatrix} f_x \\ f_y \\ f_z \end{pmatrix}=\begin{pmatrix} -p+\tau_{xx} & \tau_{yx} & \tau_{zx} \\ \tau_{xy} & -p+\tau_{yy} & \tau_{zy} \\ \tau_{xz} & \tau_{yz} & -p+\tau_{zz} \end{pmatrix}\begin{pmatrix} 1 \\ 0 \\ 0 \end{pmatrix}$$

$$=\begin{pmatrix} (-p+\tau_{xx})\times 1+\tau_{yx}\times 0+\tau_{zx}\times 0 \\ \tau_{xy}\times 1+(-p+\tau_{yy})\times 0+\tau_{zy}\times 0 \\ \tau_{xz}\times 1+\tau_{yz}\times 0+(-p+\tau_{zz})\times 0 \end{pmatrix}=\begin{pmatrix} -p+\tau_{xx} \\ \tau_{xy} \\ \tau_{xz} \end{pmatrix}$$

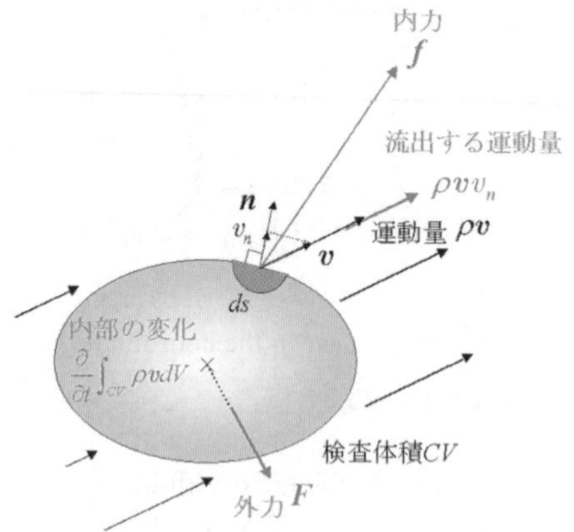

図 8.8　検査体積 CV に対する運動量の保存則

次に運動量の変化と力積とのつり合いについて考えよう．まず運動量$\rho\boldsymbol{v}$の検査体積CVにおける時間的変化は

$$\frac{\partial}{\partial t}\int_{CV}\rho\boldsymbol{v}dV \tag{8.18}$$

である．一方，単位時間当たりに表面CSを通って検査体積CVに入ってくる質量は速度$\boldsymbol{v}$をもつから，それによる運動量の流入は次式の左辺により求まる．ガウスの定理を用いて面積積分を次式右辺の体積積分に変える．

$$-\int_{CS}\rho\boldsymbol{v}v_n dS=-\int_{CV}\left\{\frac{\partial}{\partial x}(\rho\boldsymbol{v}v_x)+\frac{\partial}{\partial y}(\rho\boldsymbol{v}v_y)+\frac{\partial}{\partial z}(\rho\boldsymbol{v}v_z)\right\}dV \tag{8.19}$$

また外力$\boldsymbol{F}$が検査体積CVに作用する力積は，単位時間あたり

$$\int_{CV}\rho\boldsymbol{F}dV \tag{8.20}$$

であり，内力$\boldsymbol{f}$が検査体積の表面CSに作用する力積は表8.8のガウスの定理を用いると単位時間あたり，

$$\int_{CS}\boldsymbol{f}dS=\int_{CS}(-p\boldsymbol{n}+\boldsymbol{\tau}\cdot\boldsymbol{n})dS$$

$$=\int_{CV}(-\nabla p+\nabla\cdot\boldsymbol{\tau})dV \tag{8.21}$$

となる．式(8.18)が式(8.19)～(8.21)の和と等しくなるとおき，各積分の和の被積分関数が恒等的にゼロになることから次式が得られる．

$$\frac{\partial}{\partial t}(\rho\boldsymbol{v})=-\left\{\frac{\partial}{\partial x}(\rho\boldsymbol{v}v_x)+\frac{\partial}{\partial y}(\rho\boldsymbol{v}v_y)+\frac{\partial}{\partial z}(\rho\boldsymbol{v}v_z)\right\}+\rho\boldsymbol{F}-\nabla p+\nabla\cdot\boldsymbol{\tau} \tag{8.22}$$

右辺の第1項を変形すると

$$\rho\boldsymbol{v}\left(\frac{\partial v_x}{\partial x}+\frac{\partial v_y}{\partial y}+\frac{\partial v_z}{\partial z}\right)+v_x\frac{\partial}{\partial x}(\rho\boldsymbol{v})+v_y\frac{\partial}{\partial y}(\rho\boldsymbol{v})+v_z\frac{\partial}{\partial z}(\rho\boldsymbol{v})$$

$$=\rho\boldsymbol{v}(\nabla\cdot\boldsymbol{v})+(\boldsymbol{v}\cdot\nabla)(\rho\boldsymbol{v})=\rho\boldsymbol{v}(\nabla\cdot\boldsymbol{v})+\rho(\boldsymbol{v}\cdot\nabla)\boldsymbol{v}+\{(\boldsymbol{v}\cdot\nabla)\rho\}\boldsymbol{v}$$

となるから，非圧縮の条件$D\rho/Dt=\partial\rho/\partial t+(\boldsymbol{v}\cdot\nabla)\rho=0$と，連続の式(8.7)より，式(8.22)は以下のように表される．

$$\rho\frac{D\boldsymbol{v}}{Dt}\quad=\quad\rho\boldsymbol{F}\quad-\quad\nabla p\quad+\quad\nabla\cdot\boldsymbol{\tau} \tag{8.23}$$

(質量)×(加速度)　＝　(外力)＋(圧力)＋(粘性力)

上式をコーシーの運動方程式（Cauchy's equation of motion）と呼ぶ．粘性応力の式(8.15)を式(8.23)に代入すれば

$$\rho\frac{D\boldsymbol{v}}{Dt}=\rho\boldsymbol{F}-\nabla p+\mu\nabla^2\boldsymbol{v} \tag{8.24}$$

表8.8 ガウスの定理　その2

面積分と体積積分の変換公式

・スカラー　Aに対しては

$$\int_{CS}A\boldsymbol{n}dS=\int_{CV}\nabla A dV$$

・テンソル$\boldsymbol{T}$に対しては

$$\int_{CS}\boldsymbol{T}\cdot\boldsymbol{n}dS=\int_{CV}\nabla\cdot\boldsymbol{T}dV$$

ここで

$$\boldsymbol{T}=\begin{pmatrix}T_{xx} & T_{xy} & T_{xz}\\ T_{yx} & T_{yy} & T_{yz}\\ T_{zx} & T_{zy} & T_{zz}\end{pmatrix}$$

表8.9　∇とテンソル$\boldsymbol{\tau}$の演算

$$\nabla\cdot\boldsymbol{\tau}=\left(\frac{\partial\tau_{xx}}{\partial x}+\frac{\partial\tau_{xy}}{\partial y}+\frac{\partial\tau_{xz}}{\partial z}\right)\boldsymbol{i}+\left(\frac{\partial\tau_{yx}}{\partial x}+\frac{\partial\tau_{yy}}{\partial y}+\frac{\partial\tau_{yz}}{\partial z}\right)\boldsymbol{j}+\left(\frac{\partial\tau_{zx}}{\partial x}+\frac{\partial\tau_{zy}}{\partial y}+\frac{\partial\tau_{zz}}{\partial z}\right)\boldsymbol{k}$$

が得られる．この式はナビエ・ストークスの式(Navier-Stokes equations)と呼ばれ，流体力学の最も基礎となる運動方程式である．直交座標の成分では以下のようになる．

$$\rho\left(\frac{\partial \boldsymbol{v}_x}{\partial t}+\boldsymbol{v}_x\frac{\partial \boldsymbol{v}_x}{\partial x}+\boldsymbol{v}_y\frac{\partial \boldsymbol{v}_x}{\partial y}+\boldsymbol{v}_z\frac{\partial \boldsymbol{v}_x}{\partial z}\right)=\rho F_x-\frac{\partial p}{\partial x}+\mu\left(\frac{\partial^2 \boldsymbol{v}_x}{\partial x^2}+\frac{\partial^2 \boldsymbol{v}_x}{\partial y^2}+\frac{\partial^2 \boldsymbol{v}_x}{\partial z^2}\right)$$

$$\rho\left(\frac{\partial \boldsymbol{v}_y}{\partial t}+\boldsymbol{v}_x\frac{\partial \boldsymbol{v}_y}{\partial x}+\boldsymbol{v}_y\frac{\partial \boldsymbol{v}_y}{\partial y}+\boldsymbol{v}_z\frac{\partial \boldsymbol{v}_y}{\partial z}\right)=\rho F_y-\frac{\partial p}{\partial y}+\mu\left(\frac{\partial^2 \boldsymbol{v}_y}{\partial x^2}+\frac{\partial^2 \boldsymbol{v}_y}{\partial y^2}+\frac{\partial^2 \boldsymbol{v}_y}{\partial z^2}\right)$$

$$\rho\left(\frac{\partial \boldsymbol{v}_z}{\partial t}+\boldsymbol{v}_x\frac{\partial \boldsymbol{v}_z}{\partial x}+\boldsymbol{v}_y\frac{\partial \boldsymbol{v}_z}{\partial y}+\boldsymbol{v}_z\frac{\partial \boldsymbol{v}_z}{\partial z}\right)=\rho F_z-\frac{\partial p}{\partial z}+\mu\left(\frac{\partial^2 \boldsymbol{v}_z}{\partial x^2}+\frac{\partial^2 \boldsymbol{v}_z}{\partial y^2}+\frac{\partial^2 \boldsymbol{v}_z}{\partial z^2}\right)$$

なお，外力としてふつう問題になるのは重力であり，その作用する方向を z 軸の下向きとすると，重力は位置エネルギーのこう配から，$\rho\mathbf{F}=\rho\boldsymbol{\nabla}(-gz)=-\rho g\boldsymbol{k}$ となる．したがって，重力の効果を圧力に含めることにして，$p+\rho g z$ を改めて p と定義すれば，

$$\rho\frac{D\mathbf{v}}{Dt}=-\boldsymbol{\nabla}p+\mu\boldsymbol{\nabla}^2\mathbf{v} \tag{8.25}$$

となる．この形のナビエ・ストークスの式もよく用いられる．この場合には，圧力の境界条件の中に重力の効果も含める．

8・3・2　ナビエ・ストークスの式の近似 (approximation of Navier-Stokes equations)

ナビエ・ストークスの式を厳密に解くことができるのは簡単な流れの場合に限られる．したがって，一般には何らかの近似を必要とする場合が多い．近似を行うときには，式中の各項のうち，どの項が大きな値となり，どの項が小さな値となるかを見わけることが重要となる．小さな項を大きな項に比べて無視することができれば，容易に解が求まる場合も多い．各項の大きさを厳密に評価するのは困難であるが，たとえば長さ，速度，時間がおのおのその流れの典型的な代表量の大きさになると考えよう．このとき各量をそれらの代表量で無次元化すれば，無次元量は大きさが 1 のオーダーの量となる．代表量には代表長さ L（物体の大きさ，管の内径など），代表速度 U（物体の速度，管内の平均流速など），代表時間 L/U をとる．なお，圧力 p の大きさはベルヌーイの式から ρU^2 と見積もる．次の無次元数

$$x^*=\frac{x}{L},\ y^*=\frac{y}{L},\ z^*=\frac{z}{L},\ \boldsymbol{v}_x^{\,*}=\frac{\boldsymbol{v}_x}{U},\ \boldsymbol{v}_y^{\,*}=\frac{\boldsymbol{v}_y}{U},\ \boldsymbol{v}_z^{\,*}=\frac{\boldsymbol{v}_z}{U},\quad t^*=\frac{t}{L/U},\ p^*=\frac{p}{\rho U^2} \tag{8.26}$$

を定義し，ナビエ・ストークスの式(8.25)をこれら無次元数で表すと，例えばその z 成分は

$$\frac{\rho U^2}{L}\left(\frac{\partial \boldsymbol{v}_z^*}{\partial t^*}+\boldsymbol{v}_x^*\frac{\partial \boldsymbol{v}_z^*}{\partial x^*}+\boldsymbol{v}_y^*\frac{\partial \boldsymbol{v}_z^*}{\partial y^*}+\boldsymbol{v}_z^*\frac{\partial \boldsymbol{v}_z^*}{\partial z^*}\right)=-\frac{\rho U^2}{L}\frac{\partial p^*}{\partial z^*}+\frac{\mu U}{L^2}\left(\frac{\partial^2 \boldsymbol{v}_z^*}{\partial x^{*2}}+\frac{\partial^2 \boldsymbol{v}_z^*}{\partial y^{*2}}+\frac{\partial^2 \boldsymbol{v}_z^*}{\partial z^{*2}}\right)$$

表 8.10 曲線座標における
ナビエ・ストークスの式

円柱座標 (r,θ,z)

$$\rho\left(\frac{D\boldsymbol{v}_r}{Dt}-\frac{{\boldsymbol{v}_\theta}^2}{r}\right)=\rho F_r-\frac{\partial p}{\partial r}+\mu\left(\boldsymbol{\nabla}^2\boldsymbol{v}_r-\frac{\boldsymbol{v}_r}{r^2}-\frac{2}{r^2}\frac{\partial \boldsymbol{v}_\theta}{\partial\theta}\right)$$

$$\rho\left(\frac{D\boldsymbol{v}_\theta}{Dt}+\frac{\boldsymbol{v}_r\boldsymbol{v}_\theta}{r}\right)=\rho F_\theta-\frac{1}{r}\frac{\partial p}{\partial\theta}+\mu\left(\boldsymbol{\nabla}^2\boldsymbol{v}_\theta+\frac{2}{r^2}\frac{\partial \boldsymbol{v}_r}{\partial\theta}-\frac{\boldsymbol{v}_\theta}{r^2}\right)$$

$$\rho\frac{D\boldsymbol{v}_z}{Dt}=\rho F_z-\frac{\partial p}{\partial z}+\mu\boldsymbol{\nabla}^2\boldsymbol{v}_z$$

ここで

$$\frac{D}{Dt}=\frac{\partial}{\partial t}+\boldsymbol{v}_r\frac{\partial}{\partial r}+\frac{\boldsymbol{v}_\theta}{r}\frac{\partial}{\partial\theta}+\boldsymbol{v}_z\frac{\partial}{\partial z}$$

$$\boldsymbol{\nabla}^2=\frac{\partial^2}{\partial r^2}+\frac{1}{r}\frac{\partial}{\partial r}+\frac{1}{r^2}\frac{\partial^2}{\partial\theta^2}+\frac{\partial^2}{\partial z^2}$$

球座標 (r,θ,ϕ)

$$\rho\left(\frac{D\boldsymbol{v}_r}{Dt}-\frac{{\boldsymbol{v}_\theta}^2+{\boldsymbol{v}_\phi}^2}{r}\right)=\rho F_r-\frac{\partial p}{\partial r}+\mu\left(\boldsymbol{\nabla}^2\boldsymbol{v}_r-\frac{2\boldsymbol{v}_r}{r^2}-\frac{2}{r^2}\frac{\partial \boldsymbol{v}_\theta}{\partial\theta}-\frac{2\boldsymbol{v}_\theta\cot\theta}{r^2}-\frac{2}{r^2\sin\theta}\frac{\partial \boldsymbol{v}_\phi}{\partial\phi}\right)$$

$$\rho\left(\frac{D\boldsymbol{v}_\theta}{Dt}+\frac{\boldsymbol{v}_r\boldsymbol{v}_\theta-{\boldsymbol{v}_\phi}^2\cot\theta}{r}\right)=\rho F_\theta-\frac{1}{r}\frac{\partial p}{\partial\theta}+\mu\left(\boldsymbol{\nabla}^2\boldsymbol{v}_\theta+\frac{2}{r^2}\frac{\partial \boldsymbol{v}_r}{\partial\theta}-\frac{\boldsymbol{v}_\theta}{r^2\sin^2\theta}-\frac{2\cos\theta}{r^2\sin^2\theta}\frac{\partial \boldsymbol{v}_\phi}{\partial\phi}\right)$$

$$\rho\left(\frac{D\boldsymbol{v}_\phi}{Dt}+\frac{\boldsymbol{v}_\phi\boldsymbol{v}_r}{r}+\frac{\boldsymbol{v}_\theta\boldsymbol{v}_\phi\cot\theta}{r}\right)=\rho F_\phi-\frac{1}{r\sin\theta}\frac{\partial p}{\partial\phi}+\mu\left(\boldsymbol{\nabla}^2\boldsymbol{v}_\phi+\frac{2}{r^2\sin\theta}\frac{\partial \boldsymbol{v}_r}{\partial\phi}+\frac{2\cos\theta}{r^2\sin^2\theta}\frac{\partial \boldsymbol{v}_\theta}{\partial\phi}-\frac{\boldsymbol{v}_\phi}{r^2\sin^2\theta}\right)$$

ここで

$$\frac{D}{Dt}=\frac{\partial}{\partial t}+\boldsymbol{v}_r\frac{\partial}{\partial r}+\frac{\boldsymbol{v}_\theta}{r}\frac{\partial}{\partial\theta}+\frac{\boldsymbol{v}_\phi}{r\sin\theta}\frac{\partial}{\partial\phi}$$

$$\boldsymbol{\nabla}^2=\frac{1}{r^2}\frac{\partial}{\partial r}\left(r^2\frac{\partial}{\partial r}\right)+\frac{1}{r^2\sin\theta}\frac{\partial}{\partial\theta}\left(\sin\theta\frac{\partial}{\partial\theta}\right)+\frac{1}{r^2\sin^2\theta}\frac{\partial^2}{\partial\phi^2}$$

と表される．両辺を $\rho U^2/L$ で除し，$Re=\rho UL/\mu$ より

$$\frac{D\boldsymbol{v}^*}{Dt^*}=-\nabla^* p^* + \frac{1}{Re}\nabla^{*2}\boldsymbol{v}^* \tag{8.27}$$

ここで，

$$\frac{D}{Dt^*}=\frac{\partial}{\partial t^*}+v_x^*\frac{\partial}{\partial x^*}+v_y^*\frac{\partial}{\partial y^*}+v_z^*\frac{\partial}{\partial z^*},\quad \nabla^*=\boldsymbol{i}\frac{\partial}{\partial x^*}+\boldsymbol{j}\frac{\partial}{\partial y^*}+\boldsymbol{k}\frac{\partial}{\partial z^*}$$

1つの近似として，レイノルズ数 Re が非常に大きいとき，すなわち慣性力に比べて粘性力を無視できるときには右辺の第2項を省略できる．これについては8･4節で改めて述べる．

式(8.27)からは1･3･1節で学んだレイノルズの相似則の意味を理解できる．すなわち，2つの流れが幾何学的に相似な境界条件をもち，かつそれらのレイノルズ数 Re が等しくなれば，その2つの流れに対する式(8.27)は等しくなり，その解から描かれるおのおのの流れのパターンも相似となる．これが相似則と呼ばれる理由である．

もうひとつの近似として，レイノルズ数 Re が非常に小さいとき，すなわち慣性力を無視できる場合について考えよう．このとき運動エネルギーは非常に小さく，圧力 p は運動エネルギーとではなく，粘性力と同程度になると予想され，その無次元化を次のように定義する．

$$p^*=\frac{p}{\mu U/L} \tag{8.28}$$

ここで，$\mu U/L$ は粘度と典型的な速度こう配 U/L とをかけあわせたもので，粘性力の大きさの程度を表す．時間の無次元化は次のように考える．非定常流の場合，練習問題【8・4】のようにある位置の流れの変化は粘性に起因して $\sqrt{\nu t}$ のオーダーの距離まで影響が及ぶ．$L\sim\sqrt{\nu t}$，したがって $t\sim L^2/\nu$ と仮定し，無次元化を次のように定義する．

$$t^*=\frac{\nu t}{L^2} \tag{8.29}$$

これら以外については式(8.26)と同じ無次元化を行うと，次式が得られる．

$$\frac{\partial\boldsymbol{v}^*}{\partial t^*}+Re(\boldsymbol{v}^*\cdot\nabla^*)\boldsymbol{v}^*=-\nabla^* p^*+\nabla^{*2}\boldsymbol{v}^* \tag{8.30}$$

いま，レイノルズ数 Re が非常に小さいときを考えているので，Re をゼロとする近似を行うと次式が得られる．

$$\frac{\partial\boldsymbol{v}^*}{\partial t^*}=-\nabla^* p^*+\nabla^{*2}\boldsymbol{v}^* \tag{8.31}$$

慣性項 $(\boldsymbol{v}^*\cdot\nabla^*)\boldsymbol{v}^*$ を省略する近似はストークス近似(Stokes's approximation)と呼ばれ，$Re\ll 1$ となるような遅い流れ(creeping flow)，マイクロスケールの微細な流れ，あるいは非常に高粘度の液体の流れなどに適用されている．練習問題【8・5】の流体薄膜による潤滑にもストークス近似は適用される．たとえば微細な流れの例では，D=10μm のチリが，動粘度 $\nu=1.8\times10^{-5}$ m^2/s

相似則の応用

下の2枚の写真は翼面上の流れの様子をタフト(短い糸)の動きにより示している．模型と実機でレイノルズ数が同じになれば，下の例のように同じ流れが得られる．

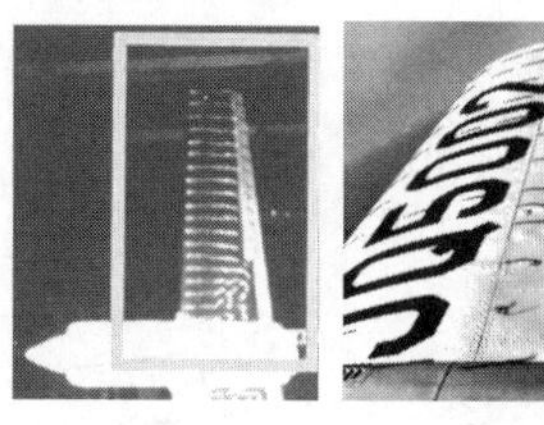

模型　　　　実機

日本機械学会編
「スライド集 流れ」(1984)より

準定常流

ここでは流れが追従し得る時間スケール L^2/ν よりも流れ変化の時間スケール T (たとえば流れを駆動する物体運動の周期など)が十分長いときについて考える．時間の無次元化を $t^*\equiv t/T$ とする．式(8.31)は

$$\frac{L^2}{\nu T}\frac{\partial\boldsymbol{v}^*}{\partial t^*}=-\nabla^* p^*+\nabla^{*2}\boldsymbol{v}^*$$

となり，$L^2/\nu T\ll 1$ より

$$-\nabla^* p^*+\nabla^{*2}\boldsymbol{v}^*\cong 0$$

となる．これは定常流に対する式であり，物体運動の周期などに対して，流れはその時刻ごとの条件にただちに対応した定常解の連続となる．この流れを準定常流(quasi-steady flow)と呼ぶ．流れがこのように条件に合わせて急速に変化する現象はこれを阻止する慣性項を欠くために生じ，静止した境界条件の変化に対しても同じように生ずる．たとえば管内流の助走区間（式(6.6a)参照）はレイノルズ数の低下とともに短くなり，その短い区間で急な流れの変化が生ずる．

の静止空気中を U=1 cm/s の速度で移動する場合，$Re = DU/\nu = 10\times10^{-6}\times0.01/(1.8\times10^{-5}) \cong 0.0056$ である．このようなチリのまわりの微細な流れに対してはストークス近似を適用できる．

8・3・3　境界条件 (boundary conditions)

流れの問題を解くときには，ナビエ・ストークスの式と連続の式，合計 4 つの式を連立させて，(v_x, v_y, v_z, p) の 4 つの未知数を求める．式はすべて偏微分方程式であるから，個々の流れに対してそれらの解を求めるときには境界条件が必要になる．固体表面に沿う流れでは，図 8.9 に示すように表面を貫通する速度成分 v_y と表面上の表面に沿う速度成分 v_x はゼロとする．

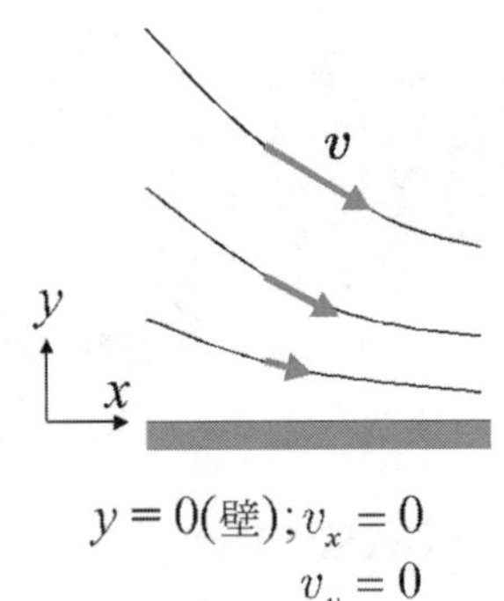

図 8.9　固体壁面における境界条件

$$v_x = 0,\ v_y = 0 \tag{8.32}$$

$v_x = 0$ の条件はすべりなし（no-slip）の条件と呼ばれる．すべりなしの条件は希薄気体や一部の高分子液体などの例外を除けば成り立つことが実験的に確認されている．圧力に対しては一般にある 1 ヶ所の値を境界条件として与える．たとえば，管路内の流れならば入口の圧力，物体まわりの流れであればその壁面上のある一点の圧力，あるいは次に示す例題 8.3 のように物体から無限遠方の圧力などを境界条件として与える．

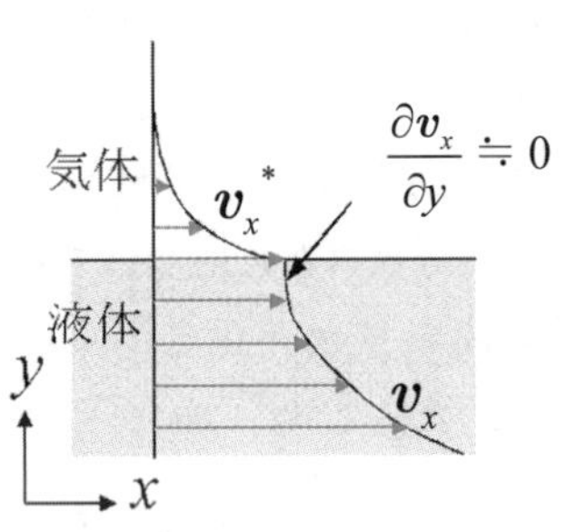

図 8.10 流体間における境界条件

気液界面のように液体が固体壁に接するのではなく，自由表面を持つ場合の境界条件は式(8.32)と少し異なる．簡単のために界面の形状が時間的に変化しない図 8.10 のような場合について考えよう．気体側の速度，圧力，粘度に*の添え字をつけて，液体側と区別する．界面の形状変化が無視できるから，界面に垂直方向の速度 v_y はゼロになる．界面に沿う速度 v_x はゼロにはならないが，気体側のせん断応力と液体側のせん断応力が界面で等しくなる条件から v_x の条件が求まる．すなわち，界面で

$$v_y = v_y^* = 0,\ \mu\frac{\partial v_x}{\partial y} = \mu^*\frac{\partial v_x^*}{\partial y} \tag{8.33}$$

となる．気体の粘度は液体の粘度より非常に小さく，図のように液体側のみを問題とするときには $\mu^*/\mu \ll 1$ より近似的に $\partial v_x/\partial y = 0$ とする条件も用いられる．圧力は界面で $p = p^*$ であるが，気体側の流れが無視できるときには界面で圧力 p = 一定，または大気圧とする．界面が曲率をもつときには，表面張力により生ずる圧力差 $\Delta p = T/R$ を気液間の圧力差とする．ここで，T は表面張力，R は曲率半径である．なお，気液界面に対する式(8.33)は混ざり合わない 2 層の液体界面に対しても成り立つ．ただし，表面張力の代わりに界面張力を考えることになる．

8・3・4　移動および回転座標系 (moving and rotating coordinate system)

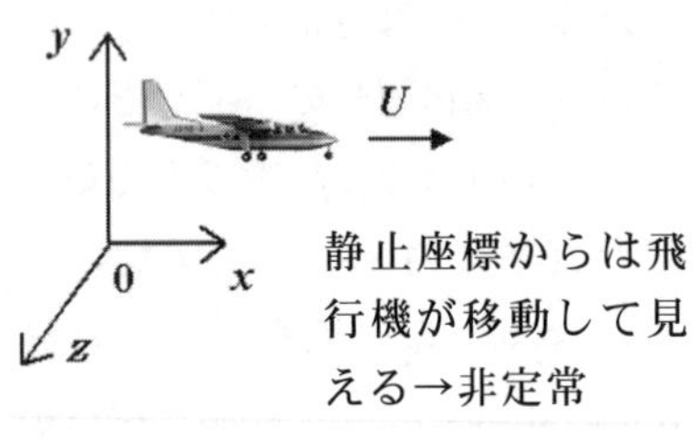

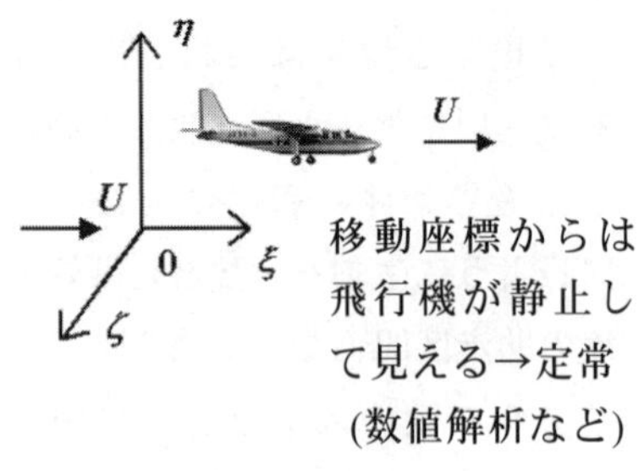

図 8.11 移動座標の利用

一般に，定常流を調べるよりも非定常流を調べるほうが流れの時間的変化を調べなければならず，やっかいである．たとえば，車や航空機などの移動する物体まわりの流れは，図 8.11 のように空間に固定された静止座標 (x, y, z) からみると非定常であり少々やっかいである．しかし，このような場合でも物体と同じ速度で移動する座標 (ξ, η, ζ) からみると流れは定常と

みなせるので，数値解析などを行う上で有利である．この目的で，静止座標の代わりに物体と同じ一定速度 U で移動する座標がしばしば用いられる．

$$\xi = x - Ut,\ \eta = y,\ \zeta = z \tag{8.34}$$

の関係にある．この x と ξ の間の座標変換はガリレイ変換(Galilei's transformation)と呼ばれ，各座標系におけるナビエ・ストークスの式の解は互いに一致する(次頁のコラム参照)．

流体力学の実験ではしばしば風洞や回流水槽などのように一定速度の一様流中に模型を静止させて実験を行う．この場合は，図 8.12 のように物体が静止してそこに一定速度 U の流れがある静止座標 (x, y, z) で実験を行う．その流れは，物体が移動し，周囲の流れが静止して見える移動座標系 (ξ, η, ζ) での流れとガリレイ変換の関係にある．座標移動速度が一定であれば各座標系でのナビエ・ストークスの式の解が一致するので都合の良いように座標を選ぶことができる．

座標の移動速度が一定でなく，加速度をともなう場合には各座標系でのナビエ・ストークスの式の解は互いに一致しない．たとえば，振動する物体により生ずる流れと，振動する一様流中の物体まわりの流れとは，それらの振動に合わせた座標系から見れば一様流または物体の運動は同じである．しかし，たとえ式(8.34)で U を流れの振動にあわせて加速度をもたせて定義したとしても各流れの解の間にはガリレイ変換(コラム内の式(8.35))は成立しない．実用上重要な送風機やポンプなどのような回転機械内部の流れを調べるときには，回転体と同じ速度で回転する座標系がしばしば用いられる．回転座標上では静止していても，静止座標からみれば絶えず回転軸に向かって加速度が働く．したがって，この場合にもガリレイ変換は成り立たず，回転座標系の運動方程式には遠心力(centrifugal force)を加えて補正しなければならない．さらに流体が回転しながら半径方向に移動する場合には，流体のもっていた角運動量が保存されようとして内向きの運動では角速度が大きくなり，外向きの運動では角速度が小さくなろうとする．このような運動に対応する力はコリオリ力(Coriolis force)と呼ばれ，この力も補正項として運動方程式に付け加えなければならない．例として自転する地球表面に沿う大気や海洋の流れに対してこれら付加項の働く方向を図 8.13 に示す．

静止座標からは飛行機が静止して見える→定常（風洞など）

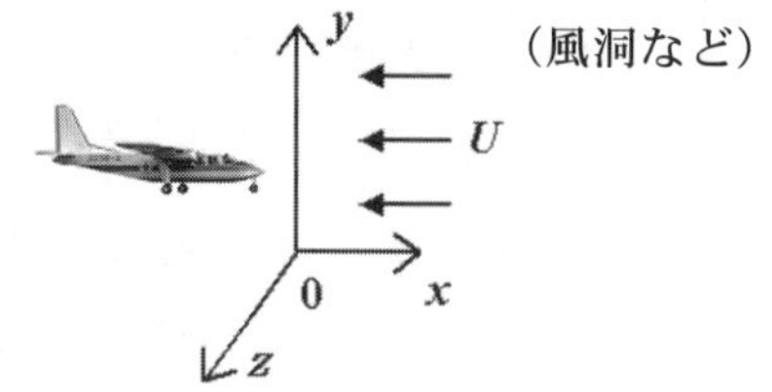

移動座標からは飛行機が移動して見える→非定常

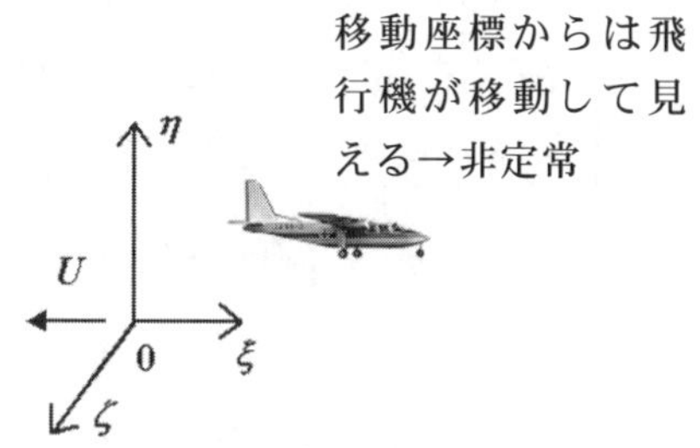

図 8.12　静止座標の利用

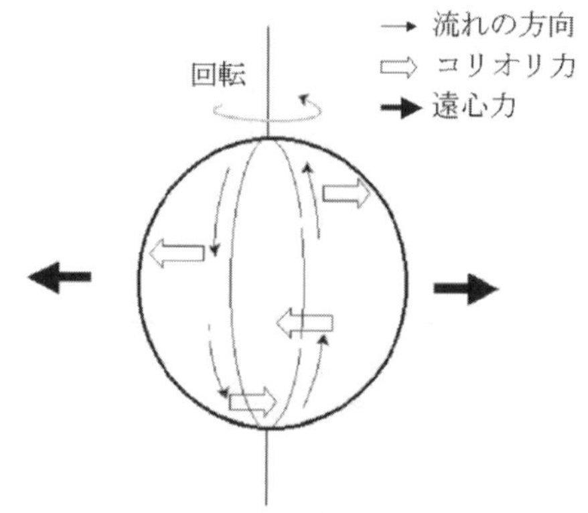

図 8.13　地球表面に沿う南北間の流れに働く力

風洞とその利用例

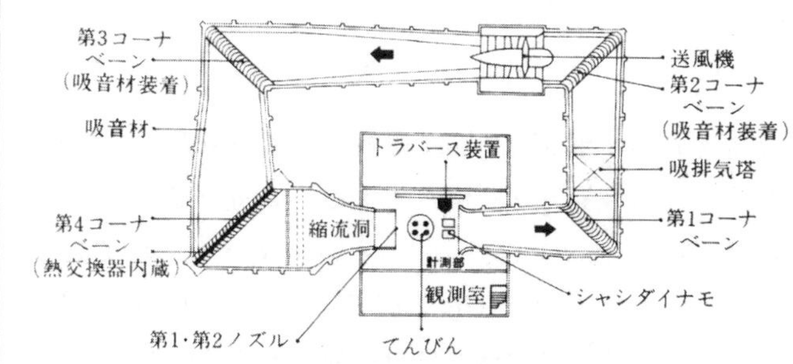

自動車用低騒音実車風洞
（阪田敏夫，日本機械学会誌, 90-819(1987)）

煙による流れの可視化例
（提供　日産自動車(株)）

ナビエ・ストークスの式に対するガリレイ変換

ガリレイ変換，式(8.34)のもとでは静止座標 (t, x, y, z) における $(\boldsymbol{v}_x, \boldsymbol{v}_y, \boldsymbol{v}_z, p)$ と移動座標 (t, ξ, η, ζ) における $(\boldsymbol{v}_\xi^*, \boldsymbol{v}_\eta^*, \boldsymbol{v}_\zeta^*, p^*)$ との間に

$$\begin{aligned} &\boldsymbol{v}_x(t, x, y, z) = \boldsymbol{v}_\xi^*(t, x-Ut, y, z)+U, \qquad \boldsymbol{v}_y(t, x, y, z) = \boldsymbol{v}_\eta^*(t, x-Ut, y, z) \\ &\boldsymbol{v}_z(t, x, y, z) = \boldsymbol{v}_\zeta^*(t, x-Ut, y, z), \qquad p_x(t, x, y, z) = p^*(t, x-Ut, y, z) \end{aligned} \tag{8.35}$$

の関係が成り立つ．$(\boldsymbol{v}_x, \boldsymbol{v}_y, \boldsymbol{v}_z, p)$ が静止座標におけるナビエ・ストークスの式の解であるとき，$(\boldsymbol{v}_\xi^*, \boldsymbol{v}_\eta^*, \boldsymbol{v}_\zeta^*, p^*)$ も移動座標におけるナビエ・ストークスの式の解であることを証明しよう．簡単化のため $\boldsymbol{v}_y = \boldsymbol{v}_z = 0$（したがって $\boldsymbol{v}_\eta = \boldsymbol{v}_\zeta = 0$）の場合について考える．式(8. 34)および式(8. 35)より

$$\frac{\partial \boldsymbol{v}_x}{\partial t} = \left[\frac{\partial(\boldsymbol{v}_\xi^* + U)}{\partial t}\right]_{x=\text{const.}} = \frac{\partial \boldsymbol{v}_\xi^*}{\partial t} + \frac{\partial(x-Ut)}{\partial t}\frac{\partial \boldsymbol{v}_\xi^*}{\partial \xi} = \frac{\partial \boldsymbol{v}_\xi^*}{\partial t} - U\frac{\partial \boldsymbol{v}_\xi^*}{\partial \xi}$$

$$\frac{\partial \boldsymbol{v}_x}{\partial x} = \frac{\partial \xi}{\partial x}\frac{\partial \boldsymbol{v}_\xi^*}{\partial \xi} = \frac{\partial \boldsymbol{v}_\xi^*}{\partial \xi}, \quad \frac{\partial \boldsymbol{v}_x}{\partial y} = \frac{\partial \eta}{\partial y}\frac{\partial \boldsymbol{v}_\xi^*}{\partial \eta} = \frac{\partial \boldsymbol{v}_\xi^*}{\partial \eta}, \quad \frac{\partial \boldsymbol{v}_x}{\partial z} = \frac{\partial \zeta}{\partial z}\frac{\partial \boldsymbol{v}_\xi^*}{\partial \zeta} = \frac{\partial \boldsymbol{v}_\xi^*}{\partial \zeta}, \quad \frac{\partial p}{\partial x} = \frac{\partial \xi}{\partial x}\frac{\partial p^*}{\partial \xi} = \frac{\partial p^*}{\partial \xi}$$

である．これらを静止座標のナビエ・ストークスの式に代入すると次式が得られる．

$$\rho\left(\frac{\partial \boldsymbol{v}_\xi^*}{\partial t} + \boldsymbol{v}_\xi^*\frac{\partial \boldsymbol{v}_\xi^*}{\partial \xi}\right) = -\frac{\partial p^*}{\partial \xi} + \mu\left(\frac{\partial^2 \boldsymbol{v}_\xi^*}{\partial \xi^2} + \frac{\partial^2 \boldsymbol{v}_\xi^*}{\partial \eta^2} + \frac{\partial^2 \boldsymbol{v}_\xi^*}{\partial \zeta^2}\right)$$

上式は移動座標におけるナビエ・ストークスの式であり，$(\boldsymbol{v}_\xi^*, \boldsymbol{v}_\eta^*, \boldsymbol{v}_\zeta^*, p^*)$ がその解であることを示している．

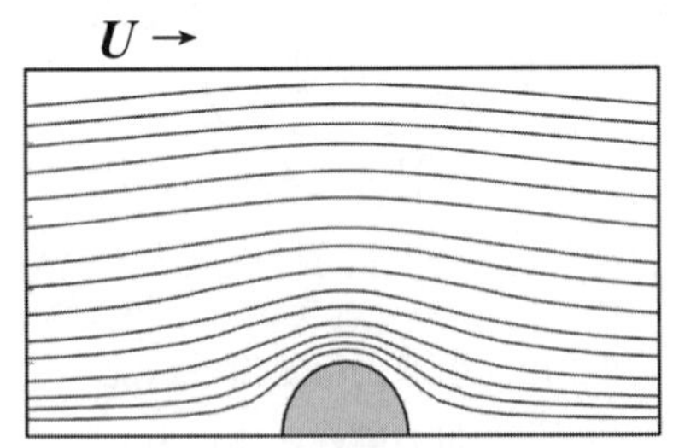

図 8.14　球のまわりのストークス流れ(例題 8･3)

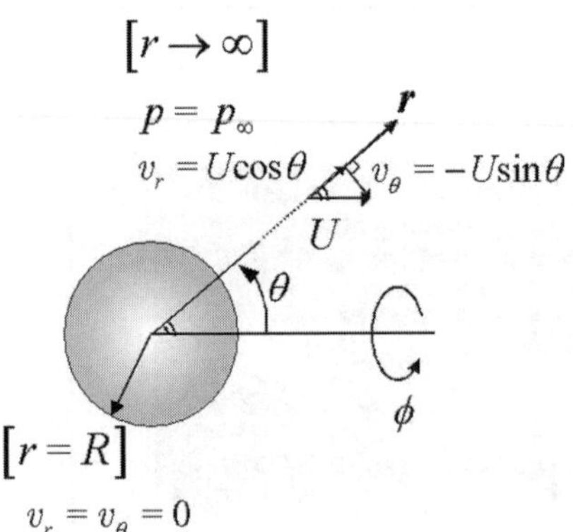

図 8.15　球座標と球まわりの流れの境界条件(例題 8･3)

【例題 8・3】　＊＊＊＊＊＊＊＊＊＊＊＊＊＊＊＊＊＊＊＊＊＊＊＊

ストークス近似の応用として，図 8.14 に示す球のまわりの遅い流れを考える．図 8.15 に示す球座標 (r, θ, ϕ) を用いると，流れは軸対称であるから $\boldsymbol{v}_\phi = 0$ となる．また，r 方向と θ 方向の速度 $\boldsymbol{v}_r$ と $\boldsymbol{v}_\theta$ はおのおの r と θ の関数である．よって

連続の式　$$\frac{1}{r^2}\frac{\partial(r^2 \boldsymbol{v}_r)}{\partial r} + \frac{1}{r\sin\theta}\frac{\partial(\boldsymbol{v}_\theta \sin\theta)}{\partial\theta} = 0 \tag{A}$$

運動方程式　$$\frac{\partial p}{\partial r} = \mu\left(\nabla^2 \boldsymbol{v}_r - \frac{2}{r^2}\boldsymbol{v}_r - \frac{2}{r^2}\frac{\partial \boldsymbol{v}_\theta}{\partial \theta} - \frac{2}{r^2}\boldsymbol{v}_\theta \cot\theta\right) \tag{B}$$

$$\frac{1}{r}\frac{\partial p}{\partial \theta} = \mu\left(\nabla^2 \boldsymbol{v}_\theta - \frac{2}{r^2}\frac{\partial \boldsymbol{v}_r}{\partial \theta} - \frac{\boldsymbol{v}_\theta}{r^2 \sin^2\theta}\right) \tag{C}$$

境界条件　$r = R$: $\boldsymbol{v}_r = \boldsymbol{v}_\theta = 0$，　$r \to \infty$: $\boldsymbol{v}_r = U\cos\theta$, $\boldsymbol{v}_\theta = -U\sin\theta$, $p = p_\infty$

ここで，R は球の半径であり，U は球から遠く離れた位置の速度の大きさである．$r \to \infty$ における $\boldsymbol{v}_r, \boldsymbol{v}_\theta$ の境界条件を満たす解として $\boldsymbol{v}_r = U\,F(r)\cos\theta$，$\boldsymbol{v}_\theta = -U\,G(r)\sin\theta$ のような解を推測できる．$F(r)$ と $G(r)$ は r の関数であり，境界条件 $F(R) = G(R) = 0$ および $F(\infty) = G(\infty) = 1$ を満たさなければならない．実際にそのような解が存在するかどうかは具体的に解を求めてみなければわからないが，この場合には幸い θ と r の 2 変数に対する変数分離法により

$F(r)$ と $G(r)$ の解が得られている．それらより，$\boldsymbol{v}_r$ と $\boldsymbol{v}_\theta$ は次のように表される．

$$\boldsymbol{v}_r = U\left(1-\frac{3R}{2r}+\frac{R^3}{2r^3}\right)\cos\theta,\quad \boldsymbol{v}_\theta = -U\left(1-\frac{3R}{4r}-\frac{R^3}{4r^3}\right)\sin\theta \tag{D}$$

この解を利用して，球に働く抗力 F_D を求めよ．

【解答】　球の表面に及ぼす力は圧力と粘性応力によるものであり，これらの流れ方向成分が抗力として作用する．圧力 p は式(D)を式(B)に代入し，r について積分すれば

$$p = p_\infty - \frac{3\mu RU\cos\theta}{2r^2} \tag{E}$$

と求まる．$r = R$ の球表面に働く粘性応力は τ_{rr} $\tau_{r\theta}$ $\tau_{r\phi}$ の 3 つであるが，ϕ 方向の流れはないから，τ_{rr} と $\tau_{r\theta}$ のみを考えればよく，これらは前節の結果より

$$\tau_{rr} = \mu\dot{\gamma}_{rr} = 2\mu\frac{\partial \boldsymbol{v}_r}{\partial r} = 2\mu U\cos\theta\left(\frac{3R}{2r^2}-\frac{3R^3}{2r^4}\right)$$
$$\tau_{r\theta} = \mu\dot{\gamma}_{r\theta} = \mu\left\{r\frac{\partial}{\partial r}\left(\frac{\boldsymbol{v}_\theta}{r}\right)+\frac{1}{r}\frac{\partial \boldsymbol{v}_r}{\partial\theta}\right\} = -\frac{3\mu UR^3}{2r^4}\sin\theta \tag{F}$$

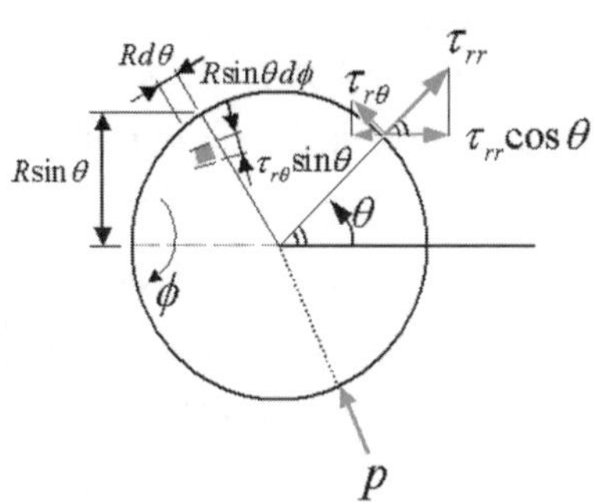

図 8.16　球に働く圧力と粘性応力(例題 8・3)

と与えられる．圧力および粘性応力の流れ方向に働く成分は図 8.16 より

$$\left\{-p\cos\theta+\tau_{rr}\cos\theta-\tau_{r\theta}\sin\theta\right\}_{r=R} \tag{G}$$

となる．圧力と粘性応力に式(E)および式(F)を代入し，球の表面にわたって積分すると球に働く抗力 F_D は

$$F_D = \int_0^{2\pi}\int_0^{\pi}\left\{-p\cos\theta+\tau_{rr}\cos\theta-\tau_{r\theta}\sin\theta\right\}_{r=R} R^2\sin\theta\, d\theta\, d\phi$$
$$= 6\pi\mu RU \tag{H}$$

と求まる．これをストークスの抵抗則(Stokes's law for drag)と呼ぶ．レイノルズ数を $Re=2\rho RU/\mu$ とし，また 7・1 節で学んだ抗力係数 C_D を $C_D = F_D\big/\left\{(\rho U^2/2)\cdot\pi R^2\right\}$ と定義し，抗力 F_D に式(H)を代入すると

$$C_D = \frac{24}{Re} \tag{I}$$

となる．流れは軸対称であるので揚力は生じない．一般に，複雑形状の物体に対する抗力係数とレイノルズ数との関係は実験的に調べる場合が多いが，球の場合には解析的に得られたストークスの抵抗則が $Re<1$ の範囲で成り立つことがわかっている．

＊＊＊＊＊＊＊＊＊＊＊＊＊＊＊＊＊＊＊＊＊＊＊＊

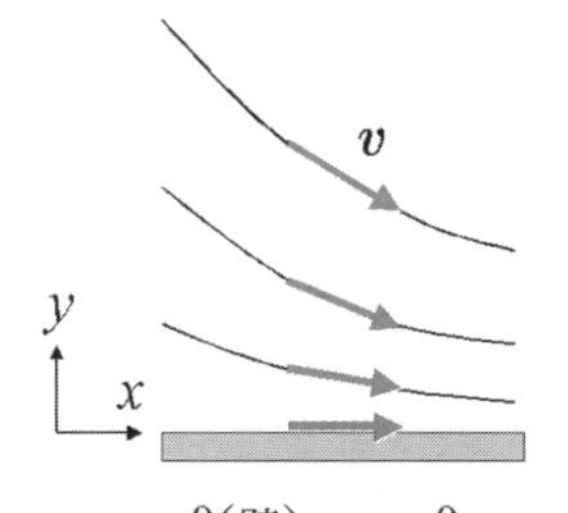

$y=0$(壁)$;u_y=0$

図 8.17　オイラーの式に対する境界条件

ニュートンからストークスへ
流体と人との関わりは第 1 章でも述べたように古くからのものである．この章だけでもいろいろな歴史的人物の名前がでてきた．ガリレオも落体の運動に媒質の抵抗が影響することに着目していたという．ここではニュートン以降の流体力学の歩みを簡単に紹介しよう．ニュートン(1642-1727)は流体中の物体の抵抗に慣性力以外に粘性抵抗があることを考察し，流体内部の 2 面間には速度こう配に比例するせん断応力が働くとする考えを導いた．しかし，オイラー(1707-1783)は粘性力の効果を無視し，慣性力の効果のみを考慮した理想流体の運動方程式の理論を展開し，この理論はさらにラグランジェ(1736-1813)により完成された．ニュートンによる粘性の概念は他の研究者により次第に明らかにされていったが，その基本的概念が 3 次元の運動方程式の中へ取り込まれたのはニュートンによる提案から約 150 年ほど後，ナビエ(1785-1836) やストークス(1819-1903)らによってであった．この教科書のたった 10 ページ程の内容の中に多くの天才たちの熱意が込められている．

8・4　オイラーの式 (Euler's equations)

レイノルズ数が非常に大きいときにはナビエ・ストークスの式(8.27)において $Re\to\infty$ とすると次のオイラーの式が導かれる．

$$\frac{D\mathbf{v}^*}{Dt^*}=-\nabla^* p^* \tag{8.36}$$

外力の項を含め，かつ有次元の形で示すと

$$\rho\frac{D\mathbf{v}}{Dt}=\rho\mathbf{F}-\nabla p \tag{8.37}$$

となり，直交座標では以下のように示される．

$$\rho\left(\frac{\partial v_x}{\partial t}+v_x\frac{\partial v_x}{\partial x}+v_y\frac{\partial v_x}{\partial y}+v_z\frac{\partial v_x}{\partial z}\right)=F_x-\frac{\partial p}{\partial x}$$

$$\rho\left(\frac{\partial v_y}{\partial t}+v_x\frac{\partial v_y}{\partial x}+v_y\frac{\partial v_y}{\partial y}+v_z\frac{\partial v_y}{\partial z}\right)=F_y-\frac{\partial p}{\partial y}$$

$$\rho\left(\frac{\partial v_z}{\partial t}+v_x\frac{\partial v_z}{\partial x}+v_y\frac{\partial v_z}{\partial y}+v_z\frac{\partial v_z}{\partial z}\right)=F_z-\frac{\partial p}{\partial z}$$

ナビエ・ストークスの式が速度について 2 階の偏微分方程式であったのに対し，オイラーの式は 1 階の偏微分方程式である．階数が 1 つ減ることにより満たすべき境界条件の数も 1 つ減る．具体的には，壁に垂直方向の速度成分は流れが壁を透過しないことから壁表面でゼロとするが，表面に沿う流れの速度はゼロとすることができない．すなわち，図 8.17 のようにすべりなしの条件を満たすことができない．このため，オイラーの式からは壁近くの流れが正しく計算できず，壁面に働く粘性力も得られない．オイラーの式は簡単化されてはいるものの，その解を解析的に求めることは一般的には困難である．しかし，第 10 章で述べられているように，いくつかの基礎的な流れに対してはそれらの解が得られており，壁から離れた領域の流れを近似的に計算することができる．また，オイラーの式を第 9 章で学ぶ境界層理論と組み合わせることにより，高レイノルズ数の速い流れに対する解を，壁近傍を含めて精度良く求めることもできる．

【Example 8・4】　* *

Show that Bernoulli's equation can be given by integrating Euler's equation(8.37) along the streamline. Suppose that the flow is steady, and select the coordinate system with the z-axis vertical so that the acceleration of gravity vector is expressed as $\rho\mathbf{F}=-\rho g\nabla z$.

【Solution】　We apply the vector identity

$$(\mathbf{v}\cdot\nabla)\mathbf{v}=\frac{1}{2}\nabla(\mathbf{v}\cdot\mathbf{v})-\mathbf{v}\times(\nabla\times\mathbf{v})$$

to the left hand side of Eq. (8.37), and can derive the following equation.

$$\nabla p + \frac{1}{2}\rho\nabla(\mathbf{v}\cdot\mathbf{v}) + \rho g\nabla z = \rho\mathbf{v}\times(\nabla\times\mathbf{v})$$

The dot product of each term with a differential length $d\mathbf{s} = dx\,\mathbf{i} + dy\,\mathbf{j} + dz\,\mathbf{k}$ along a streamline gives

$$\nabla p\cdot d\mathbf{s} + \frac{1}{2}\rho\nabla(\mathbf{v}\cdot\mathbf{v})\cdot d\mathbf{s} + \rho g\nabla z\cdot d\mathbf{s} = \rho\{\mathbf{v}\times(\nabla\times\mathbf{v})\}\cdot d\mathbf{s}\,. \qquad \text{(J)}$$

The each term of the left hand side is written in the form of the total differentiation,

$$\nabla p\cdot d\mathbf{s} = \frac{\partial p}{\partial x}dx + \frac{\partial p}{\partial y}dy + \frac{\partial p}{\partial z}dz = dp$$

$$\nabla(\mathbf{v}\cdot\mathbf{v})\cdot d\mathbf{s} = \nabla(v_x{}^2 + v_y{}^2 + v_z{}^2)\cdot d\mathbf{s} = \nabla(U^2)\cdot d\mathbf{s}$$

$$= \frac{\partial U^2}{\partial x}dx + \frac{\partial U^2}{\partial y}dy + \frac{\partial U^2}{\partial z}dz = d(U^2)$$

$$\rho g\nabla z\cdot d\mathbf{s} = \rho g\mathbf{k}\cdot(dz\,\mathbf{k}) = \rho g\,dz$$

where $U^2 = v_x{}^2 + v_y{}^2 + v_z{}^2$. In the right hand side of Eq.(J), the cross product of $\mathbf{v}$ and $\nabla\times\mathbf{v}$ is perpendicular to $\mathbf{v}$, which is parallel to $d\mathbf{s}$. Thus, $\mathbf{v}\times(\nabla\times\mathbf{v})$ is perpendicular to $d\mathbf{s}$, and their dot product is zero. Equation (J) becomes

$$dp + \frac{1}{2}\rho d(U^2) + \rho g\,dz = 0\,.$$

The left-hand side, which is the change along the differential length on the streamline, is integrated to give the Bernoulli's equation.

$$\frac{p}{\rho} + \frac{U^2}{2} + gz = \text{const.}$$

Here, we assumed the steady inviscid flow and the integral along a streamline. Note that these conditions are just same as those used to derive Bernoulli's equation in Chapter 4.

＊＊＊＊＊＊＊＊＊＊＊＊＊＊＊＊＊＊＊＊＊＊

===== 練習問題 ======================

【8・1】 In Example 8・1 on the continuity equation, suppose that at $t=0$ the mass distribution *F*(*x*) is given by $F(x) = \rho_0\{1 + k(x/L)\}$ for the control volume CV of $0 \le x \le L$.

(1) Derive the mass *M* in the region CV from

$$M = S\int_0^L F(x - Ut)dx\,.$$

(2) Derive the temporary change of the mass I_V from

$$I_V = \frac{\partial M}{\partial t}\,.$$

(3) Derive the net rate of mass flux I_S into the region CV. Show that I_S equals to I_V.

【8・2】　流れの中のある点 P のひずみ速度 $\dot{\gamma}$ が直交座標で次のように与えられている．単位は[1/s]である．

$$\dot{\gamma}=\begin{pmatrix} 2\dfrac{\partial \boldsymbol{v}_x}{\partial x} & \dfrac{\partial \boldsymbol{v}_x}{\partial y}+\dfrac{\partial \boldsymbol{v}_y}{\partial x} & \dfrac{\partial \boldsymbol{v}_x}{\partial z}+\dfrac{\partial \boldsymbol{v}_z}{\partial x} \\ \dfrac{\partial \boldsymbol{v}_y}{\partial x}+\dfrac{\partial \boldsymbol{v}_x}{\partial y} & 2\dfrac{\partial \boldsymbol{v}_y}{\partial y} & \dfrac{\partial \boldsymbol{v}_y}{\partial z}+\dfrac{\partial \boldsymbol{v}_z}{\partial y} \\ \dfrac{\partial \boldsymbol{v}_z}{\partial x}+\dfrac{\partial \boldsymbol{v}_x}{\partial z} & \dfrac{\partial \boldsymbol{v}_z}{\partial y}+\dfrac{\partial \boldsymbol{v}_y}{\partial z} & 2\dfrac{\partial \boldsymbol{v}_z}{\partial z} \end{pmatrix}=\begin{pmatrix} 1300 & 4800 & 3400 \\ 4800 & 800 & 5200 \\ 3400 & 5200 & -2100 \end{pmatrix}$$

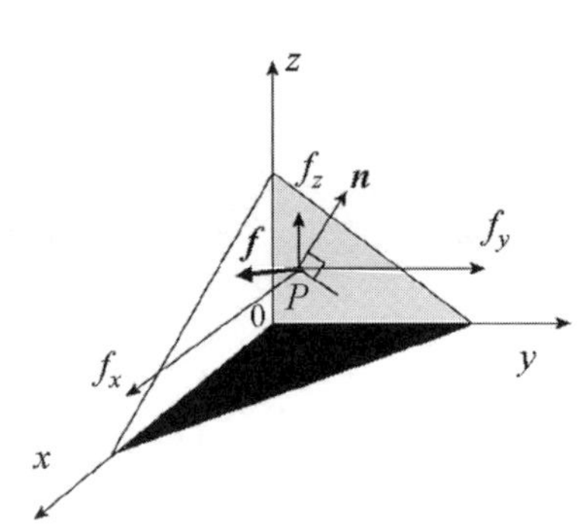

図 8.18　練習問題 8・2

(1) 点 P における流れが非圧縮性流体の連続の式を満たすことを確認せよ．

(2) 流体を 20℃の水(粘度 $\mu=0.001$ Pa･s)とし，点 P における粘性応力テンソル $\boldsymbol{\tau}$ を求めよ．

(3) 図 8.18 のような点 P を含む面を考え，その面の単位法線ベクトル $\boldsymbol{n}=0.35\boldsymbol{i}+0.35\boldsymbol{j}+0.87\boldsymbol{k}$ であるとする．粘性応力テンソル $\boldsymbol{\tau}$ がこの面の点 P に対して及ぼす単位面積あたりの力 $\boldsymbol{f}$ を求めよ．

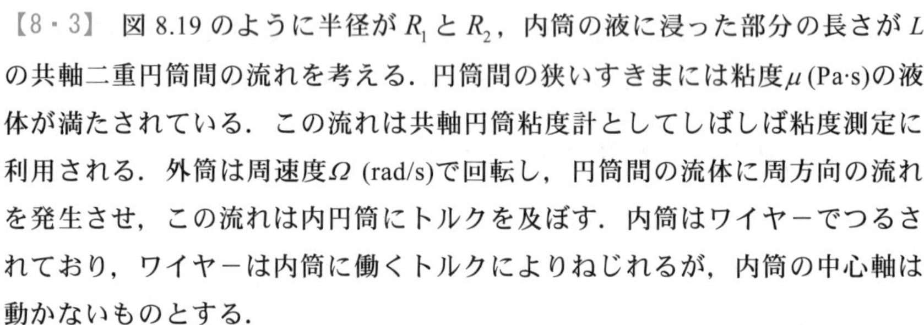

【8・3】　図 8.19 のように半径が R_1 と R_2，内筒の液に浸った部分の長さが L の共軸二重円筒間の流れを考える．円筒間の狭いすきまには粘度 μ (Pa･s)の液体が満たされている．この流れは共軸円筒粘度計としてしばしば粘度測定に利用される．外筒は周速度 Ω (rad/s)で回転し，円筒間の流体に周方向の流れを発生させ，この流れは内円筒にトルクを及ぼす．内筒はワイヤーでつるされており，ワイヤーは内筒に働くトルクによりねじれるが，内筒の中心軸は動かないものとする．

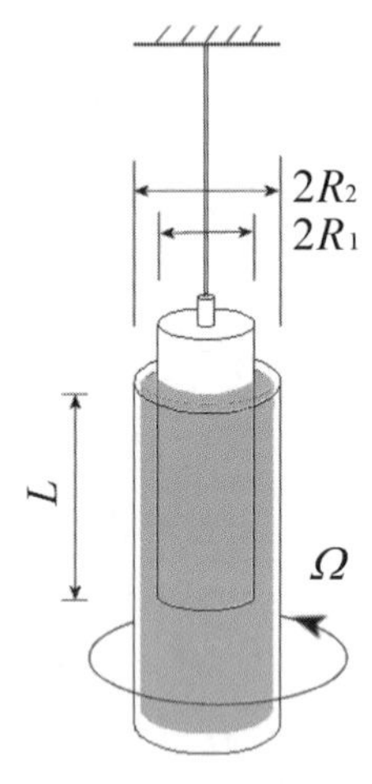

図 8.19　練習問題 8・3

(1) 円筒間の液体周速度 v_θ の半径方向分布を求めよ．ただし，円筒間のすきまは十分に狭く，$v_r=v_z=0$ とする．

(2) 内円筒表面に働くせん断応力 $\tau_{r\theta}$ とトルク T を粘度 μ と外筒周速度 Ω の関数として求めよ．ただし，内円筒端面に働くトルクは無視できるものとする．

(3) 外筒の周速度が Ω=9.42 rad/s(回転数 90 rpm)のとき，ワイヤーのねじれ角から求めたトルクが $T=1$ mN･m であった．このとき，円筒間の液体の粘度 μ を求めよ．ただし，$R_1=12$mm, $R_2=13$mm, $L=36$mm とする．

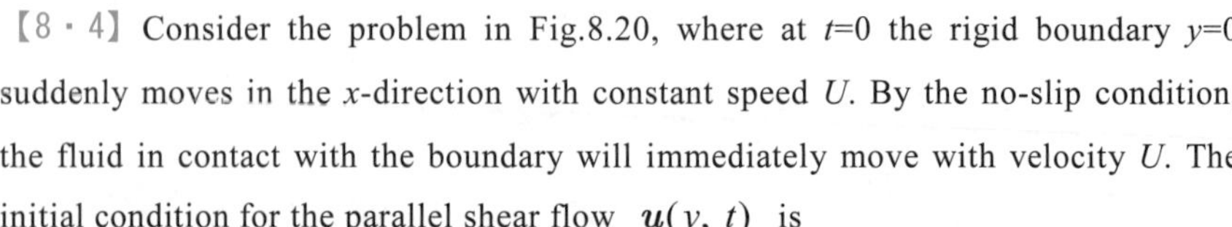

【8・4】Consider the problem in Fig.8.20, where at t=0 the rigid boundary y=0 suddenly moves in the x-direction with constant speed U. By the no-slip condition, the fluid in contact with the boundary will immediately move with velocity U. The initial condition for the parallel shear flow $\boldsymbol{u}(y,\ t)$ is

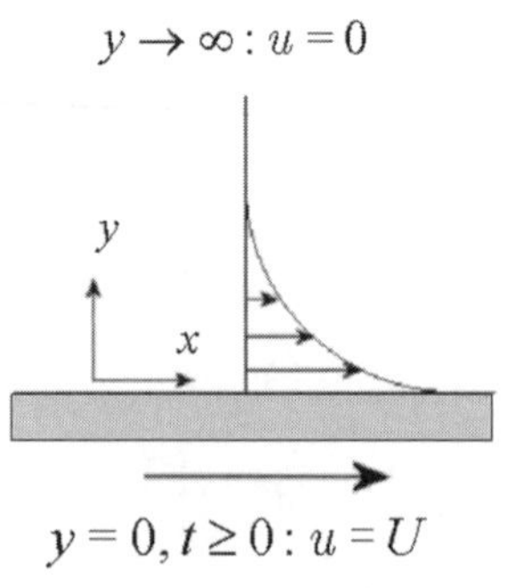

Fig.8.20　Problem 8・4

$$\boldsymbol{u}(y,\ 0)=0,\quad y>0$$

and the boundary conditions are as follows

$$\boldsymbol{u}(0,\ t)=U \text{ for } t>0, \text{ and } \boldsymbol{u}(\infty,\ t)=0 \text{ for } t>0.$$

Any pressure gradient is not applied externally and thus $\partial p/\partial x=0$.

Navier-Stokes equation in the x direction becomes

$$\frac{\partial \boldsymbol{u}}{\partial t} = \mu \frac{\partial^2 \boldsymbol{u}(y,\ t)}{\partial y^2}.$$

Table 8.11　$f(\eta)$ - η

η	$f(\eta)$
0	1.00000
0.2	0.77730
0.4	0.57161
0.6	0.39614
0.8	0.25790
1	0.15730
1.2	0.08969
1.4	0.04771
1.6	0.02365
1.8	0.01091
2	0.00468
2.2	0.00186
2.4	0.00069

This problem is known as a Rayleigh problem, and $\boldsymbol{u}(y,\ t)$ has a solution $\boldsymbol{u}/U = f(\eta)$ of a single combination $\eta = y/(2\sqrt{\nu t})$. Table 8.11 shows the calculated results for $f(\eta)$.

(1)Sketch the velocity profile $\boldsymbol{u}/U$ as a function of η.

(2)We define δ as the distance from the plane boundary where the velocity $\boldsymbol{u}$ is reduced to 0.5% of U. Show that $\delta \simeq 4(\nu t)^{1/2}$ from Table 8.11.

(3)Derive the shear stress $\tau_{\rm w}$ on the boundary as a function of t. Suppose that $f'(0) = 2/\sqrt{\pi}$.

(4)We define the frictional coefficient $C_f \equiv \tau_{\rm w}/(\rho U^2/2)$ and the Reynolds number $Re \equiv U^2 t/\nu$, where the characteristic length L is assumed to be Ut. Derive the relationship between C_f and Re.

(5)Suppose that $U = 0.04\ \mathrm{ft/s}$, $\nu = 1.6\times10^{-4}\ \mathrm{ft^2/s}$ (air at 20°C) and $t = 10\ \mathrm{s}$. Calculate the distance δ and the Reynolds number Re.

【8・5】The two-dimensional inclined slider bearing is shown in Fig. 8.21. In lubrication flow, the Reynolds number based on $h(x)$ will usually be close to unity and Stokes's approximation is applied. Since the film of fluid is very thin compared to L, the velocity in the y direction is negligible. Taking these approximations into account, Navier-Stokes's equation in the x direction becomes simply

$$0 = -\frac{dp(x)}{dx} + \mu \frac{\partial^2 \boldsymbol{u}(x,\ y)}{\partial y^2}.$$

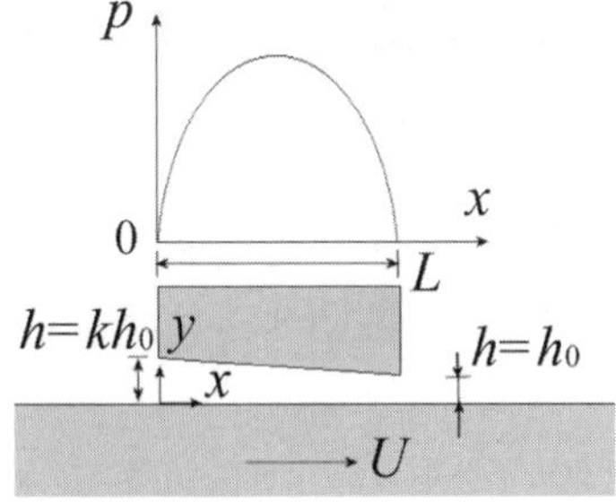

Fig.8.21　Problem 8・5.

(1) Suppose that $h(x) = h_0\{k-(k-1)x/L\}$. Solve for $\boldsymbol{u}(x,\ y)$ by using the boundary conditions that $\boldsymbol{u}(x,\ 0) = U$ and $\boldsymbol{u}(x,\ h(x)) = 0$.

(2) Derive the volume flux Q by integrating $\boldsymbol{u}(x,\ y)$ from $y = 0$ to $h(x)$.

(3) Since Q must be independent of x, $dQ/dx = 0$. Using this condition, derive the following equation

$$\frac{d}{dx}\left(\frac{h^3}{\mu}\frac{dp}{dx}\right) - 6U\frac{dh}{dx} = 0,$$

which is a fundamental equation of lubrication theory known as the Reynolds equation.

(4) Solve for $p(x)$ by using the boundary condition of $p = p_0$ at $x = 0,\ L$.

(5) Integrating $p - p_0$ from $x = 0$ to L, derive the total vertical load W (per unit width of slider) that the bearing can support. Find the optimum value of k to get the maximum value of W.

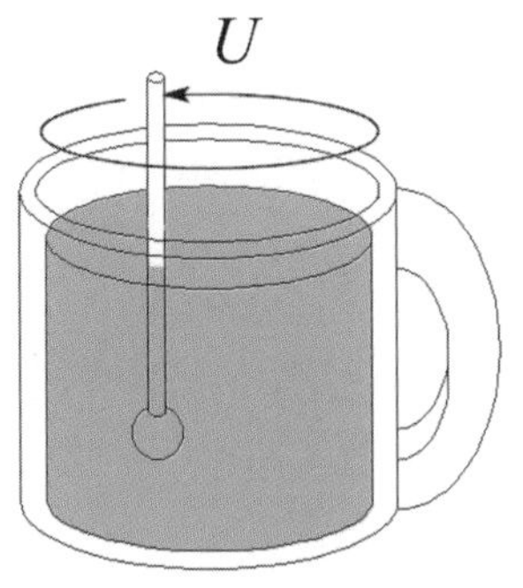

図 8.22　練習問題 8・6

【8・6】コップの中に粘度 μ=0.1 Pa·s および密度 ρ=1300 kg/m^3 のシロップが入っている．半径 R =2 mm の球が先端についている細い棒で図 8.22 に示すようにシロップをゆっくり U=1 cm/s の速度でかくはんする．

(1)球のレイノルズ数 $Re = 2\rho RU/\mu$ を求めよ．

(2)球に働く抗力 D をストークスの式を用いて求めよ．

(3)細棒の長さを L =10 cm として細棒に働くトルク T を求めよ．ただし，細棒に働く抗力は無視できるとする．

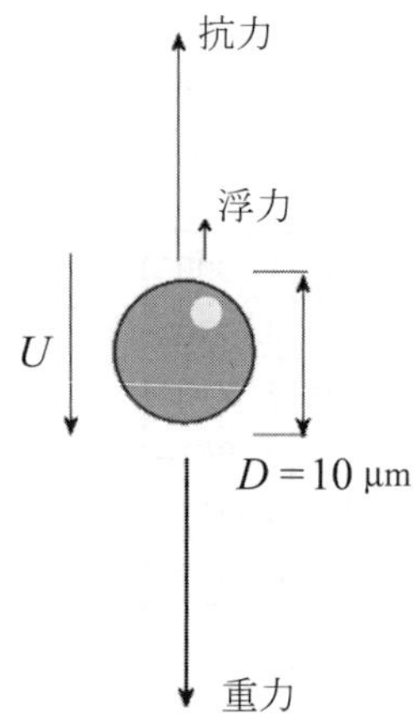

図 8.23　練習問題 8・7

【8・7】図 8.23 のように，無風状態にある室内で高さ 2 m の位置から直径 D =10 μm，密度 $\rho_s = 2500\,\mathrm{kg/m^3}$ の球形のチリのような微粒子が落下する．空気の粘度を μ =1.78×10^{-5} Pa·s とし，この粒子が床面に達するまでの時間 T をストークスの式を用いて求めよ．また，このときのレイノルズ数 $Re = \rho D U_t / \mu$ も求めよ．ここで，U_t は終端速度と呼ばれ，重力と抗力がつり合ったときの速度である．

【8・8】 Consider a solid-body rotational flow generated in a rotating tank as shown in Fig. 8.24. As discussed in Example of Section 8·2, fluid elements in the solid-body rotation do not deform. Strain rates and viscous stresses are zero. Therefore we can apply the Euler equations to this rotational flow. As a body force, gravity acts in the negative z direction.

(1) Simplify the Euler equations in cylindrical coordinates by substituting $v_\theta = \omega r/2$ and $v_r = v_z = 0$.

(2) Solve for $p(r, z)$.

(3) Derive the free surface height z_0 as a function of r, where pressure is assumed to be zero.

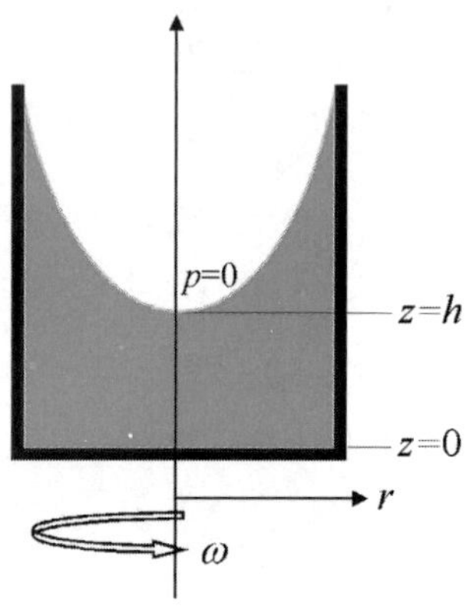

Fig.8.24　Problem 8・8.

【解答】

【8・1】 (1) $M = S\int_0^L F(x-Ut)dx = \rho_0 S\int_0^L \left(1+k\dfrac{x-Ut}{L}\right)dx$

$= \rho_0 S\{(1+0.5k)L - kUt\}$

(2) $I_V = \dfrac{\partial M}{\partial t} = \rho_0 S\dfrac{\partial}{\partial t}\{(1+0.5k)L - kUt\}$

$= -\rho_0 k S U$

(3) $I_S = SUF(-Ut) - SUF(L-Ut) = SU\left\{\rho_0\left(1+k\dfrac{-Ut}{L}\right) - \rho_0\left(1+k\dfrac{L-Ut}{L}\right)\right\}$

$= -\rho_0 k S U$

【8・2】 (1) $\dfrac{\partial v_x}{\partial x} + \dfrac{\partial v_y}{\partial y} + \dfrac{\partial v_z}{\partial z} = \dfrac{1}{2}\times(1300+800-2100) = 0$

(2) $\boldsymbol{\tau} = \mu\gamma = 0.001\times\begin{pmatrix}1300 & 4800 & 3400\\ 4800 & 800 & 5200\\ 3400 & 5200 & -2100\end{pmatrix} = \begin{pmatrix}1.3 & 4.8 & 3.4\\ 4.8 & 0.8 & 5.2\\ 3.4 & 5.2 & -2.1\end{pmatrix}$ (Pa)

(3) $\boldsymbol{f} = \begin{pmatrix}1.3 & 4.8 & 3.4\\ 4.8 & 0.8 & 5.2\\ 3.4 & 5.2 & -2.1\end{pmatrix}\begin{pmatrix}0.35\\ 0.35\\ 0.87\end{pmatrix} = \begin{pmatrix}1.3\times0.35+4.8\times0.35+3.4\times0.87\\ 4.8\times0.35+0.8\times0.35+5.2\times0.87\\ 3.4\times0.35+5.2\times0.35-2.1\times0.87\end{pmatrix} = \begin{pmatrix}5.093\\ 6.484\\ 1.183\end{pmatrix}$

(Pa)

【8・3】(1) $\boldsymbol{v}_r = \boldsymbol{v}_z = 0,\ \boldsymbol{v}_\theta = \boldsymbol{v}_\theta(r)$ より θ 方向のナビエ・ストークスの式は

$$r^2 \frac{d^2 \boldsymbol{v}_\theta}{dr^2} + r\frac{d\boldsymbol{v}_\theta}{dr} - \boldsymbol{v}_\theta = 0$$

となる．これを積分し，境界条件，$r = R_1$ で $\boldsymbol{v}_\theta = 0$ および $r = R_2$ で $\boldsymbol{v}_\theta = R_2\Omega$ を利用すると次式が得られる．

$$\boldsymbol{v}_\theta = \frac{r\Omega\left(1-(R_1/r)^2\right)}{1-(R_1/R_2)^2}$$

(2)円周方向のせん断応力は，$\tau_{r\theta} = \mu\gamma_{r\theta} = \mu r\dfrac{d}{dr}\left(\dfrac{\boldsymbol{v}_\theta}{\boldsymbol{r}}\right) = \dfrac{2\mu\Omega(R_1/r)^2}{1-(R_1/R_2)^2}$

であるから，$r = R_1$ におけるせん断応力とトルクは

$$\left[\tau_{r\theta}\right]_{r=R_1} = \frac{2\mu\Omega}{1-(R_1/R_2)^2},\quad T = 2\pi R_1^{\ 2} L\left[\tau_{r\theta}\right]_{r=R_1} = \frac{4\pi\mu\Omega R_1^{\ 2} L}{1-(R_1/R_2)^2}$$

(3) $\mu = 0.241\,\mathrm{Pa\cdot s}$

【8・4】(1) omitted.　(2) omitted.

(3) $\tau_{\mathrm{w}} = \mu\left(\dfrac{\partial \boldsymbol{u}}{\partial y}\right) = \dfrac{\mu U f'(0)}{2(\nu t)^{1/2}} = \dfrac{\mu U}{(\pi\nu t)^{1/2}}$

(4) $Cf = \dfrac{\tau_{\mathrm{w}}}{\dfrac{1}{2}\rho U^2} = \dfrac{2/\sqrt{\pi}}{\sqrt{Re}}$

(5) $\delta = 0.16\,\mathrm{ft},\ Re = 100$

【8・5】(1) $\boldsymbol{u} = U\left(1-\dfrac{y}{h}\right)\left(1-\dfrac{h^2}{2\mu U}\dfrac{dp}{dx}\dfrac{y}{h}\right)$

(2) $Q = \displaystyle\int_0^{h(x)} \boldsymbol{u}\,dy = \frac{1}{2}Uh - \frac{h^3}{12\mu}\frac{dp}{dx}$

(3) omitted.

(4) $\dfrac{p-p_0}{6\mu UL} = \dfrac{(h-h_0)(kh_0-h)}{(k^2-1)h_0^{\ 2}h^2}$

(5) $W = \dfrac{6\mu UL^2}{(k-1)^2 h_0^{\ 2}}\left\{\ln k - \dfrac{2(k-1)}{k+1}\right\}$

The optimum value of k is 2.19, which gives the maximum load $W_{\max} = 0.160\mu UL^2/h_0^{\ 2}$. Note that the ratio L/h_0 is usually very high (of the order of 10^3).

【8・6】(1) $Re = 2\rho RU/\mu = 2\times1300\times2\times10^{-3}\times10^{-2}/0.1 = 0.52$

(2) $D = 6\pi\mu RU = 6\pi\times0.1\times2\times10^{-3}\times10^{-2} = 3.77\times10^{-5}$ (N)

(3) $T = DL = 3.77\times10^{-6}$ (N·m)

【8・7】 図 8.23 に示すように粒子に働く力は下向きに重力が働き，上向きに落下に対する抗力と空気の浮力が働く．これらの力がつり合うと，粒子は一定の速度 U_t で落下する．この速度は終端速度(terminal velocity)と呼ばれ

$$6\pi\mu RU_t = \frac{4}{3}\pi R^3(\rho_s - \rho_f)g$$

のつり合いから求まる．R は粒子の半径，ρ_s と ρ_f はそれぞれ粒子と空気の密度，g は重力の加速度である．$R = 5\mu\text{m}$，$\rho_s = 2500\,\text{kg/m}^3$，$\rho_f = 1.2\,\text{kg/m}^3$，$\mu = 1.78\times10^{-5}$ Pa·s として U_t を求めると $U_t = 7.64\times10^{-3}$ m/s となる．粒子の落下速度が落下開始から U_t であるとすると，落下に要する時間 T は $T=2/U_t=262$ s となる．$Re = 5.15\times10^{-3}$ より，ストークス近似の条件 $Re < 1$ が満たされている．

【8・8】(1) $\dfrac{\partial p}{\partial r} = \dfrac{\rho\omega^2}{4} r$，$\dfrac{\partial p}{\partial z} = -\rho g$

(2) $p(r,z) = \dfrac{\rho\omega^2}{8} r^2 - \rho g z + \text{const.}$

(3) $z_0(r) = \dfrac{\omega^2}{8g} r^2 + h$

第 8 章の文献・資料

(1) ファン, Y.C.，連続体の力学入門，(1974)，培風館.

(2) 今井功，流体力学，(1973)，裳華房.

(3) 川端晶子ほか，サイコレオロジーと咀嚼，(1995)，建帛社.

(4) 日本機械学会編，スライド集 流れ，丸善.

(5) 阪田敏夫，日本機械学会誌，**90**-819，(1987)，230.

(6) Shama, F. and Sherman, P. J., *Texture Stud.*, 4, (1973) 111.

第 9 章

せん断流

Shear Flows

9・1　境界層（boundary layer）

9・1・1　境界層理論 (boundary layer theory)

工業上取扱う流れは，一般にレイノルズ数が大きい．このような流れでは，物体近くで粘性により速度が減速し物体上で速度 0 となるが，物体から少し離れると粘性の影響がほとんどなくなり近似的に理想流体の流れとみなすことができる．プラントルは，高レイノルズ数流れにおけるこの性質を考慮して，流れを物体近くの粘性を考慮すべき薄い層とその外側の理想流体の流れとに分けるという考え方を 1904 年に提案した．この考え方を境界層理論(boundary layer theory)といい，粘性を考慮する必要のある物体近くの薄い層を境界層(boundary layer)，その外側の粘性を無視できる流れを主流（main flow）あるいは自由流(free stream)と呼んでいる．図 9.1 に物体まわりの境界層の概略を示す．

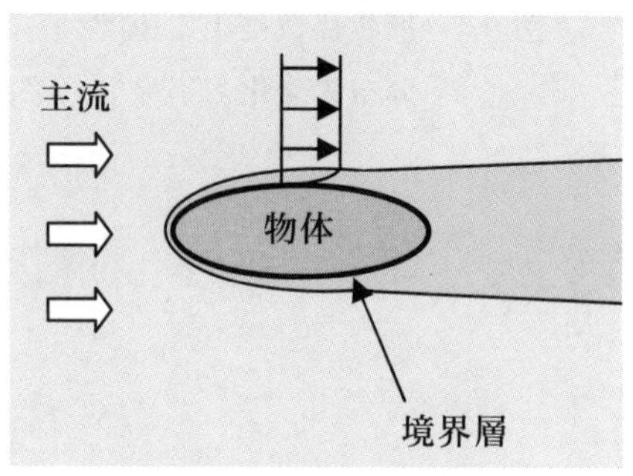

図 9.1　境界層の概念

物体表面から測った境界層の厚さを境界層厚さ(boundary layer thickness)と呼ぶ．粘性の影響によって速度が減少している領域を境界層厚さ δ と考えればよいのであるが，速度が漸近的に主流速度に近づくため，これを実験や数値計算から決定することは容易ではない．このため，図 9.2 のように，物体表面から主流速度の 99％になる位置までを境界層厚さ $\delta_{0.99}$ と定義し，これを境界層厚さ δ の代わりとすることが慣例となっている．しかし，境界層内の速度分布によっては $\delta_{0.99}$ を決定することが無意味な場合もあり，以下のように定義される厚さを境界層の厚さ（粘性の影響が及ぶ代表的な厚さ）として使用することがしばしば行われている．

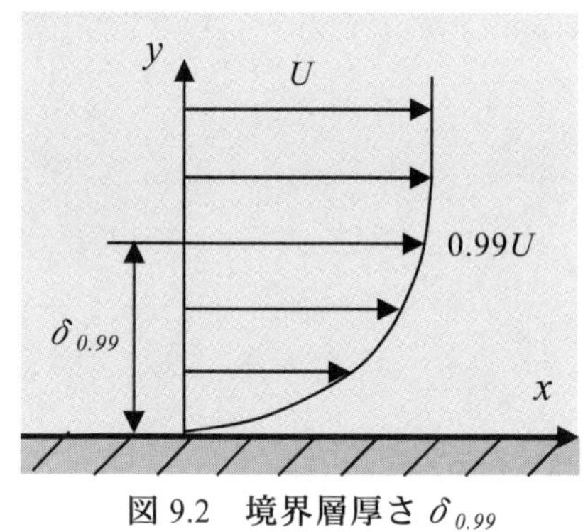

図 9.2　境界層厚さ $\delta_{0.99}$

排除厚さ(displacement thickness)　$$\delta^* = \frac{1}{U}\int_0^\infty (U - \boldsymbol{u})\ dy \tag{9.1}$$

運動量厚さ(momentum thickness)　$$\theta = \frac{1}{U^2}\int_0^\infty \boldsymbol{u}(U - \boldsymbol{u})\ dy \tag{9.2}$$

エネルギー厚さ(energy thickness)　$$\theta^* = \frac{1}{U^3}\int_0^\infty \boldsymbol{u}\left(U^2 - \boldsymbol{u}^2\right)\ dy \tag{9.3}$$

ここで，U は主流流速，y は物体表面からの垂直距離，$\boldsymbol{u}$ は境界層内の速度分布を意味する．これらの厚さは，境界層によって排除された流体の体積，運動量，運動エネルギーの総量が主流の流体に換算するとどのような厚さとなるかを表している．図 9.3 に排除厚さの概念図を示しておく．なお，上式では積分範囲を 0 から∞としているが，境界層の外側では $\boldsymbol{u}$ が U に一致して

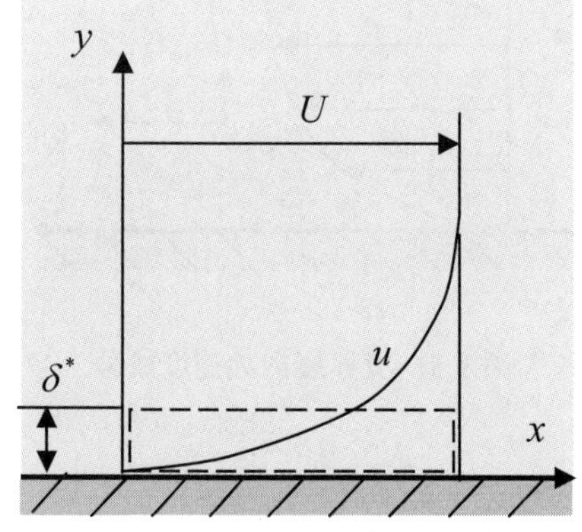

図 9.3　排除厚さの概念

積分に寄与しなくなるので，積分範囲を0からδとしてもかまわない．

境界層内の速度分布は，レイノルズ数，圧力こう配，壁面粗さ，壁面の曲率などによって大きく変わることが知られている．排除厚さδ^*と運動量厚さθによって定義されるパラメータ

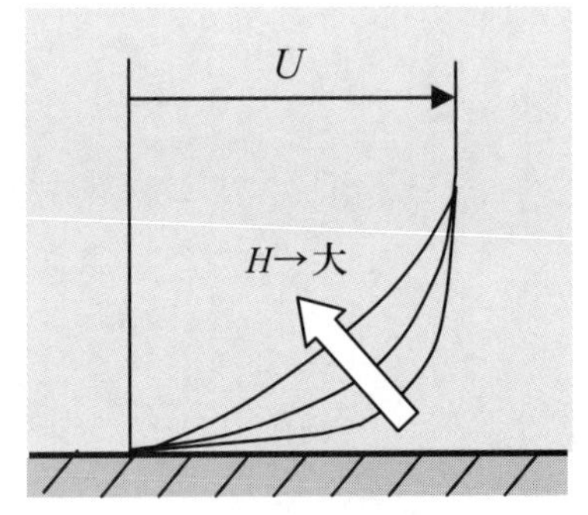

図 9.4　形状係数による速度分布の変化

$$H = \frac{\delta^*}{\theta} \tag{9.4}$$

は，速度分布の形状を表すために用いることでき，形状係数(shape factor)と呼ばれている．境界層内の速度分布が形状係数Hによってどのように変化するかを図9.4に示す．形状係数Hが大きい方が境界層内の減速の大きいことがわかる．

【例題 9・1】　＊＊＊＊＊＊＊＊＊＊＊＊＊＊＊＊＊＊＊＊＊＊＊

自動車のルーフ（屋根）上にできた境界層内の速度分布が

$$\boldsymbol{u} = U\left(\frac{y}{\delta}\right)^{\frac{1}{2}}$$

で与えられるとする．ただし，Uは一様流速（車速），yはルーフからの距離，δは境界層厚さである．この境界層の排除厚さ，運動量厚さ，形状係数を求めなさい．

【解答】　排除厚さと運動量厚さは，式(9.1)，(9.2)に速度分布を代入して，

$$\delta^* = \frac{1}{U}\int_0^\infty \left\{U - U\left(\frac{y}{\delta}\right)^{\frac{1}{2}}\right\} dy = \frac{1}{3}\delta$$

$$\theta = \frac{1}{U^2}\int_0^\infty U\left(\frac{y}{\delta}\right)^{\frac{1}{2}} \left\{U - U\left(\frac{y}{\delta}\right)^{\frac{1}{2}}\right\} dy = \frac{1}{6}\delta$$

と求めることができる．また，形状係数は式(9.4)より

$$H = \frac{\delta^*}{\theta} = \frac{\delta/3}{\delta/6} = 2$$

となる．

＊＊＊＊＊＊＊＊＊＊＊＊＊＊＊＊＊＊＊＊＊＊＊

9・1・2　境界層方程式（boundary layer equation）

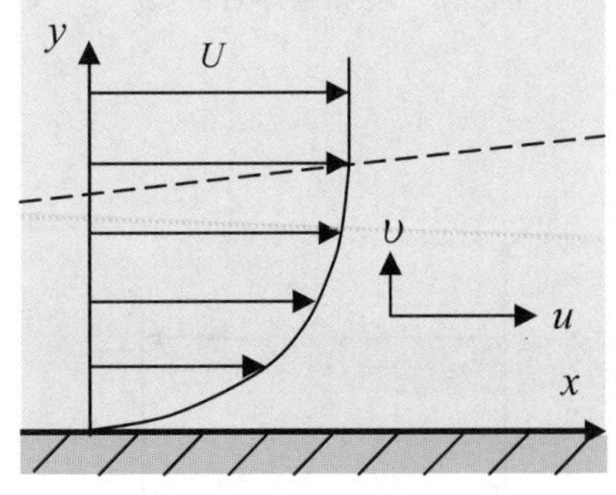

図 9.5　境界層内の速度成分

図9.5のように，平板上に発達する境界層を考える．境界層内の流れが2次元非圧縮性流であると仮定すると，その挙動は以下に示す連続の式（continuity equation）とナビエ・ストークス方程式（Navier-Stokes equation）によって記述することができる．

連続の式：

$$\frac{\partial \boldsymbol{u}}{\partial x} + \frac{\partial \boldsymbol{v}}{\partial y} = 0 \tag{9.5}$$

ナビエ・ストークス方程式：

$$\frac{\partial \boldsymbol{u}}{\partial t}+\boldsymbol{u}\frac{\partial \boldsymbol{u}}{\partial x}+\boldsymbol{v}\frac{\partial \boldsymbol{u}}{\partial y}=-\frac{1}{\rho}\frac{\partial p}{\partial x}+\nu\left(\frac{\partial^2 \boldsymbol{u}}{\partial x^2}+\frac{\partial^2 \boldsymbol{u}}{\partial y^2}\right) \tag{9.6}$$

$$\frac{\partial \boldsymbol{v}}{\partial t}+\boldsymbol{u}\frac{\partial \boldsymbol{v}}{\partial x}+\boldsymbol{v}\frac{\partial \boldsymbol{v}}{\partial y}=-\frac{1}{\rho}\frac{\partial p}{\partial y}+\nu\left(\frac{\partial^2 \boldsymbol{v}}{\partial x^2}+\frac{\partial^2 \boldsymbol{v}}{\partial y^2}\right) \tag{9.7}$$

ただし，$\boldsymbol{u}$，$\boldsymbol{v}$はx，y方向の速度成分(図 9.5)，pは圧力，ρは密度，νは動粘度を表す．これらの方程式は厳密であり，あらゆる境界層において成り立つものであるが，方程式各項の大きさ（オーダー）を見積もることによって，近似的ではあるが簡略に境界層流を表現する方程式を得ることが可能である．以下，この近似方法について説明する．

境界層内の流れは主流方向に非常に薄いため，$x \sim L$，$y \sim \varepsilon$（ただし，$\varepsilon \ll L$），$\boldsymbol{u} \sim U$ のオーダーを持つ現象であると仮定できる．ここで，記号「～」はオーダーを意味する．たとえば，航空機の翼面上の境界層流を考えるとすれば，Lは翼弦長，Uは航空機の飛行速度のオーダーと思えばよい(図 9.6)．

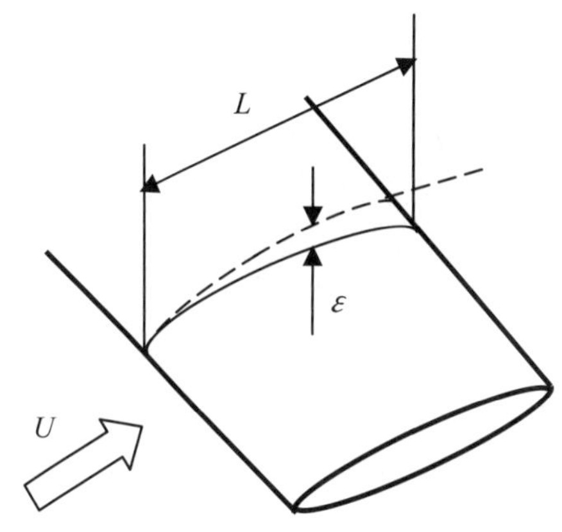

図 9.6　境界層のオーダー

境界層内における各変数の変化量は，たかだかその変数のオーダー程度であると推定できる．たとえば，主流方向速度の変化量は$\Delta \boldsymbol{u} \sim U$ である．

連続の式(9.5)の各項にこれらのオーダーを適用すると，

$$\frac{\partial \boldsymbol{u}}{\partial x}+\frac{\partial \boldsymbol{v}}{\partial y} \quad \sim \quad \frac{\Delta \boldsymbol{u}}{\Delta x}+\frac{\Delta \boldsymbol{v}}{\Delta y} \quad \sim \quad \frac{U}{L}+\frac{\boldsymbol{v}}{\varepsilon}=0 \tag{9.8}$$

となっていることがわかる．ただし，y方向の速度成分$\boldsymbol{v}$のオーダーが不明であるため，そのまま「$\boldsymbol{v}$」と記してある（以下同様）．もしも連続の式の左辺第 2 項が第 1 項よりもずっと小さいオーダーである（つまり$\boldsymbol{v}/\varepsilon \ll U/L$）とすると，第 2 項は第 1 項に対して相対的に省略できることになり，

$$\frac{\partial \boldsymbol{u}}{\partial x}=0 \tag{9.9}$$

が得られる．しかし，この式が意味する「$\boldsymbol{u}$がx方向に変化しない」ということは，境界層が下流方向に減速しながら肥大化していくという実験事実に矛盾する．逆に，第 2 項が第 1 項に卓越していると考えることも矛盾を生じる．したがって，第 1 項と第 2 項は同程度のオーダーでなければならず，第 2 項のオーダーがU/Lとなるために，$\boldsymbol{v} \sim U\varepsilon/L$であることがわかる．

同様に，ナビエ・ストークス方程式(9.6)に各変数のオーダーを適用すると，

$$\frac{U}{t}+U\frac{U}{L}+\frac{U\varepsilon}{L}\frac{U}{\varepsilon}=\frac{1}{\rho}\frac{p}{L}+\nu\left(\frac{U}{L^2}+\frac{U}{\varepsilon^2}\right)$$

$$\therefore \quad \frac{U}{t}+\frac{U^2}{L}+\frac{U^2}{L}=\frac{p}{\rho L}+\nu\left(\frac{U}{L^2}+\frac{U}{\varepsilon^2}\right) \tag{9.10}$$

が得られる．左辺第 1 項（時間項），右辺第 1 項（圧力項），右辺第 2 項（粘性項）のオーダーが左辺第 2，3 項（対流項）と同程度と考えられるので，t

$\sim L/U$，$p/\rho \sim U^2$，$\nu \sim U\varepsilon^2/L$ であることがわかる．したがって，式(9.6)において，粘性項の中の第 1 項だけが他の項に比べて省略可能である．

最後に，ナビエ・ストークス方程式(9.7)に各変数のオーダーを適用すると，

$$\frac{U\varepsilon/L}{L/U}+U\frac{U\varepsilon/L}{L}+\frac{U\varepsilon}{L}\frac{U\varepsilon/L}{\varepsilon}=\frac{U^2}{\varepsilon}+\frac{U\varepsilon^2}{L}\left(\frac{U\varepsilon/L}{L^2}+\frac{U\varepsilon/L}{\varepsilon^2}\right)$$

$$\therefore\ \frac{U^2\varepsilon}{L^2}+\frac{U^2\varepsilon}{L^2}+\frac{U^2\varepsilon}{L^2}=\frac{U^2}{\varepsilon}+\left(\frac{U^2\varepsilon^3}{L^4}+\frac{U^2\varepsilon}{L^2}\right) \tag{9.11}$$

が得られる．式(9.6)の各項のオーダーが U^2/L であることを考えると，式(9.7)の中で相対的に残る（すなわち，寄与を考慮すべき）項が右辺第 1 項の圧力項だけであることがわかる．

以上の結果をまとめると，境界層内の流れの挙動を表現する方程式は，以下のように簡略化できることになる．

連続の式：

$$\frac{\partial \boldsymbol{u}}{\partial x}+\frac{\partial \boldsymbol{v}}{\partial y}=0 \tag{9.12}$$

ナビエ・ストークス方程式：

$$\frac{\partial \boldsymbol{u}}{\partial t}+\boldsymbol{u}\frac{\partial \boldsymbol{u}}{\partial x}+\boldsymbol{v}\frac{\partial \boldsymbol{u}}{\partial y}=-\frac{1}{\rho}\frac{\partial p}{\partial x}+\nu\frac{\partial^2 \boldsymbol{u}}{\partial y^2} \tag{9.13}$$

$$\frac{\partial p}{\partial y}=0 \tag{9.14}$$

以上のような簡略化を境界層近似(boundary layer approximation)，これらの方程式を境界層方程式(boundary layer equation)と呼ぶ．なお，式(9.14)から境界層内では圧力が壁面垂直方向に一定であり，主流方向のみの関数となっていることがわかる．

境界層方程式を解けば境界層内の流れ状態が求められることは明らかである．しかし，境界層内の速度分布がわからなくても境界層の主流方向変化が得られれば，設計上は有用な情報となり得る．このため，境界層方程式を境界層厚さ方向 y に関して積分し，主流方向 x のみに依存する方程式に変換することが行われている．以下，この方程式を導くこととする．

簡単のために定常流を仮定する．まず，式(9.13)を壁面（$y=0$）から境界層厚さ（$y=\delta$）まで積分すると次式が得られる．

$$\int_0^\delta \boldsymbol{u}\frac{\partial \boldsymbol{u}}{\partial x}dy+\int_0^\delta \boldsymbol{v}\frac{\partial \boldsymbol{u}}{\partial y}dy=-\int_0^\delta \frac{1}{\rho}\frac{\partial p}{\partial x}dy+\int_0^\delta \nu\frac{\partial^2 \boldsymbol{u}}{\partial y^2}dy \tag{9.15}$$

この式の左辺第 2 項を連続の式(9.12)を用いて書き換えると，

$$\int_0^\delta \boldsymbol{v}\frac{\partial \boldsymbol{u}}{\partial y}dy=\int_0^\delta\left(-\int_0^y \frac{\partial \boldsymbol{u}}{\partial x}dy\right)\frac{\partial \boldsymbol{u}}{\partial y}dy$$

$$=-U\int_0^\delta \frac{\partial \boldsymbol{u}}{\partial x}dy+\int_0^\delta \boldsymbol{u}\frac{\partial \boldsymbol{u}}{\partial x}dy \tag{9.16}$$

次に，式(9.15)右辺第 1 項を考える．境界層外端（ $y=\delta$ ）において y 方向のこう配がなくなるため，式(9.13)から

$$-\frac{1}{\rho}\frac{\partial p}{\partial x}\bigg|_{y=\delta}=\boldsymbol{u}\frac{\partial \boldsymbol{u}}{\partial x}\bigg|_{y=\delta}=U\frac{dU}{dx} \tag{9.17}$$

が得られる．よって，式(9.15)右辺第 1 項は以下のように変形できる．

$$-\int_0^\delta \frac{1}{\rho}\frac{\partial p}{\partial x}dy=\int_0^\delta U\frac{dU}{dx}dy \tag{9.18}$$

最後に，式(9.15)右辺第 2 項は，ニュートンの摩擦則を用いて，

$$\int_0^\delta \nu\frac{\partial^2 \boldsymbol{u}}{\partial y^2}dy=\nu\frac{\partial \boldsymbol{u}}{\partial y}\bigg|_{y=\delta}-\nu\frac{\partial \boldsymbol{u}}{\partial y}\bigg|_{y=0}=-\frac{\tau_{\mathrm{w}}}{\rho} \tag{9.19}$$

と書き換えられる．ここで τ_{w} は壁面せん断応力である．

以上により，式(9.15)は，

$$\int_0^\delta\left(2u\frac{\partial \boldsymbol{u}}{\partial x}-U\frac{\partial \boldsymbol{u}}{\partial x}-U\frac{dU}{dx}\right)dy=-\frac{\tau_{\mathrm{w}}}{\rho} \tag{9.20}$$

となる．さらに，ライプニッツの公式および運動量厚さ θ（式(9.2)），形状係数 H（式(9.4)）を用いてこの式を整理すると，

$$\frac{d\theta}{dx}+(2+H)\frac{\theta}{U}\frac{dU}{dx}=\frac{\tau_{\mathrm{w}}}{\rho U^2} \tag{9.21}$$

を導くことができる．この式を境界層の運動量積分方程式(momentum integral equation)あるいはカルマンの積分方程式(Karman's integral equation)と呼んでいる．

9・1・3　境界層の下流方向変化 (downstream change of boundary layer)

境界層の成長は物体の前方よどみ点から始まるが，その初期段階は一般に層流となっている．境界層内の流れが層流状態のとき，その境界層を層流境界層(laminar boundary layer)と呼ぶ．層流境界層の速度分布は，境界層方程式に基づく解法をブラジウスが提案し，数値計算によって解が求められている．図 9.7 に層流境界層内の速度分布（ブラジウス分布）を示す．

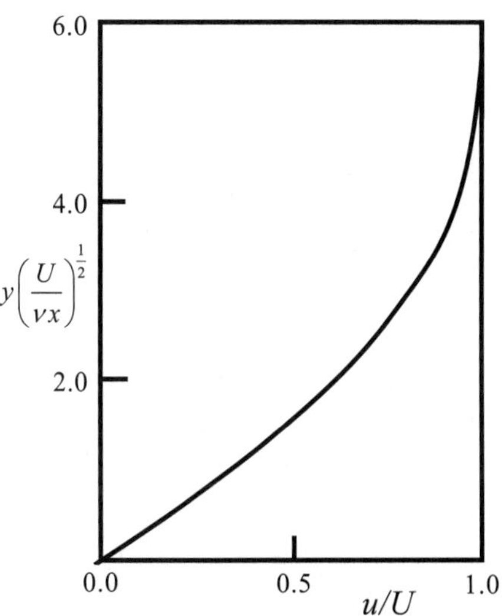

図 9.7　層流境界層の速度分布（ブラジウス分布）

層流境界層は，下流へ流れるにしたがって徐々に成長し，乱流状態へと変化する．この変化を遷移(transition)あるいは境界層遷移(boundary layer transition)と呼ぶ．遷移はある 1 点で急激に起きるのではなく，空間的，時間的に振動しながら幅を持って生じる．また，遷移が起きるレイノルズ数を臨界レイノルズ数(critical Reynolds number)と呼び，平板上の境界層の場合，

$$Re_C=\left(\frac{Ux}{\nu}\right)_{\mathrm{crit}}=3.5\times10^5\sim2.8\times10^6 \tag{9.22}$$

であることが実験的に知られている．ただし，遷移の発生は，主流の乱れ，

圧力こう配，表面粗さ，表面曲率，表面の熱伝達などによって強い影響を受ける．

なお，境界層内が層流か乱流かによって壁面におけるせん断応力（すなわち摩擦力）や熱伝達率が著しく異なるため，遷移位置を正しく予測することは工業上きわめて重要な問題となっている．

【例題 9・2】　＊＊＊＊＊＊＊＊＊＊＊＊＊＊＊＊＊＊＊＊＊＊

一様流中に流れと平行に平板が置かれている．一様流速を 30m/s，流体の動粘度を $1.5\times10^{-5}\mathrm{m^2/s}$ とすると，境界層の遷移は平板先端から測ってどの位置で起きるかを求めなさい．ただし，臨界レイノルズ数は 1.0×10^6 と仮定する．

【解答】臨界レイノルズ数の定義式(9.22)より，

$$Re_C = \frac{30.0\times x}{1.5\times10^{-5}} = 1.0\times10^6$$

$$\therefore \quad x = 0.5\ (\mathrm{m})$$

が遷移位置となる．

＊＊＊＊＊＊＊＊＊＊＊＊＊＊＊＊＊＊＊＊＊＊

遷移が完了すると，境界層内の流れは時空間的に乱れた乱流状態となる．この境界層を乱流境界層(turbulent boundary layer)と呼ぶ．乱流境界層内では大小さまざまなスケールの渦が発達し，これらの渦が主流から壁面近くへ運動量やエネルギーを活発に輸送する．このため，層流境界層に比べて壁近くの速度が大きく，したがって，壁面せん断応力も強くなる．乱流境界層の内部構造は，壁面から順に，次のようになっている．まず，壁面の存在により乱れが抑制され粘性効果の卓越した粘性底層(viscous sublayer)がある．その外側に遷移層(buffer layer)とよばれる層があり，完全に乱流状態の層へと続いている．壁面からここまでの層を内層(inner layer)と呼ぶ．内層の厚さは境界層厚さの 15～20％である．壁面からここまでは，6･2･3 項において説明された円管内乱流の場合とまったく同様である．しかし，乱流境界層の場合には，内層の外側に乱流状態と主流状態とが間欠的に混在する外層(outer layer)が存在する．乱流境界層内のこれら層構造を図 9.8 に示す．

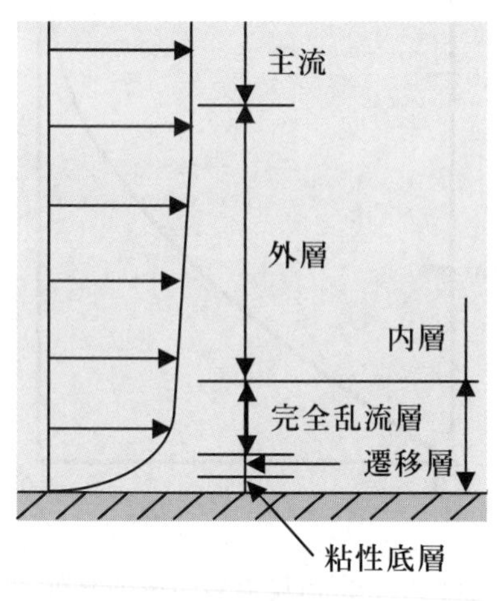

図 9.8　乱流境界層の層構造

乱流境界層の乱れはランダムか？

乱流境界層の中には，境界層厚さ程度の大きさをもつ渦から 0.1mm 程度の微細な渦までさまざまなスケールの渦が混在して流れている．これらの渦（すなわち乱れ）は，一見するとランダムに運動しているように見える．しかし，クラインは 1967 年に乱流境界層中の乱れにある種の構造があること，すなわち完全にランダムなわけではないことを可視化実験から発見した．その後の研究によって，イジェクション（壁面付近の低速流体塊が壁から離れる方向に持ち上がる運動），スイープ（主流近くの高速流体塊が壁面に向かって吹き降ろす運動），ストリーク（壁面近くに発生する主流方向と平行な軸を持つ縦渦運動）といった構造が乱れの発生に重要な役割を担っていることが明らかにされている．また，これらの構造を大規模構造，秩序構造，あるいはコヒーレント構造などと呼んでいる．

9・1・4　レイノルズ平均とレイノルズ応力 (Reynolds average and Reynolds stress)

乱流境界層内のある 1 点における速度の時間変化を図 9.9 に示す．図から明らかなように，乱流境界層内の流れは時々刻々変化する非常に乱れた状態にある．このような非定常流を解析することは容易ではなく，また，工業上は流れの時間平均特性だけがわかればよいという場合が多い．このため，物理量や支配方程式自体を時間平均することが行われている．

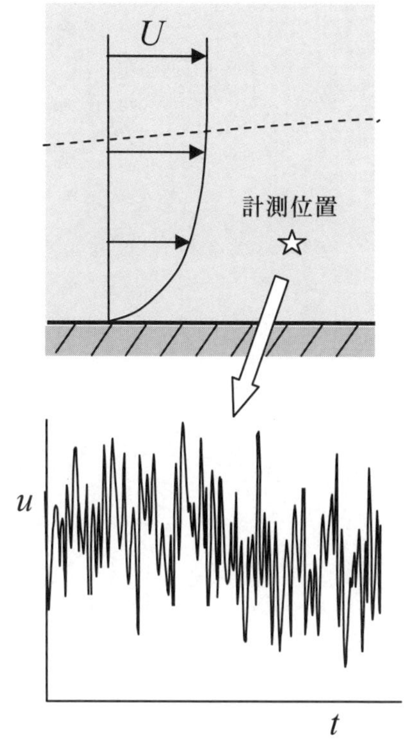

図 9.9　乱流境界層中の速度履歴

レイノルズは，流れの物理量を時間平均値と変動値に分けるという考え方を提案した．すなわち，物理量 f は，

$$f=\overline{f}+f' \tag{9.23}$$

と表現できる．ここで，上付きバーは時間平均値を，ダッシュは変動値を意味し，これをレイノルズ分解(Reynolds decomposition)と呼んでいる．時間平均値は，

$$\overline{f}=\frac{1}{T}\int_0^T f \quad dt \tag{9.24}$$

$$\overline{f'}=\frac{1}{T}\int_0^T f' \quad dt=0 \tag{9.25}$$

と定義され，ある長い時間間隔 T における平均値となっている．このような平均化操作をレイノルズ平均(Reynolds average)と呼ぶ．

レイノルズ平均に関する定義により，各種代数操作に対して以下のようなルールが成り立つ．

$$\left.\begin{array}{lcl} \overline{\overline{f}}=\overline{f} & , & \overline{f+g}=\overline{f}+\overline{g} \\ \overline{\overline{f}\cdot g}=\overline{f}\cdot\overline{g} & , & \overline{\dfrac{\partial f}{\partial s}}=\dfrac{\partial\overline{f}}{\partial s} \end{array}\right\} \tag{9.26}$$

【例題 9・3】　＊＊＊＊＊＊＊＊＊＊＊＊＊＊＊＊＊＊＊＊＊＊

$\overline{f+g}=\overline{f}+\overline{g}$ が成り立つことを証明せよ．

【解答】　時間平均の定義より

$$\overline{f+g}=\frac{1}{T}\int_0^T(f+g)\quad dt=\frac{1}{T}\int_0^T f\quad dt+\frac{1}{T}\int_0^T g\quad dt=\overline{f}+\overline{g}$$

＊＊＊＊＊＊＊＊＊＊＊＊＊＊＊＊＊＊＊＊＊＊

レイノルズ分解を連続の式およびナビエ・ストークス方程式（式(9.5)から式(9.7)）の各変数に代入し，式(9.26)で与えられるルールを考慮しつつ式全体の時間平均をとり，最後に境界層近似を施すと，以下の時間平均成分に関する境界層方程式が求められる．

連続の式：

$$\frac{\partial \bar{u}}{\partial x}+\frac{\partial \bar{v}}{\partial y}=0 \tag{9.27}$$

ナビエ・ストークス方程式：

$$\frac{\partial \bar{u}}{\partial t}+\bar{u}\frac{\partial \bar{u}}{\partial x}+\bar{v}\frac{\partial \bar{u}}{\partial y}=-\frac{1}{\rho}\frac{\partial \bar{p}}{\partial x}+\nu\frac{\partial^2 \bar{u}}{\partial y^2}-\frac{\partial \overline{u'^2}}{\partial x}-\frac{\partial \overline{u'v'}}{\partial y} \tag{9.28}$$

$$-\frac{1}{\rho}\frac{\partial \bar{p}}{\partial y}-\frac{\partial \overline{v'^2}}{\partial y}=0 \tag{9.29}$$

ここで，式(9.28)右辺第 3，4 項および式(9.29)左辺第 2 項は対流項の非線形性から生じたもので，平均流に対する乱れの効果を表し，それらの速度変動の相関に密度 ρ を乗じた $\rho\overline{u'^2}$，$\rho\overline{v'^2}$，$\rho\overline{u'v'}$ はレイノルズ応力(Reynolds stress)と呼ばれている．また，$\rho\overline{u'^2}$ と $\rho\overline{v'^2}$ をレイノルズ応力の垂直成分（normal component)，$\rho\overline{u'v'}$ をせん断成分(shear component)と呼ぶ．なお，レイノルズ応力の垂直成分 $\rho\overline{u'^2}$ と $\rho\overline{v'^2}$ は，境界層のような単純せん断乱流の場合，平均流に対する寄与が小さいとして無視されることが多い．

9・1・5　乱流境界層の平均速度分布（mean velocity profile in turbulent boundary layer）

主流方向に細長い流動現象という点で，境界層流と円管内の流れは類似の特性をもっている．実際，両者の流れを支配する方程式は，境界層方程式である．したがって，乱流境界層内の時間平均速度分布は，6•2•3 項で解説された円管内の乱流の速度分布とほとんど同様なものとなる．ただし，境界条件の違いから若干の修正が必要となるため，以下ではこれらについて述べることとする．

1 /n 乗法則(1/n power law)あるいは指数法則(power law)：

距離の基準として，円管の場合（式(6.50)）には円管半径 R を用いるが，境界層では境界層厚さ δ を用いる．したがって，

$$\frac{\bar{u}}{U}=\left(\frac{y}{\delta}\right)^{\frac{1}{n}} \tag{9.30}$$

と表せる．ここで，U は主流流速，y は壁面からの距離である．また，実用上の流れで $n=7$ が用いられることが多いため，1/7 乗法則（式(6.49)）とも呼ばれる点は円管の場合と同じである．

対数法則(logarithmic law)あるいは壁法則(wall law)：

壁面せん断応力 τ_w によって定義される摩擦速度(friction velocity)

$$u_* = \sqrt{\frac{\tau_w}{\rho}} \tag{9.31}$$

および壁座標(wall unit) y^+（$=u_* y/\nu$）を用いて，時間平均速度を

$$u^+ = \frac{\overline{u}}{u_*} = 2.5 \ln y^+ + 5.5 = 5.75 \log y^+ + 5.5 \tag{9.32}$$

と表現する点は円管の場合（式(6.35)）と同様である．しかし，円管の場合には管中心まで対数法則が成り立つ(図 6.11)のに対して，境界層の場合には外層があるために対数法則から逸脱する領域がかなり広く存在する点に注意を要する．

粘性底層内の速度が

$$u^+ = \frac{\overline{u}}{u_*} = \frac{u_* y}{\nu} = y^+ \tag{9.33}$$

という直線分布である点は，円管（式(6.37)）も境界層も共通である．図 9.10 に乱流境界層内の平均速度分布の概略を示す．

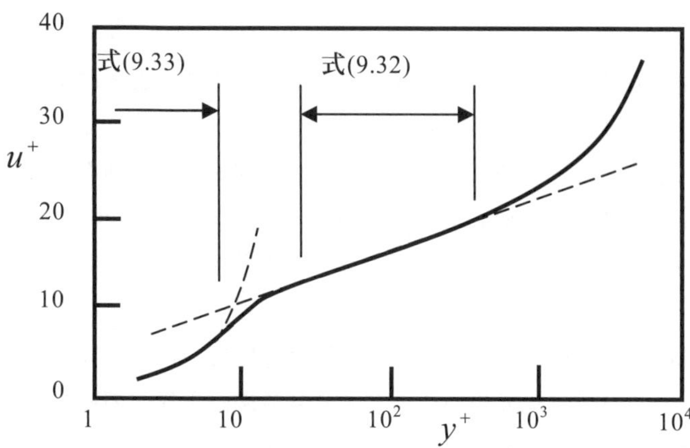

図 9.10　乱流境界層における平均速度分布

9・1・6　境界層のはく離と境界層制御
（boundary layer separation and boundary layer control）

境界層内では，速度こう配に基づく粘性摩擦力の発生（ニュートンの粘性法則，式(1.6)）により，流体の運動エネルギーが熱エネルギーに変換されている．このため，下流に向かって圧力が増加している場合、速度こう配のもっとも大きな壁付近の流体から徐々に減速し，ついに壁面上で速度こう配が 0 に達すると，流れが壁面から離れていくことがある．この現象を境界層はく離(boundary layer separation)，はく離を生じた位置をはく離点(separation point)と呼ぶ．はく離が起こる条件としては，流路の断面積が下流ほど大きく（つまり減速流れがこれに該当する），圧力こう配は正（$dp/dx > 0$；p は圧力，x は流れ方向の座標)であり，流れが圧力に逆らって進んでいる場合である．

境界層はく離が発生すると，境界層厚さが急激に肥大化し，また，その下流側に上流側から流体が供給されなくなるために逆流が生じる．この領域を再循環領域(recirculation region)あるいははく離泡(separation bubble)と呼んでいる．なお，はく離した境界層は，流れの条件によっては再び壁面に付着する．この現象をはく離の再付着(reattachment)，再付着した位置を再付着点(reattachment point)と呼ぶ．境界層のはく離，再付着の様子を図 9. 11 に示す．

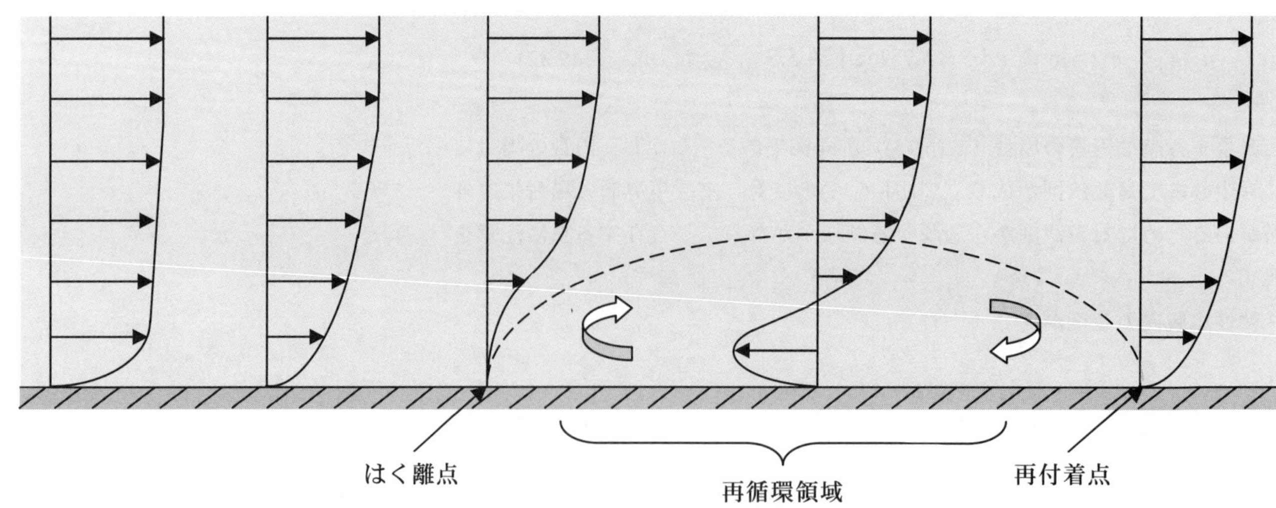

図 9.11　境界層のはく離，再付着

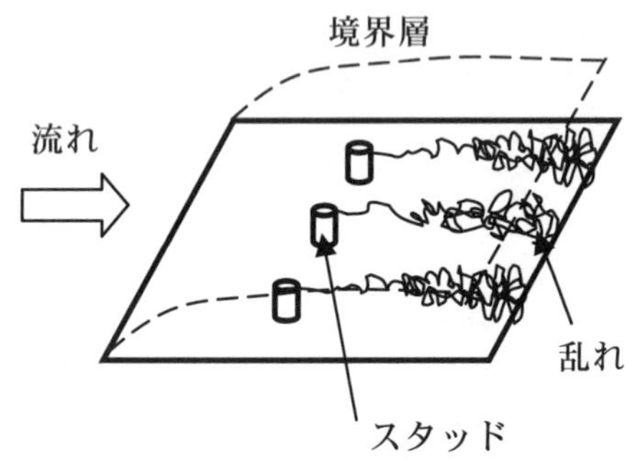

図 9.12　乱流促進

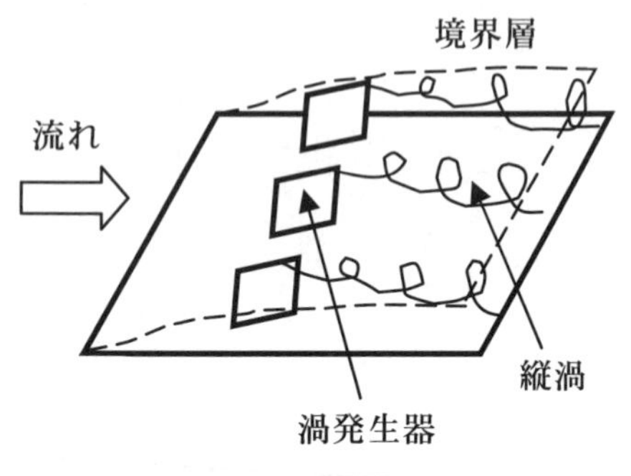

図 9.13　渦発生器

境界層がはく離を起こすと，大きな損失の発生を伴うことになる．したがって，流体機械や流路の設計に際しては，境界層はく離を生じないような配慮が必要となる．境界層のはく離対策として，境界層に制御をかけて流れ場をコントロールすることが行われている．これを境界層制御(boundary layer control)と呼んでいる．以下に代表的な境界層制御法について紹介する．

(1) 乱流促進(turbulence promotion)：乱流境界層は，層流境界層よりもはく離しにくい．これは，境界層内に存在する乱流渦が主流側の運動量を壁付近に活発に輸送するので，減速が起こりにくいためである．したがって，境界層を強制的に乱流化することで境界層はく離を起こしにくくすることができる．これを乱流促進とよんでいる．乱流化するための装置としては，層流境界層内に針金（トリップワイヤ)，ピン（スタッド)，砂粒などを配置する(図 9. 12)．

(2) 渦発生器(vortex generator)：図 9. 13 に示すように，壁面上に境界層厚さ程度の高さを持った小板を迎角を持たせて設置すると，板を乗越える流れが縦渦を形成する．この縦渦が主流側の高エネルギー流体を壁面付近に持ち込む効果を利用してはく離の発生を抑制する装置を渦発生器と呼ぶ．板以外にも，縦渦対を発生するような形状の渦発生器も提案されている．

(3) 境界層吹出し(injection)：壁面にスリットや小孔を設けて壁面接線方向の吹出しを行うことにより，壁面付近の低速流体にエネルギーを供給することができる．このような境界層はく離の抑制方法を境界層吹出しと呼び，スロット翼において実用化されている(図 9. 14)．

(4) 境界層吸込み(suction あるいは bleed)：境界層吹出しとは逆に，壁面付近の低速流体を壁面にあけた穴から吸出してしまうことによってはく離を抑制する方法を境界層吸込みと呼んでいる(図 9. 15)．

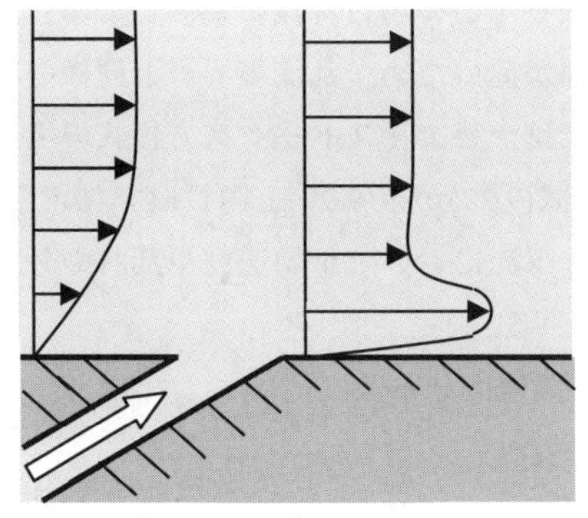
図 9.14　境界層吹出し

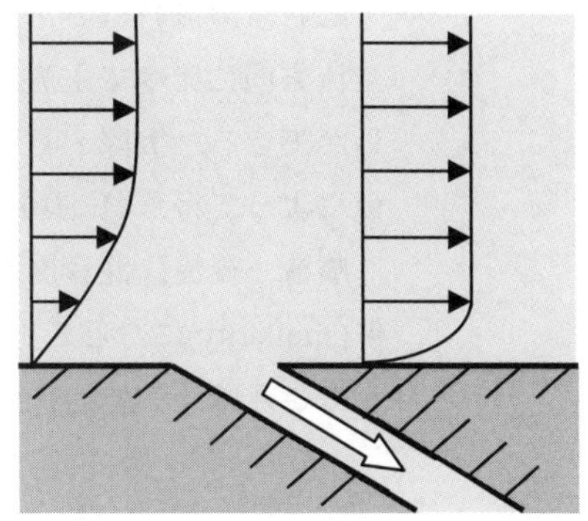
図 9.15　境界層吸込み

その他の境界層制御

境界層制御には，上述のようなはく離の抑制だけではなく，摩擦抗力の低減を目的としたものも多数提案されている．たとえば，境界層内に高分子溶液や微小径の気泡（マイクロバブル）を流し込んだり，壁面に微小高さの波板状（リブレット）シートや柔毛繊維を貼ったり，壁面を超撥水加工したりといった方法が提案されている．これらの方法では，乱流境界層内の乱れ，特に壁面付近に生じる強い乱れを弱めることによって壁面上の速度こう配を減少させ，摩擦抗力の低減を図っている．摩擦抗力の低減割合は方法によってさまざまであるが，たとえば，マイクロバブルでは 80%，リブレットでは 10%程度の低減効果が得られる．リブレットは，競泳用水着，スピードスケート・スーツなどに実用化された例がある．

9・2　噴流，後流，混合層流（jet, wake and mixing layer）

図 9.16 のようにノズルなどから周囲流体よりも高速で流体が噴出するときの流れを噴流(jet)，図 9.17 のように流体中の物体の下流側にできる低速領域を後流(wake)，図 9.18 のように速度の異なる２つの流れが合流する流れを混合層流(mixing layer)といい，総称して自由せん断層(free shear layer)と呼んでいる．これらの流れは，工業上頻繁に遭遇する重要な流れである．

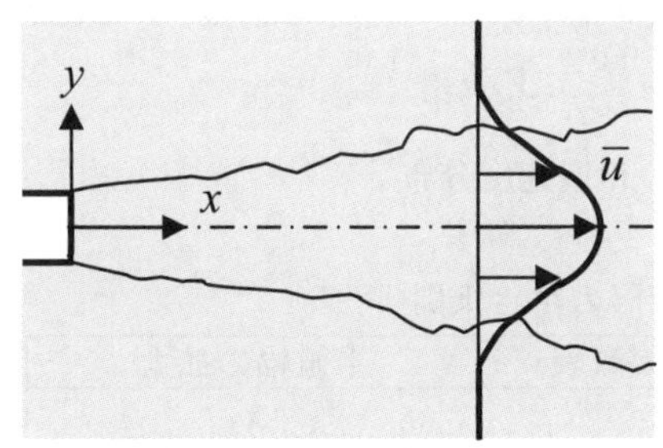

図 9.16　噴流

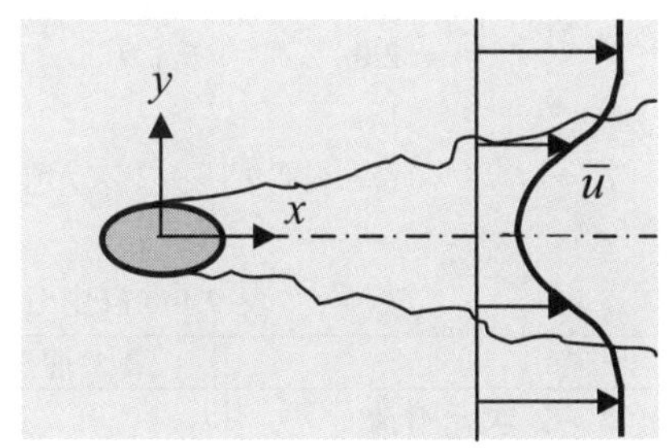

図 9.17　後流

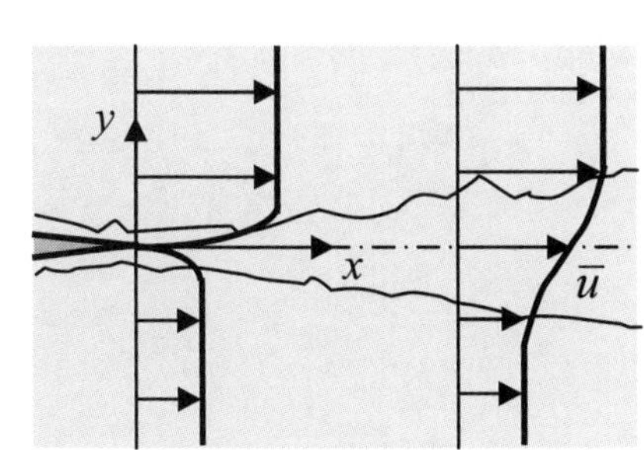

図 9.18　混合層流

これらの流れは非常に不安定でほとんどの場合乱流に遷移しており，また主流方向に比べて主流垂直方向の幅が薄いため，乱流境界層と同様の取り扱いができる．実際，その支配方程式はナビエ・ストークス方程式の境界層近似によって得られ，境界層の場合の式(9.27)から(9.29)と同じ形で与えられる．

噴流，後流，混合層流では，十分下流において平均速度や乱れの分布が相似(similarity)になることが知られている．

たとえば，2 次元噴流の場合，相似速度分布は，

$$\frac{\bar{u}}{u_{max}} = e^{-0.6749\eta^2\left(1+0.0269\eta^4\right)} \tag{9.34}$$

$$\eta = \frac{y}{b} \tag{9.35}$$

によって表される．ここで，u_{max} は噴流中心の平均速度，y は中心軸から測った距離，b は速度が中心流速の 1/2 となる y の値である．なお，b のことを半値幅(half width)と呼んでいる．図 9.19 にこの式によって表される速度分布と実験データとの比較を示す．5 つの異なる下流断面において，この式が良い近似となっていることがわかるであろう．

同様に，2 次元後流の場合の相似速度分布は，主流流速を u_e とすると，次式が良い近似となっている．

$$\frac{\bar{u} - u_e}{\left(\bar{u} - u_e\right)_{max}} = e^{-0.6619\eta^2\left(1+0.0465\eta^4\right)} \tag{9.36}$$

自由せん断層流では，最大速度差と半値幅の下流方向変化が仮想原点(virtual origin)から測った下流方向距離 x のべき乗に比例することが知られている．表 9.1 にさまざまな自由せん断層流に対するべき乗則を示す．

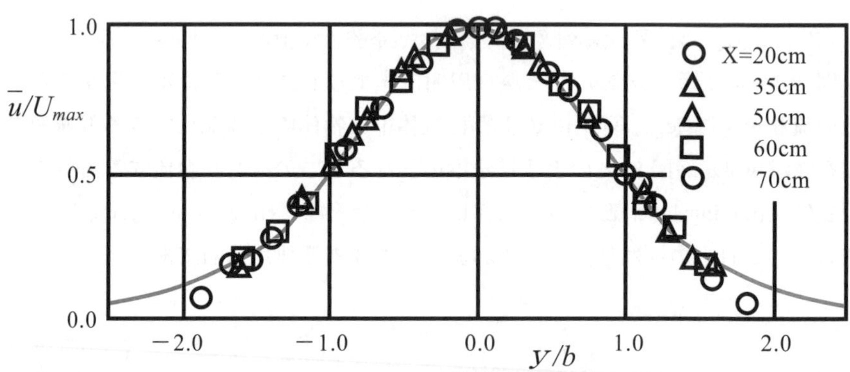

図 9.19　2 次元噴流の相似速度分布

表 9.1　自由せん断層のべき乗則

	最大速度差の減衰	半値幅の拡大
2 次元噴流	$x^{-1/2}$	x
軸対称噴流	x^{-1}	x
2 次元後流	$x^{-1/2}$	$x^{1/2}$
軸対称後流	$x^{-2/3}$	$x^{1/3}$
混合層流	x^{0}	x

＝＝＝＝＝　練習問題　＝＝＝＝＝＝＝＝＝＝＝＝＝＝＝＝＝＝＝＝＝＝＝＝

【9・1】 幅 1m，長さ 2m の平板が流速 5m/s の水流中に流れと平行に置かれている．平板上の境界層速度分布と境界層厚さが

$$\frac{\boldsymbol{u}}{U}=\left(\frac{y}{\delta}\right)^{\frac{1}{2}}, \qquad \delta = x^{\frac{1}{2}}$$

で与えられるとき，平板の両面にかかる摩擦力を求めなさい．

【9・2】前問において，平板後端の排除厚さは何 mm か求めなさい．

【9・3】円管内の流れが全領域で境界層であると考え，断面平均流速（=体積流量/断面積）を与える半径を求めなさい．ただし，平均速度分布は 1/7 乗法則に従うものとする．

【9・4】一様流中に平板が流れと平行に置かれている．乱流境界層が始まるのは，平板前縁から測って何 m からか求めなさい．ただし，一様流速を 10m/s，流体を常温の空気，臨界レイノルズ数を 5×10^5 とする．

【9・5】エアコンの吹出し口から出る流れを記述する方程式を，2 次元定常ナビエ・ストークス方程式から導き出しなさい．

【9・6】Consider a plate located in an uniform water flow. When the length and width of the plate are 1.0m and 2.0m respectively, the velocity is 3.0m/s, and the velocity profile and the growth of the boundary layer thickness are given by the following equations, calculate the force acting on the both sides of the plate.

$$\frac{\boldsymbol{u}}{U}=\left(\frac{y}{\delta}\right)^{\frac{1}{7}}, \qquad \delta = x^{\frac{1}{2}}$$

【9・7】 A car is driving with the speed of 80km/h. If the boundary layer starts at the upstream edge of the roof, where does the boundary layer transition occur ? Assume that the temperature of air is 20℃, the roof is nearly flat, and the critical Reynolds number is 4×10^5.

【9・8】Consider a diffuser in which separation takes place (see below). How to suppress the separation region ?

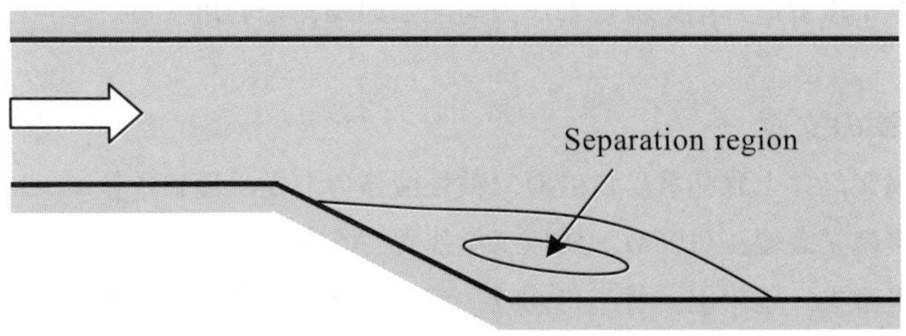

【9・9】A round jet of air injected into the atmosphere. If the maximum velocity at 0.50m downstream from the virtual origin is 2.0m/s, what is the maximum velocity at 3.00m ?

【9・10】Consider the boundary layer on a flat plate parallel to an uniform flow of 15m/s. If the pressure gradient is 1.0N/m^3, how to express the free stream velocity along the outer edge of the boundary layer ? Assume the flow is air, and the temperature is 20℃.

【解答】

【9・1】運動量厚さは$\theta=\frac{1}{6}x^{\frac{1}{2}}$，運動量積分方程式より$\tau_w=\frac{1}{12}\rho U^2 x^{-\frac{1}{2}}$，これを面積分して、 1.18×10^4（N）

ヒント：平板に沿った圧力勾配は十分小さく無視できる.

【9・2】 471（mm）

【9・3】 0.758R　（R は管の半径）

【9・4】 0.75（m）

【9・5】 噴流は境界層と同じタイプの流れであり，乱流になっていると考えられるため，支配方程式は以下となる.

$$\frac{\partial \bar{\boldsymbol{u}}}{\partial x}+\frac{\partial \bar{\boldsymbol{v}}}{\partial y}=0$$

$$\frac{\partial \bar{\boldsymbol{u}}}{\partial t}+\bar{\boldsymbol{u}}\frac{\partial \bar{\boldsymbol{u}}}{\partial x}+\bar{\boldsymbol{v}}\frac{\partial \bar{\boldsymbol{u}}}{\partial y}=-\frac{1}{\rho}\frac{\partial \bar{p}}{\partial x}+\nu\frac{\partial^2 \bar{\boldsymbol{u}}}{\partial y^2}-\frac{\partial \overline{\boldsymbol{u}'^2}}{\partial x}-\frac{\partial \overline{\boldsymbol{u}'\boldsymbol{v}'}}{\partial y}$$

$$-\frac{1}{\rho}\frac{\partial \bar{p}}{\partial y}-\frac{\partial \overline{\boldsymbol{v}'^2}}{\partial y}=0$$

ここで，xが噴流の流出方向，yが噴流の断面方向である.

【9・6】運動量厚さは式(9.2)より$\theta=\frac{7}{72}x^{\frac{1}{2}}$，運動量積分方程式より$\tau_w=\frac{7}{144}\rho U^2 x^{-\frac{1}{2}}$，これを面積分して、3.50×10^3（N）

【9・7】 0.27（m）

【9・8】 Boundary layer suction under the separation bubble is the most effective way to suppress the separation in the diffuser. Vortex generator located around the upstream corner is also effective.

【9・9】 0.33（m/s）

【9・10】$U=\sqrt{225-1.67x}$　　(m/s)

ヒント：境界層外端の流速と圧力勾配との関係を利用する.

第 9 章の文献

生井武文，井上雅弘著，(1978)，粘性流体の力学，理工学社.

日本機械学会編，(1988)，機械工学便覧 A5 流体工学.

田古里哲夫，荒川忠一著，(1989)，流体工学，東京大学出版会.

第 10 章

ポテンシャル流れ
Potential Flow

10・1　ポテンシャル流れの基礎式
(fundamental equations of potential flow)

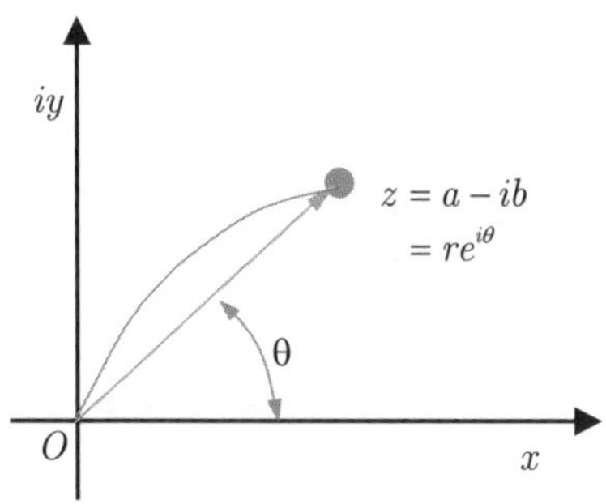

図 10.1 複素平面での複素数の表現

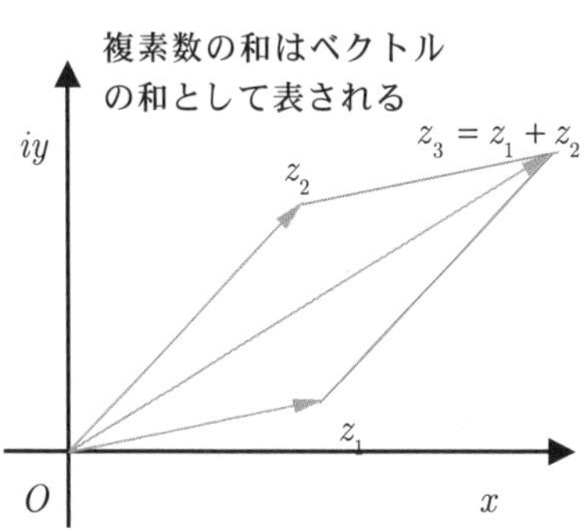

図 10.2 複素数の和

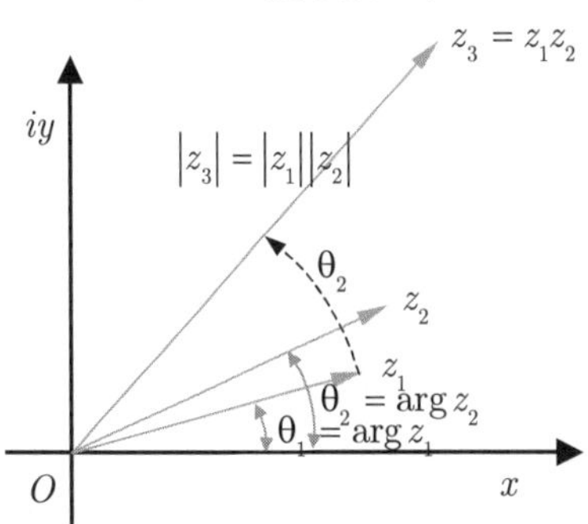

複素数の積は，かける数の大きさだけ大きさが増大し，かける数の偏角の分だけ回転する．

図 10.3　複素数の積

粘性や熱伝導が無視でき，縮まない流体を理想流体(ideal fluid)と呼ぶ．理想流体の流れはポテンシャル流れの 1 つであり，一般の流れの基礎として重要である．レイノルズ数が無限大となった場合の流れは，分子粘性の影響のない流れの極限であり，その時間平均は理想流体の流れの様相を呈する．そのような意味で粘性の影響の大きな，すなわち，レイノルズ数の小さな流れと理想流体の流れとは対極に位置している．すなわち，一般の流れは，これらの中間に位置すると考えてよいであろう．ここでは，ポテンシャル流れの基礎とその代表的な例に関して説明する．

10・1・1　複素数の定義 (definition of complex number)

ポテンシャル流れは，複素数を用いて表現することで発展してきた．ポテンシャル流れの説明に先立って，ここでは，複素数の基礎について要点を記述しておこう．

複素数 $z=a+ib$ に対して，a を実数部(real part)，b を虚数部(imaginary part)とよび，それぞれ記号 $\mathrm{Re}\,z$, $\mathrm{Im}\,z$ で表す．虚数部の符号を変えた $a-ib$ を z の複素共役(conjugate)といい $\bar{z}$ で表す．複素数 z の絶対値(magnitude，大きさともいう)は，z と $\bar{z}$ を用いて次式で与えられる．

$$|z|=\sqrt{z\,\bar{z}}=\sqrt{a^2+b^2} \tag{10.1}$$

複素数は，横軸に実数部を，縦軸に虚数部をとった複素平面上で位置ベクトルとして表現される．また，極座標形式で表現するのが便利で，図 10.1 に示すように，半径 r と x 軸とのなす角 θ を用いて表される．ここで，

$$r=|z|,\quad \theta=\arg z \tag{10.2}$$

と表現し，θ を偏角(argument)と呼ぶ．極座標を用いれば，

$$z=x+iy=r(\cos\theta+i\sin\theta) \tag{10.3}$$

のように表すこともできる．

複素数の和，差，積，商は，実数と同様に定義できる．ここで和と積の演算を複素平面上で示しておく．図 10.2 のように，和は，2 つの位置ベクトルの合成で示される．また，積は，極座標形式で考えた方がわかりやすい．積は，大きさが $r=r_1r_2$ となり，偏角が $\theta=\theta_1+\theta_2$ となる．すなわち，積はベク

トルの大きさが r_2 となり角度 θ_2 だけ回転される(図 10.3 参照)．さて，ここで虚数単位の i の役割について述べておこう．図 10.4 に示すように，(1, 0) に虚数単位 i をかけると (0, i) に写像される．もう一度 i をかけると (−1, 0) に写される．このように i をかけるということは，座標が 90° 回転されることを意味している．実数の場合，−1 をかけることが 180° の回転を意味するのに対して複素数の虚数はこのように，90° 座標を回転させる作用がある．これが，実数が複素数に拡張されている本質的な部分である．

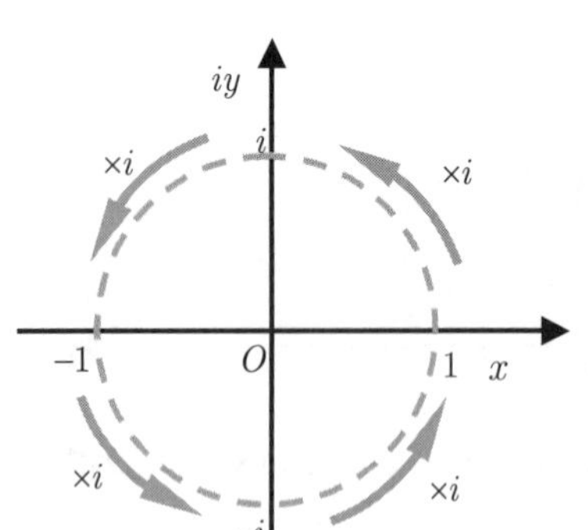

図 10.4　複素単位 i の意味

複素数の微分は，実数の微分と様子が異なる．任意の複素関数 $f=f(z)=A+iB$ の微分は，関数 f を z のみで表現した場合，通常の 1 変数，実数のときと同様に微分することができるが，変数 x , y の偏微分で表すと，次の 2 つの関係が導かれる．

$$\frac{df}{dz}=\frac{\partial f}{\partial x}=\frac{\partial A}{\partial x}+i\frac{\partial B}{\partial x},\quad \frac{df}{dz}=\frac{1}{i}\frac{\partial f}{\partial y}=-i\frac{\partial A}{\partial y}+\frac{\partial B}{\partial y} \tag{10.4}$$

これら 2 つの関係式の実部と虚部の同値性から次のコーシー・リーマンの関係式(Cauchy-Riemann equations)が得られる．

$$\frac{\partial A}{\partial x}=\frac{\partial B}{\partial y},\quad \frac{\partial A}{\partial y}=-\frac{\partial B}{\partial x} \tag{10.5}$$

10・1・2　理想流体の基礎方程式 (fundamental equations of ideal flows)

2 次元の渦無しの流れは，複素数で表された正則関数と密接な関係があり，複素関数論を利用して流れを表現することができる．はじめに，理想流体の運動を表す式について再び考えよう．理想流体の運動は，連続の式(8.5)より

$$\frac{D\rho}{Dt}+\rho\,\mathrm{div}\,\boldsymbol{v}=0 \tag{10.6}$$

とオイラーの運動方程式(8.37)より

$$\frac{D\boldsymbol{v}}{Dt}=\boldsymbol{F}-\frac{1}{\rho}\mathrm{grad}\,p \tag{10.7}$$

で支配される．非圧縮性流れの場合には，密度の実質微分については $D\rho/Dt=0$ が成り立つから，連続の式は次のように変形できる（式(8.7), (8.8)）．

$$\mathrm{div}\,\boldsymbol{v}=0,\ \text{または},\ \frac{\partial u}{\partial x}+\frac{\partial v}{\partial y}=0 \tag{10.8}$$

また，運動方程式の実質微分の項は，次のように変形できる．

$$\frac{D\boldsymbol{v}}{Dt}=\frac{\partial \boldsymbol{v}}{\partial t}+(\boldsymbol{v}\cdot\mathrm{grad})\boldsymbol{v}=\frac{\partial \boldsymbol{v}}{\partial t}+\mathrm{grad}\left(\frac{1}{2}\boldsymbol{v}^2\right)-\boldsymbol{v}\times\mathrm{rot}\boldsymbol{v} \tag{10.9}$$

この式の中に現れる rot $\boldsymbol{v}$ は次のとおりである．

∇（ナブラ）と各演算の関係

∇ の定義

$$\nabla=\boldsymbol{i}\frac{\partial}{\partial x}+\boldsymbol{j}\frac{\partial}{\partial y}+\boldsymbol{k}\frac{\partial}{\partial z}$$

スカラ f のこう配

$$\mathrm{grad}\ f=\nabla f=\boldsymbol{i}\frac{\partial f}{\partial x}+\boldsymbol{j}\frac{\partial f}{\partial y}+\boldsymbol{k}\frac{\partial f}{\partial z}$$

ベクトル $\boldsymbol{A}=(A_x,A_y,A_z)$ の発散

$$\mathrm{div}\ \boldsymbol{A}=\nabla\cdot\boldsymbol{A}=\frac{\partial A_x}{\partial x}+\frac{\partial A_y}{\partial y}+\frac{\partial A_z}{\partial z}$$

ベクトル $\boldsymbol{A}=(A_x,A_y,A_z)$ の回転

$$\mathrm{rot}\ \boldsymbol{A}=\nabla\times\boldsymbol{A}=\begin{vmatrix}\boldsymbol{i}&\boldsymbol{j}&\boldsymbol{k}\\ \frac{\partial}{\partial x}&\frac{\partial}{\partial y}&\frac{\partial}{\partial z}\\ A_x&A_y&A_z\end{vmatrix}$$

$$\mathrm{rot}\boldsymbol{v} \equiv \boldsymbol{\omega} \tag{10.10}$$

ここで，$\boldsymbol{\omega} = (\omega_x, \omega_y, \omega_z)$ は 2･1･5 項で述べた渦度(式(2.20)～(2.22))である．図 10.5 に示すように，流体粒子は上式にしたがって，並進速度 $\boldsymbol{v}$ で移動しながら，角速度 $|\boldsymbol{\omega}|/2$ で回転しながら運動しているのである．次に，外力 $\boldsymbol{F}$ が重力ような保存力であるとすれば，ポテンシャル A（重力の場合は $A = gz$；g は重力加速度の大きさ，z は高さ）を用いて次式のように表現できる．

$$\boldsymbol{F} = -\mathrm{grad}\, A \tag{10.11}$$

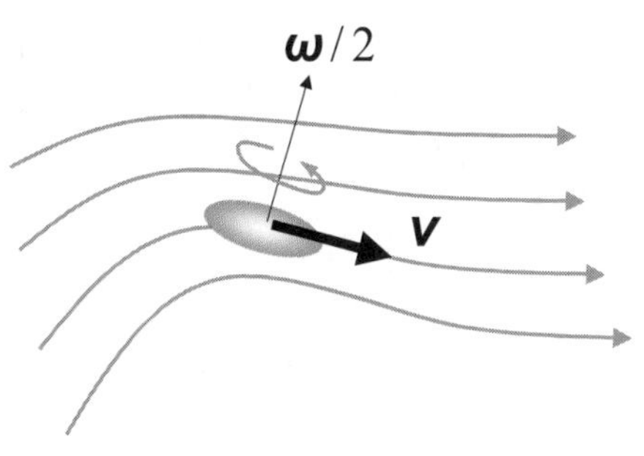

図 10.5 流体の運動

したがって，運動方程式(10.7)は次のように変形できる．

$$\frac{\partial \boldsymbol{v}}{\partial t} = -\mathrm{grad}\left(\frac{p}{\rho} + \frac{1}{2}\boldsymbol{v}^2 + A\right) + \boldsymbol{v} \times \boldsymbol{\omega} \tag{10.12}$$

上式の意味を図 10.6 で示そう．上式は，流体の運動が $p/\rho + \boldsymbol{v}^2/2 + A$ のこう配によって決まる加速度と，$\boldsymbol{v} \times \boldsymbol{\omega}$ によって決まることを示している．これを図で示せば，図 10.6 のように，ポテンシャルの丘を球が転げ落ちるような運動と，渦度の影響による運動が重ね合わせられた運動として表現できる．

上式の両辺の rot をとると，さらに興味深い形式が得られる． rot をとると， rot gradφ=0 が任意の関数 φ に対して一般的に成り立つから，grad の項が消去されて，

$$\frac{\partial \boldsymbol{\omega}}{\partial t} = \mathrm{rot}(\boldsymbol{v} \times \boldsymbol{\omega}) \tag{10.13}$$

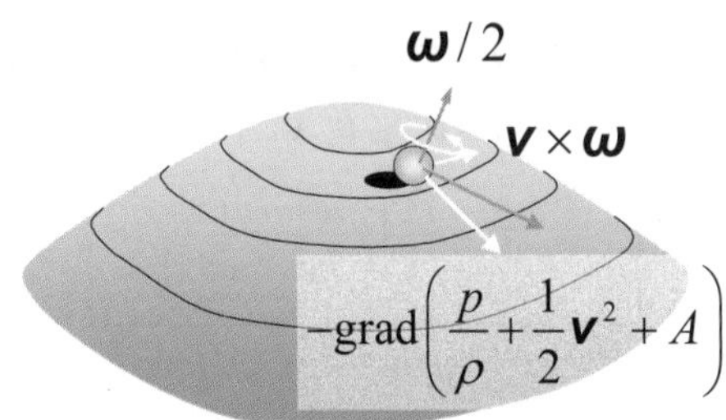

図 10.6 ポテンシャルの丘

となる．これは渦度方程式と呼ばれる．$\boldsymbol{\omega} = 0$ は，渦なし流れ(irrotational flow)と呼ばれ，式(10.12)に示すように，運動はすべてポテンシャルにより表現される．このような流れをポテンシャル流れと呼ぶ．結局，ポテンシャル流れの満たすべき条件は，$\boldsymbol{\omega} = 0$ であることが理解できる．

10・2　速度ポテンシャル (velocity potential)

$\boldsymbol{\omega} = \mathrm{rot}\boldsymbol{v} = \boldsymbol{0}$ であれば，rot grad$f$=0 という恒等的なに関係によってスカラーポテンシャル Φ が存在することが推測できるであろう．そこで，

$$\boldsymbol{v} = \mathrm{grad}\,\Phi \tag{10.14}$$

とおくことができ，この Φ を速度ポテンシャル(velocity potential)と呼ぶ．この場合，運動方程式(10.12)は，

$$\mathrm{grad}\left(\frac{\partial \Phi}{\partial t} + \frac{p}{\rho} + \frac{1}{2}\boldsymbol{v}^2 + A\right) = \boldsymbol{0} \tag{10.15}$$

となる．速度ベクトル $\boldsymbol{v}$ の大きさを $V = |\boldsymbol{v}|$ とおけば、$\boldsymbol{v}^2 = \boldsymbol{v} \cdot \boldsymbol{v} = V^2$ となる．上式は次のようになる．

$$\frac{\partial \Phi}{\partial t} + \frac{p}{\rho} + \frac{1}{2}V^2 + A = f(t) \tag{10.16}$$

速度ポテンシャルと
ラプラスの方程式

$\boldsymbol{\omega} = \mathrm{rot}\boldsymbol{v} = \boldsymbol{0}$

↓

$\boldsymbol{v} = \mathrm{grad}\Phi$ となる Φ が存在

＋

$\mathrm{div}\boldsymbol{v} = 0$

↓

$$\frac{\partial^2 \Phi}{\partial x^2} + \frac{\partial^2 \Phi}{\partial y^2} = 0$$

となる．これを一般化したベルヌーイの式または圧力方程式と呼ぶ．

定常，非圧縮で，かつ外力が作用しない流れでは，

$$\mathrm{grad}\left(\frac{p}{\rho}+\frac{1}{2}V^{2}\right)=\mathbf{0} \qquad (10.17)$$

となる．

式(10.16)または式(10.17)と，連続の式(10.8)を連立して解くことによって流れが求まる．連続の式は，$\boldsymbol{v}=\mathrm{grad}\,\Phi$ の関係を用いると，

$$\mathrm{div}\,\boldsymbol{v}=\mathrm{div}\,\left(\mathrm{grad}\,\Phi\right)=\Delta\Phi=\left(\frac{\partial^2}{\partial x^2}+\frac{\partial^2}{\partial y^2}\right)\Phi=0 \qquad (10.18)$$

と表すことができる．これはラプラス方程式である．すなわち，連続の条件からラプラス方程式を解き，Φ を求めることによって，$\boldsymbol{v}=\mathrm{grad}\Phi$ から速度が求められ，これと運動方程式から圧力を求めることができる．速度ポテンシャルを用いると x, y 方向の速度は，次式により求めることができる．

$$\boldsymbol{u}=\frac{\partial\Phi}{\partial x},\quad \boldsymbol{v}=\frac{\partial\Phi}{\partial y} \qquad (10.19)$$

非圧縮・渦なしの流れでは，連続の条件から

$$\frac{\partial^2\Phi}{\partial x^2}+\frac{\partial^2\Phi}{\partial y^2}=0$$

これと式(10.16)を変形した

$$\frac{\partial\Phi}{\partial t}+\frac{1}{2}(\mathrm{grad}\,\Phi)^2+F+\frac{p}{\rho}=f(t)$$

で表される運動方程式を解くことにより流れの全体の様子が求められる．

ラプラシアン Δ の定義

$$\Delta=\nabla^2=\nabla\cdot\nabla=\frac{\partial^2}{\partial x^2}+\frac{\partial^2}{\partial y^2}+\frac{\partial^2}{\partial z^2}$$

10・3　流れ関数 (stream function)

さて，連続の式

$$\frac{\partial\boldsymbol{u}}{\partial x}+\frac{\partial\boldsymbol{v}}{\partial y}=0 \qquad (10.20)$$

について考えてみよう．速度ポテンシャルと類似の関係を考えて，

$$\boldsymbol{u}=\frac{\partial\Psi}{\partial y},\quad \boldsymbol{v}=-\frac{\partial\Psi}{\partial x} \qquad (10.21)$$

とおいてみると，連続の式は恒等的に満足される．ここで，

$$\Psi=\mathrm{const.} \qquad (10.22)$$

が表すものについて考えてみよう．Ψ の全微分をとると，

$$d\Psi=\frac{\partial\Psi}{\partial x}dx+\frac{\partial\Psi}{\partial y}dy=0 \qquad (10.23)$$

これに，式(10.21)の関係を代入すると，

$$-\boldsymbol{v}\,dx+\boldsymbol{u}\,dy=0,\quad \therefore\frac{dx}{\boldsymbol{u}}=\frac{dy}{\boldsymbol{v}} \qquad (10.24)$$

これは，流線の方程式(2.10)に他ならない．つまり，$\Psi=\mathrm{const.}$ の曲線は流線(stream line)を与えるので，Ψ を流れ関数(stream function)と呼ぶ．

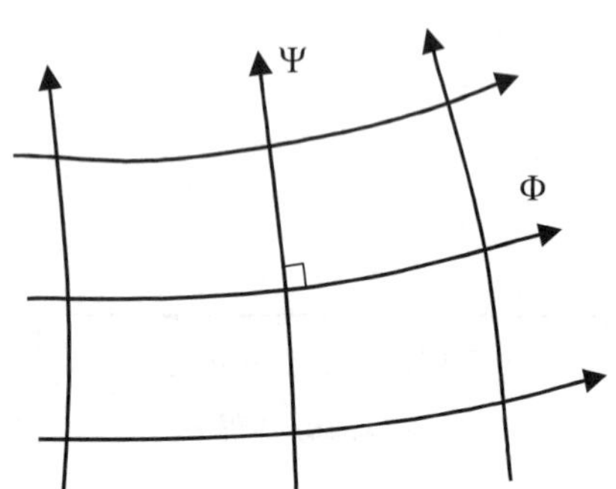

図 10.7　速度ポテンシャルと流れ関数

10・4　複素ポテンシャル (complex potential)

式(10.19)と式(10.21)をまとめると，

$$u = \frac{\partial \Phi}{\partial x} = \frac{\partial \Psi}{\partial y}, \qquad v = \frac{\partial \Phi}{\partial y} = -\frac{\partial \Psi}{\partial x} \tag{10.25}$$

である．この 2 つの式は，コーシー・リーマンの関係式と同じで，$\Phi + i\Psi$ が変数 $x + iy$ の正則な関数であることを示している．そこで，

$$W = \Phi + i\Psi, \quad z = x + iy \tag{10.26}$$

とおくと，複素平面上で流れを表すことができる．W は複素ポテンシャル (complex potential)と呼ばれる．W を z で微分した値を w とすれば，

$$w = \frac{dW}{dz} = \frac{\partial W}{\partial x} = \frac{\partial \Phi}{\partial x} + i\frac{\partial \Psi}{\partial x} = u - iv \tag{10.27}$$

となる．w は共役複素速度(conjugate complex velocity)，または単に複素速度(complex velocity)と呼ばれる．

いま，任意の曲線 C に沿った w の積分を考えよう．

$$\begin{aligned}\int_C w\,dz &= \int_C (u - iv)\,dz = \int_C (u - iv)(dx + i\,dy) \\ &= \int_C (u\,dx + v\,dy) + i\int_C (-v\,dx + u\,dy) \\ &= \int_C d\Phi + i\int_C d\Psi\end{aligned} \tag{10.28}$$

上式の第 2 項から考えよう．図 10.9 に示すように曲線 C 上の線要素 $ds = (dx, dy)$ を通過する流量は，曲線 C に垂直な速度成分 v_n を使って

$$\begin{aligned}v_n\,ds &= -v\,dx + u\,dy \\ &= \frac{\partial \Psi}{\partial x}dx + \frac{\partial \Psi}{\partial y}dy = d\Psi\end{aligned} \tag{10.29}$$

すなわち，曲線 C を通過する流量は，

$$Q = \int_C d\Psi = \Psi|_C \tag{10.30}$$

のように，流れ関数の値の差として表される．次に，式(10.28)の第 1 項について考えよう．図 10.9 における曲線 C 上の線要素 ds に沿った速度 v_s の積分は，上と同様にして，

$$\begin{aligned}v_s\,ds &= u\,dx + v\,dy \\ &= \frac{\partial \Phi}{\partial x}dx + \frac{\partial \Phi}{\partial y}dy = d\Phi\end{aligned} \tag{10.31}$$

となる．これを曲線 C に沿って積分した値を，次のように循環(circulation) Γ と定義する．

複素ポテンシャル W

$$w = \frac{dW}{dz}$$

(W のこう配が速度を決定)
W は w のポテンシャル関数！

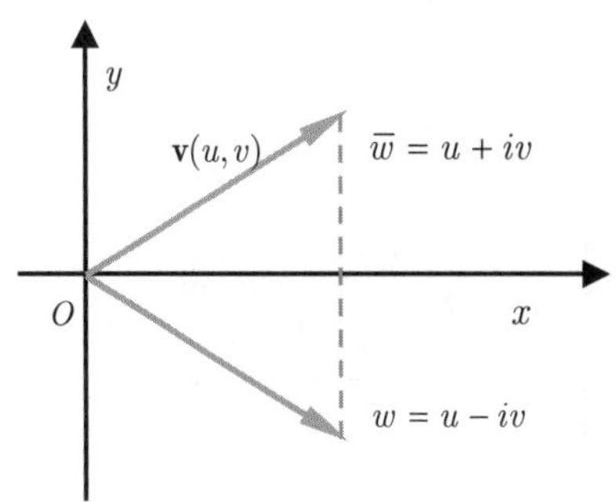

W の微分によって求められるのは w であるが，通常の速度 $\mathbf{v}(u,v)$ に直接対応するのは w の共役 $\bar{w}$ である．この意味で，w を共役複素速度と呼ぶ．

図 10.8 共役複素速度

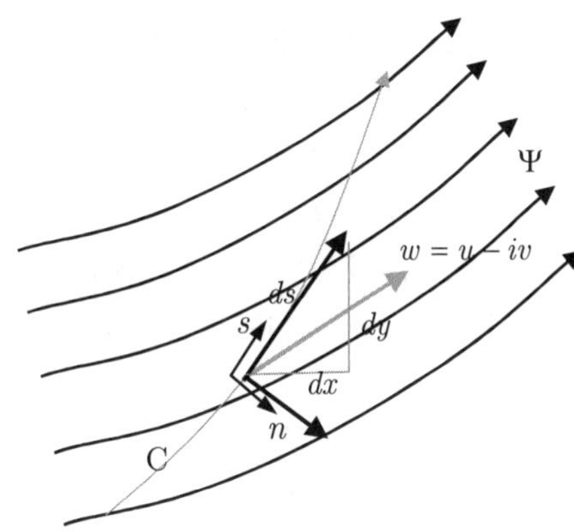

図 10.9　曲線に沿った速度の積分

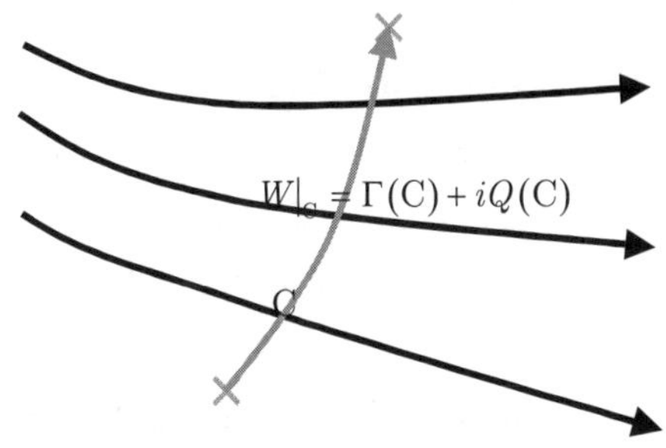

複素速度ポテンシャル W の値
実部：$\Phi_2 - \Phi_1 = \Delta\Gamma$
虚部：$\Psi_2 - \Psi_1 = \Delta Q$

図 10.10　流量と循環の値

$$\Gamma = \int_C d\Phi = \Phi\big|_C \tag{10.32}$$

まとめると，

$$W\big|_C = \int_C \boldsymbol{w}\,dz = \Phi\big|_C + i\Psi\big|_C = \Gamma(C) + iQ(C) \tag{10.33}$$

である．曲線Cに沿った速度ポテンシャルの差は循環を，流れ関数の差は流量を表す(図 10.10 参照).

10・5　基本的な2次元ポテンシャル流れ (fundamental two-dimensional potential flows)

10・5・1　一様流 (uniform flows)

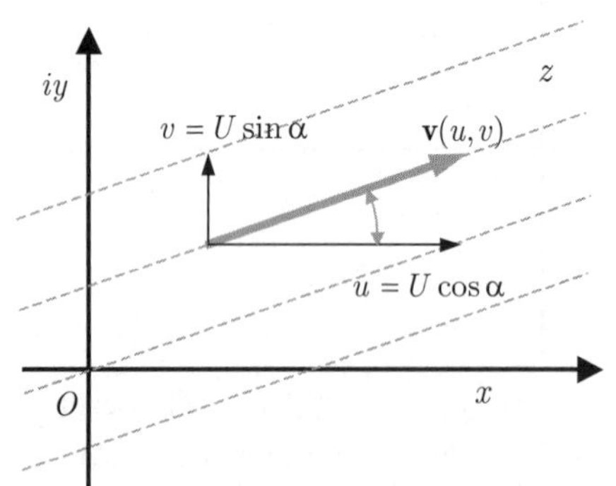

図 10.11　一様流

図 10.11 のようなx軸と角度αをなす一様流は，次の複素ポテンシャルで表すことができる．

$$W = Ue^{-i\alpha}z \qquad \text{（一様流）} \tag{10.34}$$

では，この式が図 10.11 のような流れを表すことを確かめてみよう．Wをzで微分すると，

$$\frac{dW}{dz} = \boldsymbol{u} - i\boldsymbol{v} = Ue^{-i\alpha} = U(\cos\alpha - i\sin\alpha) \tag{10.35}$$

となる．したがって，

$$\boldsymbol{u} = U\cos\alpha, \quad \boldsymbol{v} = U\sin\alpha \tag{10.36}$$

であり，x軸に対して角度αだけ傾いた速度Uの一様流であることがわかる．

【例題 10・1】　＊＊＊＊＊＊＊＊＊＊＊＊＊＊＊＊＊＊＊＊＊＊＊

式(10.34)で表される一様流について，速度ポテンシャルΦと流れ関数Ψの関数形をx，yで表し，流線を描け．

【解答】 $W = Ue^{-i\alpha}z$ より

$$\begin{aligned} W = \Phi + i\Psi = Ue^{-i\alpha}z &= U(\cos\alpha - i\sin\alpha)(x + iy) \\ &= U(x\cos\alpha + y\sin\alpha) + iU(-x\sin\alpha + y\cos\alpha) \end{aligned}$$

したがって，

$$\Phi = U(x\cos\alpha + y\sin\alpha), \quad \Psi = U(-x\sin\alpha + y\cos\alpha)$$

である．任意の流れ関数の値，Ψ_1に対して，

$$y = \tan\alpha \cdot x + \frac{\Psi_1}{U}$$

である．$\alpha = 0$のとき，流線は$y = \Psi_1/U$で，水平な直線群で表され，$\alpha \neq 0$のとき，y切片Ψ_1/U，傾き$\tan\alpha$の直線群で表される．

＊＊＊＊＊＊＊＊＊＊＊＊＊＊＊＊＊＊＊＊＊＊

$W = Uz$
この最も簡単な形式は，x軸に平行な流れを表す．
$W = Uz = Ux + iUy = \Phi + i\Psi$
$\Phi = Ux$, $\Psi = Uy$
であり，$\Psi = \text{const.}$，つまり，$y = \text{const.}$の直線が流線を表す．

$W = Ue^{-i\alpha}z$
$W = Ue^{-i\alpha}z$は，$W = Uz$に$e^{-i\alpha}$をかけたものであるので，図 10.3 を用いて説明したように，全体を$-\alpha$回転したものである．したがって，この積の結果，流線は，時計方向にα傾くことになる．共役複素速度の共役$\bar{w}$が実際の速度場を与えるから，図 10.11 のような流れ場となる．このことに十分注意して読み進んで欲しい．

10・5・2　わき出しと吸い込み (source and sink)

次の関数が表す流れを考えてみよう.

$$W = \frac{Q}{2\pi}\ln z \qquad \text{(わき出し，吸い込み)} \tag{10.37}$$

上式を z で微分すると次式になる.

$$\frac{dW}{dz} = u - iv = \frac{Q}{2\pi z} = \frac{Q}{2\pi r}(\cos\theta - i\sin\theta) \tag{10.38}$$

これより,

$$(x, y) = (r\cos\theta, r\sin\theta) \tag{10.39}$$

の位置の速度が,

$$(u, v) = \left(\frac{Q}{2\pi r}\cos\theta, \frac{Q}{2\pi r}\sin\theta\right) \tag{10.40}$$

で与えられることがわかる．すなわち，速度ベクトルは位置ベクトルと同じ向きで，その大きさは,

$$V_r = \frac{Q}{2\pi r} \tag{10.41}$$

となる. 次に, 等ポテンシャル線と流線について考えよう. 極座標形式 $z = re^{i\theta}$ を用いると,

$$\Phi + i\Psi = \frac{Q}{2\pi}(\ln r + i\theta) \tag{10.42}$$

これより,

$$\Phi = \frac{Q}{2\pi}\ln r, \quad \Psi = \frac{Q}{2\pi}\theta \tag{10.43}$$

である．したがって，等ポテンシャル線 $\Phi = \text{const.}$ は，$r = \text{const.}$ の曲線で原点を中心とする同心円を表し，流線 $\Psi = \text{const.}$ は，$\theta = \text{const.}$ で原点から放射状に出る直線の集まりを示す．これによって得られる流れを図 10.12 に示す．すなわち，この流れは，$Q > 0$ の場合，原点からのわき出し(source)(あるいは吹き出しともいう)を，$Q < 0$ の場合には吸い込み(sink)流れを表す. わき出し，または吸い込みの流量は Q である．これは，原点のまわりを 1 周する閉曲線 C に沿って流れ関数を考えると,

$$\Psi\big|_C = \frac{Q}{2\pi} \times 2\pi = Q \tag{10.44}$$

となることからわかる.

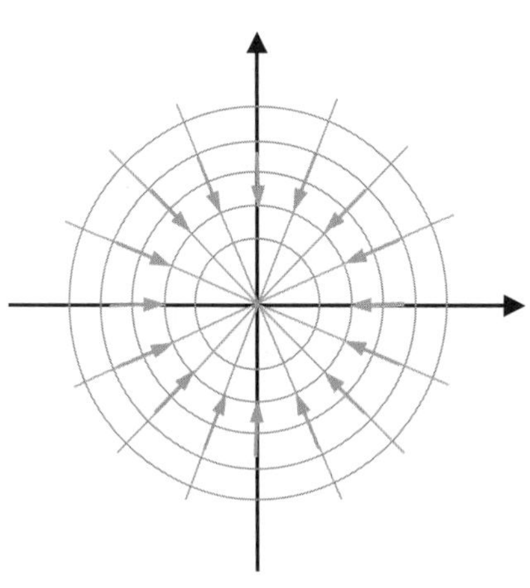

図 10.12 吸い込み($Q < 0$)

10・5・3　渦 (vortex)

次に，$\ln z$ に虚数単位 i をかけた次の関数はどのような流れになるかを見てみよう．

$$W = -i\frac{\Gamma}{2\pi}\ln z \qquad \text{（渦）} \tag{10.45}$$

これは，次のような関係式を与える．

$$\Phi + i\Psi = -i\frac{\Gamma}{2\pi}\left(\ln r + i\theta\right) \tag{10.46}$$

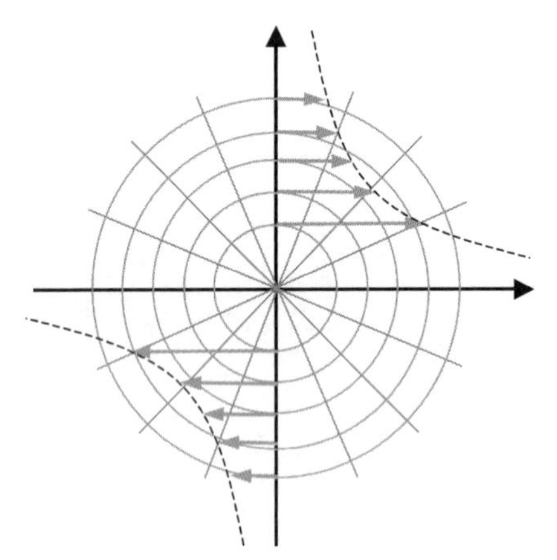

図 10.13 渦

これより，

$$\Phi = \frac{\Gamma}{2\pi}\theta, \quad \Psi = -\frac{\Gamma}{2\pi}\ln r \tag{10.47}$$

である．これは，わき出し，吸い込みの Φ と Ψ の関係を入れ替えたものである．速度は，

$$\frac{dW}{dz} = u - iv = -i\frac{\Gamma}{2\pi z} = -\frac{\Gamma}{2\pi r}\left(\sin\theta + i\cos\theta\right) \tag{10.48}$$

で表される．この複素ポテンシャルが表す流れは，図 10.13 のように，わき出し，吸い込みの Φ と Ψ が入れ替わったもので，流れは，原点を中心に同心円状にぐるぐる回る流れとなる．そして，その速度の大きさは，上式より，

$$V_\theta = \frac{\Gamma}{2\pi r} \tag{10.49}$$

となる．これは，自由渦の速度分布である(2・2・3 項参照)．このように，式(10.45)で与えられる流れは，原点に渦中心を持つ自由渦（あるいは単に渦(vortex)）を表している．

10・5・4　二重わき出し (doublet)

わき出しと吸い込みの対からなる流れを表す複素ポテンシャルは，

$$W = \frac{Q}{2\pi}\left(\ln\left(z + a\right) - \ln\left(z - a\right)\right) \tag{10.50}$$

で表される．わき出しが $x = -a$ の位置に，吸い込みが $x = a$ の位置にある．ここで，$a \to 0$ として，わき出しと吸い込みを限りなく近づけた場合の式を示そう．上式を a/z でテーラー展開する．

$$W=\frac{Q}{2\pi}\{\ln(z+a)-\ln(z-a)\}$$
$$=\frac{Q}{2\pi}\left\{\ln\left(1+\frac{a}{z}\right)-\ln\left(1-\frac{a}{z}\right)\right\}$$
$$=\frac{Q}{2\pi}\left[\left\{\frac{a}{z}-\frac{1}{2}\left(\frac{a}{z}\right)^2+\frac{1}{3}\left(\frac{a}{z}\right)^3+\cdots\right\}+\left\{\frac{a}{z}+\frac{1}{2}\left(\frac{a}{z}\right)^2+\frac{1}{3}\left(\frac{a}{z}\right)^3+\cdots\right\}\right]$$
$$=\frac{2Qa}{2\pi z}\left\{1+\frac{1}{3}\left(\frac{a}{z}\right)^2+\cdots\right\} \tag{10.51}$$

ここで，$a\to 0$のとき$|a/z|<1$である．ただし，流量Qとわき出し，吸い込みの間隔$2a$の積$2Qa$は有限に保たれて，$2Qa\to\mu$となるものとする．このように考えると，上式は，

$$W\to\frac{\mu}{2\pi z} \tag{10.52}$$

となる．

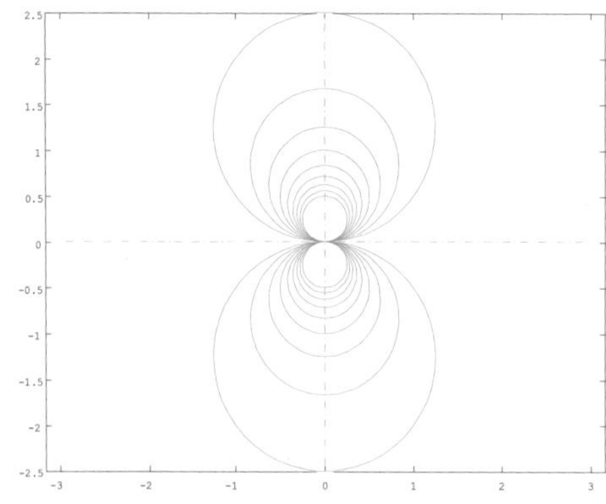

図 10.14　　二重わき出し

$$W=\frac{\mu}{2\pi}\frac{1}{z}\qquad（二重わき出し） \tag{10.53}$$

は，図 10.14 に示すように原点にわき出しと吸い込みがある流れを表す．このような流れを二重わき出し(doublet)または二重吹き出しと呼ぶ．

10・6　円柱まわりの流れ (flow around a circular cylinder)

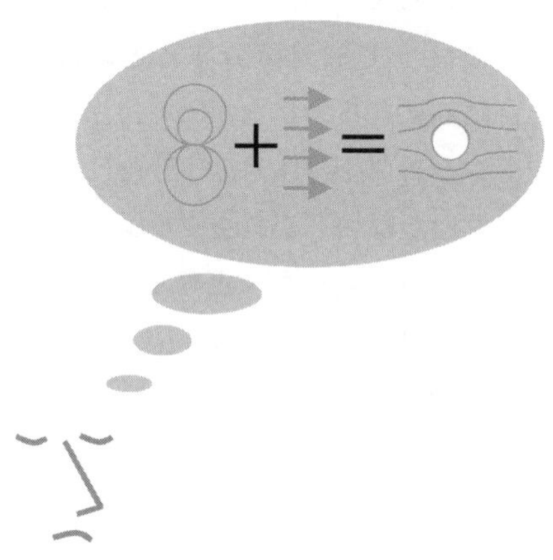

複素ポテンシャルで表された流れは，重ね合わせてもポテンシャル流れである．その例として，一様流と二重わき出しを重ね合わせた流れが，円柱まわりの流れとなることを示そう．

x軸に平行な一様流の複素ポテンシャルは，$W=Uz$である．また，二重わき出しの複素ポテンシャルは，$W=k/z$と表される．これらを重ね合わせると次式となる．

$$W=Uz+\frac{k}{z} \tag{10.54}$$

さて，この複素ポテンシャルが与える流線を考えてみよう．$z=re^{i\theta}$とおくと

$$\Phi+i\Psi=Ure^{i\theta}+\frac{k}{r}e^{-i\theta}$$
$$=\left(Ur+\frac{k}{r}\right)\cos\theta+i\left(Ur-\frac{k}{r}\right)\sin\theta$$

$$\therefore \Phi=U\left(r+\frac{k}{Ur}\right)\cos\theta,\quad \Psi=U\left(r-\frac{k}{Ur}\right)\sin\theta \tag{10.55}$$

$\theta=0,\pi$のとき，$\Psi=0$であるから，x軸が流線の1つであることがわかる．

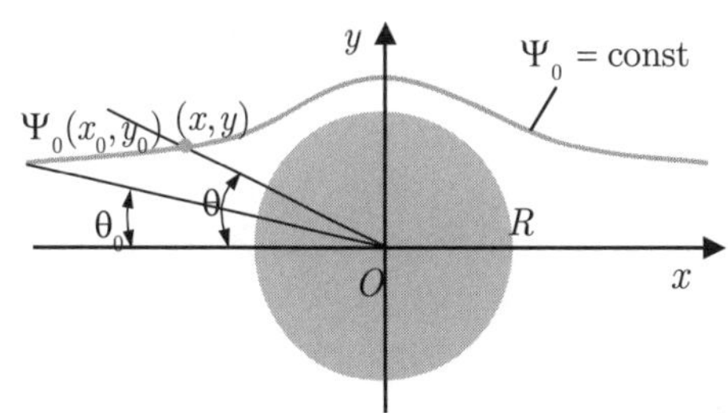

Fig.10.15 Drawing a streamline around a cylinder.

さらに，$r - k/Ur = 0$，すなわち，$r = \sqrt{k/U}$ でも $\Psi = 0$ となる．そこで，$R = \sqrt{k/U}$ とおくと，半径 $r = R$ の円が流線となる．k を U と R で表すと，

$$W = U\left(z + \frac{R^2}{z}\right) \quad \text{（円柱まわりの流れ）} \tag{10.56}$$

となる．これが半径 R の円柱を過ぎる一様流を表す複素ポテンシャルである．

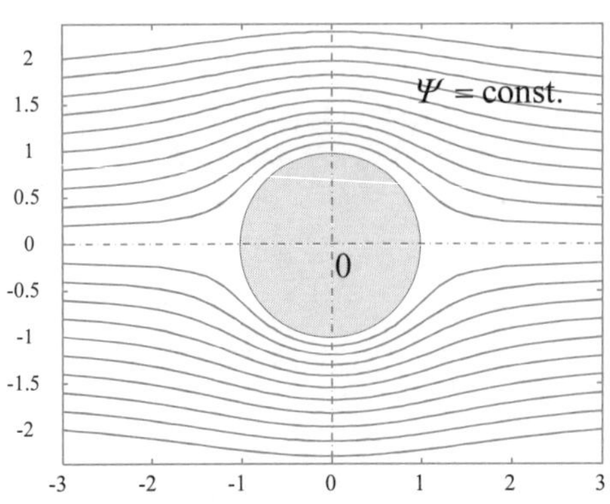

Fig.10.16 Streamlines around a cylinder

ダランベールのパラドックス
(d'Alembert's paradox)

Fig.10.16 からわかるように，円柱まわりの流れは y 軸に対称で円柱に作用する圧力を表面に沿って 1 周積分すると総和は 0 になる．したがって，ポテンシャル流れの中の円柱に力は働かない．これをダランベールのパラドックスと呼ぶ．これは，円柱だけではなく，一般形状の物体に対しても成り立つことであり，一様なポテンシャルの中に置かれた物体には流れによる抗力は作用しないのである．

【Example 10・2】　＊＊＊＊＊＊＊＊＊＊＊＊＊＊＊＊＊＊＊＊＊＊＊＊

Draw the streamlines of potential flow around a cylinder.

【Solution】 See the streamline in Fig.10.15. For drawing the streamline, we have to know the value of stream function, Ψ_0. From, Eq. (10.55), we can obtain Ψ_0 immediately on the stream line at the starting point (x_0, y_0).

$$r_0 = \sqrt{{x_0}^2 + {y_0}^2}, \quad \sin\theta_0 = y_0 / r_0$$

then

$$\Psi_0 = U(r_0 - R^2/r_0)\sin\theta_0$$

For the given Ψ_0, and θ, the coordinates at any point (x, y) on the same stream line will be calculated from the solutions, (x, y) for the following quadratic equation.

$$U(r^2 - R^2)\sin\theta - \Psi_0 r = 0$$

$$\therefore r = \frac{\Psi_0 + \sqrt{{\Psi_0}^2 + 4U^2R^2\sin^2\theta}}{2U\sin\theta} \tag{A}$$

$$x = r\cos\theta, \ y = r\sin\theta$$

A streamline will be obtained for $0 \le \theta \le \pi$, and the counterpart for $\pi \le \theta \le 2\pi$.

＊＊＊＊＊＊＊＊＊＊＊＊＊＊＊＊＊＊＊＊＊＊＊＊

【例題 10・3】　＊＊＊＊＊＊＊＊＊＊＊＊＊＊＊＊＊＊＊＊＊＊＊＊

回転する円柱まわりの流れの速度ポテンシャル，流れ関数，および速度 $(\boldsymbol{u}, \boldsymbol{v})$ を求めよ．

【解答】自由渦の複素ポテンシャルと式(10.56)を重ね合わせることで，回転する円柱まわりの流れの複素ポテンシャル W が得られる．

$$W = U\left(z + \frac{R^2}{z}\right) + \frac{i\Gamma}{2\pi}\ln z \tag{B}$$

これの実部と虚部から速度ポテンシャル Φ と流れ関数 Ψ を求めると，

$$W = \Phi + i\Psi = U\left(r + \frac{R^2}{r}\right)\cos\theta - \frac{\Gamma}{2\pi}\theta + i\left\{U\left(r - \frac{R^2}{r}\right)\sin\theta + \frac{\Gamma}{2\pi}\ln r\right\}$$

$$\therefore \Phi = U\left(r + \frac{R^2}{r}\right)\cos\theta - \frac{\Gamma}{2\pi}\theta, \ \Psi = U\left(r - \frac{R^2}{r}\right)\sin\theta + \frac{\Gamma}{2\pi}\ln r \tag{C}$$

また，速度は，次のように求まる．

$$\begin{aligned}\frac{dW}{dz} &= U\left(1-\frac{R^2}{z^2}\right)+\frac{i\Gamma}{2\pi}\frac{1}{z} \\ &= U-\frac{UR^2}{r^2}(\cos 2\theta - i\sin 2\theta)+\frac{i\Gamma}{2\pi r}(\cos\theta - i\sin\theta) \\ &= u - iv\end{aligned} \tag{D}$$

$$\therefore u = U-\frac{UR^2}{r^2}\cos 2\theta+\frac{\Gamma}{2\pi r}\sin\theta,\ v = -\frac{UR^2}{r^2}\sin 2\theta-\frac{\Gamma}{2\pi r}\cos\theta \tag{E}$$

特に，円柱表面上における速度は，$r = R$ とおくことにより，

$$u_{r=R} = \left(2U\sin\theta+\frac{\Gamma}{2\pi R}\right)\sin\theta,\ v_{r=R} = -\left(2U\sin\theta+\frac{\Gamma}{2\pi R}\right)\cos\theta \tag{F}$$

となる．上式からわかるように，円柱表面上では，円周方向に

$$V = 2U\sin\theta+\frac{\Gamma}{2\pi R} \tag{G}$$

の速度を持つ．図 10.17 に回転円柱まわりの流れの例を示す．

＊＊＊＊＊＊＊＊＊＊＊＊＊＊＊＊＊＊＊＊＊＊

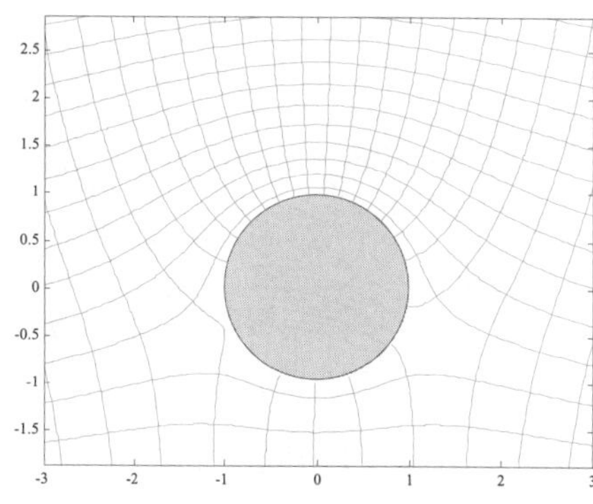

(a) $U = 1$, $\Gamma = 5$ の流れ

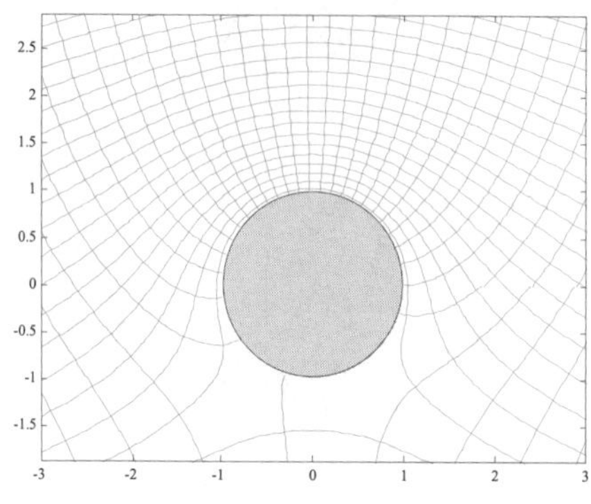

(b) $U = 1$, $\Gamma = 10$ の流れ

図 10.17　回転する円柱まわりの流れ

【Example 10・4】　＊＊＊＊＊＊＊＊＊＊＊＊＊＊＊＊＊＊＊＊＊＊＊

Potential flows around a corner has a complex velocity potential

$$W = Az^n, \tag{H}$$

where, A is a constant. When n=2, the potential function shows a flow around a 90°　corner. Find a velocity potential and stream function.

【Solution】From Eq.(H) with $z = re^{i\theta}$, the real part and imaginary part of W are expressed as

$$\begin{aligned}W &= Az^n \\ &= A\left(r^n\cos n\theta + ir^n\sin n\theta\right) \\ &= \Phi + i\Psi\end{aligned}$$

then

$$\begin{aligned}\Phi &= Ar^n\cos n\theta, \\ \Psi &= Ar^n\sin n\theta.\end{aligned} \tag{I}$$

And,

$$\begin{aligned}\frac{dW}{dz} &= Anz^{n-1} \\ &= Anr^{n-1}\cos(n-1)\theta + iAnr^{n-1}\sin(n-1)\theta \\ &= u - iv\end{aligned}$$

$$\begin{aligned}u &= Anr^{n-1}\cos(n-1)\theta, \\ v &= -Anr^{n-1}\sin(n-1)\theta.\end{aligned} \tag{J}$$

When $n = 2$,　Φ and Ψ are

$$\Phi = Ar^2\cos 2\theta \quad\text{and}\quad \Psi = Ar^2\sin 2\theta, \tag{K}$$

Then, velocity　u and v are

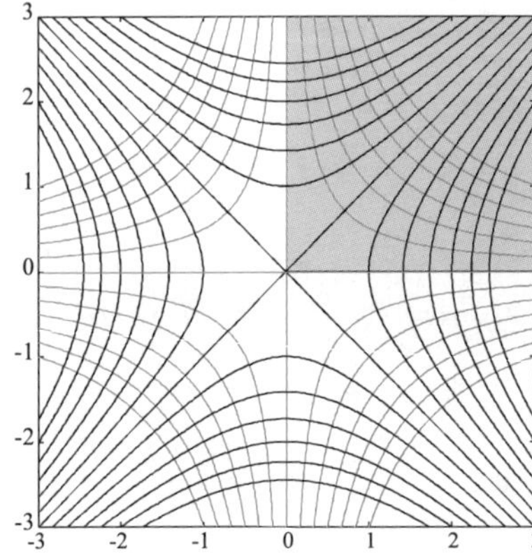

Fig.10.18　$W = z^2$

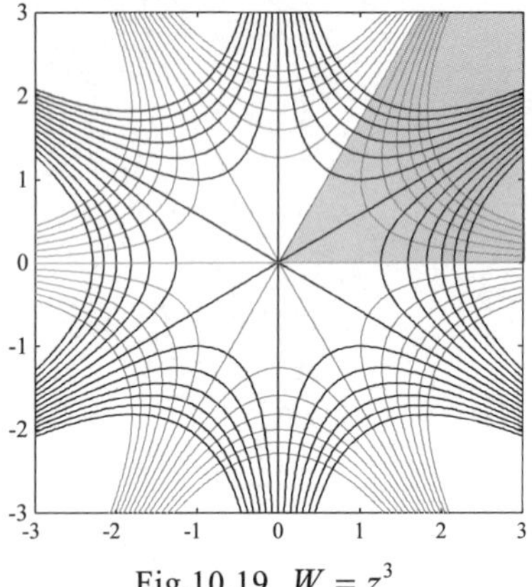

Fig.10.19　$W = z^3$

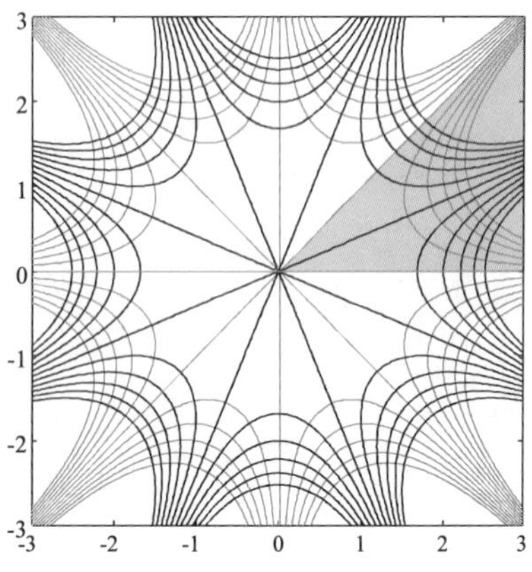

Fig.10.20　$W = z^4$

$$\frac{dW}{dz} = 2Az$$

$$\boldsymbol{u} = 2Ax\,,\, \boldsymbol{v} = -2Ay\,. \tag{L}$$

Contour lines of Φ and Ψ are plotted for $A = 1$ in Fig.10.18. Φ and Ψ are expressed with black and blue lines, respectively. Streamline $\Psi = 0$ at $\theta = 0$, $1/2\pi$, π, $3/2\pi$ corresponds to walls. As shown in this figure, since the flow velocity is expressed with Eq.(L), the flow is slow near origin and fast in far region. At the origin, since $\boldsymbol{u} = \boldsymbol{v} = 0$ from Eq.(L), the condition seems to be a stagnation point. It is noted that any of streamlines may be taken as fixed boundaries in the figure.

Velocity potential and stream function for n=3 and 4 are also demonstrated in Fig.10.19 and Fig.10.20.

＊＊＊＊＊＊＊＊＊＊＊＊＊＊＊＊＊＊＊＊＊＊＊

10・7　ジューコフスキー変換 (Joukowski's transformation)

z 平面で定義された調和関数 h は，複素数 $\zeta = f(z)$ により写像変換されても調和関数である．また，その逆も成り立つ．ここでは，この写像変換の性質を利用した有用な流れについて示そう．その 1 つが，

$$z = \zeta + \frac{a^2}{\zeta} \tag{10.57}$$

で表されるジューコフスキー変換（Joukowski's transformation）である．ここで a は，ξ 軸と円との交点の座標（実数）である．この変換が表す図形を以下に示そう．まず，ζ 平面において半径 a の円 $\zeta = ae^{i\theta}$ を考えよう．これを上式に代入すると，

$$x = 2a\cos\theta,\ y = \pm 0 \tag{10.58}$$

となる．すなわち，z 平面上では，長さが $4a$ の平板を表す．円柱のまわりの流れは，複素平面上では求めやすい流れであるが，いま ζ 平面上で円柱まわりの流れを考え，これを z 平面に写像したときの流れは，平板のまわりの流れを表すのである．

さて，次に，$\zeta(= \xi + i\eta)$ 平面の円の中心を移動させてみよう．円の中心の座標を $(\xi_0,\ \eta_0)$ とする．図 10.21 は，円の中心を $(\xi_0,\ \eta_0) = (0,\ 0.1)$ としたときの z 平面と ζ 平面の写像の様子である．この変換によって，ζ 平面において中心が η_0 だけ上方に移動した円は，z 平面では上方に湾曲した平板に変換されることがわかる．

それでは次に，$(\xi_0,\ \eta_0) = (-0.1,\ 0.1)$ とした場合の変換を示そう．$(\xi_0,\ \eta_0) = (-0.1,\ 0.1)$ とした場合の ζ 平面の円は，z 平面では図 10.22 に示すような翼型に変換される．このような翼型をジューコフスキー翼と呼んでいる．円の上部は翼型の上部に，円の下部は翼型の下部に変換される．この翼のまわりの流れは，図 10.22(a)の円のまわりのポテンシャル流れを，式(10.57)の変換によって写像することによって求められる．さまざまな $(\xi_0,\ \eta_0)$ の組み合わせに対するジューコフスキーの翼型を図 10.23 に示した．ξ_0 の変化は

翼の厚みを決定し，η_0 は,翼のそりを決定する(図 7.7 参照)．ジューコフスキーの翼型は最も基本的な翼型であり，実際の翼型はこれらを修正したものが用いられる．

【Example 10・5】 ＊＊＊＊＊＊＊＊＊＊＊＊＊＊＊＊＊＊＊＊＊＊＊

Draw the streamlines of potential flow around a Joukowski's airfoil.

【Solution】 The potential flow around a Joukowski's airfoil can be given by the transformation Eq.(10.57). In the practical computation, the following procedure is useful for the drawing.

① Obtain a potential flow around a cylinder whose center is on the origin in ζ'-plane. Streamlines of potential flow around a cylinder can be obtained as shown in Example 10.2.

② Transform the ζ'-plane into ζ-plane by

$$\zeta = \zeta' + \zeta_0,\ \zeta_0 = (\xi_0,\ \eta_0).$$

③ Transform the ζ-plane into z-plane with Eq.(10.57). The practical forms of the transformation of Eq.(10.57) are

$$z = \zeta + \frac{a^2}{\zeta} = (\xi + i\eta) + \frac{a^2}{\xi + i\eta}$$

$$x = \left(1 + \frac{a^2}{\xi^2 + \eta^2}\right)\xi,\quad y = \left(1 - \frac{a^2}{\xi^2 + \eta^2}\right)\eta$$

A sample is demonstrated in Fig.10.24, where $(\xi_0, \eta_0) = (-0.1, 0.1)$. In this case U and R in Eq.(10.56) are unity.

＊＊＊＊＊＊＊＊＊＊＊＊＊＊＊＊＊＊＊＊＊＊＊

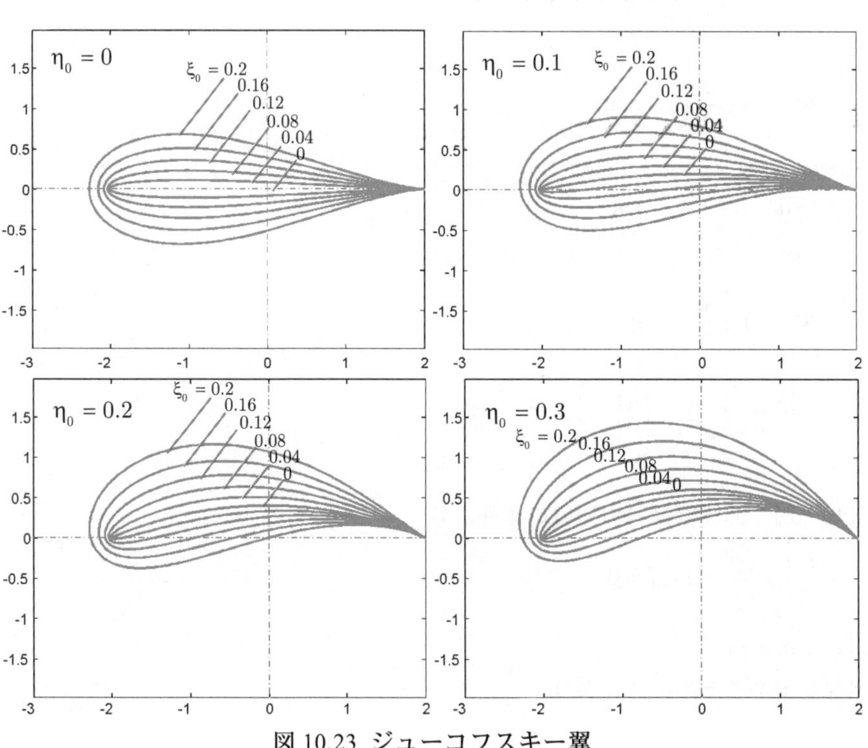

図 10.23 ジューコフスキー翼

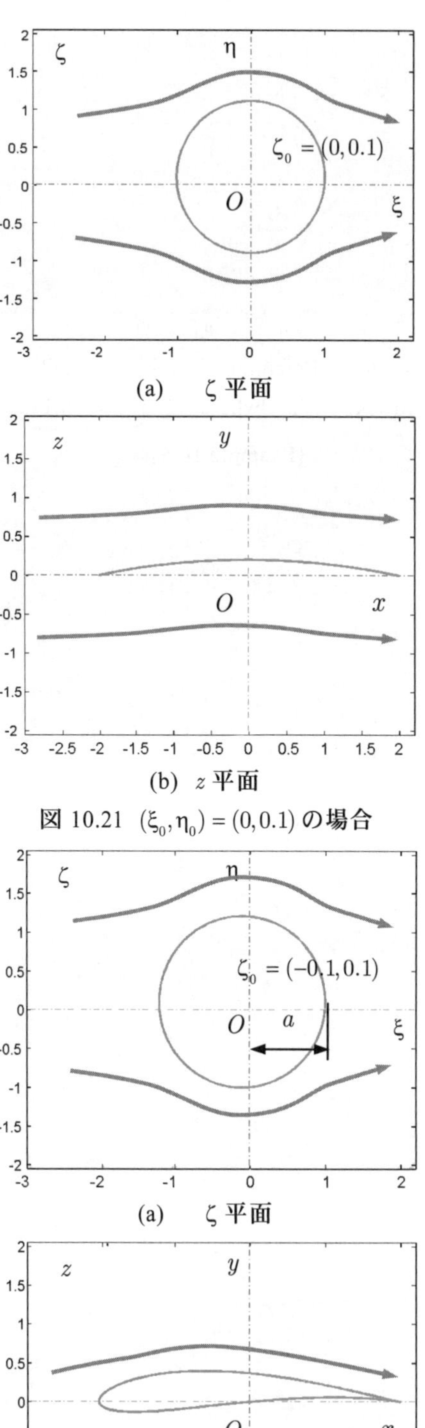

(a) ζ 平面

(b) z 平面

図 10.21 $(\xi_0, \eta_0) = (0, 0.1)$ の場合

(a) ζ 平面

(b) z 平面

図 10.22 $(\xi_0, \eta_0) = (-0.1, 0.1)$ の場合

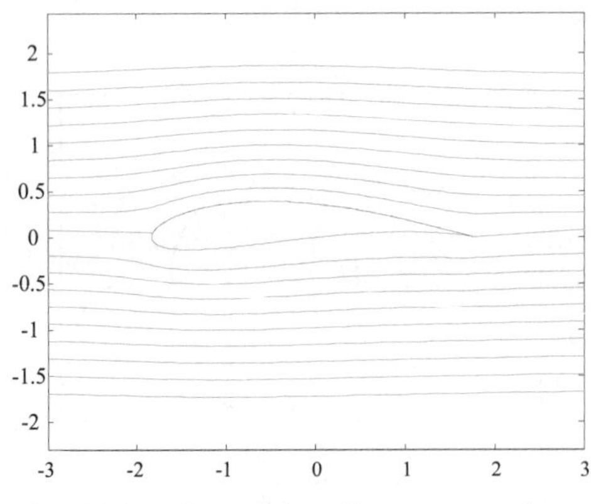

Fig.10.24 Potential flow around a Joukowski's wing, where $(\xi_0, \eta_0) = (-0.1, 0.1)$ (Example 10.5)

===== 練習問題 ========================

【10・1】 The two-dimensional stream function for a flow is $\Psi = 1 + x - y + xy$. Find the velocity potential.

【10・2】 $u = ax + by$, $v = cx + dy$ で表される流れについて考える．この流れが非圧縮性で渦無しの流れであるとき a，b，c, d が満たすべき条件について求めよ．また，そのときの速度ポテンシャルと流れ関数を求めよ．

【10・3】 Find the pressure distribution around the cylinder surface in a potential flow. The density of fluid is ρ.

【10・4】 (0, ia) と (0, $-ia$) にそれぞれ，時計回り，半時計回りの循環，Γ および $-\Gamma$ の渦が存在している．このとき，2 つの渦を限りなく近づけると，それが表す流れは二重わき出しの流れとなることを示せ．

【10・5】 Show that the complex potential of stagnation flow is $W = Az^2$.

【10・6】 Show that the complex potential of flow around a flat plate is $W = Az^{\frac{1}{2}}$.

【10・7】 一様流中の原点に置かれたわき出し量 Q を持つわき出しがあるときの流れは，鈍頭の半無限体まわりの流れを表す．この半無限体上のよどみ点の座標を求め，次に半無限体の形状を求めよ．

【解答】

【10・1】 Calculating with Cauchy-Riemann equations,

$$\frac{\partial \Psi}{\partial y} = -1 + x = \frac{\partial \Phi}{\partial x}$$

$$\Phi = -x + \frac{1}{2}x^2 + f(y)$$

Alternatively, we can get the following relation.

$$-\frac{\partial \Psi}{\partial x} = -1 - y = \frac{\partial \Phi}{\partial x}$$

$$\Phi = -y - \frac{1}{2}y^2 + g(x)$$

$$\therefore \Phi = -x - y + \frac{1}{2}x^2 - \frac{1}{2}y^2 + \text{const.}$$

【10・2】 非圧縮流れの連続の条件より

$$\frac{\partial \boldsymbol{u}}{\partial x} + \frac{\partial \boldsymbol{v}}{\partial y} = a + d = 0$$

$$\therefore a = -d$$

渦なしであるための条件より，

$$\frac{\partial \boldsymbol{v}}{\partial x}-\frac{\partial \boldsymbol{u}}{\partial y}=c-b=0$$

$$\therefore b=c$$

次に速度ポテンシャルは，

$$\boldsymbol{u}=\frac{\partial \Phi}{\partial x}=ax+by \text{ より，} \quad \Phi=\frac{1}{2}ax^2+byx+f_1(y)$$

$$\boldsymbol{v}=\frac{\partial \Phi}{\partial y}=cx+dy \text{ より，} \quad \Phi=cxy+\frac{1}{2}dy^2+g_1(x)$$

$$\therefore \Phi=\frac{1}{2}a(x^2-y^2)+bxy+\text{const.}$$

また，流れ関数は，コーシー・リーマンの条件より

$$\frac{\partial \Psi}{\partial y}=\frac{\partial \Phi}{\partial x}=ax+by \text{ より，} \quad \Psi=axy+\frac{1}{2}by^2+f_2(x)$$

$$\frac{\partial \Psi}{\partial x}=-\frac{\partial \Phi}{\partial y}=-cx-dy \text{ より，} \quad \Psi=-\frac{1}{2}bx^2-dxy+g_2(y)$$

$$\therefore \Psi=axy+\frac{1}{2}b(y^2-x^2)+\text{const}$$

【10・3】 From the Bernoulli's equation,

$$p+\frac{1}{2}\rho\boldsymbol{u}^2=p_0+\frac{1}{2}\rho U^2 .$$

The velocity on the cylinder surface is expressed as a function of θ, which is the polar angle in the cylindrical coordinate.

$$\boldsymbol{u}=2U\sin\theta$$

$$\therefore p-p_0=\frac{1}{2}\rho U^2-\frac{1}{2}\rho\boldsymbol{u}^2=\frac{1}{2}\rho U^2(1-\frac{\boldsymbol{u}^2}{U^2})$$

$$=\frac{1}{2}\rho U^2(1-4\sin^2\theta)$$

【10・4】 $z_0=ia$，$z_0=-ia$に循環の強さΓ，$-\Gamma$の渦があるときの複素ポテンシャルは，

$$W=-i\frac{\Gamma}{2\pi}(\ln(z-ia)-\ln(z+ia))$$

となる．式(10.51)と同様にして，a/zで右辺を展開すると，

$$W=-i\frac{\Gamma}{2\pi}\{\ln(z-ia)-\ln(z+ia)\}$$

$$=i\frac{\Gamma}{2\pi}\left[\left\{i\frac{a}{z}+\frac{1}{2}\left(\frac{a}{z}\right)^2-i\frac{1}{3}\left(\frac{a}{z}\right)^3+\cdots\right\}-\left\{-i\frac{a}{z}+\frac{1}{2}\left(\frac{a}{z}\right)^2+i\frac{1}{3}\left(\frac{a}{z}\right)^3+\cdots\right\}\right]$$

$$=i\frac{\Gamma}{2\pi}\left\{2i\frac{a}{z}-2i\frac{1}{3}\left(\frac{a}{z}\right)^3+\cdots\right\}$$

$$=-\frac{2\Gamma a}{2\pi z}\left\{1-\frac{1}{3}\left(\frac{a}{z}\right)^2+\cdots\right\}$$

となる．$a\to 0$で$\Gamma a\to$有限かつ$|a/z|\le 1$であるので，$-2\Gamma a=\mu$とおくと

$$W = \frac{\mu}{2\pi}\frac{1}{z}$$

となり，式(10.53)と一致する．

【10・5】 (Omitted)

【10・6】 (Omitted)

【10･7】一様流の速度をUとすると，複素ポテンシャルは次式で表される．

$$W = Uz + \frac{Q}{2\pi}\ln z$$

速度と流れ関数は，$z = re^{i\theta}$とすれば，

$$\boldsymbol{u} - i\boldsymbol{v} = \frac{dW}{dz} = U + \frac{Q}{2\pi}\frac{1}{z}$$

$$\Psi = Ur\sin\theta + \frac{Q}{2\pi}\theta$$

さて，よどみ点の位置は，実軸上にあって，$r = Q/2\pi U$, $\theta = \pi$の点である．これらの値を上式に代入すると，$\Psi = Q/2$となる．したがって，半無限体の形状は，

$$Ur\sin\theta = \frac{Q}{2\pi}(\pi - \theta)$$

より$\varphi = \pi - \theta$とおけば，

$$r = \frac{Q\varphi}{2\pi U\sin\varphi}$$

によって求めることができる．ピトー管まわりの流れは，このポテンシャル流れをもとに考察することができる．

第 11 章 圧縮性流体の流れ Compressible Flow

11・1 マッハ数による流れの分類 (flow regimes with Mach number)

低速の流れや液体などの非圧縮性流体の流れにおいては，流れを支配する物理量は速度と圧力であった．このような流れでは，圧力の変動は瞬時に流れ場全体に伝わったが，流体が圧縮性を有する場合には，流れ場のある場所で生じた変動は，波動となって流れ場中を伝播する．変動が小さい場合には音波が，変動が大きい場合には衝撃波が伝ぱする．初めに，このような圧縮性流れ(compressible flow)の分類について記述しよう．

流体の速度 $\boldsymbol{u}$ と音速 a の比はマッハ数(Mach number)と呼ばれる重要な無次元数であり，次のように定義される．

$$M = \frac{\boldsymbol{u}}{a} \tag{11.1}$$

なお，マッハ数という呼び方は，J. Ackeret がこの分野の研究の先駆者 Ernst Mach にちなんでつけたものである．

流れの中に，擾乱源が置かれた場合の波の伝ぱについて述べる．図 11.1(a)は，静止気体中における音波の伝ぱを示したもので，波は擾乱源から同心円状に伝ぱする．次に，周囲の気体が，右側に運動し始めた場合について考えよう．周囲の気体が一定の速度で運動すると，音波は伝ぱする媒質に対して相対運動をするから，音波の円の中心は下流方向に移動する．図 11.1(c)のように，流れの速度が音速に達すると，擾乱源のある位置に垂直に音波の包絡線が形成される．音はもはや擾乱源より上流には伝播しない．さらに，気流の速度が増して流れの速度が音速を超えるとこの包絡線は傾き，図 11.1(d)に示したように円錐形状となる．このときの包絡線は，音波よりやや強い不連続性を示しマッハ波(Mach wave)と呼ばれる．マッハ波と主流とのなす角 α はマッハ角(Mach angle)と呼ばれ，幾何学的関係から次式で求まる．

$$\sin\alpha = \frac{a}{\boldsymbol{u}} = \frac{1}{M}, \quad \alpha = \sin^{-1}\frac{1}{M} \tag{11.2}$$

では，これらの図に示した音波の円や包絡線がどのような意味を持っているのか考えてみよう．図に示した実線が音の山部を示しているとしよう．音源から一定周波数の音が放射されていると仮定すると，音源を通る一点差線上での音波の波形は，$\boldsymbol{u}=0$ では一定の波長の正弦波であり，$\boldsymbol{u}<a$ のとき，音源より上流は短い波長，下流では長い波長となる．$\boldsymbol{u}=a$ になると，包絡線上では山部と谷部は重なり，下流側では長い波長の正弦波となる．$\boldsymbol{u}>a$ の場合，上流側に進行する波と下流側に進行する波とが重なり複雑な波形とな

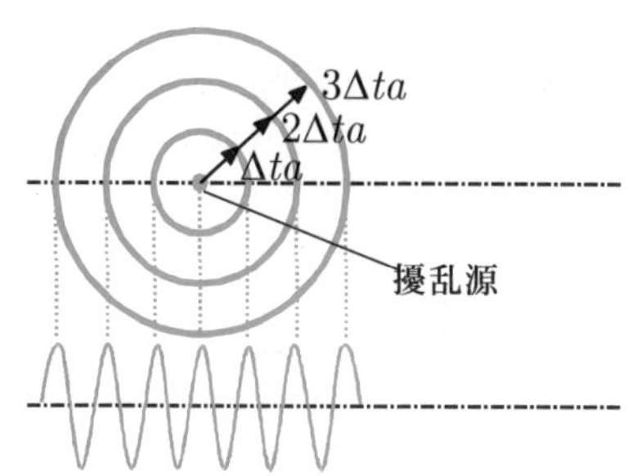

(a) $u=0$

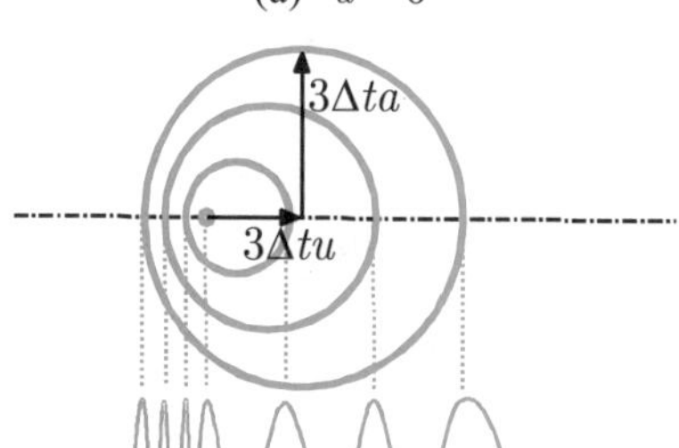

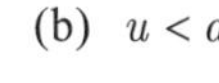

(b) $u<a$

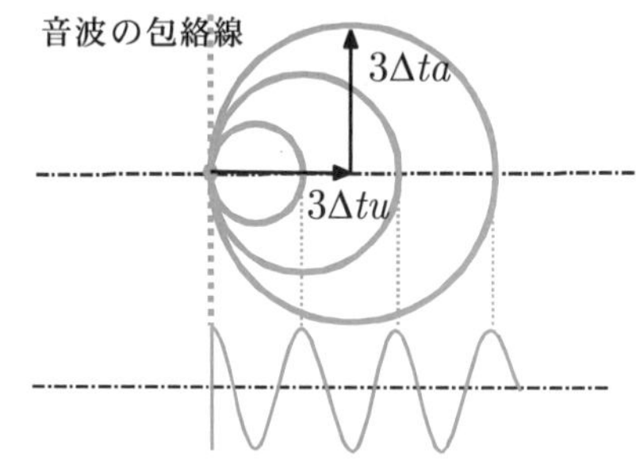

(c) $u=a$

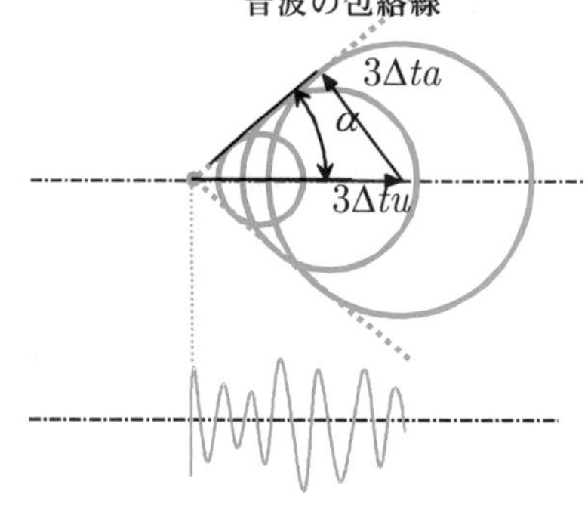

(d) $u>a$

図 11.1 音の伝ぱ

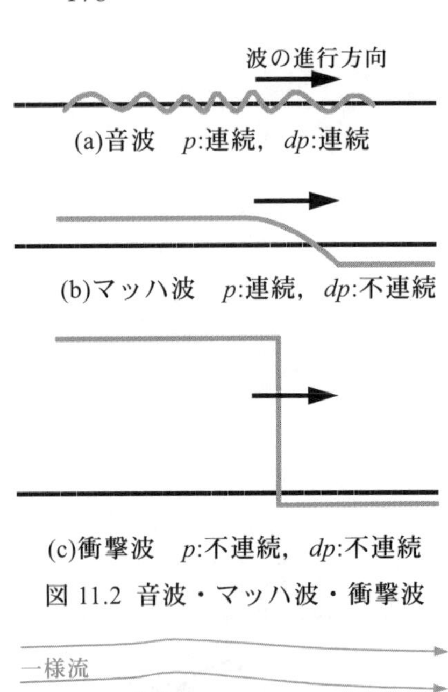

(a)音波　p:連続，dp:連続

(b)マッハ波　p:連続，dp:不連続

(c)衝撃波　p:不連続，dp:不連続

図 11.2 音波・マッハ波・衝撃波

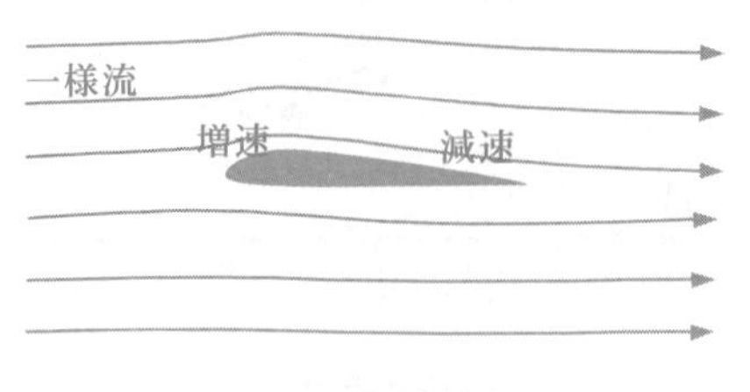

(a)　亜音速流れ

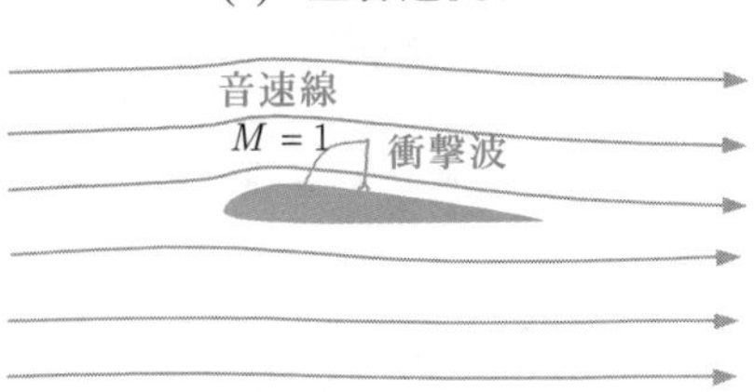

(b)遷音速流れ(0.8～M～1)

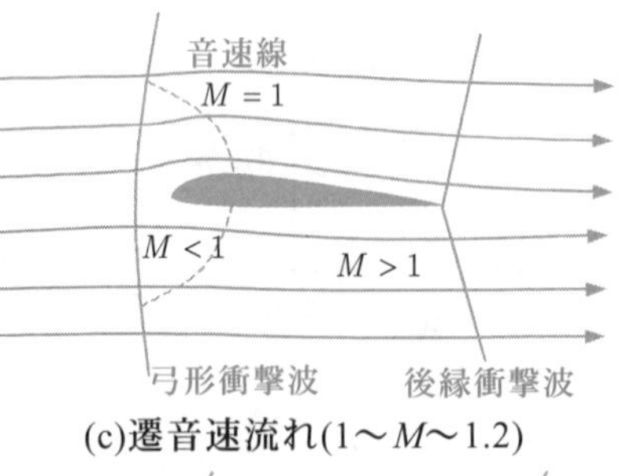

(c)遷音速流れ(1～M～1.2)

音速線
M = 1
M < 1
M > 1

(d)超音速流れ

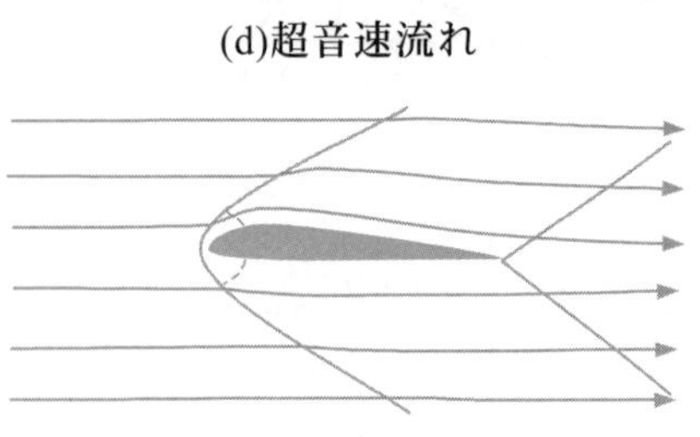

(e)極超音速流れ

図 11.3 流れの分類

る．これを気体と同じ速度で移動する観測者が聞いた場合，$u=0$では，一定周波数の音を観測する．$u<a$では，ドップラーシフトとして周知のごとく，観測者は，音源に近づくているときは高い周波数を，通りすぎて遠ざかるときには低い周波数の音を観測する．気流速度が音速に達すると，観測者は，音源に到達するまでは，音を観測できない．包絡線に達したとき，不連続的な音を観測し，音源を通過した直後に低い周波数の音を観測する．$u>a$の場合には，包絡線に達したとき同様に不連続的な音を観測し，その後は，周波数不定のうなりを伴った音を観測することになるであろう．これまでの説明のように，マッハ波は音波とは異なり弱い不連続な波なのである．

では，ここで，音とマッハ波と衝撃波の分類について述べておこう．後で述べるように，超音速流れがわずかに傾いた壁面に流入すると圧縮される．コーナーからは，マッハ波が発生する．さらに下流に連続して壁面が傾いていた場合，そのコーナーからもマッハ波が発生する．この 2 つのマッハ波はやがて重なり，より強い不連続を形成する．これが衝撃波である．では，これを少し数学的に表現しておこう．音波による圧力の上昇を dp とする．図 11.2 のとおり，音波の波形(圧力 p の波形)は，いたるところ連続で，かつそのこう配も連続である．コーナーによって発生したマッハ波は，この線上で圧力 p は連続であるが，dp が不連続なのである．すなわち，圧力 p のこう配がマッハ線を境界に不連続である．衝撃波はそれよりもさらに強い不連続で，圧力 p の値そのものが不連続なのである．

圧縮性流れは，マッハ数によって以下のように特徴付けられる．

亜音速流れ(subsonic flow)

図 11.3(a)に示した流れは，翼まわりの流れの一例である．流れ場はいたるところで音速よりも遅い流れの場合である．すなわち主流のマッハ数 $M_\infty<1$(M_∞ は翼から十分離れた一様流の流速と音速との比)であり，亜音速流れと呼ばれる．翼の周囲では流線は曲げられ加速されるが，M_∞ が十分に 1 より小さければ，翼面付近の流れは亜音速のままである．

遷音速流れ(transonic flow)

主流マッハ数 M_∞ が，およそ 0.8 程度になると，図 11.3(b)に示したように，翼面付近で加速した流れが音速を超えることがある．翼を通過した流れは，また元の主流のマッハ数に戻るため亜音速となる．この場合には，一般に，図に示したように，流れが超音速から亜音速に減速する部分に衝撃波が形成される．このような流れを遷音速流れと呼ぶ．M_∞ が大きくなり，1 に近づくとこの超音速領域は次第に大きくなり，それに伴って衝撃波の形成される範囲も広がる．

M_∞ が 1 よりわずかに大きいと，図 11.3(b)で形成された衝撃波は翼から離脱し，図 11.3(c)の流れのように翼前方に形成される．この衝撃波は弓形衝撃波 (bow shock)と呼ばれる．翼付近の弓形衝撃波背後の流れは広い範囲で亜音速であるが，その後加速され超音速となる．翼上面の流れと下面の流れが合流する翼後端では再び衝撃波が形成される．このような流れが形成されるのは，おおよそ$1<M_\infty<1.2$ の範囲である．以上のように亜音速流れと超音速流れが混在する $0.8<M_\infty<1.2$ 流れを遷音速流れと呼んでいる．

超音速流れ(supersonic flow)

$M_\infty > 1$の流れは，超音速流れと呼ばれる(図 11.3(d))．翼まわりの流れのパターンは図 11.3(c)と同様である．超音速流れでは，衝撃波上流の流れは翼の影響を受けず，流線は曲がらず直線のままである．流線は衝撃波を通過するとその角度が不連続的に変化する．M_∞が大きくなるにつれて弓形衝撃波と流線とのなす角は小さくなる．

極超音速流れ(hypersonic flow)

衝撃波を通過した流れは過熱される．通常，M_∞が 5 以上になると気体は非常に高温となり，電離，解離，イオン化などの現象が生じる．このような現象が生じると気体には通常の状態方程式が当てはまらなくなり，特別な取り扱いが必要となる．このような$M_\infty > 5$の流れを極超音速流れと呼ぶ．

11・2　圧縮性流れの基礎式 (fundamental equations for compressible flow)

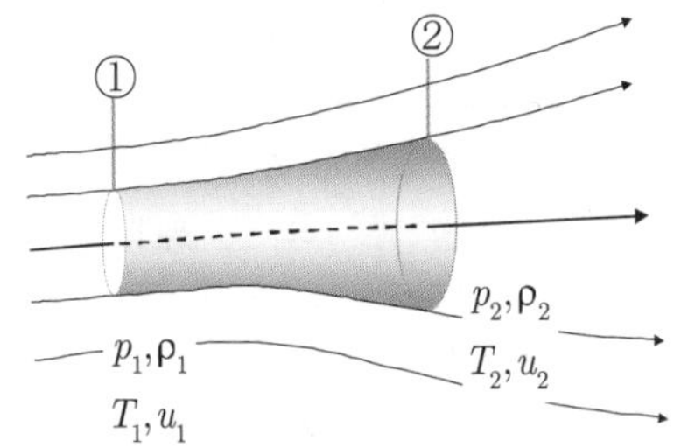

図 11.4 流れと流管

11・2・1　熱力学的関係式 (thermodynamic equations)

a．状態方程式(equation of state)

一般に，気体は通常の圧力，温度のもとでは，単位体積中に含まれるモル数N [kmol/m^3]は圧力p [Pa]に比例し，温度T [K]に反比例して変化する．

$$p = N\Re T \tag{11.3}$$

ここに，$\Re$は一般気体定数(universal gas constant)と呼ばれ，$\Re = 8314.3$ J/(kmol·K) である．モル数の代わりに質量を用いて表現するように改めると次式のように表現される．

$$p = N\Re T = \frac{\rho}{W}\Re T = \rho\frac{\Re}{W}T = \rho RT \tag{11.4}$$

ここに，Wは分子量[kg/kmol]，ρは密度[kg/m^3]である．Rは各気体に固有の気体定数(gas constant)で，その単位は J/(kg･K)である．式(11.4)を気体の状態方程式(equation of state)と呼び，この式を満足する気体を，理想気体(ideal gas)と呼ぶ．幾つかの気体の物性値を表 11.1 に示す．ここで示された気体定数は，一般気体定数を分子量で除した値にほぼ等しくなることを読者はそれぞれに確かめてみるとよい．

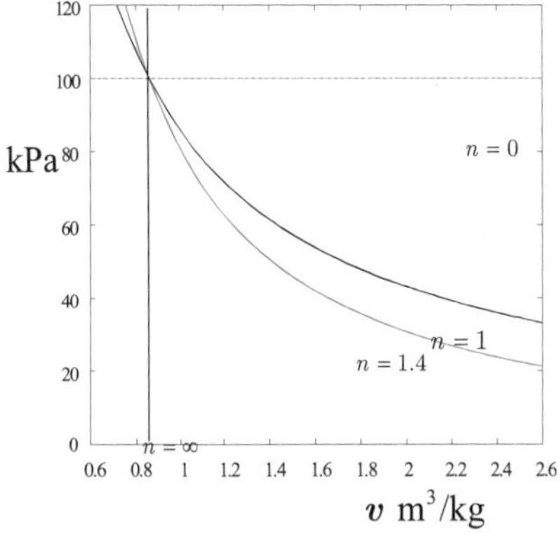

図 11.5 気体の変化

表 11.1 気体の物性値

気体	気体定数 R J/kgK	比熱比 κ	音速 a m/s
He	2077	1.667	1007
Ar	208.1	1.670	319
H_2	4124	1.406	1304
N_2	296.7	1.404	349
O_2	259.8	1.397	326
Air	287.1	1.402	343
CO_2	188.9	1.304	261
CH_4	518.25	1.31	432

b．等温変化と等エントロピー変化(isothermal process and isentropic process)

図 11.4 に示したような流れを考えよう．図に示したような 1 本の流線に沿った流管を考える．流体がこの流れに沿って変化している場合，流れの状態によって流体はさまざまな変化を起こす．一般には，気体の密度ρと圧力pの変化を次のポリトロープ変化(polytropic process)の式で表すことができる．

$$p = c\rho^n \tag{11.5}$$

ここに，nはポリトロープ指数，cは定数である．ポリトロープ変化の式で表現すると，等温変化(isothermal process)は$n = 1$，等圧変化(isobaric process)は$n = 0$，等積変化(isochoric process)は$n = \infty$である(図 11.5)．流れの変化を考える場合に最も重要なのは，図に示した p_1，ρ_1，T_1 の状態が p_2，ρ_2，T_2 に変化する場合に，隣り合う流管との間で熱の授受がない，いわゆる断熱で，かつ変化が可逆とみなせる場合である．このような場合には，流体は等エントロピー的に変化する．等エントロピー変化(isentropic process)では $n=\kappa$ となる．κ は定圧比熱(specific heat at constant pressure)と定積比熱(specific heat at constant volume)との比で比熱比(specific-heat ratio)と呼ばれる．定圧比熱，定積比熱，および比熱比の定義は以下の通りである．

定圧比熱

$$c_p=\left(\frac{\partial q}{\partial T}\right)_p=\left(\frac{\partial h}{\partial T}\right)_p \qquad (\mathrm{J/(kg \cdot K)}) \tag{11.6a}$$

定積比熱

$$c_v=\left(\frac{\partial q}{\partial T}\right)_v=\left(\frac{\partial e}{\partial T}\right)_v \qquad (\mathrm{J/(kg \cdot K)}) \tag{11.6b}$$

比熱比

$$\kappa=\frac{c_p}{c_v} \tag{11.6c}$$

ここで，q は単位質量あたりの熱量，h は比エンタルピー(単位質量あたりのエンタルピー)，e は比内部エネルギー(単位質量あたりの内部エネルギー)である．一般に，定圧比熱，定積比熱は温度の関数であるが，通常，我々が取り扱う範囲内では，温度に依らない定数とみなしてよい場合が多い．この場合には，

$$h=c_pT \tag{11.7a}$$

$$e=c_vT \tag{11.7b}$$

と表すことができる．このように，c_p，c_v が温度に依存しない気体を完全気体(perfect gas)と呼ぶ．さて，完全気体における並進エネルギーや回転のエネルギーなどの自由度を f としよう．熱力学的な考察から，

$$e=\frac{f}{2}RT \tag{11.7c}$$

である．これと $h=e+p/\rho=e+RT$ の関係より，

$$h=\frac{f+2}{2}RT \tag{11.7d}$$

となる．これより

$$\kappa=\frac{f+2}{f} \tag{11.7e}$$

また，$h=e+RT$ より，$c_p=c_v+R$ であることがすぐにわかり，これと式(11.6)の定義から，

$$c_p=\frac{\kappa}{\kappa-1}R,\quad c_p=\frac{1}{\kappa-1}R \tag{11.8}$$

の関係が導かれる．

理想気体と完全気体

$p=\rho RT \quad \Leftrightarrow \quad$ 理想気体

$p=\rho RT$ ＋ $\kappa=$ 一定 $\quad \Leftrightarrow \quad$ 完全気体

状態方程式を満足する気体を理想気体と呼び，これを満足しない気体を実在気体と呼ぶ．また，定圧比熱や定積比熱は，一般に温度によって変化するが，これらが温度に依らず，ほぼ一定（すなわち比熱比が一定）である場合に，これを完全気体と呼ぶ．

気体の比熱比

式(11.7e)から，完全気体の場合には，気体の分子構造によって比熱比が定まることがわかる．単原子分子が持つエネルギーは並進の運動エネルギーのみであるので，$f=3$ である．したがって，$\kappa=5/3=1.67$ となる．回転のエネルギーまでを考慮すると，2 原子分子は $f=5$ で $\kappa=7/5=1.4$ であり，3 原子以上の分子は $f=6$ で $\kappa=8/6=1.33$ となることがわかる．また，自由度が増加するにしたがって，κ は 1 に漸近することがわかる．表 11.1 を参考に自由度と比熱比の値の関係について比較するとよい．

11・2・2 音速 (sound velocity)

図 11.6(a)に示すように，圧力 p,密度 ρ,温度 T の静止流体で満たされた管断面積一定の管内で，ピストンが極めて小さな速度 $d\boldsymbol{u}$ で x の正の方向に移動する場合を考える．ピストンの運動によって，ピストン右側の流体は圧縮され速度 $d\boldsymbol{u}$ となり，圧力，密度，温度はわずかに増加する．この微小な圧力，密度，温度の変動は波動，すなわち音波となってある有限の速度 a で x の正の方向に伝播する．この音波による変化を調べるためには，音波とともに移動する座標系から見た運動の記述をしなければならない．図 11.6(b)は，音波に相対的な座標系から流れを記述したものであり，図 11.1(a)の状態に対して，$-a$ の相対速度を加えることにより，相対座標系に変換されている．この変換により流れ場は定常となる．気体は波面に対して右側から $-a$ の速度で流入し，$-a+d\boldsymbol{u}$ で流出する．波面に流入する右側の流体の圧力，密度，温度はそれぞれ p, ρ, T で，流出する流体の圧力，密度，温度は $p+dp$，$\rho+d\rho$，$T+dT$ となる．波面前後での連続の条件は次式で表される．

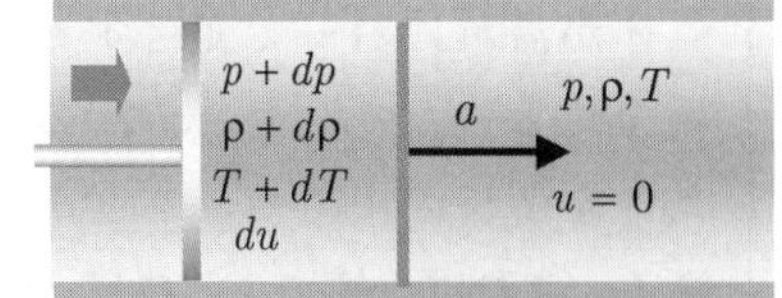

(a) 静止座標系

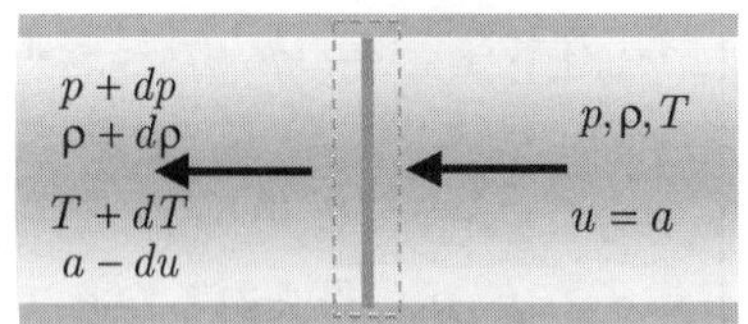

(b) 相対座標系

図 11.6 音波の伝ぱ

$$\rho a A = (\rho + d\rho)(a - d\boldsymbol{u})A \tag{11.9}$$

これを整理すると次式が求まる．

$$\frac{d\rho}{\rho} = \frac{d\boldsymbol{u}}{a} \tag{11.10}$$

また，運動量の保存は次式で表される．

$$A\left[(p+dp)-p\right] = \rho a A\left[a-(a-d\boldsymbol{u})\right] \tag{11.11}$$

これを整理して 2 次の微小項を無視すると次式となる．

$$dp = \rho a d\boldsymbol{u} \tag{11.12}$$

式(11.10)と(11.12)より次式を得る．

$$\left(\frac{dp}{d\rho}\right)_s = a^2 \tag{11.13}$$

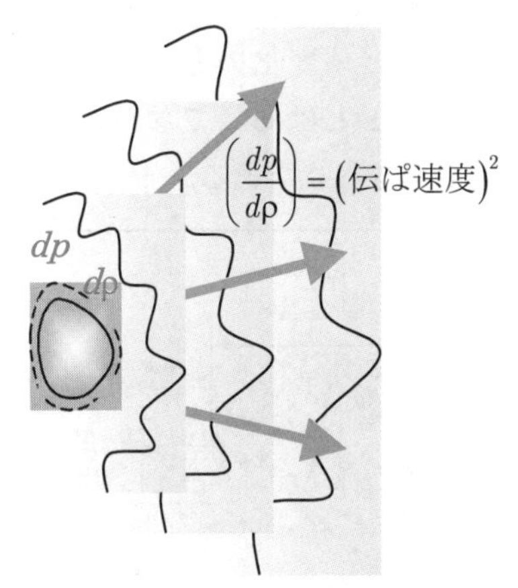

図 11.7 擾乱の伝ぱ速度

さて，音波の変動は等エントロピー的であるので，上式の $dp/d\rho$ に等エントロピーの関係式 $p/\rho^{\kappa} = \text{const.}$ を代入すると，次の関係式が得られる．

$$a = \sqrt{\left(\frac{dp}{d\rho}\right)_s} = \sqrt{\frac{\kappa p}{\rho}} = \sqrt{\kappa R T} \tag{11.14}$$

以上により，音速 a は温度のみの関数であることがわかる．なお，表 11.2 に諸物質中の音速を示す．

表 11.2 諸物質の音速

液体	音速 (20℃) a m/s	固体	音速 (縦波) a m/s
H_2O	1483	ｱﾙﾐﾆｳﾑ	6420
C_6H_6 (ﾍﾞﾝｾﾞﾝ)	1324	鉄	5950
CCl_4	935	金	3240
Hg	1451	ﾍﾞﾘﾘｳﾑ	12890

【例題 11・1】　＊＊＊＊＊＊＊＊＊＊＊＊＊＊＊＊＊＊＊＊＊＊＊＊＊

超音速ジェット機が，温度 280K，圧力 0.4 気圧の上空を飛行している．先端からマッハ波が発生してるのが観測され，進行方向とのなす角は 50° であった．このとき，ジェット機の飛行速度はいくらか．

【解答】 ジェット機が飛行している周囲の気体の音速は,

$$a=\sqrt{\kappa RT}=\sqrt{1.4\times 287.2\times 280}=335 \quad \text{(m/s)}$$

である．また，マッハ角とマッハ数の関係から，ジェット機のマッハ数は,

$$M=1/\sin 50^\circ=1.31$$

したがって，ジェット機の飛行速度は,

$$\boldsymbol{u}=Ma=1.31\times 335=439 \quad \text{(m/s)}$$

である．

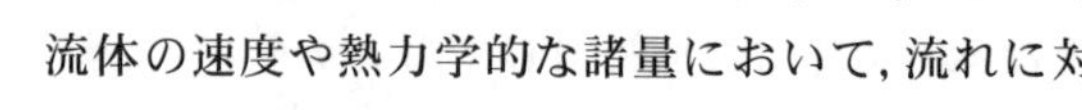

気体が流れに沿って変化する場合に $a=\sqrt{\kappa p/\rho}=\sqrt{\kappa RT}$ の条件を解析の中で使うことがある．これは，等エントロピーの条件を用いるのと等価である．なぜならば，$dp/d\rho$ に等エントロピー変化の式，$p/\rho^\kappa=\text{const.}$ を用いると，$a=\sqrt{\kappa p/\rho}$ が得られるからである．

$dp/d\rho=a^2$ はいつでも成り立つ式であって，$dp/d\rho$ を等エントロピー変化のもとで解析することとは同じでないことに注意すべきである．

11・2・3 連続の式 (continuity equation)

流体の速度や熱力学的な諸量において，流れに対して垂直な方向の変化が，主流方向の変化に対して無視できる場合，主流方向のみの変化について議論すれば十分である．これを準 1 次元流れと呼ぶ．ここでは，準 1 次元流れを例にとって圧縮性流れの基礎式を示そう．

いま，図 11.8 のように，流路断面積が徐々に変化する管内の準 1 次元流れを考える．ある断面の面積を A，流速を $\boldsymbol{u}$，密度を ρ とすると，この断面を単位時間あたりに通過する質量流量は $\rho\boldsymbol{u}A$ となる．図に示すように，長さ dx の微小検査体積を考える．この検査体積の右断面から流れ出る質量流量は，次のように表される．

$$\rho\boldsymbol{u}A+\frac{\partial(\rho\boldsymbol{u}A)}{\partial x}dx \tag{11.15}$$

さて，微小検査体積内の流体の質量は，$\rho A dx$ と表すことができるから，検査体積内の質量の時間的変化と検査体積を出入りする質量流量の収支が等しいので,

$$\frac{\partial(\rho A)}{\partial t}dx=\rho\boldsymbol{u}A-(\rho A+\frac{\partial(\rho\boldsymbol{u}A)}{\partial x}dx) \tag{11.16}$$

となる．これを整理すると

$$\frac{\partial(\rho A)}{\partial t}+\frac{\partial(\rho\boldsymbol{u}A)}{\partial x}=0 \qquad \text{(準 1 次元，非定常)} \tag{11.17}$$

となる．定常流れの場合には，左辺第 1 項は消えて,

$$\dot{m}=\rho\boldsymbol{u}A=\text{const.} \quad \text{(kg/s)} \qquad \text{(準 1 次元，定常)} \tag{11.18}$$

が成り立つ．

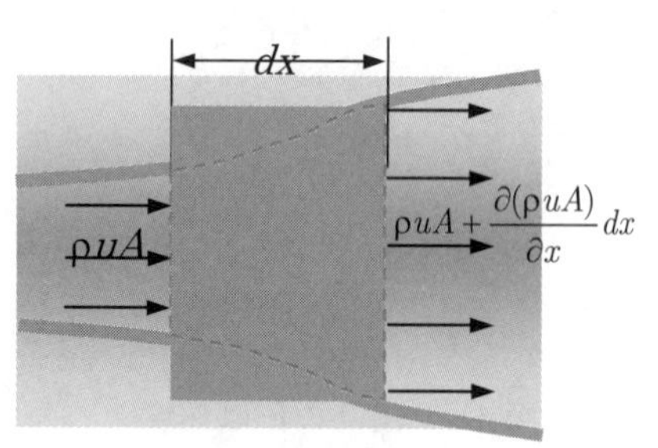

図 11.8 質量の保存

11・2・4 運動方程式 (equation of motion)

図 11.9 に示す検査体積 ABCD に関してニュートンの第二法則を適用する．

$$m\frac{D\boldsymbol{u}}{Dt}=\sum F \tag{11.19}$$

上式の $D\boldsymbol{u}/Dt$ は実質微分(substantial or material derivative)と呼ばれ，流体そ

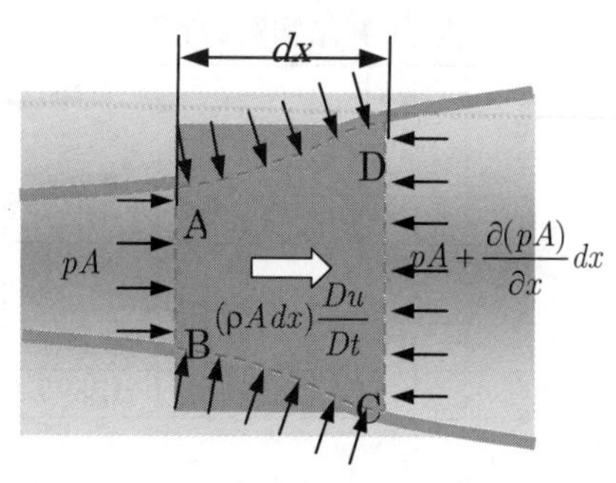

$$\left[\text{流体の質量}\right]\times\left[\begin{matrix}\text{流体自身の}\\ \text{加速度}\end{matrix}\right]=\sum\left[\begin{matrix}\text{流体に}\\ \text{作用する力}\end{matrix}\right]$$

図 11.9 運動方程式

のものの加速度である（2･1･2 項参照）．これを固定座標系から見た場合，以下のように表現される．

$$\frac{D\boldsymbol{u}}{Dt}=\frac{\partial \boldsymbol{u}}{\partial t}+\boldsymbol{u}\frac{\partial \boldsymbol{u}}{\partial x} \tag{11.20}$$

左辺第 1 項は，x の位置での流体の速度の時間変化で，第 2 項は流れ場に速度こう配があることによって生じる加速度で，対流項と呼ばれる．断面 AB(x の位置)の速度を $\boldsymbol{u}$，圧力を p とすると，この断面には圧力による力 pA が作用する．断面 CD($x+dx$ の位置)に作用する圧力による力は，

$$pA+\frac{\partial (pA)}{\partial x}dx$$

と表すことができる．また，検査体積の側面には，x の正方向に pdA の力が作用する．したがって，式(11.19)は，結局次のようになる．

$$\rho A\,dx\left(\frac{\partial \boldsymbol{u}}{\partial t}+\boldsymbol{u}\frac{\partial \boldsymbol{u}}{\partial x}\right)=pA-(pA+\frac{\partial (pA)}{\partial x}dx)+p\,dA \tag{11.21}$$

２次の微小量を無視し，整理すると，次式が得られる．

$$\frac{\partial \boldsymbol{u}}{\partial t}+\boldsymbol{u}\frac{\partial \boldsymbol{u}}{\partial x}=-\frac{1}{\rho}\frac{\partial p}{\partial x} \tag{11.22}$$

上式は，非粘性流れに対する運動方程式で，オイラーの運動方程式(Euler's equation)と呼ばれる．

11・2・5 運動量の式 (momentum equation)

図 11.10 に示す様に，断面①と断面②に囲まれた流体に関して，運動量の保存則を適用する．検査体積内の運動量の時間変化は

$$\frac{\partial}{\partial t}\int_1^2 \rho \boldsymbol{u} A\,dx$$

と表される．また，検査体積を単位時間に出入りする運動量の総和は，$\rho_1 \boldsymbol{u}_1{}^2 A_1-\rho_2 \boldsymbol{u}_2{}^2 A_2$ である．次に，検査体積に作用する力については，断面①に作用する圧力による力が $p_1 A_1$ であり，断面②での圧力による力は $-p_2 A_2$ となる．そして，側壁に作用する圧力による力は，

$$F_s=\int_1^2 p\cos\theta\,dS=\int_1^2 p\,dA$$

である．粘性や重力などによる体積力を無視できるならば，これ以外には検査体積に力は作用しないから，運動量の式として次式を得る．

$$\frac{\partial}{\partial t}\int_1^2 \rho \boldsymbol{u} A\,dx=\rho_1 \boldsymbol{u}_1{}^2 A_1-\rho_2 \boldsymbol{u}_2{}^2 A_2+p_1 A_1-p_2 A_2+\int_1^2 p\,dA \tag{11.23}$$

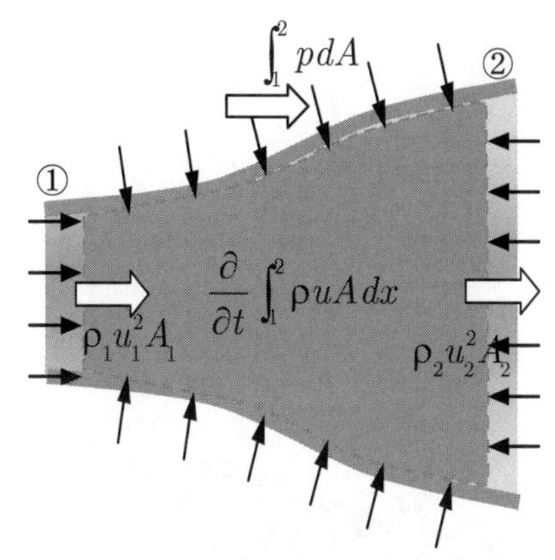

図 11.10 運動量の保存

11・2・6 エネルギーの式 (energy equation)

運動量の保存を考えたのと同様にして，同じ検査体積に対して，エネルギーの保存則を適用する（図 11.11）．単位質量あたりの内部エネルギーを e とする．流体が持っている全エネルギーは

$$e+\frac{1}{2}\boldsymbol{u}^2$$

であるので，検査体積内の全エネルギーの時間的な変化量は，

$$\frac{\partial}{\partial t}\int_1^2 \rho A\left(e+\frac{1}{2}\boldsymbol{u}^2\right)dx$$

となる．断面①と②を通して出入りする単位時間あたりの内部エネルギーと運動エネルギーは

$$\rho_1\boldsymbol{u}_1 A_1\left(e_1+\frac{1}{2}\boldsymbol{u}_1{}^2\right)-\rho_2\boldsymbol{u}_2 A_2\left(e_2+\frac{1}{2}\boldsymbol{u}_2{}^2\right)$$

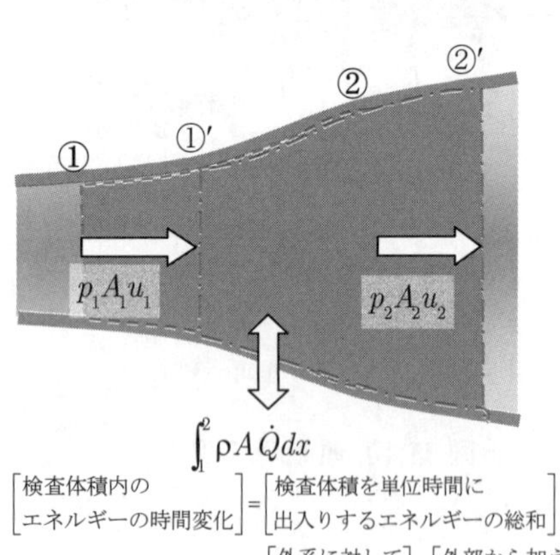

図 11.11 エネルギーの保存

となる．また，検査体積の流体は，断面①に作用する圧力によって仕事をなされることになる．流体は，単位時間あたり $\boldsymbol{u}_1$ 移動するので，圧力によって単位時間になされる仕事は，$p_1A_1\times\boldsymbol{u}_1$ と表される．次に，同様にして，断面②においてこの系が外部に対してなす仕事は，$p_2A_2\times\boldsymbol{u}_2$ となる．最後に外部よりこの系に単位質量，単位時間あたり $\dot{Q}$ の熱量が加えられているとすれば，この系に対して加えられた熱量の総和は

$$\int_1^2 \rho A\dot{Q}dx$$

と表される．以上より，エネルギーの保存は次式で表される(図 11.11)．

$$\begin{aligned}&\frac{\partial}{\partial t}\int_1^2 \rho A\left(e+\frac{1}{2}\boldsymbol{u}^2\right)dx\\&=\rho_1\boldsymbol{u}_1 A_1\left(e_1+\frac{1}{2}\boldsymbol{u}_1{}^2\right)-\rho_2\boldsymbol{u}_2 A_2\left(e_2+\frac{1}{2}\boldsymbol{u}_2{}^2\right)+p_1A_1\boldsymbol{u}_1-p_2A_2\boldsymbol{u}_2+\int_1^2\rho A\dot{Q}\,dx\\&=\rho_1\boldsymbol{u}_1 A_1\left(e_1+\frac{p_1}{\rho_1}+\frac{1}{2}\boldsymbol{u}_1{}^2\right)-\rho_2\boldsymbol{u}_2 A_2\left(e_2+\frac{p_2}{\rho_2}+\frac{1}{2}\boldsymbol{u}_2{}^2\right)+\int_1^2\rho A\dot{Q}\,dx\end{aligned}\tag{11.24}$$

流れが定常で $\dot{Q}=0$ の場合には，上式は下記のように簡単になる．

$$\rho_1\boldsymbol{u}_1 A_1\left(e_1+\frac{p_1}{\rho_1}+\frac{1}{2}\boldsymbol{u}_1{}^2\right)-\rho_2\boldsymbol{u}_2 A_2\left(e_2+\frac{p_2}{\rho_2}+\frac{1}{2}\boldsymbol{u}_2{}^2\right)=0\tag{11.25}$$

さらに，連続の条件 $\rho_1\boldsymbol{u}_1A_1=\rho_2\boldsymbol{u}_2A_2$ より，

$$e_1+\frac{p_1}{\rho_1}+\frac{1}{2}\boldsymbol{u}_1{}^2=e_2+\frac{p_2}{\rho_2}+\frac{1}{2}\boldsymbol{u}_2{}^2=\text{const.}\tag{11.26}$$

したがって，次式が成り立つ．

$$e+\frac{p}{\rho}+\frac{1}{2}\boldsymbol{u}^2=h+\frac{1}{2}\boldsymbol{u}^2=h_0=\text{const.} \tag{11.27}$$

上式の各項の単位は，単位質量あたりのエネルギーの単位であり，上式は任意の流線に沿って成り立つ式である．上式で，hは単位質量あたりのエンタルピーであり，h_0は単位質量あたりの全エンタルピー(total entropy)と呼ばれる．

11・2・7 流線とエネルギーの式 (streamlines and energy equation)

前節の式(11.27)をもとに流れの変化について考える．非粘性で断熱の定常流れの中に物体が置かれている場合を考える．流線に沿って次式が成り立つ．

$$\begin{aligned}\frac{1}{2}\boldsymbol{u}^2+h&=\frac{1}{2}\boldsymbol{u}^2+c_pT\\&=\frac{1}{2}\boldsymbol{u}^2+\frac{\kappa}{\kappa-1}RT\\&=\frac{1}{2}\boldsymbol{u}^2+\frac{1}{\kappa-1}a^2=h_0\end{aligned} \tag{11.28}$$

この式は，流体が運動する場合に，流体の運動エネルギー$\boldsymbol{u}^2/2$と熱力学的な量であるエンタルピーhとの間でエネルギーの交換があり，その総和は常に一定に保たれることを示している．

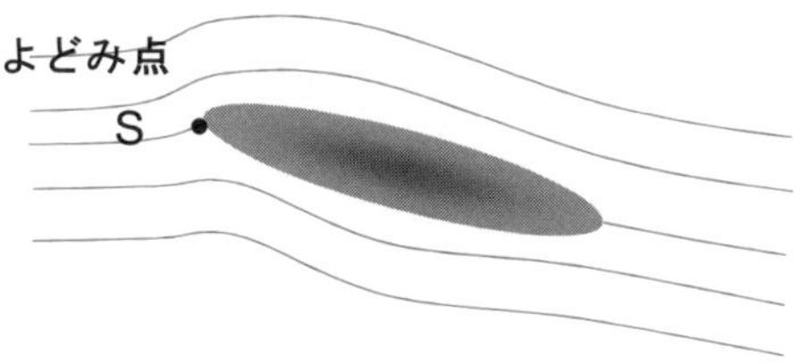

図 11.12 流線とエネルギー

断熱流れのエネルギーの式からはさまざまな状態の音速，速度が導かれる．

i)よどみ点状態($\boldsymbol{u}=0,\ M=0$)

流れ場中に物体が置かれた場合，物体のある点 S では流れがよどみ，図 11.12 のような流れが形成される．このよどみ点に達する流線に沿って，流線上の任意の点とよどみ点の間には次の関係式が成り立つ．

$$h+\frac{1}{2}\boldsymbol{u}^2=h_0=c_pT_0=\text{const.} \tag{11.29}$$

ここで，T_0はよどみ点温度（stagnation temperature），あるいは全温度（total temperature）と呼ばれ，流れが断熱的に変化した場合に達する最高温度である．また，このエネルギー式の両辺をaで割り整理すると次式を得る．

$$\left(\frac{a_0}{a}\right)^2=\frac{T_0}{T}=1+\frac{\kappa-1}{2}M^2 \tag{11.30}$$

上式は流線間で断熱であれば成り立つ式であって，流れの温度とマッハ数の関係を与える．よどみ点での圧力，密度をそれぞれよどみ点圧力（stagnation pressure）p_0，よどみ点密度（stagnation density）ρ_0と表す．

ii)温度 0 の状態（$T=0,\ a=0,\ M\to\infty$）

流れの温度が 0 となったときの速度は，断熱流れの最大速度を与える．式(11.28)において$a=0$の条件を代入すると次式を得る．

$$\frac{1}{2}\boldsymbol{u}^2+\frac{1}{\kappa-1}a^2=\frac{1}{2}\boldsymbol{u}_{\max}{}^2=c_pT_0 \tag{11.31}$$

$$\boldsymbol{u}_{\max} = \sqrt{2c_p T_0} = \sqrt{\frac{2\kappa}{\kappa-1}RT_0} = \sqrt{\frac{2}{\kappa-1}}\,a_0 \tag{11.32}$$

すなわち，気体の熱的なエネルギーがすべて運動エネルギーに変換されたときに得られる速度が $\boldsymbol{u}_{\max}$ である．

iii)臨界状態（$M=1,\ \boldsymbol{u}=\boldsymbol{u}^*=a^*$）

流れの速度が音速に達した状態を臨界状態（critical state）と呼ぶ．臨界状態では，$\boldsymbol{u}=a$ であり，これを明示するため＊をつけて表すことにする．臨界状態では以下の関係が成り立つ．

$$\frac{1}{2}\boldsymbol{u}^{*2} + \frac{1}{\kappa-1}a^{*2} = \left(\frac{1}{2}+\frac{1}{\kappa-1}\right)a^{*2} = \frac{1}{\kappa-1}a_0^{\ 2} \tag{11.33}$$

$$\boldsymbol{u}^* = a^* = \sqrt{\frac{2}{\kappa+1}}\,a_0 \tag{11.34}$$

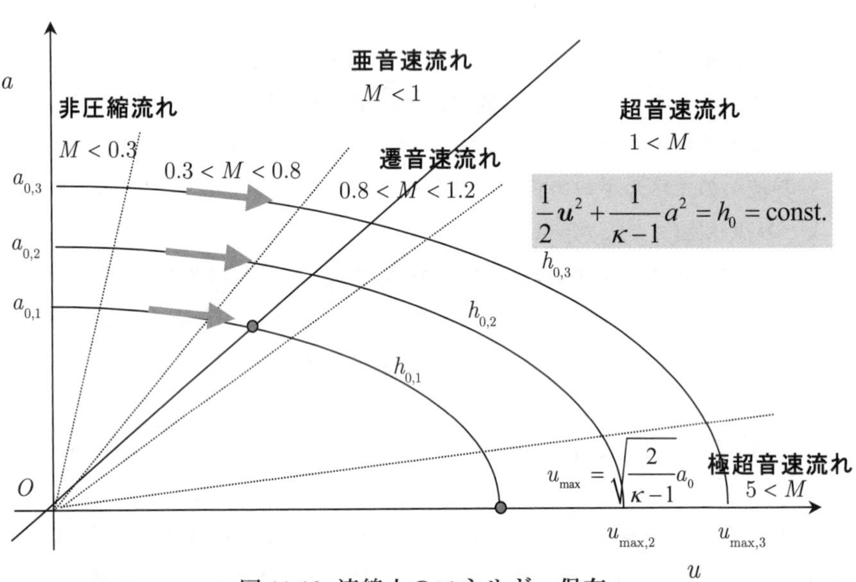

図 11.13 流線上のエネルギー保存

図 11.13 を使って，流線上の気体の流速と音速の変化について示そう．$\boldsymbol{u}$ と a を変数とした平面上では，式(11.28)は楕円の方程式であり，

$$\boldsymbol{u}_{\max} = \sqrt{\frac{2}{\kappa-1}}\,a_0$$

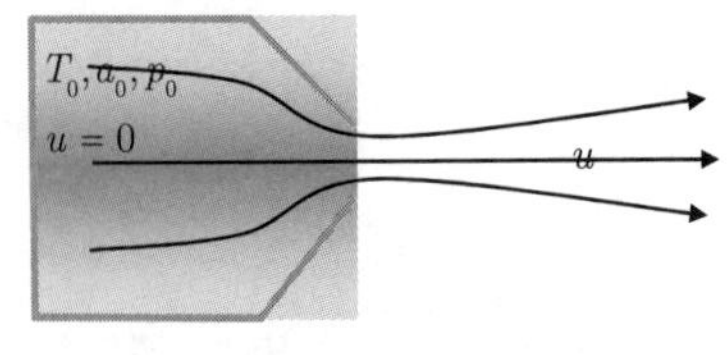

図 11.14 気体の断熱膨張

の関係があるので，a 軸の切片を a_0 とすれば，$\boldsymbol{u}$ 軸の切片は，空気の場合，$\boldsymbol{u}_{\max}=\sqrt{5}a_0$ となる．$\boldsymbol{u}=a$ は $M=1$ の線で，この線より左側は亜音速，右側は超音速の領域である．たとえば，図 11.14 に示すようなタンクから噴出すジェットについて考えよう．タンクの容量が充分に大きいとタンク内の気体は静止していると考えることができる．このときのタンク内の気体はよどみ点状態で，気体は図に示した流線に沿って徐々に膨張し，加速する．気体の

変化は，図 11.13 において，よどみ点状態によって決まる $a_{0,1}$ から出発する楕円上を移動する点として表される．タンクの圧力，温度によって，気体が到達できる最高速度 $\boldsymbol{u}_{\max}$ は決まり，空気の場合，これはよどみ音速の $\sqrt{5}$ 倍である．注意すべきことは，気体を膨張させ到達できる最高速度は，よどみ温度によって決定され，よどみ圧力にはよらないのである．ここで，ひとつの例として，ロケットの推進力について考えてみよう．ロケットの推進力は，ガスの流出するときの運動量 $\rho\boldsymbol{u}^2$ に比例するので，推進力を上げるためには，ガスの速度を大きくするのが最も効果が大きい．ただし，$\rho\boldsymbol{u}^2$ は単位面積あたり単位時間に流れ出る運動量であることに注意しよう．これに対して，式(11.28)の $\boldsymbol{u}^2/2$ は単位質量あたりの運動エネルギーである．したがって，速度を大きくするために燃焼温度を上げ，T_0 をあげることによって，大きな $\boldsymbol{u}_{\max}$ を実現しているのである．

【例題 11・2】　* *

タンクの中に空気を充填し，タンクに設けた小さな穴を開放して空気を噴出させ推力を得ようと思う．タンクの中を周囲の圧力の 10 倍まで圧縮するとき，(1)空気を断熱的に圧縮する場合，(2) 十分時間をかけて徐々に圧縮して，等温的に圧縮する場合，の２つに対して，得られる気体の速度を比較せよ．ただし，穴から噴出する空気は音速で流れ出るものとする．

【解答】(1)断熱圧縮の場合　周囲の空気の圧力と温度をそれぞれ p_a，T_a とし，タンク内を p_0，T_0 としよう．周囲の気体を断熱的に圧縮した場合，

$$\frac{p_0}{p_a}=\left(\frac{T_0}{T_a}\right)^{\frac{\kappa}{\kappa-1}}=10,\quad T_0=10^{\frac{\kappa-1}{\kappa}}T_a=1.93T_a$$

である．したがって，式(11.34)より，

$$\boldsymbol{u}_1^*=\sqrt{\frac{2}{\kappa+1}}a_0=\sqrt{\frac{2\kappa}{\kappa+1}10^{\frac{\kappa-1}{\kappa}}RT_a}=\sqrt{2.25RT_a}\quad\text{(m/s)}$$

(2)等温圧縮の場合　圧縮して十分時間が経過した場合には，タンク内の気体の温度は周囲の温度と等しいと見てよい．この場合には，

$$\boldsymbol{u}_2^*=\sqrt{\frac{2}{\kappa+1}}a_a=\sqrt{\frac{2\kappa}{\kappa+1}RT_a}=\sqrt{1.16RT_a}\quad\text{(m/s)}$$

したがって，タンク内温度は断熱圧縮による場合のほうが高いので，噴出速度は(1)の場合のほうが大きくなる．

* *

11・3　等エントロピー流れ (isentropic flow)

等エントロピー流れは，断熱かつ可逆(reversible)な流れである．図 11.15 のように定常な等エントロピー流れを考えよう．１本の流線に沿ってエネルギー保存の関係が成り立つので，流線上の任意の点１と２の温度とマッハ数の間には，式(11.30)の関係式が成り立つ．これから次の関係式が得られる．

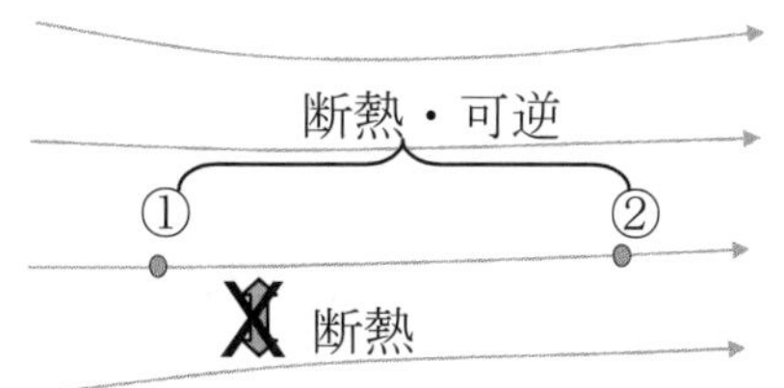

図 11.15　等エントロピー変化

$$\frac{T_1}{T_2}=\frac{2+(\kappa-1)M_2^{\,2}}{2+(\kappa-1)M_1^{\,2}} \tag{11.35}$$

上式は，断熱流れであれば成り立つ式である．さらに，圧力，密度については，等エントロピーの温度，圧力，密度の関係式より次式が求まる．

$$\left(\frac{p_1}{p_2}\right)=\left(\frac{\rho_1}{\rho_2}\right)^{\kappa}=\left(\frac{T_1}{T_2}\right)^{\frac{\kappa}{\kappa-1}} \tag{11.36}$$

$$\frac{p_1}{p_2}=\left(\frac{2+(\kappa-1)M_2^{\,2}}{2+(\kappa-1)M_1^{\,2}}\right)^{\frac{\kappa}{\kappa-1}} \tag{11.37}$$

$$\frac{\rho_1}{\rho_2}=\left(\frac{2+(\kappa-1)M_2^{\,2}}{2+(\kappa-1)M_1^{\,2}}\right)^{\frac{1}{\kappa-1}} \tag{11.38}$$

また，よどみ状態と任意の状態との関係は，上式をもとに次のように表される．

$$\frac{T_0}{T}=1+\frac{\kappa-1}{2}M^2 \tag{11.39}$$

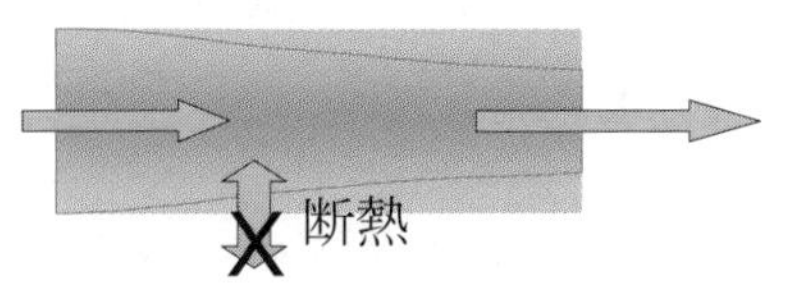

図 11.16　1 次元等エントロピー

$$\frac{p_0}{p}=\left(1+\frac{\kappa-1}{2}M^2\right)^{\frac{\kappa}{\kappa-1}} \tag{11.40}$$

$$\frac{\rho_0}{\rho}=\left(1+\frac{\kappa-1}{2}M^2\right)^{\frac{1}{\kappa-1}} \tag{11.41}$$

さて，次に図 11.16 に示すような準 1 次元等エントロピー流れにおける，マッハ数と断面積変化の関係について求めてみよう．まず，連続の条件より，

$$d(\rho \boldsymbol{u} A)=0 \tag{11.42}$$

これより

$$\rho \boldsymbol{u}\,dA+\rho A\,d\boldsymbol{u}+\boldsymbol{u}A\,d\rho=0 \tag{11.43}$$

	縮小		拡大	
流れのマッハ数	M<1	M>1	M<1	M>1
速度 u	↗	↘	↘	↗
圧力 p	↘	↗	↗	↘
密度ρ	↘	↗	↗	↘
温度 T	↘	↗	↗	↘
音速 a	↘	↗	↗	↘
マッハ数 M	↗	↘	↘	↗

図 11.17 等エントロピー流れにおける断面積変化と諸量の変化の関係

次に運動量の式より

$$pA+\rho \boldsymbol{u}^2A+p\,dA=(p+dp)(A+dA)+(\rho+d\rho)(\boldsymbol{u}+d\boldsymbol{u})^2(A+dA) \tag{11.44}$$

ここで pdA は，微小検査体積の側壁に作用する圧力による力である．2 次以上の微小項を無視して整理すると，

$$A\,dp+A\boldsymbol{u}^2\,d\rho+\rho \boldsymbol{u}^2\,dA+2\rho \boldsymbol{u}A\,d\boldsymbol{u}=0 \tag{11.45}$$

式(11.43)× $\boldsymbol{u}$ －式(11.45)より

$$dp=-\rho \boldsymbol{u}\,d\boldsymbol{u} \tag{11.46}$$

が得られる．この式を，

$$\frac{dp}{\rho}=\frac{dp}{d\rho}\frac{d\rho}{\rho}$$

のように変形すれば，$dp/d\rho$は，流れが等エントロピーであるので，音波の速度の導出の時に導いた音速の式(11.14)で表現することができる．したがって，

$$\frac{dp}{\rho}=\frac{dp}{d\rho}\frac{d\rho}{\rho}=a^2\frac{d\rho}{\rho}=-\boldsymbol{u}\,d\boldsymbol{u}$$

これより，

$$\frac{d\rho}{\rho}=-\frac{\boldsymbol{u}}{a^2}d\boldsymbol{u}=-M^2\frac{d\boldsymbol{u}}{\boldsymbol{u}} \tag{11.47}$$

ここで，連続の式の対数微分から次式が得られる．

$$\frac{d\rho}{\rho}=-\frac{d\boldsymbol{u}}{\boldsymbol{u}}-\frac{dA}{A} \tag{11.48}$$

上式と式(11.44)から$d\rho/\rho$を消去すると次式が得られる．

$$\frac{d\boldsymbol{u}}{\boldsymbol{u}}=\frac{1}{\left(M^2-1\right)}\frac{dA}{A} \tag{11.49}$$

式(11.49)を式(11.47)に代入すると密度に関する次式を得る．

$$\frac{d\rho}{\rho}=-\frac{M^2}{\left(M^2-1\right)}\frac{dA}{A} \tag{11.50}$$

同様にして圧力，温度，音速に関する関係は次のようになる．

$$\frac{dp}{p}=-\frac{\kappa M^2}{\left(M^2-1\right)}\frac{dA}{A} \tag{11.51}$$

$$\frac{dT}{T}=-\frac{(\kappa-1)M^2}{\left(M^2-1\right)}\frac{dA}{A} \tag{11.52}$$

$$\frac{da}{a}=\frac{1}{2}\frac{dT}{T}=-\frac{(\kappa-1)M^2}{2\left(M^2-1\right)}\frac{dA}{A} \tag{11.53}$$

ここでマッハ数については，

$$\frac{dM}{M}=\frac{d\boldsymbol{u}}{\boldsymbol{u}}-\frac{da}{a}=\frac{2+(\kappa-1)M^2}{2\left(M^2-1\right)}\frac{dA}{A} \tag{11.54}$$

上式は積分することができる．$A=A^*$において$M=1$とすれば，次の式を得る．

等エントロピー流れの諸量の変化
(図 11.17)

式(11.49)～(11.54)によって，断面積変化に対する諸量の変化を考察することができる．これらの式において，dA/Aに係るマッハ数の係数は，$\boldsymbol{u}$とp,ρ,Tでは符号が反対であり，また，これらの符号はMが 1 より大きいか小さいかによって符号が反転することがわかる．たとえば，断面積が縮小する管，$dA<0$においては，亜音速の場合には，$d\boldsymbol{u}>0$，$dp<0$，$dT<0$，$d\rho<0$，$da<0$であり，速度が上昇し，音速は減少するために，マッハ数は，$dM>0$となることがわかる．超音速の場合には，その符号はすべて反転する．このように速度と熱力学的な諸量とは，増減が逆転する．したがって，亜音速流れにおいては，先細の管はノズルとして，末広の管はディフューザとして働く．超音速流れの場合，ノズルは末広，ディフューザは先細である．速度と熱力学的な諸量の増減が反対の符号を取るのは，エネルギー保存の式(11.28)からも理解することができる．

$$\frac{A}{A^*}=\frac{1}{M}\left[\frac{(\kappa-1)M^2+2}{\kappa+1}\right]^{\frac{\kappa+1}{2(\kappa-1)}} \tag{11.55}$$

任意の断面1と2におけるマッハ数に関しては，次のように表すことができる．

$$\frac{A_1}{A_2}=\frac{M_2}{M_1}\left[\frac{(\kappa-1)M_1^2+2}{(\kappa-1)M_2^2+2}\right]^{\frac{\kappa+1}{2(\kappa-1)}} \tag{11.56}$$

これらの式から，ノズル内の流れは，次のようにして計算することができる．今，ノズル内のある断面①において，流れのマッハ数と圧力，密度，温度が既知であるとしよう．ノズル内の任意の断面②の諸量は，その断面①との断面積比と M_1 から，式(11.56)を用いてマッハ数 M_2 を求めることができる．次に，その他の諸量は式(11.35),(11.37)および(11.38)から求めることができる．図 11.18 と図 11.19 に等エントロピー変化における，マッハ数と圧力，密度，温度，および断面積変化の関係を示した．図からわかるように，圧力，密度，温度は，マッハ数が増加するにしたがって減少する．一方，断面積変化とマッハ数との関係を見ると，マッハ数が 1 のときに断面積は最小値をとる．これよりマッハ数が小さくても大きくても断面積は増加するのである．このことは，図 11.20 に示すラバルノズルにおいて超音速流れが形成される場合，断面積が最小となる位置で必ずマッハ数が 1 となることを示している．ノズルの断面積最小となる部分はスロート(throat)と呼ばれる．

では，次にノズルを通過する質量流量について考えよう．質量流量は，

$$\dot{m}=\rho u A=\rho_0 a_0 A M\left(1+\frac{\kappa-1}{2}M^2\right)^{-\frac{\kappa+1}{2(\kappa-1)}} \tag{11.57}$$

で表される．ここで1つ重要なことは，スロートで流れが音速に達した後は，ノズルを通過する流量は，スロートにおける音速の条件で決まり，それ以上は増加しないということである．すなわち，ノズルによって流しうる最大流量は，$A=A^*$，$M=1$ のときで，

$$\dot{m}_{\max}=\rho^* a^* A^*=\rho_0 a_0 A^*\left(1+\frac{\kappa-1}{2}\right)^{-\frac{\kappa+1}{2(\kappa-1)}} \tag{11.58}$$

となる．このように，超音速等エントロピー流れでは，スロート部で必ず流れは音速に達し，ここを通過する流量でこのノズルの最大流量は決定される．このようにノズルのスロート部で流れのマッハ数が1に達する現象をチョーキング(choking)と呼んでおり，圧縮性流れの解析で重要な現象の1つである．

図 11.20 に先細末広ノズル（ラバルノズル）を示した．今，ノズル入口は十分大きなタンクに接続されているものとしよう．ノズルの出口の圧力を徐々に下げていくとノズル内に流れが生じ始める．ノズル内の流れは初めは全体が亜音速であるのは言うまでもない．スロートまではマッハ数は増加し，その後減少する．圧力はスロートまで減少して，スロート下流では増加する．

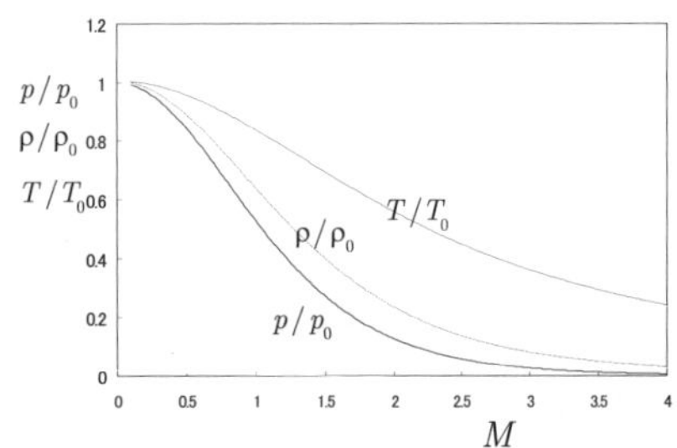

図 11.18 等エントロピー流れにおける諸量とマッハ数の関係

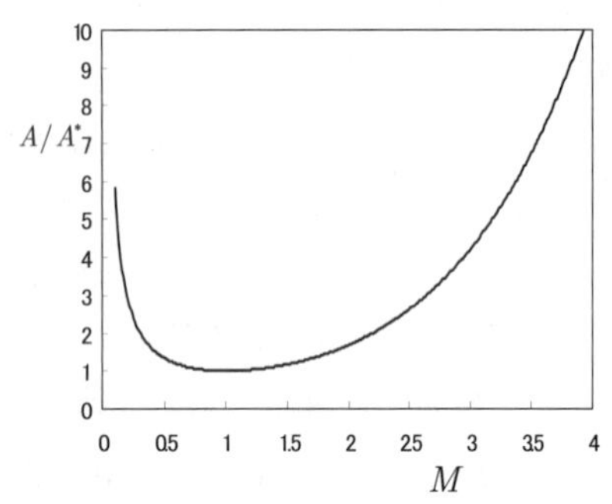

図 11.19 マッハ数と断面積変化

臨界状態の圧力比，密度比，温度比

臨界状態の圧力比，密度比，温度比を知っておくことは，超音速流れの形成条件として重要である．式(11.39)，(11.40)，(11.41)において，$M=1$ とすると次式を得る．空気($\kappa=1.4$)の場合の値も右に示す．

$$\frac{T^*}{T_0}=\frac{2}{\kappa+1}=0.833$$

$$\frac{p^*}{p_0}=\left(\frac{2}{\kappa+1}\right)^{\frac{\kappa}{\kappa-1}}=0.528$$

$$\frac{\rho^*}{\rho_0}=\left(\frac{2}{\kappa+1}\right)^{\frac{1}{\kappa-1}}=0.634$$

$p_0/p^*=1.89$ であるので，タンクの圧力を周囲の圧力の 1.89 倍にすれば，超音速の噴流を得ることができる．

出口圧力をさらに減少させ，ある圧力に達したとき，スロートでマッハ数は1に達する．このとき下流側は亜音速のままである．スロートで流れが音速に達すると，図に示したように，その下流側では，超音速の解も存在する．超音速の解では，マッハ数は増加し，圧力はさらに減少する．この曲線は，式(11.56)によって計算できる．出口の圧力は，この曲線によって決まるので，出口圧力をこの曲線によってきまる圧力まで下げた場合にこのような流れが実現できる．

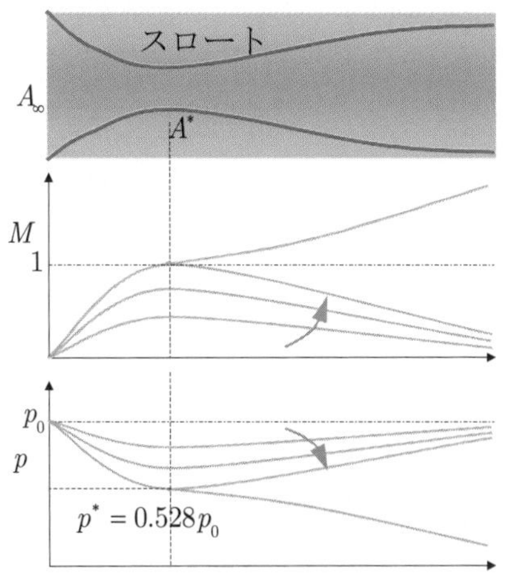

図 11.20 ノズル内のマッハ数と圧力分布

では，亜音速解と超音速解の間に出口圧力を設定した場合にはどのような流れが存在するのであろうか．図 11.21 を用いてこれを説明しよう．スロートが音速に達した時の亜音速解と，超音速解は，図に示した2本の曲線で表されるから，出口圧力がその中間にあって，かつ，スロートで流れが音速になるような等エントロピーの解は，存在しないのである．この場合には，ノズル内に非可逆過程が出現して流れを調整する．一般には，ノズル内に衝撃波が発生し，その上流は超音速，下流では亜音速となる．衝撃波の上流までは，等エントロピーの関係式によって求まる．衝撃波より下流は等エントロピー流れであるので，等エントロピーの関係式によって，設定した出口圧力を境界条件としてノズル出口から上流側に向かって計算することができる．衝撃波より上流側の超音速の曲線から，下流側の亜音速の曲線に衝撃波でジャンプすることによって流れはすべて求められることになる．衝撃波の発生する位置は，後で述べる衝撃波の関係式がその前後でちょうど満たされるように決定されるのである．

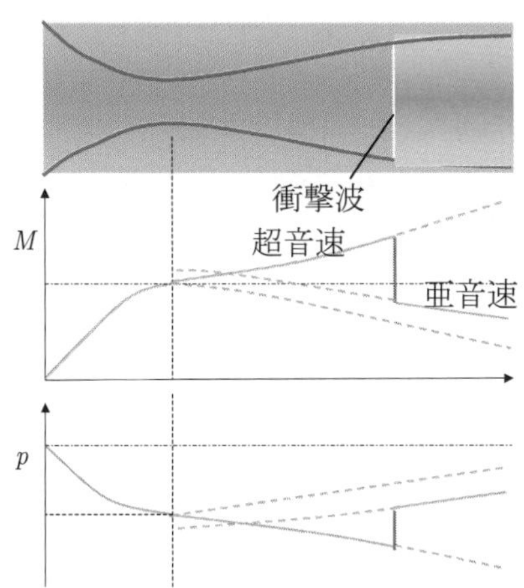

図 11.21 ノズル内の衝撃波

図 11.22 に再び戻りラバルノズル内の流れについてまとめよう．ノズル下流に取り付けられたリザーバタンクの圧力を下げることにより，流れが始動する．前述のように，スロートが音速に達するまではノズル全体の流れは亜音速である．これよりタンク内圧力を下げると，スロート下流の流れは一部超音速となるが流れの途中に衝撃波が形成され，その下流は亜音速となる．徐々に圧力を下げると，この衝撃波は下流側に移動し，やがては，ノズル出口より外部に形成される．この場合，流れは外部で圧力が上昇する．このような流れを過膨張と呼ぶ．タンク内の圧力が，等エントロピーの超音速解と一致する場合，衝撃波は形成されない．これを適正膨張と呼ぶ．さらに圧力を下げると，ノズル外部でさらに流れは膨張する．これを不足膨張と呼んでいる．

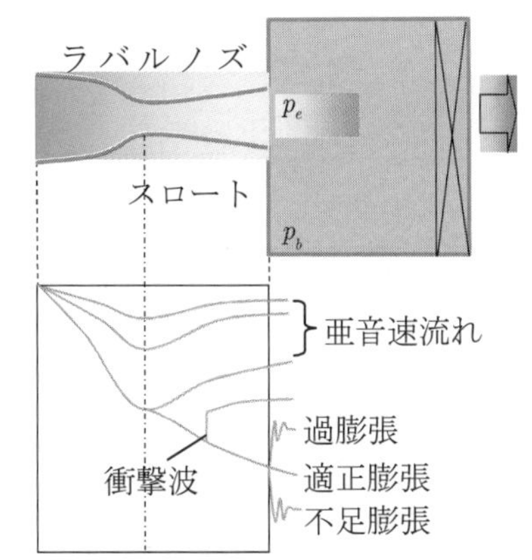

図 11.22 ラバルノズルの流れ

【例題 11・3】　＊＊＊＊＊＊＊＊＊＊＊＊＊＊＊＊＊＊＊＊＊＊＊＊＊

例題 11・2 において，2つの場合に得られる推力を比較せよ．

【解答】　(1)断熱圧縮の場合，タンク内の圧力は $p_{0,1} = 10p_a$，温度 $T_{0,1} = 10^{\frac{\kappa-1}{\kappa}} T_a$ であるので，

$$\rho_{0,1} = \frac{p_{0,1}}{RT_{0,1}} = 10^{\frac{1}{\kappa}} \rho_a$$

これが音速まで膨張したときの密度は，

$$\rho_1^* = \left(\frac{2}{\kappa+1}\right)^{\frac{1}{\kappa-1}} \rho_{0,1} = \left(\frac{2}{\kappa+1}\right)^{\frac{1}{\kappa-1}} \cdot 10^{\frac{1}{\kappa}} \rho_a$$

次に(2)等温圧縮の場合，タンク内の圧力と温度は，$p_{0,2} = 10 p_a$，$T_{0,2} = T_a$ であるので，

$$\rho_{0,2} = \frac{p_{0,2}}{RT_{0,2}} = 10 \rho_a$$

これが音速まで膨張したときの密度は，

$$\rho_2^* = \left(\frac{2}{\kappa+1}\right)^{\frac{1}{\kappa-1}} \rho_{0,2} = \left(\frac{2}{\kappa+1}\right)^{\frac{1}{\kappa-1}} \cdot 10 \rho_a$$

これと，例題 11・2 で求めた速度から推力を比較すると，

$$\frac{\rho_1^* \boldsymbol{u}_1^{*2}}{\rho_2^* \boldsymbol{u}_2^{*2}} = \frac{\left(\frac{2}{\kappa+1}\right)^{\frac{1}{\kappa-1}} \cdot 10^{\frac{1}{\kappa}} \rho_a \cdot \frac{2\kappa}{\kappa+1} 10^{\frac{\kappa-1}{\kappa}} RT_a}{\left(\frac{2}{\kappa+1}\right)^{\frac{1}{\kappa-1}} \cdot 10 \rho_a \cdot \frac{2\kappa}{\kappa+1} RT_a} = 1$$

すなわち，断熱的に圧縮した場合，気体ジェットの噴出速度は大きくなるが，密度が等温度で圧縮した場合よりも小さい．推力で比較すると，どちらも同じになる．

実際，このことは，次のようにして確かめることができる．気体ジェットが音速で噴出するときの推力は，

$$\rho^* \boldsymbol{u}^{*2} = \frac{2\kappa}{\kappa+1} \frac{p_0}{\rho_0} \rho^* = \frac{2\kappa}{\kappa+1} \frac{\rho^*}{\rho_0} p_0$$

となるが，ρ^* / ρ_0 は，等エントロピーの関係式(11.41)から，比熱比のみの関数として表されるので，上式は次のように変形される．

$$\rho^* \boldsymbol{u}^{*2} = \frac{2\kappa}{\kappa+1} \left(\frac{2}{\kappa+1}\right)^{\frac{1}{\kappa-1}} p_0$$

このように，音速で噴出する気体ジェットの推力は，よどみ圧のみに依存する．

＊＊＊＊＊＊＊＊＊＊＊＊＊＊＊＊＊＊＊＊＊＊＊

11・4　衝撃波の関係式 (shock wave relations)

11・4・1　衝撃波の発生 (shock wave generation)

衝撃波は，圧縮波の集積によって発生する．図 11.23 に示したように，断面積一定の管内でピストンが等加速度運動をする場合を考えよう．ピストンが運動を始めると，ピストン前方の気体は圧縮され，圧縮波が右方向に伝播する．この圧縮波は，前方の気体の音速で伝播する．気体はこの圧縮波によってわずかに温度が上昇する．ピストンの運動とともに，連続した圧縮波が発生するが，後続の圧縮波の伝播速度は，前方の気体の温度がわずかに増加しているために，伝播速度は徐々に増加する．やがて，後ろの圧縮波は前の

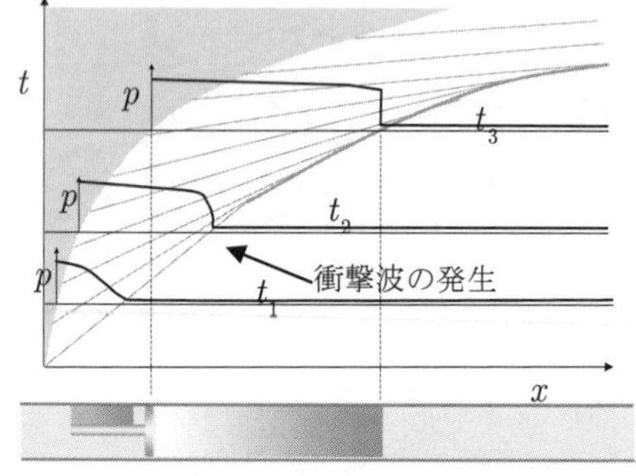

図 11.23 ピストンの運動によって発生する衝撃波

圧縮波に追いつき，圧縮波の強さは徐々に強まり，衝撃波を形成する．

これに類似した現象は，超音速流れの凹面壁においても発生する．図 11.24 は，一様な超音速流れの中に置かれた，凹面壁まわりの流れの様子を示したものである．超音速流れが凹面壁に流入すると，気体は圧縮され圧縮波が生じる．この圧縮波と流れとのなす角は，式(11.2)で与えられる．流れは，凹面壁に沿って角度が偏向されるとともに徐々に圧縮され，気流の温度は上昇する．音速が増加し，流速は減少するため，下流側ではマッハ角 α は徐々に増加する．結局，マッハ波は交差，集積し斜め衝撃波(oblique shock wave)が形成される．このように，連続して発生する圧縮波は，前の圧縮波に追いつき衝撃波となる．

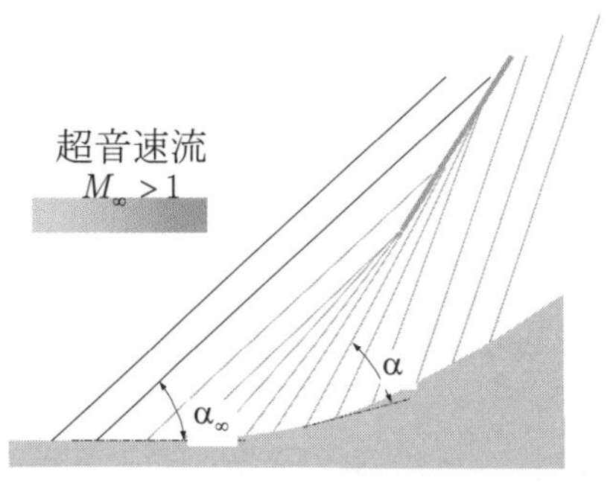

図 11.24 凹面壁における衝撃波の発生

11・4・2　垂直衝撃波の関係式 (normal shock wave relations)

一定管断面積の管内で形成される衝撃波前後の関係式を導こう．一般に衝撃波は図 11.25(a)に示すように移動することが多い．図は，一定断面積管内の静止気体中を伝ぱする衝撃波の様子である．衝撃波の伝ぱ速度を U_s としよう．衝撃波前方の気体の温度，圧力，密度を T_1, p_1, ρ_1 としよう．衝撃波の背後では，気体は加速され，温度，圧力，密度は上昇する．衝撃波背後の速度，温度，圧力，密度を U_2, T_2, p_2, ρ_2 とする．このように，衝撃波が移動する場合でも，その前後の諸量を計算するためには，衝撃波とともに移動する相対座標系から流れを記述する必要がある．

図 11.25(b)は，衝撃波に相対的な移動座標系から流れを記述したものである．上流側の諸量に添え字 1 を下流側に添え字 2 をつけて表す．相対速度をとって座標変換しても，温度，圧力，密度の熱力学的な諸量の値は変化しないから，絶対座標系における諸量と衝撃波静止の座標系での諸量との関係は図中のようになる．垂直衝撃波の場合には，衝撃波前後で断面積は一定であるから，連続の式，運動量の式，エネルギーの式は簡単になり，次のように表される．

$$\rho_1 \boldsymbol{u}_1 = \rho_2 \boldsymbol{u}_2 \tag{11.59}$$

$$\rho_1 \boldsymbol{u}_1^{\,2} + p_1 = \rho_2 \boldsymbol{u}_2^{\,2} + p_2 \tag{11.60}$$

$$\rho_1 \left(e_1 + \frac{1}{2} \boldsymbol{u}_1^{\,2} \right) \boldsymbol{u}_1 + p_1 \boldsymbol{u}_1 = \rho_2 \left(e_2 + \frac{1}{2} \boldsymbol{u}_2^{\,2} \right) \boldsymbol{u}_2 + p_2 \boldsymbol{u}_2 \tag{11.61}$$

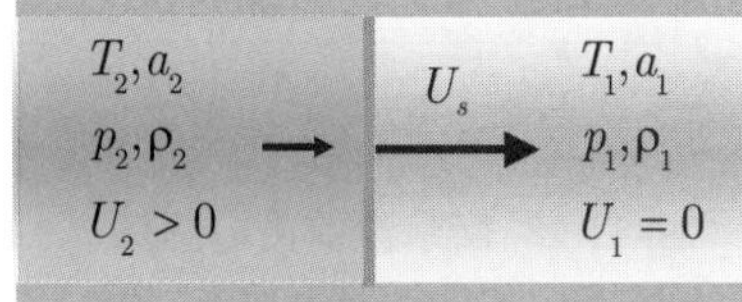

(a) 絶対座標系から見た移動衝撃波

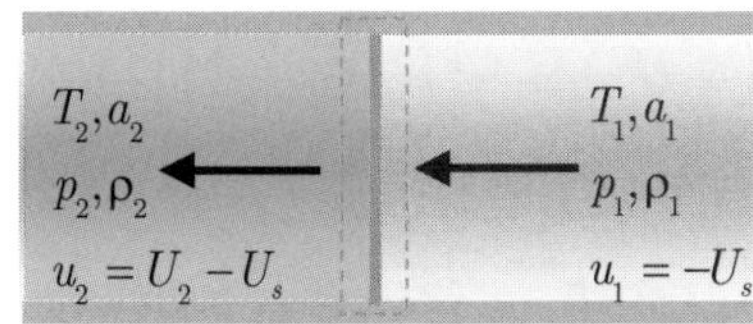

(b) 衝撃波静止の座標系

図 11.25 垂直衝撃波

上流側の状態が与えられているものとすると，上の式において未知数は下流側の諸量 $\boldsymbol{u}_2$, p_2, ρ_2, e_2 の 4 つであり，上の 3 つの式と状態方程式を連立されることで方程式系は閉じて，すべてについて解くことができる．上の連立方程式について，p_2/p_1 をパラメータとしてとらえることで ρ_2/ρ_1，T_2/T_1 について解いた式は，有名なランキン・ユゴニオの関係式(Rankine-Hugoniot relations)である．

$$\frac{\rho_2}{\rho_1} = \frac{\dfrac{\kappa+1}{\kappa-1}\dfrac{p_2}{p_1}+1}{\dfrac{p_2}{p_1}+\dfrac{\kappa+1}{\kappa-1}} = \frac{\boldsymbol{u}_1}{\boldsymbol{u}_2}, \quad \frac{T_2}{T_1} = \frac{\dfrac{p_2}{p_1}+\dfrac{\kappa+1}{\kappa-1}}{\dfrac{\kappa+1}{\kappa-1}+\dfrac{p_1}{p_2}} \tag{11.62}$$

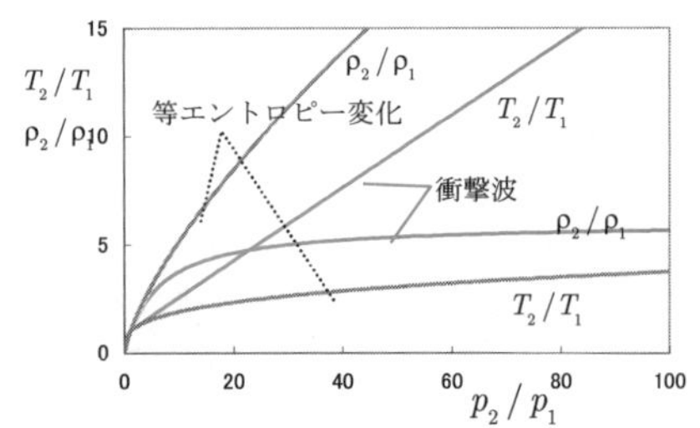

図 11.26 ランキン・ユゴニオの関係

垂直衝撃波の関係式は，衝撃波の厚さには関係ないことに注意しよう．断熱で断面積一定の管内で，上流，下流とも一様流で，間に何らかの非平衡な流れがある場合にも垂直衝撃波と同じ関係が成り立つ．

図 11.27 管断面積一定の流れ

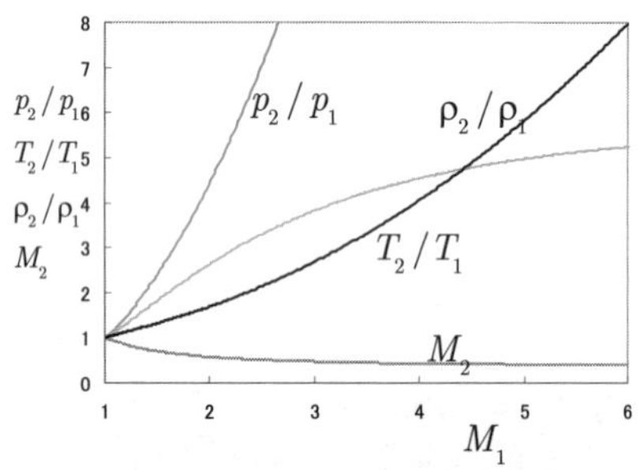

図 11.28 衝撃波前後の関係

ランキン・ユゴニオの関係式は，衝撃波前後の圧力比などがわかっている場合に，他の諸量を求めるのに使われる．これに対して，実際は，衝撃波上流の流れのマッハ数をもとに解析を行うのが都合がよい．次に，衝撃波上流のマッハ数をパラメータとして，衝撃波前後の関係を求める式を導いてみよう．運動量の式の両辺を $\rho_1\boldsymbol{u}_1$ で除して，これに連続の式を用いると次式を得る．

$$\frac{p_1}{\rho_1\boldsymbol{u}_1}-\frac{p_2}{\rho_2\boldsymbol{u}_2}=\boldsymbol{u}_2-\boldsymbol{u}_1 \tag{11.63}$$

ここで，音速の式 $a=\sqrt{\kappa p/\rho}$ を用いて変形すると次式を得る．

$$\frac{a_1^{\ 2}}{\kappa\boldsymbol{u}_1}-\frac{a_2^{\ 2}}{\kappa\boldsymbol{u}_2}=\boldsymbol{u}_2-\boldsymbol{u}_1 \tag{11.64}$$

また，断熱流れのエネルギーの式（これは，式(11.28)と同じであることに注意．）

$$\frac{1}{2}\boldsymbol{u}^2+\frac{1}{\kappa-1}a^2=\frac{1}{2}\left(\frac{\kappa+1}{\kappa-1}\right)a^{*2}$$

より，次式を得る．

$$a_1^{\ 2}=\frac{\kappa+1}{2}a^{*2}-\frac{\kappa-1}{2}\boldsymbol{u}_1^{\ 2},\quad a_2^{\ 2}=\frac{\kappa+1}{2}a^{*2}-\frac{\kappa-1}{2}\boldsymbol{u}_2^{\ 2} \tag{11.65}$$

この関係を，式(11.61)に代入し，a_1，a_2 を消去すると次式が得られる．

$$a^{*2}=\boldsymbol{u}_1\boldsymbol{u}_2 \quad \text{または} \quad M_2^*=\frac{1}{M_1^*} \tag{11.66}$$

上式は，プラントルの式(Prandtl's equation)と呼ばれる．一方，エネルギーの式を変形すると，

$$M^{*2}=\frac{(\kappa+1)M^2}{2+(\kappa-1)M^2} \tag{11.67}$$

上式と，プラントルの式から次の式が求まる．

$$\frac{(\kappa+1)M_1^{\ 2}}{2+(\kappa-1)M_1^{\ 2}}=\left(\frac{(\kappa+1)M_2^{\ 2}}{2+(\kappa-1)M_2^{\ 2}}\right)^{-1} \tag{11.68}$$

M_2 について解くと

$$M_2^{\ 2}=\frac{1+\dfrac{\kappa-1}{2}M_1^{\ 2}}{\kappa M_1^{\ 2}-\dfrac{\kappa-1}{2}} \tag{11.69}$$

これで，衝撃波前後のマッハ数の関係が得られた．衝撃波上流マッハ数 M_1 の極限について考えてみよう．M_1 が 1 に近づいた場合と，無限大となった場合について M_2 は，以下のような値を取ることがわかる．

$$M_1 \to 1 \qquad \Rightarrow \qquad M_2 \to 1$$
$$M_1 \to \infty \qquad \Rightarrow \qquad M_2 \to \sqrt{\frac{\kappa-1}{2\kappa}} \tag{11.70}$$

M_1が 1 に近づいた場合は，衝撃波は音波となる．したがって，衝撃波前後では諸量は変化しない．一方，M_1が無限大になった場合でも，M_2は，有限値に漸近することがわかる．

各状態量は次のように求められる．密度比は，

$$\frac{\rho_2}{\rho_1} = \frac{\boldsymbol{u}_1}{\boldsymbol{u}_2} = \frac{\boldsymbol{u}_1^{\,2}}{a^{*2}} = M_1^{*2} = \frac{(\kappa+1)M_1^2}{2+(\kappa-1)M_1^2} \tag{11.71}$$

次に運動量の式より，圧力比に関しては，

$$p_2 - p_1 = \rho_1 \boldsymbol{u}_1^{\,2}\left(1-\frac{\boldsymbol{u}_2}{\boldsymbol{u}_1}\right) = p_1 \frac{1}{RT_1}\boldsymbol{u}_1^{\,2}\left(1-\frac{\boldsymbol{u}_2}{\boldsymbol{u}_1}\right) = p_1 \frac{\kappa}{a_1^{\,2}}\boldsymbol{u}_1^{\,2}\left(1-\frac{\boldsymbol{u}_2}{\boldsymbol{u}_1}\right)$$

より，次の関係式が得られる．

$$\frac{p_2}{p_1} = 1+\kappa M_1^2\left(1-\frac{\boldsymbol{u}_2}{\boldsymbol{u}_1}\right) = 1+\frac{2\kappa}{\kappa+1}\left(M_1^2-1\right) \tag{11.72}$$

温度比に関しては，密度比と圧力比の関係式を状態方程式に代入して次式を得る．

$$\frac{T_2}{T_1} = \frac{p_2}{p_1}\frac{\rho_1}{\rho_2} = \left\{1+\frac{2\kappa}{\kappa+1}\left(M_1^2-1\right)\right\}\left\{\frac{2+(\kappa-1)M_1^2}{(\kappa+1)M_1^2}\right\} \tag{11.73}$$

エントロピー変化は次のように表される．

$$\begin{aligned} s_2 - s_1 &= c_p \ln\frac{T_2}{T_1} - R\ln\frac{p_2}{p_1} \\ &= c_p \ln\left[\left\{1+\frac{2\kappa}{\kappa+1}\left(M_1^2-1\right)\right\}\left\{\frac{2+(\kappa-1)M_1^2}{(\kappa+1)M_1^2}\right\}\right] \\ &\quad - R\ln\left[1+\frac{2\kappa}{\kappa+1}\left(M_1^2-1\right)\right] \end{aligned} \tag{11.74}$$

衝撃波は断熱変化であるから，全温度については次式が成り立つ．

$$\frac{T_{02}}{T_{01}} = 1 \tag{11.75}$$

さらに，全圧の変化は次式で表される．

$$\begin{aligned} \frac{p_{02}}{p_{01}} &= \frac{p_{02}}{p_2}\frac{p_2}{p_1}\frac{p_1}{p_{01}} \\ &= \left[\frac{(\kappa+1)M_1^2}{(\kappa-1)M_1^2+2}\right]^{\frac{\kappa}{\kappa-1}}\left[\frac{\kappa+1}{2\kappa M_1^2-(\kappa-1)}\right]^{\frac{1}{\kappa-1}} \end{aligned} \tag{11.76}$$

エントロピーの変化は，衝撃波前後のよどみ状態を基準に考えることにより

$$s_2 - s_1 = s_{02} - s_{01} = c_p \ln \frac{T_{02}}{T_{01}} - R \ln \frac{p_{02}}{p_{01}} \tag{11.77}$$

と表すこともできる．全温度は変化しないから，全温度による第 1 項は 0 となり，衝撃波によるエントロピーの変化は, 全圧のみの変化として捉えることができることがわかる．衝撃波では $s_2 - s_1 \geq 0$ となるので，$p_{02} \leq p_{01}$ となる．すなわち，衝撃波では全温度は変化せず，全圧が減少する．

【Example 11・4】　＊＊＊＊＊＊＊＊＊＊＊＊＊＊＊＊＊＊＊＊＊＊＊

A normal shock wave is standing in the test section in a supersonic wind tunnel. Upstream of the shock wave, flow Mach number $M_1 = 3.0$, $p_1 = 100$ kPa, and $T_1 = 280$ K, respectively. Test gas is air. Find u_1 , M_2 , p_2 , T_2 , and u_2 .

【Solution】 The sound velocity upstream of the shock wave is,

$$a_1 = \sqrt{\kappa R T_1} = \sqrt{1.4 \times 287.1 \times 280} = 335 \text{ (m/s).}$$

Then, flow velocity, $u_1 = M_1 a_1 = 1006$ (m/s).

For $M_1 = 3.0$, pressure and temperature ratios are obtained from Eq.(11.72) and (11.73),

$$p_2 / p_1 = 10.3 ,\ \ T_2 / T_1 = 2.68 .$$

Hence, $p_2 = 10.3 \times 100 = 1030$ (kPa) =1.03 (MPa) and $T_2 = 2.68 \times 280 = 750$ (K).

The sound speed $a_2 = \sqrt{T_2 / T_1}\, a_1 = \sqrt{2.68} \times 335 = 548$ (m/s).

The downstream Mach number is calculated with Eq.(11.69),

$$M_2 = 0.475 .$$

Hence, $u_2 = 0.475 \times 548 = 260$ (m/s).

＊＊＊＊＊＊＊＊＊＊＊＊＊＊＊＊＊＊＊＊＊＊＊

＝＝＝＝＝　練習問題　＝＝＝＝＝＝＝＝＝＝＝＝＝＝＝＝＝＝＝＝＝＝＝

【11・1】 $ds = c_p dT / T - Rdp / p$ の関係式をもとにして，等エントロピー変化の関係式 $p / \rho^\kappa = \text{const.}$， $p / T^{\frac{\kappa}{\kappa-1}} = \text{const.}$ が成り立つことを示せ.

【11・2】 等温過程を仮定したときの音速の式と等エントロピー過程における音速の式を求め，その比を計算せよ.

【11・3】 Find a Mach angle corresponding to free-stream Mach numbers of 1, 1.5, 2, 3 and 4.

【11・4】 A high speed train is running at 500km/h in static air at 300K and standard pressure. Calculate a stagnation pressure and temperature at the nose of the train.

【11・5】 A large tank contains air at 300K and 1 atm. The air in the tank is discharged through a convergent nozzle with the throat diameter of $D = 0.01$ m. Find the velocity in the throat and the mass flow rate. Here, the pressure of outside atmosphere is 0.2 atm.

【11・6】 Air flows at a velocity of 300 m/s and a static pressure of 1 atm. A bluff body obstacle is in the flow. The air is isentropically brought to rest on the body surface. Find a flow Mach number and stagnation pressure when a static temperature of the flow is (a) 300K and (b) 200K.

【11・7】 A shock wave is standing still in a supersonic nozzle. The pressure ratio across the shock wave is 10. Find the upstream Mach number.

【11・8】 An explosion takes place in a constant duct. Air flows at 100 m/s in the duct toward the right direction. A shock wave traveled to the left direction at a speed of 300 m/s. Another shock wave traveled to right direction. Find a speed of the shock wave that traveled to the right direction and pressure ratio across the shock wave. Initial temperature in the air was 300K.

【解答】

【11・1】 $ds = c_p dT/T - Rdp/p$ を積分すると $s = c_p \log T - R \log p + \text{const.}$ を得る．等エントロピーの条件より，

$$c_p \ln T - R \ln p = \text{const.}$$

$$\ln\left(\mathrm{T}^{c_p} / p^R\right) = \text{const.}$$

$$c_p = \frac{\kappa}{\kappa - 1} R \text{ より}$$

$$\therefore p = AT^{\frac{\kappa}{\kappa-1}}$$

密度に関しても同様.

【11・2】 $\left(\dfrac{\partial p}{\partial \rho}\right)_T = a_T^{\,2}$ とすれば，$\therefore p = \rho RT$ より

$$a_T = \sqrt{RT}$$

一方，等エントロピー流れにおいては，

$$a_s = \sqrt{\kappa RT}$$

である．したがって，

$$a_s = \sqrt{\kappa} a_T .$$

【11・3】 For M =1, 1.5, 2, 3 and 4, from the relation, $\alpha = \sin^{-1} \dfrac{1}{M}$,

the corresponding angles are α =90°, 41.8°, 30°, 19.5°, and 14.5°, respectively.

【11・4】 p_0=1.26×10^5Pa

【11・5】 The flow takes place a choking at the nozzle exit.

u =316 m/s, m =0.019kg/s.

【11・6】　For T =300K, M =0.86 and $p_0 = 1.64 \times 10^5$ Pa.
For T =200K, M =1.06 and $p_0 = 2.06 \times 10^5$ Pa.

【11・7】　M_1=2.95

【11・8】　shock wave speed is 500m/s towards right direction. Upstream Mach number of the shock wave is M_1=1.15, and p_2 / p_1=1.37.

Subject Index

A

B

C

D

E

T

U

V

W

索　　引

さ

た

や

ら

わ

JSME テキストシリーズ一覧

1 機械工学総論
2-1 機械工学のための数学
2-2 演習 機械工学のための数学
3-1 機械工学のための力学
3-2 演習 機械工学のための力学
4-1 熱力学
4-2 演習 熱力学
5-1 流体力学
5-2 演習 流体力学
6-1 振動学
6-2 演習 振動学
7-1 材料力学
7-2 演習 材料力学
8 機構学
9-1 伝熱工学
9-2 演習 伝熱工学
10 加工学Ⅰ（除去加工）
11 加工学Ⅱ（塑性加工）
12 機械材料学
13-1 制御工学
13-2 演習 制御工学
14 機械要素設計

〔各巻〕A4判

JSME テキストシリーズ JSME Textbook Series
流 体 力 学 Fluid Mechanics

2005年3月10日 初 版 発 行
2023年3月13日 初版第16刷発行
2023年7月18日 第2版第1刷発行

著作兼発行者 一般社団法人 日本機械学会
（代表理事会長 伊藤 宏幸）

印刷者 柳 瀬 充 孝
昭和情報プロセス株式会社
東京都港区三田 5-14-3

発行所 東京都新宿区新小川町4番1号
KDX 飯田橋スクエア2階
郵便振替口座 00130-1-19018番
電話（03）4335-7610 FAX（03）4335-7618 https://www.jsme.or.jp
一般社団法人 日本機械学会

発売所 東京都千代田区神田神保町2-17
神田神保町ビル
電話（03）3512-3256 FAX（03）3512-3270
丸善出版株式会社

ISBN 978-4-88898-333-4 C 3353

本書の内容でお気づきの点は textseries@jsme.or.jp へお知らせください。出版後に判明した誤植等は http://shop.jsme.or.jp/html/page5.html に掲載いたします。

付表 2-1　単位換算表

長さの単位換算

m	mm	ft	in
1	1000	3.280840	39.37008
10^{-3}	1	3.280840×10^{-3}	3.937008×10^{-2}
0.3048	304.8	1	12
0.0254	25.4	1/12	1

面積の単位換算

m^2	cm^2	ft^2	in^2
1	10^4	10.76391	1550.003
10^{-4}	1	1.076391×10^{-3}	0.1550003
9.290304×10^{-2}	929.0304	1	144
6.4516×10^{-4}	6.4516	1/144	1

体積の単位換算

m^3	cm^3	ft^3	in^3	リットル L	備　考
1	10^6	35.31467	6.102374×10^4	1000	英ガロン： 1 m^3 = 219.9692 gal(UK) 米ガロン： 1 m^3 = 264.1720gal(US)
10^{-6}	1	3.531467×10^{-5}	6.102374×10^{-2}	10^{-3}	
2.831685×10^{-2}	2.831685×10^4	1	1728	28.31685	
1.638706×10^{-5}	16.38706	1/1728	1	1.638706×10^{-2}	
10^{-3}	10^3	3.531467×10^{-2}	61. 02374	1	

速度の単位換算

m/s	km/h	ft/s	mile/h
1	3.6	3.280840	2.236936
1/3.6	1	0.911344	0.6213712
0.3048	1.09728	1	0.6818182
0.44704	1.609344	1.466667	1

力の単位換算

N	dyn	kgf	lbf
1	10^5	0.1019716	0.2248089
10^{-5}	1	1.019716×10^{-6}	2.248089×10^{-6}
9.80665	9.80665×10^5	1	2.204622
4.448222	4.448222×10^5	0.4535924	1

圧力の単位換算

Pa ($N\cdot m^{-2}$)	bar	atm	Torr (mmHg)	$kgf\cdot cm^{-2}$	psi ($lbf\cdot in^{-2}$)
1	10^{-5}	9.86923×10^{-6}	7.50062×10^{-3}	1.01972×10^{-5}	1.45038×10^{-4}
10^5	1	0.986923	750.062	1.01972	14.5038
1.01325×10^5	1.01325	1	760	1.03323	14.6960
133.322	1.33322×10^{-3}	1.31579×10^{-3}	1	1.35951×10^{-3}	1.93368×10^{-2}
9.80665×10^4	0.980665	0.967841	735.559	1	14.2234
6.89475×10^3	6.89475×10^{-2}	6.80459×10^{-2}	51.7149	7.03069×10^{-2}	1